ŒUVRES

COMPLÉTES

DE LAPLACE.

ŒUVRES

COMPLÈTES

DE LAPLACE,

PUBLIÉES SOUS LES AUSPICES

DE L'ACADÉMIE DES SCIENCES,

PAR

MM. LES SECRÉTAIRES PERPÉTUELS.

TOME DEUXIÈME.

PARIS,

GAUTHIER-VILLARS, IMPRIMEUR-LIBRAIRE

DE L'ÉCOLE POLYTECHNIQUE, DU BUREAU DES LONGITUDES,

SUCCESSEUR DE MALLET-BACHELIER,

Quai des Augustins, 55.

MDCCCLXXVIII

TRAITÉ

DE

MÉCANIQUE CÉLESTE,

PAR P. S. LAPLACE,

Membre de l'Institut national de France, et du Bureau
des Longitudes.

TOME SECOND.

DE L'IMPRIMERIE DE CRAPELET.

A PARIS,

Chez J. B. M. DUPRAT, Libraire pour les Mathématiques,
quai des Augustins.

AN VII.

TABLE DES MATIÈRES

CONTENUES DANS LE DEUXIÈME VOLUME.

PREMIÈRE PARTIE.

(SUITE.)

LIVRE III.

DE LA FIGURE DES CORPS CÉLESTES.

TABLE DES MATIÈRES.

LIVRE IV.

DES OSCILLATIONS DE LA MER ET DE L'ATMOSPHÈRE.

b.

LIVRE V.

DES MOUVEMENTS DES CORPS CÉLESTES AUTOUR DE LEURS PROPRES CENTRES DE GRAVITÉ.

TRAITÉ

DE

MÉCANIQUE CÉLESTE.

PREMIÈRE PARTIE.

(SUITE.)

LIVRE III.

DE LA FIGURE DES CORPS CÉLESTES.

La figure des corps célestes dépend de la loi de la pesanteur à leur surface, et cette pesanteur étant elle-même le résultat des attractions de toutes leurs parties, elle dépend de leur figure; la loi de la pesanteur à la surface des corps célestes et leur figure ont donc entre elles une liaison réciproque, qui rend la connaissance de l'une nécessaire à la détermination de l'autre; leur recherche est ainsi très-épineuse, et semble exiger une analyse toute particulière. Si les planètes étaient entièrement solides, elles pourraient avoir des figures quelconques; mais si, comme la Terre, elles sont recouvertes d'un fluide, toutes les parties de ce fluide doivent se disposer de manière qu'il soit en équilibre, et la figure de sa surface extérieure dépend de celle du noyau qu'il recouvre et dès forces qui l'animent. Nous supposerons généralement tous les corps célestes recouverts d'un fluide, et dans cette hypothèse, qui a lieu pour la Terre, et qu'il paraît naturel d'étendre aux autres corps du Système du monde, nous déterminerons leur figure et la loi de la pesanteur à leur surface. L'Analyse dont nous ferons usage est une application singulière du calcul aux différences partielles, qui, par de simples différentiations, va nous conduire à des résultats très-étendus, que l'on ne peut obtenir que difficilement par la voie des intégrations.

CHAPITRE PREMIER.

DES ATTRACTIONS DES SPHÉROÏDES HOMOGÈNES TERMINÉS PAR DES SURFACES DU SECOND ORDRE.

1. Nous allons d'abord déterminer l'attraction des corps d'une figure donnée. Nous avons déjà déterminé, dans le second Livre, n° 11, cette attraction relativement à la sphère et à une couche sphérique ; considérons maintenant l'attraction des sphéroïdes terminés par des surfaces du second ordre.

Soient x, y, z les trois coordonnées rectangles d'une molécule du sphéroïde ; en désignant par dM cette molécule, et prenant pour unité la densité du sphéroïde, que nous supposerons homogène, on aura

$$dM = dx\,dy\,dz.$$

Soient a, b, c les coordonnées rectangles du point attiré par le sphéroïde, et désignons par A, B, C les attractions du sphéroïde sur ce point, décomposées parallèlement aux axes des x, des y et des z, et dirigées vers l'origine des coordonnées. Il est aisé de voir, par le n° 11 du second Livre, que l'on a

$$A = \iiint \frac{(a-x)\,dx\,dy\,dz}{[(a-x)^2+(b-y)^2+(c-z)^2]^{\frac{3}{2}}},$$

$$B = \iiint \frac{(b-y)\,dx\,dy\,dz}{[(a-x)^2+(b-y)^2+(c-z)^2]^{\frac{3}{2}}},$$

$$C = \iiint \frac{(c-z)\,dx\,dy\,dz}{[(a-x)^2+(b-y)^2+(c-z)^2]^{\frac{3}{2}}},$$

toutes ces triples intégrales devant être étendues à la masse entière du sphéroïde. Les intégrations offrent sous cette forme de grandes difficultés, que l'on peut souvent aplanir en transformant d'une manière convenable les différentielles. Voici le principe général de ces transformations.

Considérons la fonction différentielle $P\,dx\,dy\,dz$, P étant une fonction quelconque de x, y, z. Nous pouvons supposer x fonction des variables y et z, et d'une nouvelle variable p : soit $\varphi(y, z, p)$ cette fonction; dans ce cas, on aura, en regardant y et z comme constants, $dx = \mathcal{C}\,dp$, $\mathcal{C}$ étant fonction de y, z et p. La différentielle précédente deviendra ainsi $\mathcal{C}P\,dp\,dy\,dz$, et, pour l'intégrer, il faudra substituer dans P, au lieu de x, sa valeur $\varphi(y, z, p)$.

Nous pouvons supposer pareillement, dans cette nouvelle différentielle, $y = \varphi'(z, p, q)$, q étant une nouvelle variable, et $\varphi'(z, p, q)$ étant une fonction quelconque des trois variables z, p, q. On aura, en regardant z et p comme constants, $dy = \mathcal{C}'dq$, $\mathcal{C}'$ étant fonction de z, p, q; la différentielle précédente prendra ainsi cette nouvelle forme $\mathcal{C}\mathcal{C}'P\,dp\,dq\,dz$, et, pour l'intégrer, il faudra substituer dans $\mathcal{C}P$, au lieu de y, sa valeur $\varphi'(z, p, q)$.

Enfin on peut supposer z égal à $\varphi''(p, q, r)$, r étant une nouvelle variable, et $\varphi''(p, q, r)$ étant une fonction quelconque de p, q, r. On aura, en regardant p et q comme constants, $dz = \mathcal{C}''dr$, $\mathcal{C}''$ étant fonction de p, q, r; la différentielle précédente deviendra ainsi $\mathcal{C}\mathcal{C}'\mathcal{C}''P\,dp\,dq\,dr$, et, pour l'intégrer, il faudra substituer dans $\mathcal{C}\mathcal{C}'P$, au lieu de z, sa valeur $\varphi''(p, q, r)$. La fonction différentielle proposée est par là transformée dans une autre relative à trois nouvelles variables p, q, r, qui sont liées aux précédentes par les équations

$$x = \varphi(y, z, p), \qquad y = \varphi'(z, p, q), \qquad z = \varphi''(p, q, r).$$

Il ne s'agit plus que de tirer de ces équations les valeurs de $\mathcal{C}$, $\mathcal{C}'$, $\mathcal{C}''$.

Pour cela, nous observerons qu'elles donnent x, y, z en fonctions des variables p, q et r; considérons donc les trois premières variables comme fonctions des trois dernières. $\mathcal{C}''$ étant le coefficient de dr dans la différentielle de z, prise en regardant p et q comme constants, on a

$$\mathfrak{C}'' = \frac{\partial z}{\partial r}.$$

$\mathfrak{C}'$ est le coefficient de dq dans la différentielle de y, prise en regardant p et z comme constants; on aura donc $\mathfrak{C}'$ en différentiant y dans la supposition de p constant, et en éliminant dr au moyen de la différentielle de z, prise en supposant p constant et égalée à zéro; on aura ainsi les deux équations

$$dy = \frac{\partial y}{\partial q}\, dq + \frac{\partial y}{\partial r}\, dr,$$

$$o = \frac{\partial z}{\partial q}\, dq + \frac{\partial z}{\partial r}\, dr,$$

ce qui donne

$$dy = dq\, \frac{\dfrac{\partial y}{\partial q}\dfrac{\partial z}{\partial r} - \dfrac{\partial y}{\partial r}\dfrac{\partial z}{\partial q}}{\dfrac{\partial z}{\partial r}};$$

partant

$$\mathfrak{C}' = \frac{\dfrac{\partial y}{\partial q}\dfrac{\partial z}{\partial r} - \dfrac{\partial y}{\partial r}\dfrac{\partial z}{\partial q}}{\dfrac{\partial z}{\partial r}}.$$

Enfin $\mathfrak{C}$ est le coefficient de dp dans la différentielle de x, prise en regardant y et z comme constants, ce qui donne les trois équations suivantes :

$$dx = \frac{\partial x}{\partial p}\, dp + \frac{\partial x}{\partial q}\, dq + \frac{\partial x}{\partial r}\, dr,$$

$$o = \frac{\partial y}{\partial p}\, dp + \frac{\partial y}{\partial q}\, dq + \frac{\partial y}{\partial r}\, dr,$$

$$o = \frac{\partial z}{\partial p}\, dp + \frac{\partial z}{\partial q}\, dq + \frac{\partial z}{\partial r}\, dr.$$

Si l'on fait

$$\varepsilon = \frac{\partial x}{\partial p}\frac{\partial y}{\partial q}\frac{\partial z}{\partial r} - \frac{\partial x}{\partial p}\frac{\partial y}{\partial r}\frac{\partial z}{\partial q}$$

$$+ \frac{\partial x}{\partial q}\frac{\partial y}{\partial r}\frac{\partial z}{\partial p} - \frac{\partial x}{\partial q}\frac{\partial y}{\partial p}\frac{\partial z}{\partial r}$$

$$+ \frac{\partial x}{\partial r}\frac{\partial y}{\partial p}\frac{\partial z}{\partial q} - \frac{\partial x}{\partial r}\frac{\partial y}{\partial q}\frac{\partial z}{\partial p},$$

on aura

$$dx = \frac{\varepsilon\, dp}{\dfrac{\partial y}{\partial q}\dfrac{\partial z}{\partial r} - \dfrac{\partial y}{\partial r}\dfrac{\partial z}{\partial q}},$$

ce qui donne

$$\varepsilon' = \frac{\varepsilon}{\dfrac{\partial y}{\partial q}\dfrac{\partial z}{\partial r} - \dfrac{\partial y}{\partial r}\dfrac{\partial z}{\partial q}};$$

partant, $\varepsilon\varepsilon'\varepsilon'' = \varepsilon$, et la différentielle $P\,dx\,dy\,dz$ est transformée dans celle-ci $\varepsilon P\,dp\,dq\,dr$, P étant ici ce que devient P lorsque l'on y substitue pour x, y, z leurs valeurs en p, q, r. Tout se réduit donc à choisir les variables p, q, r en sorte que les intégrations deviennent possibles.

Transformons les coordonnées x, y, z dans le rayon mené du point attiré à la molécule, et dans les angles que ce rayon forme avec des droites ou avec des plans donnés. Soit r ce rayon, p l'angle qu'il forme avec une droite menée par le point attiré, parallèlement à l'axe des x; soit q l'angle que forme la projection de ce rayon sur le plan des y et des z avec l'axe des y; on aura

$$x = a - r\cos p, \qquad y = b - r\sin p\cos q, \qquad z = c - r\sin p\sin q:$$

on trouvera, cela posé, $\varepsilon = -r^2\sin p$; la différentielle $dx\,dy\,dz$ sera ainsi transformée dans $-r^2\sin p\,dp\,dq\,dr$: c'est l'expression de la molécule dM, et, comme cette expression doit être positive, il faut, en considérant $\sin p$, dp, dq, dr comme positifs, changer son signe, ce qui revient à changer celui de ε, et à supposer $\varepsilon = r^2\sin p$. Les expressions de A, B, C deviendront ainsi

$$A = \iiint dr\,dp\,dq \sin p\cos p,$$
$$B = \iiint dr\,dp\,dq \sin^2 p\cos q,$$
$$C = \iiint dr\,dp\,dq \sin^2 p\sin q.$$

Il est facile de parvenir d'ailleurs à ces expressions, en observant que la molécule dM peut être supposée égale à un parallélépipède rectangle dont les trois dimensions sont dr, $r\,dp$ et $r\,dq\sin p$, et en observant ensuite que l'attraction de la molécule, parallèlement aux trois axes des x, des y et des z, est $\frac{dM}{r^2}\cos p$, $\frac{dM}{r^2}\sin p\cos q$ et $\frac{dM}{r^2}\sin p\sin q$.

Les triples intégrales des expressions de A, B, C doivent s'étendre à la masse entière du sphéroïde; les intégrations relatives à r sont faciles; mais elles sont différentes, suivant que le point attiré est dans l'intérieur ou au dehors du sphéroïde; dans le premier cas, la droite qui, passant par le point attiré, traverse le sphéroïde, est divisée en deux parties par ce point, et, si l'on nomme r et r' ces parties, on aura

$$A = \iint (r + r')\, dp\, dq \sin p \cos p,$$
$$B = \iint (r + r')\, dp\, dq \sin^2 p \cos q,$$
$$C = \iint (r + r')\, dp\, dq \sin^2 p \sin q,$$

les intégrales relatives à p et à q devant être prises depuis p et q égaux à zéro jusqu'à p et q égaux à deux angles droits.

Dans le second cas, si l'on nomme r le rayon à son entrée dans le sphéroïde, et r' ce même rayon à sa sortie, on aura

$$A = \iint (r' - r)\, dp\, dq \sin p \cos p,$$
$$B = \iint (r' - r)\, dp\, dq \sin^2 p \cos q,$$
$$C = \iint (r' - r)\, dp\, dq \sin^2 p \sin q,$$

les limites des intégrales relatives à p et à q devant être fixées aux points où l'on a $r' - r = 0$, c'est-à-dire où le rayon r est tangent à la surface du sphéroïde.

2. Appliquons ces résultats aux sphéroïdes terminés par des surfaces du second ordre. L'équation générale de ces surfaces, rapportées à trois coordonnées orthogonales x, y, z, est

$$0 = A + Bx + Cy + Ez + Fx^2 + Hxy + Ly^2 + Mxz + Nyz + Oz^2.$$

Le changement de l'origine des coordonnées introduit trois arbitraires, puisque la position de cette nouvelle origine par rapport à la première dépend de trois coordonnées arbitraires. Le changement de la position

des coordonnées autour de leur origine introduit trois angles arbitraires; en faisant donc changer à la fois, dans l'équation précédente,
les coordonnées d'origine et de position, on aura une nouvelle équation
du second degré, dont les coefficients seront fonctions des précédents
et de six arbitraires. Si l'on égale ensuite à zéro les coefficients des
premières puissances des coordonnées et de leurs produits deux à
deux, on déterminera ces arbitraires, et l'équation générale des surfaces du second ordre prendra cette forme très-simple,

$$x^2 + my^2 + nz^2 = k^2 ;$$

c'est sous cette forme que nous allons la considérer.

Nous n'aurons égard, dans ces recherches, qu'aux solides terminés
par des surfaces finies, ce qui suppose m et n positifs. Dans ce cas, le
solide est un ellipsoïde dont les trois demi-axes sont ce que deviennent
les variables x, v, z, lorsque l'on suppose deux d'entre elles égales à
zéro; on aura ainsi k, $\dfrac{k}{\sqrt{m}}$, $\dfrac{k}{\sqrt{n}}$ pour ces trois demi-axes respectivement parallèles aux x, aux y et aux z. La solidité de l'ellipsoïde sera
$\dfrac{4\pi k^3}{3\sqrt{mn}}$, en désignant toujours par π le rapport de la demi-circonférence
au rayon.

Maintenant, si dans l'équation précédente on substitue, au lieu de
x, y, z, leurs valeurs en p, q, r, données dans le numéro précédent,
on aura

$$r^2 \left(\cos^2 p + m \sin^2 p \cos^2 q + n \sin^2 p \sin^2 q \right)$$
$$- 2r \left(a \cos p + mb \sin p \cos q + nc \sin p \sin q \right) = k^2 - a^2 - mb^2 - nc^2,$$

en sorte que, si l'on suppose

$$I = a \cos p + mb \sin p \cos q + nc \sin p \sin q,$$
$$L = \cos^2 p + m \sin^2 p \cos^2 q + n \sin^2 p \sin^2 q,$$
$$R = I^2 + (k^2 - a^2 - mb^2 - nc^2) L,$$

on aura

$$r = \frac{I \pm \sqrt{R}}{L},$$

d'où l'on tire r', en prenant le radical en plus, et r, en le prenant en moins; on aura donc

$$r + r' = \frac{2\mathrm{I}}{\mathrm{L}}, \qquad r' - r = \frac{2\sqrt{\mathrm{R}}}{\mathrm{L}},$$

ce qui donne, relativement aux points intérieurs du sphéroïde,

$$\mathrm{A} = 2 \int \int \frac{dp\,dq\,.\,\mathrm{I}\sin p\cos p}{\mathrm{L}},$$

$$\mathrm{B} = 2 \int \int \frac{dp\,dq\,.\,\mathrm{I}\sin^2 p\cos q}{\mathrm{L}},$$

$$\mathrm{C} = 2 \int \int \frac{dp\,dq\,.\,\mathrm{I}\sin^2 p\sin q}{\mathrm{L}},$$

et relativement aux points extérieurs,

$$\mathrm{A} = 2 \int \int \frac{dp\,dq\,.\,\sin p\cos p\,.\,\sqrt{\mathrm{R}}}{\mathrm{L}},$$

$$\mathrm{B} = 2 \int \int \frac{dp\,dq\,.\,\sin^2 p\cos q\,.\,\sqrt{\mathrm{R}}}{\mathrm{L}},$$

$$\mathrm{C} = 2 \int \int \frac{dp\,dq\,.\,\sin^2 p\sin q\,.\,\sqrt{\mathrm{R}}}{\mathrm{L}};$$

ces trois dernières intégrales devant être prises entre les deux limites qui correspondent à $\mathrm{R} = 0$.

3. Les expressions relatives aux points intérieurs étant les plus simples, nous commencerons par les considérer. Nous observerons d'abord que le demi-axe k du sphéroïde n'entre point dans les valeurs de I et de L; les valeurs de A, B, C en sont par conséquent indépendantes, d'où il suit que l'on peut augmenter à volonté les couches du sphéroïde supérieures au point attiré, sans changer l'attraction du sphéroïde sur ce point, pourvu que les valeurs de m et de n soient constantes. De là résulte le théorème suivant :

Un point placé au dedans d'une couche elliptique, dont les surfaces intérieure et extérieure sont semblables et semblablement situées, est également attiré de toutes parts.

Ce théorème est une extension de celui que nous avons démontré dans le second Livre, n° 12, relativement à une couche sphérique.

Reprenons la valeur de A. Si l'on y substitue, au lieu de I et de L, leurs valeurs, elle devient

$$A = 2 \int \int \frac{dp\,dq\,\sin p \cos p\,(a\cos p + mb\sin p \cos q + nc\sin p \sin q)}{\cos^2 p + m\sin^2 p \cos^2 q + n\sin^2 p \sin^2 q}.$$

Les intégrales relatives à p et à q devant être prises depuis p et q égaux à zéro jusqu'à p et q égaux à deux angles droits, il est clair que l'on a généralement $\int P\,dp\cos p = 0$, P étant une fonction rationnelle de $\sin p$ et de $\cos^2 p$, parce que, la valeur de p étant prise à égale distance au-dessus et au-dessous de l'angle droit, les valeurs correspondantes de $P\cos p$ sont égales et de signe contraire; on aura ainsi

$$A = 2a \int \int \frac{dp\,dq\,\sin p \cos^2 p}{\cos^2 p + m\sin^2 p \cos^2 q + n\sin^2 p \sin^2 q}.$$

Si l'on intègre par rapport à q, depuis $q = 0$ jusqu'à q égal à deux angles droits, on trouvera

$$A = \frac{2a\pi}{\sqrt{mn}} \int \frac{dp\,\sin p \cos^2 p}{\sqrt{\left(1 + \frac{1-m}{m}\cos^2 p\right)\left(1 + \frac{1-n}{n}\cos^2 p\right)}},$$

l'intégrale devant être prise depuis $\cos p = 1$ jusqu'à $\cos p = -1$. Soit $\cos p = x$, et nommons M la masse entière du sphéroïde; on aura, par le n° 1, $M = \frac{4\pi k^3}{3\sqrt{mn}}$ et par conséquent $\frac{4\pi}{\sqrt{mn}} = \frac{3M}{k^3}$; on aura donc

$$A = \frac{3aM}{k^3} \int \frac{x^2\,dx}{\sqrt{\left(1 + \frac{1-m}{m}x^2\right)\left(1 + \frac{1-n}{n}x^2\right)}},$$

l'intégrale étant prise depuis $x = 0$ jusqu'à $x = 1$.

En intégrant de la même manière les expressions de B et de C, on les réduirait à de simples intégrales; mais il est plus facile de tirer ces intégrales de l'expression précédente de A. Pour cela, on observera que cette expression peut être considérée comme une fonction de a et des carrés k^2, $\dfrac{k^2}{m}$ et $\dfrac{k^2}{n}$ des demi-axes du sphéroïde, parallèles aux coordonnées a, b, c du point attiré; en nommant donc k'^2 le carré du demi-axe parallèle à b, et par conséquent $k'^2 m$ et $\dfrac{k'^2 m}{n}$ les carrés des deux autres demi-axes, B sera pareille fonction de b, k'^2, $k'^2 m$ et $k'^2 \dfrac{m}{n}$; il faut ainsi, pour avoir B, changer, dans l'expression de A, a en b, k en k' ou $\dfrac{k}{\sqrt{m}}$, m dans $\dfrac{1}{m}$, et n dans $\dfrac{n}{m}$, ce qui donne

$$ B = \frac{3\,b\,M}{k^3} \int \frac{m^{\frac{3}{2}}\,x^2\,dx}{\sqrt{[1 + (m-1)\,x^2]\left(1 + \dfrac{m-n}{n}\,x^2\right)}}. $$

Soit

$$ x = \frac{t}{\sqrt{m} + (1-m)\,t^2}; $$

on aura

$$ B = \frac{3\,b\,M}{k^3} \int \frac{t^2\,dt}{\left(1 + \dfrac{1-m}{m}\,t^2\right)^{\frac{3}{2}} \left(1 + \dfrac{1-n}{n}\,t^2\right)^{\frac{1}{2}}}, $$

l'intégrale relative à t devant être prise, comme l'intégrale relative à x, depuis $t = 0$ jusqu'à $t = 1$, parce que $x = 0$ donne $t = 0$, et $x = 1$ donne $t = 1$.

Il suit de là que, si l'on suppose

$$ \frac{1-m}{m} = \lambda^2, \qquad \frac{1-n}{n} = \lambda'^2, \qquad F = \int \frac{x^2\,dx}{\sqrt{(1 + \lambda^2 x^2)\,1 + \lambda'^2 x^2}}, $$

on aura

$$ B = \frac{3\,b\,M}{k^3} \frac{\partial.\lambda F}{\partial\lambda}. $$

Si l'on change dans cette expression b en c, λ en λ', et réciproquement, on aura la valeur de C. Les attractions A, B, C du sphéroïde, parallèlement à ses trois axes, sont ainsi données par les formules suivantes

$$ A = \frac{3\,a\,M}{k^3}\,F, \qquad B = \frac{3\,b\,M}{k^3} \frac{\partial.\lambda F}{\partial\lambda}, \qquad C = \frac{3\,c\,M}{k^3} \frac{\partial.\lambda' F}{\partial\lambda'}. $$

On peut observer que, ces expressions ayant lieu pour tous les points intérieurs, et par conséquent pour les points infiniment voisins de la surface, elles ont lieu pour les points mêmes de la surface.

La détermination des attractions du sphéroïde ne dépend ainsi que de la valeur de F; mais, quoique cette valeur ne soit qu'une intégrale définie, elle a cependant toute la difficulté des intégrales indéfinies, lorsque λ et λ' sont indéterminées; car, si l'on représente cette intégrale définie, prise depuis $x = 0$ jusqu'à $x = 1$, par $\varphi(\lambda^2, \lambda'^2)$, il est aisé de voir que l'intégrale indéfinie sera $x^3 \varphi(\lambda^2 x^2, \lambda'^2 x^2)$; en sorte que, la première étant donnée, la seconde l'est pareillement. L'intégrale indéfinie n'est possible en elle-même que lorsque l'une des quantités λ et λ' est nulle, ou lorsqu'elles sont égales; dans ces deux cas, le sphéroïde est un ellipsoïde de révolution, et k sera son demi-axe de révolution si λ et λ' sont égaux. On a, dans ce dernier cas,

$$F = \int \frac{x^2 \, dx}{1 + \lambda^2 x^2} = \frac{1}{\lambda^3}\left(\lambda - \operatorname{arc\,tang}\lambda \right).$$

Pour en conclure les différences partielles $\dfrac{\partial . \lambda F}{\partial \lambda}$ et $\dfrac{\partial . \lambda' F}{\partial \lambda'}$, qui entrent dans les expressions de B et de C, on observera que

$$dF = \frac{d\lambda}{\lambda} \cdot \frac{\partial . \lambda F}{\partial \lambda} + \frac{d\lambda'}{\lambda'} \cdot \frac{\partial . \lambda' F}{\partial \lambda'} - F\left(\frac{d\lambda}{\lambda} + \frac{d\lambda'}{\lambda'} \right);$$

or on a, lorsque λ est égal à λ',

$$\frac{\partial . \lambda F}{\partial \lambda} = \frac{\partial . \lambda' F}{\partial \lambda'}, \qquad \frac{d\lambda}{\lambda} = \frac{d\lambda'}{\lambda'};$$

partant

$$\frac{\partial . \lambda F}{\partial \lambda} \, d\lambda = \tfrac{1}{2}\lambda \, dF + F \, d\lambda = \frac{1}{2\lambda} \, d . \lambda^2 F.$$

En substituant, au lieu de F, sa valeur, on aura

$$\frac{\partial . \lambda F}{\partial \lambda} = \frac{1}{2\lambda^3}\left(\operatorname{arc\,tang}\lambda - \frac{\lambda}{1 + \lambda^2} \right);$$

on aura donc, relativement aux ellipsoïdes de révolution dont k est le demi-axe de révolution,

$$A = \frac{3aM}{k^3\lambda^3} (\lambda - \text{arc tang}\lambda),$$

$$B = \frac{3bM}{2k^3\lambda^3} \left(\text{arc tang}\lambda - \frac{\lambda}{1+\lambda^2}\right),$$

$$C = \frac{3cM}{2k^3\lambda^3} \left(\text{arc tang}\lambda - \frac{\lambda}{1+\lambda^2}\right).$$

4. Considérons présentement l'attraction des sphéroïdes sur un point extérieur. Cette recherche présente de plus grandes difficultés que la précédente, à cause du radical $\sqrt{R}$ qui entre dans les expressions différentielles, et qui rend sous cette forme les intégrations impossibles. On peut les rendre possibles par une transformation convenable des variables dont elles sont fonctions; mais, au lieu de ce moyen, j'ai fait usage de la méthode suivante, uniquement fondée sur la différentiation des fonctions.

Si l'on désigne par V la somme de toutes les molécules du sphéroïde divisées par leurs distances respectives au point attiré, et que l'on nomme x, y, z les coordonnées de la molécule dM du sphéroïde, et a, b, c celles du point attiré, on aura

$$V = \int \frac{dM}{\sqrt{(a-x)^2 + (b-y)^2 + (c-z)^2}}.$$

En désignant ensuite, comme précédemment, par A, B, C les attractions du sphéroïde parallèlement aux axes des x, des y et des z, et dirigées vers leur origine, on aura

$$A = \int \frac{(a-x)\,dM}{[(a-x)^2 + (b-y)^2 + (c-z)^2]^{\frac{3}{2}}} = -\frac{\partial V}{\partial a}.$$

On aura pareillement

$$B = -\frac{\partial V}{\partial b}, \qquad C = -\frac{\partial V}{\partial c},$$

d'où il suit que, si l'on connaît V, il sera facile d'en conclure, par la seule différentiation, l'attraction du sphéroïde parallèlement à une droite quelconque, en considérant cette droite comme une des coordonnées rectangles du point attiré, remarque que nous avons déjà faite dans le second Livre, n° 11.

La valeur précédente de V, réduite en série, devient

$$V = \int \frac{dM}{\sqrt{a^2 + b^2 + c^2}} \left\{ 1 + \frac{1}{2} \frac{2ax + 2by + 2cz - x^2 - y^2 - z^2}{a^2 + b^2 + c^2} + \frac{3}{8} \frac{(2ax + 2by + 2cz - x^2 - y^2 - z^2)^2}{(a^2 + b^2 + c^2)^2} + \ldots \right\}$$

Cette série est ascendante relativement aux dimensions du sphéroïde, et descendante relativement aux coordonnées du point attiré. Si l'on n'a égard qu'à son premier terme, ce qui suffit lorsque le point attiré est à une très-grande distance, on aura

$$V = \frac{M}{\sqrt{a^2 + b^2 + c^2}}$$

M étant la masse entière du sphéroïde. Cette expression sera plus exacte encore, si l'on place l'origine des coordonnées au centre de gravité du sphéroïde; car on a, par la propriété de ce centre.

$$\int x\, dM = 0, \qquad \int y\, dM = 0, \qquad \int z\, dM = 0,$$

en sorte que, si l'on considère comme une très-petite quantité du premier ordre le rapport des dimensions du sphéroïde à sa distance au point attiré, l'équation

$$V = \frac{M}{\sqrt{a^2 + b^2 + c^2}}$$

sera exacte aux quantités près du troisième ordre. Nous allons présentement chercher une expression rigoureuse de V relativement aux sphéroïdes elliptiques.

5. Si l'on adopte les dénominations du n° 1, on aura

$$V = \int \frac{dM}{r} = \int\int\int r\,dr\,dp\,dq\,\sin p = \tfrac{1}{2}\int\int (r'^2 - r^2)\,dp\,dq\,\sin p.$$

En substituant au lieu de r et r' leurs valeurs trouvées dans le n° 1, on aura

$$V = 2\int\int \frac{dp\,dq\,\sin p \cdot l\sqrt{R}}{L^2}.$$

Reprenons les valeurs de A, B, C relatives aux points extérieurs et données dans le n° 2,

$$A = 2\int\int \frac{dp\,dq\,\sin p\,\cos p \cdot \sqrt{R}}{L},$$

$$B = 2\int\int \frac{dp\,dq\,\sin^2 p\,\cos q \cdot \sqrt{R}}{L},$$

$$C = 2\int\int \frac{dp\,dq\,\sin^2 p\,\sin q \cdot \sqrt{R}}{L}.$$

Puisqu'aux limites des intégrales on a $\sqrt{R} = 0$, il est facile de voir qu'en prenant les premières différences de V, A, B, C par rapport à l'une quelconque des six quantités a, b, c, k, m et n, on peut se dispenser d'avoir égard aux variations des limites, en sorte que l'on a, par exemple,

$$\frac{\partial V}{\partial a} = 2\int\int dp\,dq\,\sin p \cdot \frac{\partial \frac{l\sqrt{R}}{L^2}}{\partial a};$$

car l'intégrale $\int \frac{dp\,\sin p \cdot l\sqrt{R}}{L^2}$ est, vers ces limites, à très-peu près proportionnelle à $R^{\frac{3}{2}}$, ce qui rend nulle sa différentielle à ces limites. Cela posé, il est aisé de s'assurer, par la différentiation, que si, pour abréger, on fait

$$aA + bB + cC = F,$$

on aura, entre les quatre quantités B, C, F et V, l'équation suivante à différences partielles;

$$(1) \quad \begin{cases} 0 = \dfrac{a^2 + b^2 + c^2 - k^2}{2}\, k\left(\dfrac{\partial V}{\partial k} - \dfrac{\partial F}{\partial k}\right) + k^2(V - F) \\[2ex] + k^2\, \dfrac{m-1}{m}\, b\left(\dfrac{\partial F}{\partial b} - \dfrac{1}{2}\dfrac{\partial V}{\partial b} - B\right) \\[2ex] + k^2\, \dfrac{n-1}{n}\, c\left(\dfrac{\partial F}{\partial c} - \dfrac{1}{2}\dfrac{\partial V}{\partial c} - C\right) \\[2ex] - k^2(m-1)\,\dfrac{\partial F}{\partial m} - k^2(n-1)\,\dfrac{\partial F}{\partial n}. \end{cases}$$

On peut éliminer de cette équation les quantités B, C et F, au moyen de leurs valeurs $-\dfrac{\partial V}{\partial b}$, $-\dfrac{\partial V}{\partial c}$ et $-a\dfrac{\partial V}{\partial a} - b\dfrac{\partial V}{\partial b} - c\dfrac{\partial V}{\partial c}$; on aura ainsi une équation aux différences partielles en V seul. Soit donc

$$V = \frac{4\pi k^3}{3\sqrt{mn}}\, v = M v,$$

M étant, par le n° 1, la masse du sphéroïde elliptique, et, au lieu des variables m et n, introduisons celles-ci θ et ϖ, qui soient telles que l'on ait

$$\theta = \frac{1-m}{m}\,k^2, \qquad \varpi = \frac{1-n}{n}\,k^2;$$

θ sera la différence du carré de l'axe du sphéroïde parallèle aux y, au carré de l'axe parallèle aux x; ϖ sera la différence du carré de l'axe des z au carré de l'axe des x; en sorte que, si l'on prend pour l'axe des x le plus petit des trois axes du sphéroïde, $\sqrt{\theta}$ et $\sqrt{\varpi}$ seront ses deux excentricités. On aura ainsi

$$k\,\frac{\partial V}{\partial k} = M\left(2\theta\,\frac{\partial v}{\partial \theta} + 2\varpi\,\frac{\partial v}{\partial \varpi} + k\,\frac{\partial v}{\partial k} + 3v\right).$$

$$\frac{\partial V}{\partial m} = -M\left(\frac{k^2}{m^2}\,\frac{\partial v}{\partial \theta} + \frac{v}{2m}\right),$$

$$\frac{\partial V}{\partial n} = -M\left(\frac{k^2}{n^2}\,\frac{\partial v}{\partial \varpi} + \frac{v}{2n}\right),$$

V étant considéré, dans les premiers membres de ces équations, comme fonction de a, b, c, k, m et n, et v étant considéré, dans leurs seconds membres, comme fonction de a, b, c, θ, ϖ et k. Si l'on fait

$$Q = a\frac{\partial v}{\partial a} + b\frac{\partial v}{\partial b} + c\frac{\partial v}{\partial c},$$

on aura F $= -$ MQ, et l'on aura les valeurs de $k\dfrac{\partial F}{\partial k}$, $\dfrac{\partial F}{\partial m}$, $\dfrac{\partial F}{\partial n}$, en changeant, dans les valeurs précédentes de $k\dfrac{\partial V}{\partial k}$, $\dfrac{\partial V}{\partial m}$ et $\dfrac{\partial V}{\partial n}$, v dans $-$ Q. De plus, V et F sont des fonctions homogènes en a, b, c, k, $\sqrt{\theta}$ et $\sqrt{\varpi}$, de la seconde dimension; car, V étant la somme des molécules du sphéroïde divisées par leurs distances au point attiré, et chaque molécule étant de trois dimensions, V est nécessairement de deux dimensions, ainsi que F, qui a le même nombre de dimensions que V; v et Q sont donc des fonctions homogènes des mêmes quantités, de la dimension $-$ 1; ainsi l'on aura, par la nature des fonctions homogènes,

$$a\frac{\partial v}{\partial a} + b\frac{\partial v}{\partial b} + c\frac{\partial v}{\partial c} + 2\theta\frac{\partial v}{\partial \theta} + 2\varpi\frac{\partial v}{\partial \varpi} + k\frac{\partial v}{\partial k} = -v,$$

équation que l'on peut mettre sous cette forme,

$$2\theta\frac{\partial v}{\partial \theta} + 2\varpi\frac{\partial v}{\partial \varpi} + k\frac{\partial v}{\partial k} = -v - Q.$$

On aura pareillement

$$a\frac{\partial Q}{\partial a} + b\frac{\partial Q}{\partial b} + c\frac{\partial Q}{\partial c} + 2\theta\frac{\partial Q}{\partial \theta} + 2\varpi\frac{\partial Q}{\partial \varpi} + k\frac{\partial Q}{\partial k} = -Q.$$

Cela posé, si dans l'équation (1) on substitue, au lieu de V et de F et de leurs différences partielles, leurs valeurs précédentes; si, de plus, on y substitue $\dfrac{k^2}{k^2 + \theta}$ au lieu de m, et $\dfrac{k^2}{k^2 + \varpi}$ au lieu de n, on aura

$$(2)\quad \left\{\begin{aligned} 0 ={}& (a^2 + b^2 + c^2)\left[v + \tfrac{1}{2}Q - \tfrac{1}{2}\left(a\frac{\partial Q}{\partial a} + b\frac{\partial Q}{\partial b} + c\frac{\partial Q}{\partial c}\right)\right]\\ &+ \theta^2\frac{\partial Q}{\partial \theta} + \varpi^2\frac{\partial Q}{\partial \varpi} - \frac{k^2}{2}\frac{\partial Q}{\partial k} + \tfrac{1}{2}(\theta + \varpi)Q\\ &+ b\theta\frac{\partial Q}{\partial b} + c\varpi\frac{\partial Q}{\partial c} - \tfrac{1}{2}b\theta\frac{\partial v}{\partial b} - \tfrac{1}{2}c\varpi\frac{\partial v}{\partial c}. \end{aligned}\right.$$

6. Concevons la fonction v réduite dans une série ascendante par rapport aux dimensions k, $\sqrt{\theta}$ et $\sqrt{\varpi}$ du sphéroïde, et par conséquent descendante relativement aux quantités a, b, c; cette suite sera de la forme suivante

$$v = U^{(0)} + U^{(1)} + U^{(2)} + U^{(3)} + \ldots,$$

$U^{(0)}$, $U^{(1)}$, $U^{(2)}$,... étant des fonctions homogènes de a, b, c, k, $\sqrt{\theta}$ et $\sqrt{\varpi}$, et séparément homogènes relativement aux trois premières et aux trois dernières de ces six quantités, les dimensions relatives aux trois premières allant toujours en diminuant, et les dimensions relatives aux trois dernières croissant sans cesse. Ces fonctions étant de la même dimension que v, elles sont toutes de la dimension -1.

Si l'on substitue dans l'équation (2), au lieu de v, sa valeur précédente en série; si l'on nomme s la dimension de $U^{(i)}$ en k, $\sqrt{\theta}$ et $\sqrt{\varpi}$, et par conséquent $-s-1$ sa dimension en a, b, c; si l'on nomme pareillement s' la dimension de $U^{(i+1)}$ en k, $\sqrt{\theta}$ et $\sqrt{\varpi}$, et par conséquent $-s'-1$ sa dimension en a, b, c; si l'on considère ensuite que, par la nature des fonctions homogènes, on a

$$a\frac{\partial U^{(i)}}{\partial a} + b\frac{\partial U^{(i)}}{\partial b} + c\frac{\partial U^{(i)}}{\partial c} = -(s+1)U^{(i)},$$

$$a\frac{\partial U^{(i+1)}}{\partial a} + b\frac{\partial U^{(i+1)}}{\partial b} + c\frac{\partial U^{(i+1)}}{\partial c} = -(s'+1)U^{(i+1)},$$

on aura, en rejetant les termes d'une dimension supérieure, en k, $\sqrt{\theta}$, et $\sqrt{\varpi}$, à celle des termes que l'on conserve,

$$(3) \qquad U^{(i+1)} = \frac{\left\{\begin{array}{l} \frac{1}{2}(s+1)\,k^3\dfrac{\partial U^{(i)}}{\partial k} - (s+1)\,\theta^3\dfrac{\partial U^{(i)}}{\partial \theta} \\[2mm] -(s+1)\,\varpi^2\dfrac{\partial U^{(i)}}{\partial \varpi} - \dfrac{(s+1)}{2}(\theta+\varpi)U^{(i)} \\[2mm] -(s+\tfrac{3}{2})\,b\theta\dfrac{\partial U^{(i)}}{\partial b} - (s+\tfrac{3}{2})\,c\varpi\dfrac{\partial U^{(i)}}{\partial c} \end{array}\right\}}{s'\dfrac{s'+3}{2}(a^2+b^2+c^2)}.$$

Cette équation donne la valeur de $U^{(i+1)}$, au moyen de $U^{(i)}$ et de ses différences partielles; or on a

$$U^{(0)} = \frac{1}{(a^2 + b^2 + c^2)^{\frac{1}{2}}},$$

puisque, en n'ayant égard qu'au premier terme de la série, nous avons trouvé, dans le n° 4,

$$V = \frac{M}{(a^2 + b^2 + c^2)^{\frac{1}{2}}};$$

en substituant donc cette valeur de $U^{(0)}$ dans la formule précédente, on aura celle de $U^{(1)}$; au moyen de celle de $U^{(1)}$, on aura celle de $U^{(2)}$, et ainsi de suite. Mais il est remarquable qu'aucune de ces quantités ne renferme k; car il est clair par la formule (3) que, $U^{(0)}$ ne renfermant point k, $U^{(1)}$ ne le renfermera pas; que, $U^{(1)}$ ne le renfermant point, $U^{(2)}$ ne le renfermera pas, et ainsi du reste; en sorte que la série entière $U^{(0)} + U^{(1)} + U^{(2)} + \ldots$ est indépendante de k, ou, ce qui revient au même, $\frac{\partial v}{\partial k} = 0$. Les valeurs de v, $-\frac{\partial v}{\partial a}$, $-\frac{\partial v}{\partial b}$, $-\frac{\partial v}{\partial c}$ sont donc les mêmes pour tous les sphéroïdes elliptiques semblablement situés et qui ont les mêmes excentricités $\sqrt{\theta}$ et $\sqrt{\varpi}$; or $-M\frac{\partial v}{\partial a}$, $-M\frac{\partial v}{\partial b}$, $-M\frac{\partial v}{\partial c}$ expriment, par le n° 4, les attractions du sphéroïde parallèlement à ses trois axes; donc les attractions de différents sphéroïdes elliptiques qui ont le même centre, la même position des axes et les mêmes excentricités, sur un point extérieur, sont entre elles comme leurs masses.

Il est aisé de voir, par la formule (3), que les dimensions de $U^{(0)}$, $U^{(1)}$, $U^{(2)}, \ldots$ en $\sqrt{\theta}$ et $\sqrt{\varpi}$ croissent de deux en deux unités, en sorte que $s = 2i$, $s' = 2i + 2$; on a d'ailleurs, par la nature des fonctions homogènes,

$$\varpi \frac{\partial U^{(i)}}{\partial \varpi} = i U^{(i)} - \theta \frac{\partial U^{(i)}}{\partial \theta};$$

3.

cette formule deviendra donc

$$(4) \qquad U^{(i+1)} = \frac{\left\{ \begin{array}{l} (2i+1)\,\theta\,(\varpi - \theta)\,\dfrac{\partial U^{(i)}}{\partial\theta} - (2i + \frac{3}{2})\,b\theta\,\dfrac{\partial U^{(i)}}{\partial b} \\[2ex] -(2i+\frac{3}{2})\,c\varpi\,\dfrac{\partial U^{(i)}}{\partial c} - \frac{1}{2}(2i+1)\,[\theta + (2i+1)\,\varpi]\,U^{(i)} \end{array} \right\}}{(i+1)\,(2i+5)\,(a^2 + b^2 + c^2)}$$

On aura, au moyen de cette équation, la valeur de v dans une série qui sera très-convergente, toutes les fois que les excentricités $\sqrt{\theta}$ et $\sqrt{\varpi}$ seront fort petites, ou lorsque la distance $\sqrt{a^2 + b^2 + c^2}$ du point attiré au centre du sphéroïde sera fort grande relativement aux dimensions du sphéroïde.

Si le sphéroïde est une sphère, on aura $\theta = 0$ et $\varpi = 0$, ce qui donne $U^{(1)} = 0$, $U^{(2)} = 0$, etc.; partant

$$v = U^{(0)} = \frac{1}{\sqrt{a^2 + b^2 + c^2}},$$

et

$$V = \frac{M}{\sqrt{a^2 + b^2 + c^2}};$$

d'où il suit que la valeur de V est la même que si toute la masse de la sphère était réunie à son centre, et qu'ainsi une sphère attire un point quelconque extérieur comme si toute sa masse était réunie à son centre, résultat auquel nous sommes déjà parvenus dans le second Livre, n° 12.

7. La propriété de la fonction v, d'être indépendante de k, fournit un moyen de réduire sa valeur à la forme la plus simple dont elle est susceptible; car, puisque l'on peut faire varier à volonté k sans changer cette valeur, pourvu que l'on conserve au sphéroïde les mêmes excentricités $\sqrt{\theta}$ et $\sqrt{\varpi}$, on peut supposer k tel que le sphéroïde soit infiniment aplati, ou tel que sa surface passe par le point attiré. Dans ces deux cas, la recherche des attractions du sphéroïde se simplifie; mais, comme nous avons déterminé précédemment les attractions des sphéroïdes elliptiques sur des points placés à leur surface, nous supposerons k tel que la surface du sphéroïde passe par le point attiré.

Si l'on nomme k', m', n', relativement à ce nouveau sphéroïde, ce que nous avons nommé k, m, n, dans le n° 1, par rapport au sphéroïde que nous avons considéré jusqu'ici, la condition que le point attiré est à sa surface, et qu'ainsi a, b, c sont les coordonnées d'un point de cette surface, donnera

$$a^2 + m'b^2 + n'c^2 = k'^2,$$

et puisque l'on suppose que les excentricités $\sqrt{\theta}$ et $\sqrt{\varpi}$ restent les mêmes, on aura

$$\frac{1-m'}{m'}\,k'^2 = \theta, \qquad \frac{1-n'}{n'}\,k'^2 = \varpi,$$

d'où l'on tire

$$m' = \frac{k'^2}{k'^2+\theta}, \qquad n' = \frac{k'^2}{k'^2+\varpi};$$

on aura donc, pour déterminer k', l'équation

$$(5) \qquad a^2 + \frac{k'^2}{k'^2+\theta}\,b^2 + \frac{k'^2}{k'^2+\varpi}\,c^2 = k'^2.$$

Il est aisé d'en conclure qu'il n'y a qu'un sphéroïde dont la surface passe par le point attiré, θ et ϖ restant les mêmes. Car, si l'on suppose, ce que l'on peut toujours faire, que θ et ϖ soient positifs, il est clair qu'en faisant croître dans l'équation précédente k'^2 d'une quantité quelconque, que nous pouvons considérer comme une partie aliquote de k'^2, chacun des termes du premier membre de cette équation croîtra dans un rapport moindre que k'^2; donc si, dans le premier état de k'^2, il y avait égalité entre les deux membres de cette équation, cette égalité ne subsistera plus dans le second état, d'où il suit que k'^2 n'est susceptible que d'une seule valeur réelle et positive.

Maintenant, soit M' la masse du nouveau sphéroïde; soient A', B', C' ses attractions parallèlement aux axes des a, des b et des c; si l'on fait

$$\frac{1-m'}{m'} = \lambda^2, \qquad \frac{1-n'}{n'} = \lambda'^2,$$

$$F = \int \frac{x^2\,dx}{\sqrt{(1+\lambda^2 x^2)\,(1+\lambda'^2 x^2)}},$$

on aura, par le n° 3,

$$A' = \frac{3a M'}{k'^3}\, F, \quad B' = \frac{3b M'}{k'^3}\, \frac{\partial.\lambda F}{\partial\lambda}, \quad C' = \frac{3c M'}{k'^3}\, \frac{\partial.\lambda' F}{\partial\lambda'}.$$

En changeant, dans ces valeurs de A', B', C', M' en M, on aura, par le numéro précédent, les valeurs de A, B, C relatives au premier sphéroïde ; or les équations

$$\frac{1 - m'}{m'}\, k'^2 = \theta, \quad \frac{1 - n'}{n'}\, k'^2 = \varpi$$

donnent

$$\lambda^2 = \frac{\theta}{k'^2}, \quad \lambda'^2 = \frac{\varpi}{k'^2};$$

k'^2 étant donné par l'équation (5), que l'on peut mettre sous cette forme

$$0 = k'^6 - (a^2 + b^2 + c^2 - \theta - \varpi) k'^4 - [(a^2 + c^2)\theta + (a^2 + b^2)\varpi - \theta\varpi] k'^2 - a^2\theta\varpi;$$

on aura donc

$$A = \frac{3a M}{k'^3}\, F, \quad B = \frac{3b M}{k'^3}\, \frac{\partial.\lambda F}{\partial\lambda}, \quad C = \frac{3c M}{k'^3}\, \frac{\partial.\lambda' F}{\partial\lambda'}.$$

Ces valeurs ont lieu relativement à tous les points extérieurs au sphéroïde, et, pour les étendre à ceux de la surface et même aux points intérieurs, il suffit d'y changer k' en k.

Si le sphéroïde est de révolution, en sorte que $\theta = \varpi$, l'équation (5) donnera

$$2k'^2 = a^2 + b^2 + c^2 - \theta + \sqrt{(a^2 + b^2 + c^2 - \theta)^2 + 4a^2\theta},$$

et l'on aura, par le n° 3,

$$A = \frac{3a M}{k'^3\lambda^3}\, (\lambda - \operatorname{arc\,tang}\lambda),$$

$$B = \frac{3b M}{2 k'^3\lambda^3} \left(\operatorname{arc\,tang}\lambda - \frac{\lambda}{1 + \lambda^2}\right),$$

$$C = \frac{3c M}{2 k'^3\lambda^3} \left(\operatorname{arc\,tang}\lambda - \frac{\lambda}{1 + \lambda^2}\right).$$

Nous voilà donc parvenus à une théorie complète des attractions des sphéroïdes elliptiques; car la seule chose qui reste à désirer est l'intégration de l'expression différentielle de F, et cette intégration dans le cas général est impossible, non-seulement par les méthodes connues, mais encore en elle-même. La valeur de F ne peut pas être exprimée en termes finis au moyen de quantités algébriques, logarithmiques ou circulaires, ou, ce qui revient au même, par une fonction algébrique de quantités dont les exposants soient constants, nuls ou variables. Les fonctions de ce genre étant les seules que l'on puisse exprimer indépendamment du signe f, toutes les intégrales qui ne peuvent pas être ramenées à des fonctions semblables sont impossibles en termes finis.

Si le sphéroïde elliptique n'est pas homogène, et s'il est composé de couches elliptiques variables de position, d'excentricités et de densité suivant une loi quelconque, on aura l'attraction d'une de ses couches, en déterminant, par ce qui précède, la différence des attractions de deux sphéroïdes elliptiques homogènes de même densité que cette couche, dont l'un aurait pour surface la surface extérieure de la couche, et dont l'autre aurait pour surface la surface intérieure de cette même couche. En sommant ensuite cette attraction différentielle, on aura l'attraction du sphéroïde entier.

CHAPITRE II.

DU DÉVELOPPEMENT EN SÉRIE DES ATTRACTIONS DES SPHÉROÏDES QUELCONQUES.

8. Considérons généralement les attractions des sphéroïdes quelconques. Nous avons vu, dans le n° 4, que l'expression V de la somme des molécules du sphéroïde, divisées par leurs distances au point attiré, a l'avantage de donner par sa différentiation l'attraction de ce sphéroïde parallèlement à une droite quelconque. Nous verrons d'ailleurs, en traitant de la figure des planètes, que l'attraction de leurs molécules se présente sous cette forme dans l'équation de leur équilibre; nous allons ainsi nous occuper particulièrement de la recherche de V.

Reprenons l'équation du n° 4,

$$V = \int \frac{dM}{\sqrt{(a - x)^2 + (b - y)^2 + (c - z)^2}},$$

a, b, c étant les coordonnées du point attiré, x, y, z étant celles de la molécule dM du sphéroïde, l'origine des coordonnées étant dans l'intérieur du sphéroïde. Cette intégrale doit être prise relativement aux variables x, y, z, et ses limites sont indépendantes de a, b, c; on trouvera, cela posé, par la différentiation,

$$(1) \qquad 0 = \frac{\partial^2 V}{\partial a^2} + \frac{\partial^2 V}{\partial b^2} + \frac{\partial^2 V}{\partial c^2},$$

équation à laquelle nous sommes déjà parvenus dans le second Livre, n° 11.

Transformons les coordonnées en d'autres plus commodes. Pour cela, soit r la distance du point attiré, à l'origine des coordonnées,

θ l'angle que le rayon r fait avec l'axe des a, ϖ l'angle que le plan formé par le rayon et par cet axe fait avec le plan des axes des a et des b; on aura

$$a = r\cos\theta, \quad b = r\sin\theta\cos\varpi, \quad c = r\sin\theta\sin\varpi.$$

Si l'on nomme pareillement R, θ' et ϖ' ce que deviennent r, θ et ϖ relativement à la molécule $d\mathrm{M}$ du sphéroïde, on aura

$$x = \mathrm{R}\cos\theta', \quad y = \mathrm{R}\sin\theta'\cos\varpi', \quad z = \mathrm{R}\sin\theta'\sin\varpi'.$$

D'ailleurs, la molécule $d\mathrm{M}$ du sphéroïde est égale à un parallélépipède rectangle dont les dimensions sont $d\mathrm{R}$, $\mathrm{R}\,d\theta'$, $\mathrm{R}\,d\varpi'\sin\theta'$, et par conséquent elle est égale à $\rho\mathrm{R}^2\,d\mathrm{R}\,d\theta'\,d\varpi'\sin\theta'$, ρ étant sa densité; on aura ainsi

$$V = \int\int\int \frac{\rho\mathrm{R}^2\,d\mathrm{R}\,d\theta'\,d\varpi'\sin\theta'}{\sqrt{r^2 - 2r\mathrm{R}[\cos\theta\cos\theta' + \sin\theta\sin\theta'\cos(\varpi' - \varpi)] + \mathrm{R}^2}},$$

l'intégrale relative à R devant être prise depuis $\mathrm{R} = 0$ jusqu'à la valeur de R à la surface du sphéroïde; l'intégrale relative à ϖ' devant être prise depuis $\varpi' = 0$ jusqu'à ϖ' égal à la circonférence, et l'intégrale relative à θ' devant être prise depuis $\theta' = 0$ jusqu'à θ' égal à la demi-circonférence. En différentiant cette expression de V, on trouvera

$$(2) \qquad 0 = \frac{\partial^2 V}{\partial\theta^2} + \frac{\cos\theta}{\sin\theta}\,\frac{\partial V}{\partial\theta} + \frac{\dfrac{\partial^2 V}{\partial\varpi^2}}{\sin^2\theta} + r\,\frac{\partial^2 . r V}{\partial r^2},$$

équation qui n'est que l'équation (1) transformée.

Si l'on fait $\cos\theta = \mu$, on peut lui donner cette forme,

$$(3) \qquad 0 = \frac{\partial . (1 - \mu^2)\dfrac{\partial V}{\partial\mu}}{\partial\mu} + \frac{\dfrac{\partial^2 V}{\partial\varpi^2}}{1 - \mu^2} + r\,\frac{\partial^2 . r V}{\partial r^2}.$$

Nous sommes déjà parvenus à ces diverses équations dans le second Livre, n° 11.

9. Supposons d'abord le point attiré extérieur au sphéroïde. Si l'on réduit V en série, elle doit être dans ce cas descendante par rapport aux puissances de r, et par conséquent de cette forme

$$V = \frac{U^{(0)}}{r} + \frac{U^{(1)}}{r^2} + \frac{U^{(2)}}{r^3} + \frac{U^{(3)}}{r^4} + \dots$$

En substituant cette valeur de V dans l'équation (3) du numéro précédent, la comparaison des mêmes puissances de r donnera, quel que soit i.

$$0 = \frac{\partial \cdot \overline{1 - \mu^2}, \frac{\partial U^{(i)}}{\partial \mu}}{\partial \mu} + \frac{\frac{\partial^2 U^{(i)}}{\partial \varpi^2}}{1 - \mu^2} + i(i+1) U^{(i)}.$$

Il est clair, par la seule expression intégrale de V, que $U^{(i)}$ est une fonction rationnelle et entière de μ, $\sqrt{1 - \mu^2} \sin\varpi$ et $\sqrt{1 - \mu^2} \cos\varpi$, dépendante de la nature du sphéroïde. Lorsque $i = 0$, cette fonction se réduit à une constante, et dans le cas de $i = 1$ elle est de la forme

$$H\mu + H'\sqrt{1 - \mu^2}\sin\varpi + H''\sqrt{1 - \mu^2}\cos\varpi,$$

H, H′, H″ étant des constantes.

Pour déterminer généralement $U^{(i)}$, nommons T le radical

$$\frac{1}{\sqrt{r^2 - 2Rr\left[\cos\theta\cos\theta' + \sin\theta\sin\theta'\cos\overline{\varpi' - \varpi}\right] + R^2}};$$

nous aurons

$$0 = \frac{\partial \cdot \overline{1 - \mu^2}, \frac{\partial T}{\partial \mu}}{\partial \mu} + \frac{\frac{\partial^2 T}{\partial \varpi^2}}{1 - \mu^2} + r\frac{\partial^2 \cdot rT}{\partial r^2}.$$

Cette équation subsisterait encore, en y changeant θ en θ', ϖ en ϖ', et réciproquement, parce que T est une pareille fonction de θ' et de ϖ' que de θ et de ϖ.

Si l'on réduit T dans une suite descendante relativement à r, on aura

$$T = \frac{Q^{(0)}}{r} + Q^{(1)}\frac{R}{r^2} + Q^{(2)}\frac{R^2}{r^3} + Q^{(3)}\frac{R^3}{r^4} + \dots$$

$Q^{(i)}$ étant, quel que soit i, assujetti à cette équation

$$o = \frac{\partial.(1-\mu^2)\frac{\partial Q^{(i)}}{\partial \mu}}{\partial \mu} + \frac{\frac{\partial^2 Q^{(i)}}{\partial \varpi^2}}{1-\mu^2} + i(i+1)Q^{(i)},$$

et de plus il est visible que $Q^{(i)}$ est une fonction rationnelle et entière de μ et $\sqrt{1-\mu^2}\cos(\varpi'-\varpi)$; $Q^{(i)}$ étant connu, on aura $U^{(i)}$ au moyen de l'équation

$$U^{(i)} = \iiint \rho R^{i+2}\,dR\,d\varpi'\,d\theta'\,\sin\theta'.Q^{(i)}.$$

Supposons maintenant le point attiré, dans l'intérieur du sphéroïde; il faut alors développer l'expression intégrale de V dans une suite ascendante par rapport à r, ce qui donne pour V une série de cette forme

$$V = v^{(0)} + r v^{(1)} + r^2 v^{(2)} + r^3 v^{(3)} + \ldots,$$

$v^{(i)}$ étant une fonction rationnelle et entière de μ, $\sqrt{1-\mu^2}\sin\varpi$ et $\sqrt{1-\mu^2}\cos\varpi$, qui satisfait à la même équation aux différences partielles que $U^{(i)}$, en sorte que l'on a

$$o = \frac{\partial.(1-\mu^2)\frac{\partial v^{(i)}}{\partial \mu}}{\partial \mu} + \frac{\frac{\partial^2 v^{(i)}}{\partial \varpi^2}}{1-\mu^2} + i(i+1)v^{(i)}.$$

Pour déterminer $v^{(i)}$, on réduira le radical T dans une suite ascendante par rapport à r, et l'on aura

$$T = \frac{Q^{(0)}}{R} + Q^{(1)}\frac{r}{R^2} + Q^{(2)}\frac{r^2}{R^3} + Q^{(3)}\frac{r^3}{R^4} + \ldots.$$

les quantités $Q^{(0)}$, $Q^{(1)}$, $Q^{(2)}$,… étant les mêmes que ci-dessus; on aura donc

$$v^{(i)} = \iiint \frac{\rho\,dR\,d\varpi'\,d\theta'\,\sin\theta'.Q^{(i)}}{R^{i-1}}.$$

Mais, comme l'expression précédente de T n'est convergente qu'autant que R est égal ou plus grand que r, la valeur précédente de V n'est relative qu'aux couches du sphéroïde qui enveloppent le point attiré.

4.

Ce point étant extérieur par rapport aux autres couches, on déterminera la partie de V qui leur est relative, par la première expression de V en série.

10. Considérons d'abord les sphéroïdes très-peu différents de la sphère, et déterminons les fonctions $U^{(0)}$, $U^{(1)}$, $U^{(2)}$,..., $\varphi^{(0)}$, $\varphi^{(1)}$, $\varphi^{(2)}$,..., relatives à ces sphéroïdes. Il existe une équation différentielle en V, qui a lieu à leur surface, et qui est remarquable en ce qu'elle donne le moyen de déterminer ces fonctions sans aucune intégration.

Supposons généralement la pesanteur proportionnelle à une puissance n de la distance; soit dM une molécule du sphéroïde, et f sa distance au point attiré; nommons V l'intégrale $\int f^{n-1} dM$, cette intégrale s'étendant à la masse entière du sphéroïde. Dans le cas de la nature, où $n = -2$, elle devient $\int \frac{dM}{f}$, et nous l'avons pareillement exprimée par V dans les numéros précédents. La fonction V a l'avantage de donner par sa différentiation l'attraction du sphéroïde parallèlement à une droite quelconque; car, en considérant f comme une fonction de trois coordonnées du point attiré perpendiculaires entre elles et dont l'une soit parallèle à cette droite, si l'on nomme r cette coordonnée, l'attraction du sphéroïde suivant r et dirigée vers son origine sera $\int f^n \frac{\partial f}{\partial r} dM$; elle sera par conséquent égale à $\frac{1}{n+1} \frac{\partial V}{\partial r}$, ce qui, dans le cas de la nature, se réduit à $-\frac{\partial V}{\partial r}$, conformément à ce que nous avons trouvé précédemment.

Supposons maintenant que le sphéroïde diffère très-peu d'une sphère du rayon a, dont le centre soit sur le rayon r perpendiculaire à la surface du sphéroïde, l'origine de ce rayon étant supposée arbitraire, mais très-près du centre de gravité du sphéroïde; supposons, de plus, que la sphère touche le sphéroïde, et que le point attiré soit au point de contact des deux surfaces. Le sphéroïde est égal à la sphère, plus à l'excès du sphéroïde sur la sphère; or on peut concevoir cet excès comme étant formé d'un nombre infini de molécules répandues sur la surface de la sphère, ces molécules devant être supposées négatives, partout où la sphère excède le sphéroïde; on aura donc la valeur de V, en déterminant cette valeur : 1° relativement à la sphère, 2° relativement à ces diverses molécules.

Par rapport à la sphère, V est une fonction de a, que nous désignerons par A; si l'on nomme ensuite dm une des molécules de l'excès du sphéroïde sur la sphère, et f sa distance au point attiré, la valeur de V relative à cet excès sera $\int f^{n+1} dm$; on aura donc, pour la valeur entière de V relative au sphéroïde,

$$V = A + \int f^{n+1} dm.$$

Concevons que le point attiré s'élève de la quantité infiniment petite dr au-dessus de la surface du sphéroïde et de la sphère, sur le prolongement de r ou de a; la valeur de V relative à cette nouvelle position du point attiré deviendra $V + \frac{\partial V}{\partial r} dr$; A augmentera d'une quantité proportionnelle à dr, et que nous représenterons par $A'dr$. De plus, si l'on nomme γ l'angle formé par les deux rayons menés du centre de la sphère au point attiré et à la molécule dm, la distance f de cette molécule au point attiré sera, dans la première position de ce point, égale à $\sqrt{2a^2(1 - \cos\gamma)}$; dans la seconde position, elle sera

$$\sqrt{(a+dr)^2 - 2a(a+dr)\cos\gamma + a^2},$$

où $f\left(1 + \frac{dr}{2a}\right)$; l'intégrale $\int f^{n+1} dm$ deviendra ainsi

$$\left(1 + \frac{n+1}{2}\frac{dr}{a}\right)\int f^{n+1} dm;$$

on aura donc

$$\frac{\partial V}{\partial r} dr = A'dr + \frac{n+1}{2}\frac{dr}{a}\int f^{n+1} dm;$$

en substituant, au lieu de $\int f^{n+1} dm$, sa valeur V — A, on aura

$$(1)\qquad \frac{\partial V}{\partial r} = A' - \frac{(n+1)}{2a}A + \frac{n+1}{2a}V.$$

Dans le cas de la nature, l'équation (1) devient

$$- a \frac{\partial V}{\partial r} = - a A' - \tfrac{1}{4}A + \tfrac{1}{2}V.$$

La valeur de V relative à la sphère du rayon a est, par le n° 6, égale à $\frac{4\pi a^2}{3r}$, ce qui donne $A = \frac{4\pi a^2}{3}$, $A' = - \frac{4\pi a}{3}$; on aura donc

$$(2)\qquad - a \frac{\partial V}{\partial r} = \frac{2\pi a^2}{3} + \tfrac{1}{2}V.$$

On doit observer ici que cette équation a lieu, quelle que soit la position de la droite r, et dans le cas même où elle ne serait pas perpendiculaire à la surface du sphéroïde, pourvu qu'elle passe fort près de son centre de gravité; car il est facile de voir que l'attraction du sphéroïde, décomposée suivant ces droites, et qui, comme on l'a vu, est égale à $- \frac{\partial V}{\partial r}$, est, quelle que soit leur position, toujours la même, aux quantités près de l'ordre du carré de l'excentricité du sphéroïde.

11. Reprenons maintenant l'expression générale de V du n° 9, relative à un point attiré extérieur au sphéroïde,

$$V = \frac{U^{(0)}}{r} + \frac{U^{(1)}}{r^2} + \frac{U^{(2)}}{r^3} + \ldots,$$

la fonction $U^{(i)}$ étant, quel que soit i, assujettie à l'équation aux différences partielles

$$0 = \frac{\partial.\left(1 - \mu^2\right)\frac{\partial U^{(i)}}{\partial \mu}}{\partial \mu} + \frac{\frac{\partial^2 U^{(i)}}{\partial \varpi^2}}{1 - \mu^2} + i(i+1) U^{(i)}.$$

On aura, en différentiant la valeur de V, par rapport à r,

$$- \frac{\partial V}{\partial r} = \frac{U^{(0)}}{r^2} + \frac{2U^{(1)}}{r^3} + \frac{3U^{(2)}}{r^4} + \ldots.$$

Représentons par $a(1 + \alpha y)$ le rayon mené de l'origine de r à la surface du sphéroïde, α étant un très-petit coefficient constant, dont nous négligerons le carré et les puissances supérieures, et y étant une fonction de μ et de ϖ, dépendante de la nature du sphéroïde. On aura, aux quantités près de l'ordre α, $V = \dfrac{4\pi a^3}{3r}$, d'où il suit que, dans l'expression précédente de V : 1° la quantité $U^{(0)}$ est égale à $\dfrac{4\pi a^3}{3}$, plus à une très-petite quantité de l'ordre α et que nous désignerons par $U'^{(0)}$; 2° les quantités $U^{(1)}$, $U^{(2)}$,... sont très-petites de l'ordre α. En substituant $a(1 + \alpha y)$ au lieu de r dans les expressions précédentes de V et de $-\dfrac{\partial V}{\partial r}$, et en négligeant les quantités de l'ordre α^2, on aura, relativement à un point attiré placé à la surface,

$$\tfrac{1}{2}V = \tfrac{2}{3}\pi a^2(1 - \alpha y) + \frac{U'^{(0)}}{2a} + \frac{U^{(1)}}{3a^2} + \frac{U^{(2)}}{2a^3} + \dots,$$

$$-a\frac{\partial V}{\partial r} = \tfrac{1}{3}\pi a^2(1 - 2\alpha y) + \frac{U'^{(0)}}{a} + \frac{2U^{(1)}}{a^2} + \frac{3U^{(2)}}{a^3} + \dots;$$

si l'on substitue ces valeurs dans l'équation (2) du numéro précédent, on aura

$$4\alpha\pi a^2 y = \frac{U'^{(0)}}{a} + \frac{3U^{(1)}}{a^2} + \frac{5U^{(2)}}{a^3} + \frac{7U^{(3)}}{a^4} + \dots.$$

Il suit de là que la fonction y est de cette forme

$$y = Y^{(0)} + Y^{(1)} + Y^{(2)} + Y^{(3)} + \dots,$$

les quantités $Y^{(0)}$, $Y^{(1)}$, $Y^{(2)}$,... étant, ainsi que $U^{(0)}$, $U^{(1)}$, $U^{(2)}$,..., assujetties à cette équation aux différences partielles

$$0 = \frac{\partial.(1 - \mu^2)\dfrac{\partial Y^{(i)}}{\partial \mu}}{\partial \mu} + \frac{\dfrac{\partial^2 Y^{(i)}}{\partial \varpi^2}}{1 - \mu^2} + i(i + 1)Y^{(i)};$$

cette expression de y n'est donc point arbitraire, mais elle dérive du développement en série des attractions des sphéroïdes. On verra dans le numéro suivant que y ne peut se développer ainsi que d'une seule manière; on aura donc généralement, en comparant les fonctions semblables,

$$U^{(i)} = \frac{4\,\alpha\pi}{2\,i + 1}\, a^{i+3}\, Y^{(i)}.$$

d'où l'on tire, quel que soit r,

$$(3)\quad V = \frac{4\pi a^3}{3 r} + \frac{4\alpha\pi a^3}{r}\left(Y^{(0)} + \frac{a}{3 r}\, Y^{(1)} + \frac{a^2}{5 r^2}\, Y^{(2)} + \frac{a^3}{7 r^3}\, Y^{(3)} + \dots\right).$$

Il ne s'agit donc plus, pour avoir V, que de réduire y sous la forme que nous venons de lui supposer; nous donnerons dans la suite une méthode fort simple pour cet objet.

Si l'on avait $y = Y^{(i)}$, la partie de V relative à l'excès du sphéroïde sur la sphère dont le rayon est a, ou, ce qui revient au même, relative à une couche sphérique dont le rayon est a et l'épaisseur $\alpha a y$, serait $\dfrac{4\,\alpha\pi\,a^{i+3}\,Y^{(i)}}{(2\,i + 1)\,r^{i+1}}$; cette valeur serait, par conséquent, proportionnelle à y, et il est visible que ce n'est que dans ce cas que cette proportionnalité peut avoir lieu.

12. On peut simplifier l'expression $Y^{(0)} + Y^{(1)} + Y^{(2)} + \dots$ de y, et en faire disparaître les deux premiers termes, en prenant pour a le rayon d'une sphère égale en solidité au sphéroïde, et en fixant l'origine arbitraire de r au centre de gravité du sphéroïde. Pour le faire voir, nous observerons que la masse M du sphéroïde, supposé homogène et d'une densité représentée par l'unité, est, par le n° 8, égale à $\int\int R^2\, dR\, d\mu\, d\varpi$, ou à $\frac{1}{3}\int\int R'^3\, d\mu\, d\varpi$, R' étant le rayon R prolongé jusqu'à la surface du sphéroïde. En substituant pour R' sa valeur $a(1 + \alpha y)$, on aura

$$M = \frac{4\pi a^3}{3} + \alpha a^3 \int\int y\, d\mu\, d\varpi.$$

Il ne s'agit donc que de substituer pour y sa valeur $Y^{(0)} + Y^{(1)} + \dots$, et d'effectuer ensuite les intégrations. Voici pour cet objet un théorème général et fort utile dans cette analyse :

Si $Y^{(i)}$ *et* $Z^{(i')}$ *sont des fonctions rationnelles et entières de* μ, $\sqrt{1-\mu^2}\sin\varpi$ *et* $\sqrt{1-\mu^2}\cos\varpi$, *qui satisfont aux équations suivantes,*

$$0 = \frac{\partial.\,(1-\mu^2)\,\dfrac{\partial Y^{(i)}}{\partial\mu}}{\partial\mu} + \frac{\dfrac{\partial^2 Y^{(i)}}{\partial\varpi^2}}{1-\mu^2} + i(i+1)\,Y^{(i)},$$

$$0 = \frac{\partial.\,(1-\mu^2)\,\dfrac{\partial Z^{(i')}}{\partial\mu}}{\partial\mu} + \frac{\dfrac{\partial^2 Z^{(i')}}{\partial\varpi^2}}{1-\mu^2} + i'(i'+1)\,Z^{(i')},$$

on a généralement

$$\int\!\int Y^{(i)}Z^{(i')}\,d\mu\,d\varpi = 0,$$

lorsque i *et* i' *sont des nombres entiers positifs différents entre eux, les intégrales étant prises depuis* $\mu = -1$ *jusqu'à* $\mu = 1$, *et depuis* $\varpi = 0$ *jusqu'à* $\varpi = 2\pi$, 2π *étant la circonférence dont le rayon est l'unité.*

Pour démontrer ce théorème, nous observerons qu'en vertu de la première des deux équations précédentes aux différences partielles, on a

$$\int\!\int Y^{(i)}Z^{(i')}\,d\mu\,d\varpi = -\frac{1}{i(i+1)}\int\!\int Z^{(i')}\frac{\partial.\,(1-\mu^2)\dfrac{\partial Y^{(i)}}{\partial\mu}}{\partial\mu}\,d\mu\,d\varpi$$

$$-\frac{1}{i(i+1)}\int\!\int Z^{(i')}\frac{\dfrac{\partial^2 Y^{(i)}}{\partial\varpi^2}}{1-\mu^2}\,d\mu\,d\varpi.$$

Or on a, en intégrant par parties relativement à μ,

$$\int Z^{(i')}\frac{\partial.\,(1-\mu^2)\dfrac{\partial Y^{(i)}}{\partial\mu}}{\partial\mu}\,d\mu = (1-\mu^2)\frac{\partial Y^{(i)}}{\partial\mu}\,Z^{(i')} - (1-\mu^2)\,Y^{(i)}\frac{\partial Z^{(i')}}{\partial\mu}$$

$$+\int Y^{(i)}\frac{\partial.\,(1-\mu^2)\dfrac{\partial Z^{(i')}}{\partial\mu}}{\partial\mu}\,d\mu,$$

et il est clair que, si l'on prend l'intégrale depuis $\mu = -1$ jusqu'à $\mu = 1$, le second membre de cette équation se réduit à son dernier terme. On a pareillement, en intégrant par parties relativement à ϖ,

$$\int Z^{(i')}\frac{\partial^2 Y^{(i)}}{\partial\varpi^2}\,d\varpi = \text{const.} + Z^{(i')}\frac{\partial Y^{(i)}}{\partial\varpi} - Y^{(i)}\frac{\partial Z^{(i')}}{\partial\varpi} + \int Y^{(i)}\frac{\partial^2 Z^{(i')}}{\partial\varpi^2}\,d\varpi,$$

et ce second membre se réduit encore à son dernier terme, lorsque l'intégrale est prise depuis $\varpi = 0$ jusqu'à $\varpi = 2\pi$, parce que les valeurs de $Y^{(i)}$, $\dfrac{\partial Y^{(i)}}{\partial \varpi}$, $Z^{(i')}$ et $\dfrac{\partial Z^{(i')}}{\partial \varpi}$ sont les mêmes à ces deux limites; on aura donc ainsi

$$\int\int Y^{(i)} Z^{(i')} d\mu\, d\varpi = -\frac{1}{i(i+1)} \int\int Y^{(i)} d\mu\, d\varpi \left(\frac{\partial.(1-\mu^2)\frac{\partial Z^{(i')}}{\partial \mu}}{\partial \mu} + \frac{\frac{\partial^2 Z^{(i')}}{\partial \varpi^2}}{1-\mu^2} \right),$$

d'où l'on tire, en vertu de la seconde des deux équations précédentes aux différences partielles,

$$\int\int Y^{(i)} Z^{(i')} d\mu\, d\varpi = \frac{i'(i'+1)}{i(i+1)} \int\int Y^{(i)} Z^{(i')} d\mu\, d\varpi;$$

on a donc

$$0 = \int\int Y^{(i)} Z^{(i')} d\mu\, d\varpi,$$

lorsque i est différent de i'.

De là il est aisé de conclure que y ne peut se développer que d'une seule manière dans une série de la forme $Y^{(0)} + Y^{(1)} + Y^{(2)} + \ldots$; car on a généralement

$$\int\int y\, Z^{(i)} d\mu\, d\varpi = \int\int Y^{(i)} Z^{(i)} d\mu\, d\varpi :$$

si l'on pouvait développer y dans une autre série $Y_{,}^{(0)} + Y_{,}^{(1)} + Y_{,}^{(2)} + \ldots$ de la même forme, on aurait

$$\int\int y\, Z^{(i)} d\mu\, d\varpi = \int\int Y_{,}^{(i)} Z^{(i)} d\mu\, d\varpi,$$

partant

$$\int\int Y_{,}^{(i)} Z^{(i)} d\mu\, d\varpi = \int\int Y^{(i)} Z^{(i)} d\mu\, d\varpi :$$

or il est facile de voir que, si l'on prend pour $Z^{(i)}$ la fonction la plus générale de son espèce, l'équation précédente ne peut subsister que dans le cas où $Y_{,}^{(i)} = Y^{(i)}$; la fonction y ne peut donc se développer ainsi que d'une seule manière.

Si dans l'intégrale $\int\int y\, d\mu\, d\varpi$ on substitue pour y sa valeur

$$Y^{(0)} + Y^{(1)} + Y^{(2)} + \ldots,$$

on aura généralement

$$0 = \int\int Y^{(i)} d\mu\, d\varpi.$$

i étant égal ou plus grand que l'unité; car l'unité qui multiplie $d\mu.d\varpi$ est comprise dans la forme $Z^{(0)}$, qui convient à toute quantité constante ou indépendante de μ et de ϖ. L'intégrale $\int\int y\,d\mu.d\varpi$ se réduit donc à $\int\int Y^{(0)}\,d\mu.d\varpi$, et par conséquent à $4\pi Y^{(0)}$; on a donc

$$M = \tfrac{4}{3}\pi a^3 + 4\pi a^3 Y^{(0)};$$

ainsi, en prenant pour a le rayon de la sphère égale en solidité au sphéroïde, on aura $Y^{(0)} = 0$, et le terme $Y^{(0)}$ disparaîtra de l'expression de y.

La distance de la molécule dM ou $R^2\,dR\,d\mu.d\varpi$ au plan du méridien d'où l'on compte l'angle ϖ est égale à $R\sqrt{1-\mu^2}\sin\varpi$; la distance du centre de gravité du sphéroïde à ce plan sera donc $\int\int\int R^3\,dR\,d\mu.d\varpi\sqrt{1-\mu^2}\sin\varpi$, la masse M étant prise pour unité, et, en intégrant par rapport à R, elle sera $\tfrac{1}{4}\int\int R'^4\,d\mu.d\varpi\sqrt{1-\mu^2}\sin\varpi$, R' étant le rayon R prolongé jusqu'à la surface du sphéroïde. Pareillement, la distance de la molécule dM au plan du méridien perpendiculaire au précédent étant $R\sqrt{1-\mu^2}\cos\varpi$, la distance du centre de gravité du sphéroïde à ce plan sera $\tfrac{1}{4}\int\int R'^4\,d\mu.d\varpi\sqrt{1-\mu^2}\cos\varpi$. Enfin, la distance de la molécule dM au plan de l'équateur étant $R\mu$, la distance du centre de gravité du sphéroïde à ce plan sera $\tfrac{1}{4}\int\int R'^4\,\mu.d\mu.d\varpi$. Les fonctions μ, $\sqrt{1-\mu^2}\sin\varpi$ et $\sqrt{1-\mu^2}\cos\varpi$ sont de la forme $Z^{(1)}$, $Z^{(1)}$ étant assujetti à l'équation aux différences partielles

$$0 = \frac{\partial.\left(1-\mu^2\right)\dfrac{\partial Z^{(1)}}{\partial\mu}}{\partial\mu} + \frac{\dfrac{\partial^2 Z^{(1)}}{\partial\varpi^2}}{1-\mu^2} + 2Z^{(1)}.$$

Si l'on conçoit R'^4 développé dans la suite $N^{(0)} + N^{(1)} + N^{(2)} + \ldots$, $N^{(i)}$ étant une fonction rationnelle et entière de μ, $\sqrt{1-\mu^2}\sin\varpi$, $\sqrt{1-\mu^2}\cos\varpi$, assujettie à l'équation aux différences partielles

$$0 = \frac{\partial.\left(1-\mu^2\right)\dfrac{\partial N^{(i)}}{\partial\mu}}{\partial\mu} + \frac{\dfrac{\partial^2 N^{(i)}}{\partial\varpi^2}}{1-\mu^2} + i(i+1)N^{(i)},$$

les distances du centre de gravité du sphéroïde aux trois plans précédents seront, en vertu du théorème général que nous venons de démontrer,

$$\tfrac{1}{4}\int\int \mathrm{N}^{(1)}\,d\mu\,d\varpi\sqrt{1-\mu^2}\sin\varpi,$$

$$\tfrac{1}{4}\int\int \mathrm{N}^{(1)}\,d\mu\,d\varpi\sqrt{1-\mu^2}\cos\varpi,$$

$$\tfrac{1}{4}\int\int \mathrm{N}^{(1)}\,\mu\,d\mu\,d\varpi.$$

$\mathrm{N}^{(1)}$ est, par le n° 9, de la forme $\mathrm{A}\mu+\mathrm{B}\sqrt{1-\mu^2}\sin\varpi+\mathrm{C}\sqrt{1-\mu^2}\cos\varpi$, A, B, C étant des constantes; les distances précédentes deviendront ainsi $\frac{\pi}{3}\mathrm{B}$, $\frac{\pi}{3}\mathrm{C}$, $\frac{\pi}{3}\mathrm{A}$. La position du centre de gravité du sphéroïde ne dépend ainsi que de la fonction $\mathrm{N}^{(1)}$, ce qui donne un moyen très-simple pour la déterminer. Si l'origine du rayon R' est à ce centre, cette origine étant sur les trois plans précédents, les distances du centre de gravité à ces plans seront nulles, ce qui donne $\mathrm{A}=0$, $\mathrm{B}=0$, $\mathrm{C}=0$, partant $\mathrm{N}^{(1)}=0$.

Ces résultats ont lieu, quel que soit le sphéroïde; lorsqu'il est très-peu différent d'une sphère, on a $\mathrm{R}'=a(1+\alpha y)$, et $\mathrm{R}'^4=a^4(1+4\alpha y)$; ainsi, y étant égal à $\mathrm{Y}^{(0)}+\mathrm{Y}^{(1)}+\mathrm{Y}^{(2)}+\dots$, on a $\mathrm{N}^{(1)}=4\alpha a^4\mathrm{Y}^{(1)}$; la fonction $\mathrm{Y}^{(1)}$ disparaît donc de l'expression de y, lorsque l'on fixe l'origine de R' au centre de gravité du sphéroïde.

13. Concevons maintenant le point attiré, dans l'intérieur du sphéroïde; nous aurons, par le n° 9,

$$\mathrm{V}=v^{(0)}+r v^{(1)}+r^2 v^{(2)}+r^3 v^{(3)}+\dots,$$

$$v^{(i)}=\int\int\int\frac{d\mathrm{R}\,d\varpi'\,d\theta'\,\sin\theta'.\,\mathrm{Q}^{(i)}}{\mathrm{R}^{i-1}}.$$

Supposons que cette valeur de V soit relative à une couche dont la surface intérieure soit sphérique et du rayon a, et dont le rayon de la surface extérieure soit $a(1+\alpha y)$; l'épaisseur de cette couche sera $\alpha a y$. Si l'on désigne par y' ce que devient y lorsque l'on y change θ et ϖ dans θ' et ϖ', on pourra, en négligeant les quantités de l'ordre α^2, changer r en a et $d\mathrm{R}$ en $\alpha a y'$, dans l'expression intégrale de $v^{(i)}$; on aura ainsi

$$v^{(i)}=\frac{\alpha}{a^{i-2}}\int\int y'\,d\varpi'\,d\theta'\,\sin\theta'.\,\mathrm{Q}^{(i)}.$$

Relativement à un point placé à l'extérieur du sphéroïde, on a, par le n° 9,

$$V = \frac{U^{(0)}}{r} + \frac{U^{(1)}}{r^2} + \frac{U^{(2)}}{r^3} + \ldots,$$

$$U^{(i)} = \iiint R^{i+2} dR\, d\varpi'\, d\vartheta' \sin\vartheta' . Q^{(i)};$$

si l'on suppose cette valeur de V relative à une couche dont le rayon intérieur est a et dont le rayon extérieur est $a(1 + \alpha y)$, on aura

$$U^{(i)} = \alpha a^{i+3} \iint y' d\varpi'\, d\vartheta' \sin\vartheta' . Q^{(i)};$$

partant

$$v^{(i)} = \frac{U^{(i)}}{a^{2i+1}} .$$

On a, par le n° 11,

$$U^{(i)} = \frac{4\alpha\pi a^{i+3} Y^{(i)}}{2i+1};$$

donc

$$v^{(i)} = \frac{4\alpha\pi Y^{(i)}}{(2i+1) a^{i-2}},$$

ce qui donne

$$V = 4\alpha\pi a^2 \left(Y^{(0)} + \frac{r}{3a} Y^{(1)} + \frac{r^2}{5a^2} Y^{(2)} + \ldots \right).$$

Il faut ajouter à cette valeur de V celle qui est relative à la couche sphérique de l'épaisseur $a - r$, qui enveloppe le point attiré, plus celle qui est relative à la sphère du rayon r et qui est au-dessous du même point. Si l'on fait $\cos\vartheta' = \mu'$, on aura, par rapport à la première de ces deux parties de V,

$$v^{(i)} = \iiint \frac{dR\, d\varpi'\, d\mu' . Q^{(i)}}{R^{i-1}},$$

l'intégrale relative à μ' devant être prise depuis $\mu' = -1$ jusqu'à $\mu' = 1$. En intégrant par rapport à R depuis $R = r$ jusqu'à $R = a$, on aura

$$v^{(i)} = \frac{1}{2-i} \left(\frac{1}{a^{i-2}} - \frac{1}{r^{i-2}} \right) \iint d\varpi'\, d\mu' . Q^{(i)};$$

or on a généralement, par le théorème du numéro précédent, $\iint d\varpi'\, d\mu' . Q = 0$, lorsque i est égal ou plus grand que l'unité; lorsque

$i = 0$, on a, par le n° 9, $Q^{(i)} = 1$; de plus, l'intégration relative à ϖ' doit être prise depuis $\varpi' = 0$ jusqu'à $\varpi' = 2\pi$; on aura donc

$$v^{(0)} = 2\pi(a^2 - r^2).$$

Cette valeur de $v^{(0)}$ est la partie de V relative à la couche sphérique de l'épaisseur $a - r$.

La partie de V relative à la sphère dont le rayon est r est égale à la masse de cette sphère, divisée par la distance du point attiré à son centre; elle est par conséquent égale à $\dfrac{4\pi r^2}{3}$. En réunissant ces diverses parties de V, on aura, pour sa valeur entière,

$$(4)\quad V = 2\pi a^2 - \tfrac{2}{3}\pi r^2 + 4\pi a^2\left(Y^{(0)} + \frac{r}{3a}Y^{(1)} + \frac{r^2}{5a^2}Y^{(2)} + \frac{r^3}{7a^3}Y^{(3)} + \ldots\right).$$

Supposons le point attiré placé au dedans d'une couche à très-peu près sphérique, dont le rayon intérieur est

$$a + \alpha a\left(Y^{(0)} + Y^{(1)} + Y^{(2)} + \ldots\right),$$

et dont le rayon extérieur est

$$a' + \alpha a'\left(Y'^{(0)} + Y'^{(1)} + Y'^{(2)} + \ldots\right).$$

On peut comprendre les quantités $\alpha a Y^{(0)}$ et $\alpha a' Y'^{(0)}$ dans les quantités a et a'; de plus, en fixant l'origine des coordonnées au centre de gravité du sphéroïde dont le rayon serait $a + \alpha a(Y^{(0)} + Y^{(1)} + \ldots)$, on fera disparaître $Y^{(1)}$ de l'expression de ce rayon, et alors le rayon intérieur de la couche sera de cette forme

$$a + \alpha a\left(Y^{(2)} + Y^{(3)} + Y^{(4)} + \ldots\right),$$

et le rayon extérieur sera de la forme

$$a' + \alpha a'\left(Y'^{(1)} + Y'^{(2)} + Y'^{(3)} + \ldots\right).$$

On aura la valeur de V relative à cette couche, en prenant la différence des valeurs de V relatives à deux sphéroïdes dont le plus petit aurait la première quantité pour rayon de sa surface, et dont le plus grand aurait la seconde quantité pour rayon de sa surface; en nommant donc ΔV ce que devient V relativement à cette couche, on aura

$$\Delta V = 2\pi (a'^2 - a^2) + 4\alpha\pi \left[\frac{ra'}{3} Y'^{(1)} + \frac{r^2}{5} (Y'^{(2)} - Y^{(2)}) + \frac{r^3}{7} \left(\frac{Y'^{(3)}}{a'} - \frac{Y^{(3)}}{a} \right) + \ldots \right].$$

Si l'on veut que le point placé dans l'intérieur de la couche soit également attiré de toutes parts, il faut que ΔV se réduise à une constante indépendante de r, θ et ϖ; car on a vu que les différences partielles de ΔV, prises par rapport à ces variables, expriment les attractions partielles de la couche sur le point attiré; on a donc alors $Y'^{(1)} = 0$, et généralement

$$Y'^{(i)} = \left(\frac{a'}{a} \right)^{i-2} Y^{(i)},$$

en sorte que, le rayon de la surface intérieure étant donné, on aura celui de la surface extérieure.

Lorsque la surface intérieure est elliptique, on a $Y^{(3)} = 0$, $Y^{(4)} = 0, \ldots$, et par conséquent $Y'^{(3)} = 0$, $Y'^{(4)} = 0, \ldots$; les rayons des deux surfaces intérieure et extérieure sont donc

$$a(1 + \alpha Y^{(2)}), \quad a'(1 + \alpha Y^{(2)});$$

ainsi l'on voit que ces deux surfaces sont semblables et semblablement situées, ce qui est conforme à ce que nous avons trouvé dans le n° 3.

14. Les formules (3) et (4) des n°ˢ 11 et 13 embrassent toute la théorie des attractions des sphéroïdes homogènes très-peu différents de la sphère; il est facile d'en conclure celle des sphéroïdes hétérogènes, quelle que soit la loi de la variation de la figure et de la densité de leurs couches. Pour cela, soit $a(1 + \alpha y)$ le rayon d'une des couches d'un sphéroïde hétérogène, et supposons que y soit sous cette forme $Y^{(0)} + Y^{(1)} + Y^{(2)} + Y^{(3)} + \ldots$, les coefficients qui entrent dans les quantités $Y^{(0)}, Y^{(1)}, Y^{(2)}, \ldots$ étant des fonctions de a, et par conséquent variables d'une couche à l'autre. Si l'on différentie par rapport

à a la valeur de V donnée par la formule (3) du n° 11, et que l'on nomme ρ la densité de la couche dont le rayon est $a(1 + \alpha y)$, ρ étant une fonction de a seul, la valeur de V correspondante à cette couche sera, pour un point attiré extérieur,

$$\frac{4\pi}{3r}\,\rho\,d.a^3 + \frac{4\alpha\pi\rho}{r}\,d\left(a^3 Y^{(0)} + \frac{a^1}{3r}\,Y^{(1)} + \frac{a^5}{5r^2}\,Y^{(2)} + \ldots\right);$$

cette valeur sera donc, relativement au sphéroïde entier,

$$(5)\qquad V = \frac{4\pi}{3r}\int\rho\,d.a^3 + \frac{4\alpha\pi}{r}\int\rho\,d\left(a^3 Y^{(0)} + \frac{a^1}{3r}\,Y^{(1)} + \frac{a^5}{5r^2}\,Y^{(2)} + \frac{a^6}{7r^3}\,Y^{(3)} + \ldots\right),$$

les intégrales étant prises depuis $a = 0$ jusqu'à la valeur de a qui a lieu à la surface du sphéroïde, et que nous désignerons par a.

Pour avoir la partie de V relative à un point attiré intérieur au sphéroïde, on déterminera d'abord la partie de cette valeur relative à toutes les couches auxquelles ce point est extérieur. Cette première partie est donnée par la formule (5), en prenant l'intégrale depuis $a = 0$ jusqu'à $a = a$, a étant relatif à la couche sur laquelle se trouve le point attiré. On déterminera la seconde partie de V, relative à toutes les couches dans l'intérieur desquelles ce point se trouve, en différentiant la formule (4) du numéro précédent par rapport à a, en multipliant ensuite cette différentielle par ρ, et en prenant l'intégrale depuis $a = a$ jusqu'à $a = a$; la somme de ces deux parties de V sera sa valeur entière relative à un point intérieur, et l'on aura pour cette somme

$$(6)\quad \left\{ \begin{aligned} V &= \frac{4\pi}{3r}\int\rho\,d.a^3 + \frac{4\alpha\pi}{r}\int\rho\,d\left(a^3 Y^{(0)} + \frac{a^1}{3r}\,Y^{(1)} + \frac{a^5}{5r^2}\,Y^{(2)} + \frac{a^6}{7r^3}\,Y^{(3)} + \ldots\right) \\ &\quad + 2\pi\int\rho\,d.a^2 + 4\alpha\pi\int\rho\,d\left(a^2 Y^{(0)} + \frac{ar}{3}\,Y^{(1)} + \frac{r^2}{5}\,Y^{(2)} + \frac{r^3}{7a}\,Y^{(3)} + \ldots\right), \end{aligned} \right.$$

les deux premières intégrales étant prises depuis $a = 0$ jusqu'à $a = a$, et les deux dernières étant prises depuis $a = a$ jusqu'à $a = a$; il faut de plus, après les intégrations, substituer a au lieu de r dans les termes multipliés par α, et $\frac{1 - \alpha y}{a}$ au lieu de $\frac{1}{r}$ dans le terme $\frac{4\pi}{3r}\int\rho\,d.a^3$.

15. Considérons présentement les sphéroïdes quelconques. La recherche de leur attraction se réduit, par le n° 9, à former les quantités $U^{(i)}$ et $v^{(i)}$; on a, par le même numéro,

$$U^{(i)} = \iiint \rho R^{i+2} \, dR \, d\mu' \, d\varpi' . Q^{(i)},$$

les intégrales devant être prises depuis $R = o$ jusqu'à sa valeur à la surface, depuis $\mu' = -1$ jusqu'à $\mu' = 1$, et depuis $\varpi' = o$ jusqu'à $\varpi' = 2\pi$. Pour déterminer cette intégrale, il faut connaître $Q^{(i)}$. Cette quantité peut se développer dans une fonction finie de cosinus de l'angle $\varpi - \varpi'$ et de ses multiples. Soit $\mathcal{C} \cos n(\varpi - \varpi')$ le terme de $Q^{(i)}$ dépendant de $\cos n(\varpi - \varpi')$, $\mathcal{C}$ étant une fonction de μ et de μ'; si l'on substitue au lieu de $Q^{(i)}$ sa valeur dans l'équation aux différences partielles en $Q^{(i)}$ du n° 9, on aura, en comparant les termes multipliés par $\cos n(\varpi - \varpi')$, cette équation aux différences ordinaires

$$o = \frac{\partial . (1 - \mu^2) \frac{\partial \mathcal{C}}{\partial \mu}}{\partial \mu} - \frac{n^2 \mathcal{C}}{1 - \mu^2} + i(i+1)\mathcal{C},$$

$Q^{(i)}$ étant le coefficient de $\dfrac{R^i}{r^{i+1}}$ dans le développement du radical

$$\frac{1}{\sqrt{r^2 - 2Rr\left[\mu\mu' + \sqrt{1 - \mu'^2}\sqrt{1 - \mu^2}\cos(\varpi - \varpi')\right] + R^2}}.$$

Le terme dépendant de $\cos n(\varpi - \varpi')$ dans le développement de ce radical ne peut résulter que des puissances de $\cos(\varpi - \varpi')$ égales à n, $n+2$, $n+4, \ldots$: ainsi, $\cos(\varpi - \varpi')$ ayant pour facteur $\sqrt{1 - \mu^2}$, $\mathcal{C}$ doit avoir pour facteur $(1 - \mu^2)^{\frac{n}{2}}$. Il est facile de voir, par la considération du développement du radical, que $\mathcal{C}$ est de cette forme

$$(1 - \mu^2)^{\frac{n}{2}}\left(A \mu^{i-n} + A^{(1)} \mu^{i-n-2} + A^{(2)} \mu^{i-n-4} + \ldots\right).$$

Si l'on substitue cette valeur dans l'équation différentielle en $\mathcal{C}$, la comparaison des puissances semblables de μ donnera

$$A^{(s)} = - \frac{(i - n - 2s + 2)(i - n - 2s + 1)}{2s(2i - 2s + 1)} A^{(s-1)},$$

d'où l'on tire, en faisant successivement $s = 1$, $s = 2, \dots$, les valeurs de $A^{(1)}$, $A^{(2)}, \dots$, et par conséquent

$$\mathcal{E} = A(1-\mu^2)^{\frac{n}{2}}\left\{ \mu^{i-n} - \frac{(i-n)(i-n-1)}{2.(2i-1)}\mu^{i-n-2} + \frac{(i-n)(i-n-1)(i-n-2)(i-n-3)}{2.4.(2i-1)(2i-3)}\mu^{i-n-4} \\ - \frac{(i-n)(i-n-1)(i-n-2)(i-n-3)(i-n-4)(i-n-5)}{2.4.6.(2i-1)(2i-3)(2i-5)}\mu^{i-n-6} + \dots \right\}.$$

A est une fonction de μ' indépendante de μ; or, μ et μ' entrant de la même manière dans le radical précédent, ils doivent entrer de la même manière dans l'expression de $\mathcal{E}$; on a donc

$$A = \gamma(1-\mu'^2)^{\frac{n}{2}}\left[\mu'^{i-n} - \frac{(i-n)(i-n-1)}{2.(2i-1)}\mu'^{i-n-2} + \dots \right],$$

γ étant un coefficient indépendant de μ et de μ'; partant,

$$\mathcal{E} = \gamma(1-\mu'^2)^{\frac{n}{2}}\left[\mu'^{i-n} - \frac{(i-n)(i-n-1)}{2.(2i-1)}\mu'^{i-n-2} + \dots \right](1-\mu^2)^{\frac{n}{2}}\left[\mu^{i-n} - \frac{(i-n)(i-n-1)}{2.(2i-1)}\mu^{i-n-2} + \dots \right].$$

On voit ainsi que $\mathcal{E}$ se partage en trois facteurs, le premier indépendant de μ et de μ', le second fonction de μ' seul, et le troisième fonction semblable en μ. Il ne s'agit plus que de déterminer γ.

Pour cela, nous observerons que, si $i - n$ est pair, on a, en supposant $\mu = 0$, $\mu' = 0$,

$$\mathcal{E} = \frac{\gamma[1.2.3\dots(i-n)]^2}{[2.4\dots(i-n).(2i-1)(2i-3)\dots(i+n+1)]^2} = \frac{\gamma[1.3.5\dots(i-n-1).1.3.5\dots(i+n-1)]^2}{[1.3.5\dots(2i-1)]^2}$$

Si $i - n$ est impair, on aura, en ne conservant que la première puissance de μ et de μ',

$$\mathcal{E} = \frac{\gamma\mu\mu'.[1.2.3\dots(i-n)]^2}{[2.4\dots(i-n-1).(2i-1)(2i-3)\dots(i+n+2)]^2} = \frac{\gamma\mu\mu'.[1.3.5\dots(i-n).1.3.5\dots(i+n)]^2}{[1.3.5\dots(2i-1)]^2}.$$

Le radical précédent devient, en négligeant les carrés de μ et de μ',

$$(f)\quad [r^2 - 2Rr\cos(\varpi-\varpi') + R^2]^{-\frac{1}{2}} + Rr\mu\mu'[r^2 - 2Rr\cos(\varpi-\varpi') + R^2]^{-\frac{1}{2}};$$

si l'on substitue, au lieu de $\cos(\varpi - \varpi')$, sa valeur en exponentielles imaginaires, et si l'on nomme c le nombre dont le logarithme hyperbolique est l'unité, la partie indépendante de $\mu\mu'$ devient

$$\left(r - \mathrm{R}c^{(\varpi-\varpi')\sqrt{-1}}\right)^{-\frac{1}{2}}\left(r - \mathrm{R}c^{-(\varpi-\varpi')\sqrt{-1}}\right)^{-\frac{1}{2}}.$$

Le coefficient de $\dfrac{\mathrm{R}^i}{r^{i+1}} \dfrac{c^{n(\varpi-\varpi')\sqrt{-1}} + c^{-n(\varpi-\varpi')\sqrt{-1}}}{2}$ ou de $\dfrac{\mathrm{R}^i}{r^{i+1}} \cos n(\varpi - \varpi')$ dans le développement de cette fonction est

$$\frac{2.1.3.5\ldots(i+n-1).1.3.5\ldots(i-n-1)}{2.4.6\ldots(i+n).2.4.6\ldots(i-n)};$$

c'est la valeur de $\mathcal{E}$ lorsque $i-n$ est pair. En la comparant à celle que nous venons de trouver dans le même cas, on aura

$$\gamma = 2\left[\frac{1.3.5\ldots(2i-1)}{1.2.3\ldots i}\right]^2 \frac{i(i-1)\ldots(i-n+1)}{(i+1)(i+2)\ldots(i+n)}.$$

Lorsque $n = 0$, il ne faut prendre que la moitié de ce coefficient, et alors on a

$$\gamma = \left[\frac{1.3.5\ldots(2i-1)}{1.2.3\ldots i}\right]^2.$$

Pareillement, le coefficient de $\dfrac{\mathrm{R}^i}{r^{i+1}} \mu\mu' \cos n(\varpi - \varpi')$ dans la fonction (f) est

$$\frac{2.1.3.5\ldots(i+n).1.3.5\ldots(i-n)}{2.4.6\ldots(i+n-1).2.4.6\ldots(i-n-1)};$$

c'est le coefficient de $\mu\mu'$ dans la valeur de $\mathcal{E}$, lorsque l'on néglige les carrés de μ et de μ', et lorsque $i-n$ est impair. En le comparant à l'expression que nous venons de trouver pour ce coefficient dans le même cas, on aura

$$\gamma = 2\left[\frac{1.3.5\ldots(2i-1)}{1.2.3\ldots i}\right]^2 \frac{i(i-1)\ldots(i-n+1)}{(i+1)(i+2)\ldots(i+n)},$$

expression qui est la même que dans le cas de $i-n$ pair. Si $n = 0$, on aura encore

$$\gamma = \left[\frac{1.3.5\ldots(2i-1)}{1.2.3\ldots i}\right]^2.$$

6.

16. De ce qui précède nous pouvons conclure la forme générale des fonctions $Y^{(i)}$ de μ, $\sqrt{1-\mu^2}\sin\varpi$ et $\sqrt{1-\mu^2}\cos\varpi$, qui satisfont à l'équation aux différences partielles

$$0 = \frac{\partial.\left(1-\mu^2\right)\dfrac{\partial Y^{(i)}}{\partial\mu}}{\partial\mu} + \frac{\dfrac{\partial^2 Y^{(i)}}{\partial\varpi^2}}{1-\mu^2} + i(i+1)\,Y^{(i)}.$$

En désignant par ε le coefficient de $\sin n\varpi$ ou de $\cos n\varpi$ dans la fonction $Y^{(i)}$, on aura

$$0 = \frac{\partial.\left(1-\mu^2\right)\dfrac{\partial\varepsilon}{\partial\mu}}{\partial\mu} - \frac{n^2\varepsilon}{1-\mu^2} + i(i+1)\,\varepsilon.$$

ε est égal à $\left(1-\mu^2\right)^{\frac{n}{2}}$ multiplié par une fonction rationnelle et entière de μ, et dans ce cas on a, par le numéro précédent,

$$\varepsilon = A^{(n)}\left(1-\mu^2\right)^{\frac{n}{2}}\left[\mu^{i-n} - \frac{(i-n)(i-n-1)}{2.(2i-1)}\,\mu^{i-n-2} + \ldots\right],$$

$A^{(n)}$ étant une arbitraire; ainsi, la partie de $Y^{(i)}$ dépendante de l'angle $n\varpi$ est

$$\left(1-\mu^2\right)^{\frac{n}{2}}\left(\mu^{i-n} - \frac{(i-n)(i-n-1)}{2.(2i-1)}\,\mu^{i-n-2} + \ldots\right)\left(A^{(n)}\sin n\varpi + B^{(n)}\cos n\varpi\right),$$

$A^{(n)}$ et $B^{(n)}$ étant deux arbitraires. Si l'on fait successivement, dans cette fonction, $n=0$, $n=1$, $n=2$, ..., $n=i$, la somme de toutes les fonctions qui en résulteront sera l'expression générale de $Y^{(i)}$, et cette expression renfermera $2i+1$ arbitraires $B^{(0)}$, $A^{(1)}$, $B^{(1)}$, $A^{(2)}$, $B^{(2)}$,....

Considérons maintenant une fonction S, rationnelle et entière de l'ordre s, des trois coordonnées orthogonales x, y, z. Si l'on représente par R la distance du point déterminé par ces coordonnées à leur origine, par θ l'angle formé par R et par l'axe des x, et par ϖ l'angle que le plan des x et des y forme avec le plan passant par R et par l'axe des x, on aura

$$x = R\mu, \qquad y = R\sqrt{1-\mu^2}\cos\varpi, \qquad z = R\sqrt{1-\mu^2}\sin\varpi.$$

En substituant ces valeurs dans S et en développant cette fonction en sinus et cosinus de l'angle ϖ et de ses multiples, si S est la fonction la plus générale de l'ordre s, alors $\sin n\varpi$ et $\cos n\varpi$ seront multipliés par des fonctions de la forme

$$(1 - \mu^2)^{\frac{n}{2}} (A \mu^{s-n} + B \mu^{s-n-1} + C \mu^{s-n-2} + \ldots);$$

ainsi la partie de S dépendante de l'angle $n\varpi$ renfermera $2(s - n + 1)$ constantes indéterminées. La partie de S dépendante de l'angle ϖ et de ses multiples renfermera donc $s(s + 1)$ indéterminées; la partie indépendante de ϖ en renfermera $s + 1$; S renfermera donc $(s + 1)^2$ constantes indéterminées.

La fonction $Y^{(0)} + Y^{(1)} + Y^{(2)} + \ldots + Y^{(s)}$ renferme pareillement $(s + 1)^2$ constantes indéterminées, puisque la fonction $Y^{(i)}$ en renferme $2i + 1$; on peut donc transformer S dans une fonction de cette forme, et voici la manière la plus simple d'exécuter cette transformation.

On prendra, par ce qui précède, l'expression la plus générale de $Y^{(s)}$; on la retranchera de S, et l'on déterminera les arbitraires de $Y^{(s)}$, de manière que les puissances et les produits de μ et de $\sqrt{1 - \mu^2}$ de l'ordre s disparaissent de la différence $S - Y^{(s)}$; cette différence deviendra ainsi une fonction de l'ordre $s - 1$, que nous désignerons par S'. On prendra l'expression la plus générale de $Y^{(s-1)}$, on la retranchera de S', et l'on déterminera les arbitraires de $Y^{(s-1)}$, de manière que les puissances et les produits de μ et de $\sqrt{1 - \mu^2}$ de l'ordre $s - 1$ disparaissent de la différence $S' - Y^{(s-1)}$. En continuant ainsi, on déterminera les fonctions $Y^{(s)}$, $Y^{(s-1)}$, $Y^{(s-2)}$, ..., dont la somme forme S.

17. Reprenons maintenant l'équation du n° 15,

$$U^{(i)} = \iiint \rho R^{i+2} dR \, d\mu' d\varpi' . Q^{(i)}.$$

Supposons R fonction de μ', ϖ' et d'un paramètre a, constant pour toutes les couches de même densité et variable d'une couche à l'autre.

La différence $d\mathrm{R}$ étant prise en supposant μ' et ϖ' constants, on aura $d\mathrm{R} = \dfrac{\partial \mathrm{R}}{\partial a}\,da$; partant

$$\mathrm{U}^{(i)} = \frac{1}{i+3}\int\int\int \rho\,\frac{\partial.\mathrm{R}^{i+3}}{\partial a}\,da\,d\mu'\,d\varpi'\,.\,\mathrm{Q}^{(i)}.$$

Concevons R^{i+3} développé dans une suite de cette forme

$$\mathrm{Z}'^{(0)} + \mathrm{Z}'^{(1)} + \mathrm{Z}'^{(2)} + \mathrm{Z}'^{(3)} + \ldots,$$

$\mathrm{Z}'^{(i)}$ étant, quel que soit i, une fonction rationnelle et entière de μ', $\sqrt{1-\mu'^2}\sin\varpi'$ et $\sqrt{1-\mu'^2}\cos\varpi'$, qui satisfait à l'équation aux différences partielles

$$0 = \frac{\partial.(1-\mu'^2)\dfrac{\partial \mathrm{Z}'^{(i)}}{\partial \mu'}}{\partial \mu'} + \frac{\dfrac{\partial^2 \mathrm{Z}'^{(i)}}{\partial \varpi'^2}}{1-\mu'^2} + i(i+1)\mathrm{Z}'^{(i)}.$$

La différence de $\mathrm{Z}'^{(i)}$ prise par rapport à a satisfait encore à cette équation, et par conséquent elle est de la même forme; on ne doit donc, en vertu du théorème général du n° **12**, considérer que le terme $\mathrm{Z}'^{(i)}$ dans le développement de R^{i+3}, et alors on a

$$\mathrm{U}^{(i)} = \frac{1}{i+3}\int\int\int \rho\,\frac{\partial \mathrm{Z}'^{(i)}}{\partial a}\,da\,d\mu'\,d\varpi'\,.\,\mathrm{Q}^{(i)}.$$

Lorsque le sphéroïde est homogène et peu différent d'une sphère, on peut supposer $\rho=1$ et $\mathrm{R}=a(1+\alpha y')$; on a alors, en intégrant par rapport à a,

$$\mathrm{U}^{(i)} = \frac{1}{i+3}\int\int \mathrm{Z}'^{(i)}\,d\mu'\,d\varpi'\,.\,\mathrm{Q}^{(i)}.$$

De plus, si l'on suppose y' développé dans une suite de la forme

$$\mathrm{Y}'^{(0)} + \mathrm{Y}'^{(1)} + \mathrm{Y}'^{(2)} + \mathrm{Y}'^{(3)} + \ldots,$$

$\mathrm{Y}'^{(i)}$ satisfaisant à la même équation aux différences partielles que $\mathrm{Z}'^{(i)}$, on aura, en négligeant les quantités de l'ordre α^2, $\mathrm{Z}'^{(i)} = (i+3)\alpha a^{i+3}\mathrm{Y}'^{(i)}$; on aura donc

$$\mathrm{U}^{(i)} = \alpha a^{i+3}\int\int \mathrm{Y}'^{(i)}\,d\mu'\,d\varpi'\,.\,\mathrm{Q}^{(i)}.$$

Si l'on désigne par $Y^{(i)}$ ce que devient $Y'^{(i)}$, lorsque l'on y change μ et ϖ' dans μ et ϖ, on a, par le n° 11,

$$U^{(i)} = \frac{4\,\alpha\pi\,a^{i+3}}{2\,i+1}\,Y^{(i)};$$

on a donc ce résultat remarquable

$$(1)\qquad \int\!\int Y'^{(i)}\,d\mu'\,d\varpi'.\,Q^{(i)} = \frac{4\,\pi\,Y^{(i)}}{2\,i+1}.$$

Cette équation ayant lieu quel que soit $Y'^{(i)}$, on doit en conclure généralement que la double intégration de la fonction $\int\!\int Z'^{(i)}\,d\mu'\,d\varpi'.\,Q^{(i)}$, prise depuis $\mu' = -1$ jusqu'à $\mu' = 1$, et depuis $\varpi' = 0$ jusqu'à $\varpi' = 2\pi$, ne fait que transformer $Z'^{(i)}$ dans $\frac{4\pi Z^{(i)}}{2\,i+1}$, $Z^{(i)}$ étant ce que devient $Z'^{(i)}$ lorsque l'on y change μ' et ϖ' dans μ et ϖ; on a donc

$$U^{(i)} = \frac{4\pi}{(i+3)(2\,i+1)}\int \rho\,\frac{\partial Z^{(i)}}{\partial a}\,da,$$

et la triple intégration dont dépend $U^{(i)}$ se réduit à une seule intégration prise par rapport à a, depuis $a = 0$ jusqu'à sa valeur à la surface du sphéroïde.

L'équation (1) offre un moyen très-simple d'intégrer la fonction $\int\!\int Y^{(i)} Z^{(i)}\,d\mu\,d\varpi$, depuis $\mu = -1$ jusqu'à $\mu = 1$, et depuis $\varpi = 0$ jusqu'à $\varpi = 2\pi$. En effet, la partie de $Y^{(i)}$ dépendante de l'angle $n\varpi$ est, par ce qui précède, de la forme $\lambda\,(A^{(n)}\sin n\varpi + B^{(n)}\cos n\varpi)$, λ étant égal à

$$(1-\mu^2)^{\frac{n}{2}}\left(\mu^{i-n} - \frac{'i-n''i-n-1)}{2.(2\,i-1)}\,\mu^{i-n-2} + \ldots\right);$$

on aura donc

$$Y'^{(i)} = \lambda'\,(A^{(n)}\sin n\varpi' + B^{(n)}\cos n\varpi').$$

λ' étant ce que devient λ lorsque μ se change en μ'. La partie de Q^{i} dépendante de l'angle $n\varpi$ est, par le numéro précédent,

$$\gamma\lambda\lambda'\cos n(\varpi - \varpi'),\qquad \text{ou}\qquad \gamma\lambda\lambda'\,(\cos n\varpi\cos n\varpi' + \sin n\varpi\sin n\varpi');$$

ainsi la partie de l'intégrale $\iint Y^{(i)} d\mu' d\varpi' . Q^{(i)}$ dépendante de l'angle $n\varpi$ sera

$$\gamma\lambda.\sin n\varpi . \iint \lambda'^2 d\mu' d\varpi' \sin n\varpi' \left(A^{(n)} \sin n\varpi' + B^{(n)} \cos n\varpi'\right)$$
$$+ \gamma\lambda.\cos n\varpi . \iint \lambda'^2 d\mu' d\varpi' \cos n\varpi' \left(A^{(n)} \sin n\varpi' + B^{(n)} \cos n\varpi'\right).$$

En exécutant les intégrations relatives à ϖ', cette partie devient

$$\gamma\lambda\pi \left(A^{(n)} \sin n\varpi + B^{(n)} \cos n\varpi\right) \int \lambda'^2 d\mu' ;$$

mais, en vertu de l'équation (1), cette même partie est égale à

$$-\frac{4\pi}{2i+1} \lambda.\left(A^{(n)} \sin n\varpi + B^{(n)} \cos n\varpi\right);$$

on a donc

$$\int \lambda'^2 d\mu' = \frac{4}{(2i+1)\gamma} .$$

Représentons maintenant par $\lambda\left(A'^{(n)} \sin n\varpi + B'^{(n)} \cos n\varpi\right)$ la partie de $Z^{(i)}$ dépendante de l'angle $n\varpi$. Cette partie doit seule être combinée avec la partie correspondante de $Y^{(i)}$, parce que les termes dépendants des sinus et cosinus de l'angle ϖ et de ses multiples disparaissent par l'intégration dans la fonction $\iint Y^{(i)} Z^{(i)} d\mu. d\varpi$, intégrée depuis $\varpi = 0$ jusqu'à $\varpi = 2\pi$; on aura ainsi, en n'ayant égard qu'à la partie de $Y^{(i)}$ dépendante de l'angle $n\varpi$,

$$\iint Y^{(i)} Z^{(i)} d\mu. d\varpi = \iint \lambda^2 d\mu. d\varpi \left(A^{(n)} \sin n\varpi + B^{(n)} \cos n\varpi\right) \left(A'^{(n)} \sin n\varpi + B'^{(n)} \cos n\varpi\right)$$
$$= \pi \left(A^{(n)} A'^{(n)} + B^{(n)} B'^{(n)}\right) \int \lambda^2 d\mu = \frac{4\pi}{(2i+1)\gamma} \left(A^{(n)} A'^{(n)} + B^{(n)} B'^{(n)}\right).$$

En supposant donc successivement, dans le dernier membre, $n = 0$, $n = 1$, $n = 2, \ldots, n = i$, la somme de tous ces termes sera la valeur de l'intégrale $\iint Y^{(i)} Z^{(i)} d\mu. d\varpi$.

Si le sphéroïde est de révolution, en sorte que l'axe avec lequel le rayon R forme l'angle θ soit l'axe même de révolution, l'angle ϖ disparaîtra de l'expression de $Z^{(i)}$, qui devient alors de cette forme

$$\frac{1.3.5 \ldots (2i-1)}{1.2.3 \ldots i} A^{(i)} \left(\mu^i - \frac{i(i-1)}{2.(2i-1)} \mu^{i-2} + \frac{i(i-1)(i-2)(i-3)}{2.4.(2i-1)(2i-3)} \mu^{i-4} - \ldots\right),$$

$A^{(i)}$ étant une fonction de a. Nommons $\lambda^{(i)}$ le coefficient de $A^{(i)}$ dans cette fonction; le produit

$$\left(\frac{1.3.5\ldots(2i-1)}{1.2.3\ldots i}\right)^2 \left(1 - \frac{i(i-1)}{2.(2i-1)} + \ldots\right)^2$$

est, par le numéro précédent, le coefficient de $\dfrac{R^i}{r^{i+1}}$ dans le développement du radical

$$\left\{r^2 - 2Rr\left[\mu\mu' + \sqrt{1-\mu^2}\sqrt{1-\mu'^2}\cos(\varpi - \varpi')\right] + R^2\right\}^{-\frac{1}{2}},$$

lorsque l'on y suppose μ et μ' égaux à l'unité. Ce coefficient est alors égal à 1; on a donc

$$\frac{1.3.5\ldots(2i-1)}{1.2.3\ldots i}\left(1 - \frac{i(i-1)}{2.(2i-1)} + \ldots\right) = 1,$$

c'est-à-dire que $\lambda^{(i)}$ se réduit à l'unité lorsque $\mu = 1$. On a ensuite

$$U^{(i)} = \frac{4\pi\lambda^{(i)}}{(i+3)(2i+1)} \int \rho\, \frac{dA^{(i)}}{da}\, da.$$

Relativement à l'axe de révolution, $\mu = 1$, et par conséquent

$$U^{(i)} = \frac{4\pi}{(i+3)(2i+1)} \int \rho\, \frac{dA^{(i)}}{da}\, da;$$

donc, si l'on suppose que, relativement à un point placé sur le prolongement de cet axe, on a

$$V = \frac{B^{(0)}}{r} + \frac{B^{(1)}}{r^2} + \frac{B^{(2)}}{r^3} + \ldots,$$

on aura la valeur de V relative à une autre point placé à la même distance de l'origine des coordonnées, mais sur un rayon qui fait avec l'axe de révolution un angle dont μ est le cosinus, en multipliant les termes de cette valeur respectivement par $\lambda^{(0)}$, $\lambda^{(1)}$, $\lambda^{(2)}$, ...

Dans le cas où le sphéroïde n'est point de révolution, cette méthode donnera la partie de V indépendante de l'angle ϖ; on déterminera

l'autre partie de cette manière. Supposons, pour simplifier, le sphéroïde tel, qu'il soit partagé en deux parties égales et semblables soit
par l'équateur, soit par le méridien où l'on fixe l'origine de l'angle ϖ,
soit par le méridien qui lui est perpendiculaire. Alors V sera fonction
de μ^2, $\sin^2\varpi$ et $\cos^2\varpi$, ou, ce qui revient au même, il sera fonction
de μ^2 et des cosinus de l'angle 2ϖ et de ses multiples; $U^{(i)}$ sera donc
nul lorsque i est impair, et, dans le cas où il est pair, le terme dépendant de l'angle $2n\varpi$ sera de la forme

$$C^{(i)}(1-\mu^2)^n\left(\mu^{i-2n}-\frac{(i-2n)(i-2n-1)}{2.(2i-1)}\mu^{i-2n-2}+\dots\right)\cos 2n\varpi.$$

Relativement à un point attiré, situé dans le plan de l'équateur où
$\mu=0$, la partie de V dépendante de ce terme devient

$$\pm\frac{C^{(i)}}{r^{i+1}}\frac{1.3.5\dots(i-2n-1)}{(i+2n+1)(i+2n+3)\dots(2i-1)}\cos 2n\varpi,$$

d'où il suit qu'ayant développé V dans une série ordonnée par rapport
aux cosinus de l'angle 2ϖ et de ses multiples, lorsque le point attiré
est situé dans le plan de l'équateur, il suffira, pour étendre cette valeur à un point quelconque attiré, de multiplier les termes dépendants
de $\dfrac{\cos 2n\varpi}{r^{i+1}}$ par la fonction

$$\pm\frac{(i+2n+1)\dots(2i-1)}{1.3.5\dots(i-2n-1)}(1-\mu^2)^n\left(\mu^{i-2n}-\frac{(i-2n)(i-2n-1)}{2.(2i-1)}\mu^{i-2n-2}+\dots\right);$$

on aura donc ainsi la valeur entière de V, lorsque cette valeur sera
déterminée en série pour les deux cas où le point attiré est situé sur le
prolongement de l'axe du pôle et où il est situé dans le plan de l'équateur, ce qui simplifie beaucoup la recherche de cette valeur.

Le sphéroïde que nous venons de considérer comprend l'ellipsoïde.
Relativement à un point attiré situé sur l'axe du pôle, que nous supposerons être l'axe des x, on a, par le n° 2, $b=0$, $c=0$, et alors l'expression de V du n° 5 est intégrable par rapport à p. Relativement à un
point situé dans le plan de l'équateur, on a $a=0$, et la même expres-

sion de V devient encore, par les méthodes connues, intégrable par rapport à q, en y faisant $\tan g q = t$. Dans ces deux cas, l'intégrale étant prise par rapport à une de ces variables dans ses limites, elle devient ensuite possible par rapport à l'autre, et l'on trouve que, M étant la masse du sphéroïde, la valeur de $\frac{V}{M}$ est indépendante du demi-axe k du sphéroïde, perpendiculaire à l'équateur, et ne dépend que des excentricités de l'ellipsoïde. En multipliant donc les différents termes des valeurs de $\frac{V}{M}$ relatives à ces deux cas, et réduites en séries ordonnées suivant les puissances de $\frac{1}{r}$, par les facteurs dont nous venons de parler, pour avoir la valeur de $\frac{V}{M}$ relative à un point quelconque attiré, la fonction qui en résultera sera indépendante de k et ne dépendra que des excentricités, ce qui fournit une nouvelle démonstration du théorème que nous avons démontré dans le n° 6.

Si le point attiré est placé dans l'intérieur du sphéroïde, l'attraction qu'il éprouve dépend, comme on l'a vu dans le n° 9, de la fonction $v^{(i)}$, et l'on a, par le numéro cité,

$$v^{(i)} = \iiint \frac{\rho \, dR \, d\mu' \, d\varpi' . \, Q^{(i)}}{R^{i-1}}.$$

équation que l'on peut mettre sous cette forme

$$v^{(i)} = \frac{1}{2-i} \iiint \rho \, \frac{\partial . R^{2-i}}{\partial a} \, da \, d\mu' d\varpi' . \, Q^{(i)}.$$

Supposons R^{2-i} développé dans une suite de la forme

$$z'^{(0)} + z'^{(1)} + z'^{(2)} + \ldots,$$

$z'^{(i)}$ satisfaisant à l'équation aux différences partielles

$$0 = \frac{\partial . \left(1 - \mu'^2 \right) \frac{\partial z'^{(i)}}{\partial \mu'}}{\partial \mu'} + \frac{\frac{\partial^2 z'^{(i)}}{\partial \varpi'^2}}{1 - \mu'^2} + i(i+1) \, z'^{(i)}.$$

Si de plus on nomme $z^{(i)}$ ce que devient $z'^{(i)}$ lorsque l'on y change μ' en μ et ϖ' en ϖ, on aura, par ce qui précède,

$$v^{(i)} = \frac{4\pi}{(2i+1)(2-i)} \int \rho \, \frac{\partial z^{(i)}}{\partial a} \, da;$$

on aura donc ainsi l'expression de V relative à toutes les couches du sphéroïde qui enveloppent le point attiré. La valeur de V relative aux couches par rapport auxquelles il est extérieur se déterminera comme on vient de le voir.

CHAPITRE III.

DE LA FIGURE D'UNE MASSE FLUIDE HOMOGÈNE EN ÉQUILIBRE, ET DOUÉE D'UN MOUVEMENT DE ROTATION.

18. Après avoir exposé, dans les deux Chapitres précédents, la théorie des attractions des sphéroïdes, nous allons considérer la figure qu'ils doivent prendre en vertu de l'action mutuelle de leurs parties et des autres forces qui les animent. Nous chercherons d'abord la figure qui satisfait à l'équilibre d'une masse fluide homogène douée d'un mouvement de rotation, et nous donnerons une solution rigoureuse de ce problème.

Soient a, b, c les coordonnées rectangles d'un point quelconque de la surface de cette masse, et P, Q, R les forces qui le sollicitent parallèlement à ces coordonnées, ces forces étant supposées tendre à les diminuer. Il résulte du n° 34 du premier Livre que, pour l'équilibre de la masse fluide, il suffit que l'on ait

$$ o = P\,da + Q\,db + R\,dc, $$

pourvu que, dans l'évaluation des forces P, Q, R, on ait égard à la force centrifuge due au mouvement de rotation.

Pour évaluer ces forces, nous supposerons que la figure de la masse fluide est celle d'un ellipsoïde de révolution, dont l'axe de rotation est l'axe même de révolution. Si les forces P, Q, R, qui résultent de cette hypothèse, substituées dans l'équation précédente de l'équilibre, donnent l'équation différentielle de la surface de l'ellipsoïde, l'hypothèse précédente est légitime, et la figure elliptique satisfait à l'équilibre de la masse fluide.

Supposons que l'axe des a soit l'axe même de révolution : l'équation
à la surface de l'ellipsoïde sera de cette forme,

$$a^2 + m(b^2 + c^2) = k^2,$$

l'origine des coordonnées a, b, c étant au centre de l'ellipsoïde. k sera
le demi-axe de révolution, et, si l'on nomme M la masse de l'ellipsoïde, on aura, par le n° 2,

$$M = \frac{4\pi\rho k^3}{3m},$$

ρ étant la densité du fluide. Si l'on fait, comme dans le n° 3, $\frac{1 - m}{m} = \lambda^2$,
on aura $m = \frac{1}{1 + \lambda^2}$, et par conséquent

$$M = \frac{4\pi\rho}{3} k^3 (1 + \lambda^2),$$

équation qui donnera le demi-axe k, lorsque λ sera déterminé. Soit

$$A' = \frac{4\pi\rho(1 + \lambda^2)}{\lambda^3} (\lambda - \text{arc tang}\lambda),$$

$$B' = \frac{4\pi\rho}{2\lambda^3} [(1 + \lambda^2) \text{arc tang}\lambda - \lambda];$$

on aura, par le n° 3, en n'ayant égard qu'à l'attraction de la masse
fluide.

$$P = A'a, \quad Q = B'b, \quad R = B'c.$$

Si l'on nomme g la force centrifuge à la distance 1 de l'axe de rotation,
cette force, à la distance $\sqrt{b^2 + c^2}$ du même axe, sera $g\sqrt{b^2 + c^2}$; en la
décomposant parallèlement aux coordonnées b et c, il en résultera
dans Q le terme $-gb$, et dans R le terme $-gc$; on aura ainsi, en ayant
égard à toutes les forces qui animent les molécules de la surface,

$$P = A'a, \quad Q = (B' - g)b, \quad R = (B' - g)c;$$

l'équation précédente de l'équilibre deviendra donc

$$0 = a\,da + \frac{B' - g}{A'} (b\,db + c\,dc).$$

L'équation différentielle de la surface de l'ellipsoïde est, en y substituant pour m sa valeur $\dfrac{1}{1+\lambda^2}$,

$$0 = a\,da + \frac{b\,db + c\,dc}{1+\lambda^2} ;$$

en la comparant à la précédente, on aura

(1) $$(1+\lambda^2)(B'-g) = A';$$

si l'on substitue pour A' et B' leurs valeurs, et si l'on fait $\frac{g}{\frac{4}{3}\pi\rho} = q$, on aura

(2) $$0 = \frac{9\lambda + 2q\lambda^3}{9+3\lambda^2} - \text{arc tang}\,\lambda :$$

en déterminant donc λ par cette équation, qui est indépendante des coordonnées a, b, c, on fera coïncider l'équation de l'équilibre avec celle de la surface de l'ellipsoïde; d'où il suit que la surface elliptique satisfait à l'équilibre, du moins lorsque le mouvement de rotation est tel que la valeur de λ^2 n'est pas imaginaire, ou lorsque, étant négative, elle n'est pas égale ou plus grande que l'unité. Le cas de λ^2 imaginaire donnerait un solide imaginaire; celui de $\lambda^2 = -1$ donnerait un paraboloïde, et celui de λ^2 négatif et plus grand que l'unité donnerait un hyperboloïde.

19. Si l'on nomme p la pesanteur à la surface de l'ellipsoïde, on aura

$$p = \sqrt{P^2 + Q^2 + R^2}.$$

Dans l'intérieur de l'ellipsoïde, les forces P, Q, R sont proportionnelles aux coordonnées a, b, c; car on a vu, dans le n° 3, que les attractions de l'ellipsoïde, parallèlement à ces coordonnées, leur sont respectivement proportionnelles, ce qui a également lieu pour la force centrifuge décomposée parallèlement aux mêmes coordonnées. Il suit de là que les pesanteurs aux divers points d'un rayon mené du centre de l'ellipsoïde à sa surface ont des directions parallèles, et sont proportionnelles aux distances à ce centre; en sorte que, si l'on connaît la pesanteur à sa surface, on aura la pesanteur dans l'intérieur du sphéroïde.

Si, dans l'expression de p, on substitue pour P, Q, R leurs valeurs données dans le numéro précédent, on aura

$$p = \sqrt{A'^2 a^2 + (B' - g)^2 (b^2 + c^2)},$$

d'où l'on tire, en vertu de l'équation (1) du numéro précédent,

$$p = A' \sqrt{a^2 + \frac{b^2 + c^2}{(1 + \lambda^2)^2}};$$

mais l'équation de la surface de l'ellipsoïde donne $\dfrac{b^2 + c^2}{1 + \lambda^2} = k^2 - a^2$: on aura donc

$$p = A' \frac{\sqrt{k^2 + \lambda^2 a^2}}{\sqrt{1 + \lambda^2}}.$$

a est égal à k au pôle, il est nul à l'équateur; d'où il suit que la pesanteur au pôle est à la pesanteur à l'équateur comme $\sqrt{1 + \lambda^2}$ est à l'unité, et par conséquent comme le diamètre de l'équateur est à l'axe du pôle.

Nommons t la perpendiculaire à la surface de l'ellipsoïde, prolongée jusqu'à la rencontre de l'axe de révolution; on aura

$$t = \sqrt{(1 + \lambda^2)(k^2 + \lambda^2 a^2)};$$

partant

$$p = \frac{A' t}{1 + \lambda^2};$$

ainsi la pesanteur est proportionnelle à t.

Soit ψ le complément de l'angle que t fait avec l'axe de révolution; ψ sera la latitude du point de la surface que l'on considère, et l'on aura, par la nature de l'ellipse,

$$t = \frac{(1 + \lambda^2)\, k}{\sqrt{1 + \lambda^2 \cos^2 \psi}};$$

on aura donc

$$p = \frac{A' k}{\sqrt{1 + \lambda^2 \cos^2 \psi}},$$

et, en substituant pour A′ sa valeur, on aura

$$(3)\qquad p = \frac{4\pi\rho k(1+\lambda^2)(\lambda - \text{arc tang}\,\lambda)}{\lambda^3\sqrt{1+\lambda^2\cos^2\psi}};$$

cette équation donne la relation entre la pesanteur et la latitude; mais il faut pour cela déterminer les constantes qu'elle renferme.

Soit T le nombre de secondes que la masse fluide emploie à tourner sur elle-même; la force centrifuge g, à la distance 1 de l'axe de rotation, sera, par le n° 9 du premier Livre, égale à $\frac{4\pi^2}{T^2}$; on aura donc

$$q = \frac{g}{\frac{4}{3}\pi\rho} = \frac{12\pi^2}{4\pi\rho T^2},$$

ce qui donne $4\pi\rho = \frac{12\pi^2}{qT^2}$. Le rayon osculateur du méridien elliptique est $\frac{(1+\lambda^2)k}{(1+\lambda^2\cos^2\psi)^{\frac{3}{2}}}$; en nommant donc c la grandeur du degré à la latitude ψ, on aura

$$\frac{(1+\lambda^2)\pi k}{(1+\lambda^2\cos^2\psi)^{\frac{3}{2}}} = 200\,c.$$

Cette équation, combinée avec la précédente, donne

$$\frac{4\pi\rho(1+\lambda^2)k}{\sqrt{1+\lambda^2\cos^2\psi}} = 200\,c(1+\lambda^2\cos^2\psi)\frac{12\pi}{qT^2};$$

on aura ainsi

$$p = 200\,c(1+\lambda^2\cos^2\psi)\frac{\lambda - \text{arc tang}\,\lambda}{\lambda^3}\,\frac{12\pi}{qT^2}.$$

Soit l la longueur du pendule simple qui fait une oscillation dans une seconde de temps; il résulte du n° 11 du premier Livre que $p = \pi^2 l$; en comparant ces deux expressions de p, on aura

$$(4)\qquad q = \frac{2400\,c(\lambda - \text{arc tang}\,\lambda)(1+\lambda^2\cos^2\psi)}{\pi l T^2\lambda^3};$$

cette équation et l'équation (2) du numéro précédent feront connaître les valeurs de q et de λ au moyen de la longueur l du pendule à secondes et de la grandeur c du degré du méridien, observées l'une et l'autre à la latitude ψ.

Supposons $\psi = 50^\circ$; ces équations donneront

$$q = \frac{800\,c}{\pi\,l\,\mathrm{T}^2} - \frac{1}{4}\left(\frac{800\,c}{\pi\,l\,\mathrm{T}^2}\right)^2 + \dots,$$

$$\lambda^2 = \tfrac{5}{2}q + \tfrac{15}{11}\cdot q^2 + \dots,$$

les observations donnent, comme on le verra dans la suite,

$$c = 100000^{m}, \qquad l = 0^{m},7\,4608;$$

on a de plus $\mathrm{T} = 99727$; on aura ainsi

$$q = 0,0034\,4957, \qquad \lambda^2 = 0,0086876 7.$$

Le rapport de l'axe de l'équateur à celui du pôle étant $\sqrt{1 + \lambda^2}$, il devient dans ce cas $1,0043344 1$; ces deux axes sont à fort peu près dans le rapport de $231,7$ à $230,7$, et, par ce qui précède, les pesanteurs au pôle et à l'équateur sont dans le même rapport.

On aura le demi-axe k du pôle au moyen de l'équation

$$k = \frac{200\,c\left(1 + \frac{1}{2}\lambda^2\right)^{\frac{3}{2}}}{\pi\left(1 + \lambda^2\right)} = \frac{200\,c}{\pi}\left(1 - \tfrac{1}{4}\lambda^2 + \dots\right),$$

ce qui donne

$$k = 6352534^{m}.$$

Pour avoir l'attraction d'une sphère du rayon k et d'une densité quelconque, on observera qu'une sphère du rayon k et de la densité ρ agit sur un point placé à sa surface avec une force égale à $\tfrac{4}{3}\pi\rho k$, et par conséquent, en vertu de l'équation (3), égale à $\dfrac{\lambda^3\,p\,\sqrt{1 + \frac{1}{2}\lambda^2}}{3\left(1 + \lambda^2\right)\left(\lambda - \mathrm{arc\,tang}\,\lambda\right)}$, ou à $p\left(1 - \tfrac{1}{10}\lambda^2 + \dots\right)$, ou enfin à $0,998697\cdot p$, p étant la pesanteur sur le parallèle de 50°. De là il est aisé de conclure la force attractive d'une sphère d'un rayon et d'une densité quelconques, sur un point placé au dehors ou dans son intérieur.

20. Si l'équation (2) du n° **18** était susceptible de plusieurs racines réelles, plusieurs figures d'équilibre conviendraient au même mouvement de rotation; voyons donc si cette équation a plusieurs racines réelles. Pour cela, nommons φ la fonction $\dfrac{9\lambda + 2q\lambda^3}{9 + 3\lambda^2}$ — arc tang λ, dont l'égalité à zéro produit l'équation (2). Il est facile de voir qu'en faisant croître λ depuis zéro jusqu'à l'infini, l'expression de φ commence et finit par être positive; ainsi, en imaginant une courbe dont λ soit l'abscisse et dont φ soit l'ordonnée, cette courbe coupera son axe lorsque $\lambda = 0$; les ordonnées seront ensuite positives et croissantes; parvenues à leur maximum, elles diminueront; la courbe coupera une seconde fois son axe, à un point qui déterminera la valeur de λ correspondante à l'état d'équilibre de la masse fluide; les ordonnées seront ensuite négatives, et, puisqu'elles sont positives lorsque $\lambda = \infty$, il est nécessaire que la courbe coupe une troisième fois son axe, ce qui détermine une seconde valeur de λ qui satisfait à l'équilibre. On voit ainsi que, pour une même valeur de q, ou pour un mouvement de rotation donné, il y a plusieurs figures avec lesquelles l'équilibre peut subsister.

Pour déterminer le nombre de ces figures, nous observerons que l'on a

$$d\varphi = \frac{6\lambda^2\, d\lambda\,[q\lambda^4 + (10q - 6)\lambda^2 + 9q]}{(3\lambda^2 + 9)^2(1 + \lambda^2)}.$$

La supposition de $d\varphi = 0$ donne

$$0 = q\lambda^4 + (10q - 6)\lambda^2 + 9q,$$

d'où l'on tire, en ne considérant que les valeurs positives de λ,

$$\lambda = \sqrt{\frac{3}{q} - 5 \pm \sqrt{\left(\frac{3}{q} - 5\right)^2 - 9}}.$$

Ces valeurs de λ déterminent les maxima et les minima de l'ordonnée φ; il n'y a donc que deux ordonnées semblables du côté des abscisses positives, ce qui exige que de ce côté la courbe ne coupe son axe qu'en trois points, en y comprenant l'origine; ainsi le nombre des figures qui satisfont à l'équilibre se réduit à deux.

8.

La courbe, du côté des abscisses négatives, étant exactement la même que du côté des abscisses positives, à la différence près du signe des ordonnées, elle coupe son axe de chaque côté, dans des points correspondants, équidistants de l'origine des coordonnées; les valeurs négatives de λ qui satisfont à l'équilibre sont donc, au signe près, les mêmes que les valeurs positives, ce qui donne les mêmes figures elliptiques, puisque le carré de λ entre seul dans la détermination de ces figures; il est par conséquent inutile de considérer la courbe du côté des abscisses négatives.

Si l'on suppose q fort petit, comme cela a lieu pour la Terre, on pourra satisfaire à l'équation (2) du n° 18 dans les deux hypothèses de λ^2 fort petit et de λ^2 fort grand. Dans la première on a, par le numéro précédent,

$$\lambda^2 = \tfrac{5}{2}q + \tfrac{35}{14}q^2 + \ldots$$

Pour avoir la valeur de λ^2 dans la seconde hypothèse, nous observerons qu'alors arc tangλ diffère très-peu de $\tfrac{1}{2}\pi$, en sorte que, si l'on suppose arc tang$\lambda = \tfrac{\pi}{2} - \alpha$, α sera un très-petit angle dont la tangente est $\tfrac{1}{\lambda}$; on aura donc

$$\alpha = \tfrac{1}{\lambda} - \tfrac{1}{3\lambda^3} + \tfrac{1}{5\lambda^5} - \ldots,$$

et par conséquent

$$\text{arc tang}\lambda = \tfrac{\pi}{2} - \tfrac{1}{\lambda} + \tfrac{1}{3\lambda^3} - \tfrac{1}{5\lambda^5} + \ldots;$$

l'équation (2) du n° 18 deviendra ainsi

$$\frac{9\lambda + 2q\lambda^3}{9 + 3\lambda^2} = \tfrac{\pi}{2} - \tfrac{1}{\lambda} + \tfrac{1}{3\lambda^3} - \ldots,$$

d'où l'on conclut, par le retour des suites,

$$\lambda = \frac{3\pi}{4q} - \frac{8}{\pi} + \frac{4q}{\pi}\left(1 - \frac{64}{3\pi^2}\right) + \ldots = 2{,}356195 \cdot \tfrac{1}{q} - 2{,}546479 - 1{,}478885 \cdot q + \ldots$$

On a vu, dans le numéro précédent, que, relativement à la Terre,

$q = 0,0034957$; cette valeur de q, substituée dans l'équation précédente, donne $\lambda = 680,49$. Ainsi le rapport des deux axes de l'équateur et du pôle, rapport qui est égal à $\sqrt{1 - \lambda^2}$, est, dans le cas du sphéroïde très-aplati, égal à 680,49.

La valeur de q a une limite au delà de laquelle l'équilibre est impossible avec une figure elliptique. Supposons, en effet, que la courbe ne coupe son axe qu'à son origine, et qu'elle ne fasse que le toucher ailleurs; on aura à ce point de contact $\varrho = 0$, et $d\varrho = 0$; la valeur de ϱ ne sera donc jamais négative du côté des abscisses positives, les seules que nous considérons ici. La valeur de q, déterminée par les deux équations $\varrho = 0$, $d\varrho = 0$, sera donc la limite de celles avec lesquelles l'équilibre peut subsister, en sorte qu'une plus grande valeur rend l'équilibre impossible; car, q étant supposé croître de f, la fonction ϱ augmente du terme $\dfrac{2f\lambda^3}{9 + 3\lambda^2}$; ainsi, la valeur de ϱ correspondante à q n'étant jamais négative, quel que soit λ, la même fonction correspondante à $q + f$ est constamment positive, et ne peut jamais devenir nulle; l'équilibre est donc alors impossible. Il résulte encore de cette analyse qu'il n'y a qu'une seule valeur réelle et positive de q qui satisfasse aux deux équations $\varrho = 0$ et $d\varrho = 0$. Ces équations donnent les suivantes

$$q = \frac{6\lambda^2}{(1 + \lambda^2)\,(9 + \lambda^2)},$$

$$0 = \frac{7\lambda^5 + 30\lambda^3 + 27\lambda}{(1 + \lambda^2)\,(3 + \lambda^2)\,(9 + \lambda^2)} - \operatorname{arc\,tang}\lambda.$$

La valeur de λ qui satisfait à cette dernière équation est $\lambda = 2,5292$, d'où l'on tire $q = 0,337007$; la quantité $\sqrt{1 - \lambda^2}$, qui exprime le rapport de l'axe de l'équateur à celui du pôle est, dans ce cas, égale à $2,7197$.

La valeur de q relativement à la Terre est égale à $0,0034957$. Cette valeur répond à une durée de rotation de $0^j,99727$; or on a généralement $q = \dfrac{g}{\frac{4}{3}\pi\rho}$, en sorte que, par rapport aux masses de même densité,

q est proportionnel à la force centrifuge g du mouvement de rotation, et par conséquent en raison inverse du carré du temps de la rotation; d'où il suit que, relativement à une masse de même densité que la Terre, le temps de la rotation qui répond à $q = 0,337007$ est de $0^j,10090$. De là résultent ces deux théorèmes :

Toute masse fluide homogène d'une densité égale à la moyenne densité de la Terre ne peut pas être en équilibre avec une figure elliptique, si le temps de sa rotation est moindre que $0^j,10090$. Si ce temps est plus considérable, il y a toujours deux figures elliptiques, et non davantage, qui satisfont à l'équilibre.

Si la densité de la masse fluide est différente de celle de la Terre, on aura le temps de la rotation, dans lequel l'équilibre cesse d'être possible avec une figure elliptique, en multipliant $0^j,10090$ par la racine carrée du rapport de la densité moyenne de la Terre à celle de la masse fluide.

Ainsi, relativement à une masse fluide dont la densité ne serait qu'un quart de celle de la Terre, ce qui a lieu à peu près pour le Soleil, ce temps serait de $0^j,20184$; et si la densité de la Terre, supposée fluide et homogène, était environ 98 fois moindre que sa densité actuelle, la figure qu'elle devrait prendre, pour satisfaire à son mouvement actuel de rotation, serait la limite de toutes les figures elliptiques avec lesquelles l'équilibre peut subsister. La densité de Jupiter étant environ cinq fois moindre que celle de la Terre, et la durée de sa rotation étant de $0^j,41377$, on voit que cette durée est dans les limites de celles de l'équilibre.

On pourrait croire que la limite de q est celle où le fluide commencerait à se dissiper, en vertu d'un mouvement de rotation trop rapide; mais il est facile de se convaincre du contraire, en observant que, par le n° 19, la pesanteur à l'équateur de l'ellipsoïde est à la pesanteur au pôle dans le rapport de l'axe du pôle à celui de l'équateur, rapport qui dans ce cas est celui de 1 à 2,7197; l'équilibre cesse donc d'être possible, parce qu'avec un mouvement de rotation plus rapide il est impossible de donner à la masse fluide une figure elliptique, telle que la résultante de son attraction et de la force centrifuge soit perpendiculaire à la surface.

Nous avons supposé jusqu'ici λ^2 positif, ce qui donne des sphéroïdes aplatis vers les pôles; examinons présentement si l'équilibre peut subsister avec une figure allongée vers les pôles. Soit alors $\lambda^2 = -\lambda'^2$; λ'^2 doit être positif et moindre que l'unité; autrement, l'ellipsoïde se changerait en hyperboloïde. La valeur précédente de $d\varphi$ donne.

$$\varphi = 6 \int \frac{\lambda^2 d\lambda . [q\lambda^4 + (10q - 6) \lambda^2 + 9q]}{(1 + \lambda^2) (9 + 3\lambda^2)^2},$$

l'intégrale étant prise depuis $\lambda = 0$. En substituant au lieu de λ sa valeur $\pm \lambda' \sqrt{-1}$, on aura

$$\varphi = \pm 6 \sqrt{-1} \int \frac{\lambda'^2 d\lambda' [q(1 - \lambda'^2) (9 - \lambda'^2) + 6\lambda'^2]}{(1 - \lambda'^2)(9 - 3\lambda'^2)^2};$$

or il est clair que les éléments de cette dernière intégrale sont tous de même signe, depuis $\lambda'^2 = 0$ jusqu'à $\lambda'^2 = 1$; la fonction φ ne peut donc jamais devenir nulle dans cet intervalle; ainsi l'équilibre ne peut subsister avec une figure allongée vers les pôles.

21. Si le mouvement de rotation primitivement imprimé à une masse fluide est plus rapide que celui qui convient à la limite de q, il ne faut pas en conclure qu'elle ne peut pas être en équilibre avec une figure elliptique; car on conçoit qu'en s'aplatissant de plus en plus, elle prendra un mouvement de rotation de moins en moins rapide; en supposant donc qu'il existe, comme dans tous les fluides connus, une force de ténacité entre ses molécules, cette masse, après un grand nombre d'oscillations, pourra enfin parvenir à un mouvement de rotation compris dans les limites de l'équilibre, et se fixer à cet état. Mais cette possibilité n'est encore qu'un aperçu qu'il est intéressant de vérifier; il est également intéressant de savoir s'il y a plusieurs états possibles d'équilibre; car ce que nous venons de démontrer sur la possibilité des deux états d'équilibre, correspondants à un même mouvement de ro-

tation, n'entraîne pas la possibilité de deux états d'équilibre correspondants à une même force primitive, puisque les deux états d'équilibre relatifs à un même mouvement de rotation exigent deux forces
primitives différentes ou différemment appliquées.

Considérons donc une masse fluide agitée primitivement par des
forces quelconques, et ensuite abandonnée à elle-même et à l'attraction mutuelle de toutes ses parties. Si par le centre de gravité de cette
masse, supposé immobile, on conçoit un plan par rapport auquel la
somme des aires décrites sur ce plan par chaque molécule, et multipliées respectivement par les molécules correspondantes, soit à l'origine du mouvement un maximum, ce plan jouira constamment de cette
propriété, par les n°s 21 et 22 du premier Livre, quelle que soit la manière dont les molécules agissent les unes sur les autres, soit par leur
ténacité, soit par leur attraction et leur choc mutuel, dans le cas même
où il y aurait des pertes de mouvement brusques et finies dans un instant. Ainsi, lorsqu'après un grand nombre d'oscillations la masse fluide
prendra un mouvement de rotation uniforme autour d'un axe fixe, cet
axe sera perpendiculaire au plan dont nous venons de parler, qui sera
celui de l'équateur, et le mouvement de rotation sera tel que la somme
des aires décrites pendant l'instant dt par les molécules projetées sur
ce plan sera la même qu'à l'origine du mouvement; nous désignerons
par Edt cette dernière somme.

Nous observerons ici que l'axe dont il s'agit est celui par rapport
auquel la somme des moments des forces primitives du système était
un maximum. Il conserve cette propriété pendant le mouvement du
système, et devient enfin l'axe de rotation; car ce que nous avons démontré, dans les numéros cités du premier Livre, sur le plan du maximum des aires projetées, s'applique à l'axe du plus grand moment des
forces, puisque l'aire élémentaire décrite par la projection du rayon
vecteur d'un corps sur un plan, et multipliée par sa masse, est évidemment proportionnelle au moment de la force finie de ce corps par rapport à l'axe perpendiculaire à ce plan.

Soit, comme ci-dessus, g la force centrifuge due au mouvement de rotation, à la distance 1 de l'axe; $\sqrt{g}$ sera la vitesse angulaire de rotation; nommons ensuite k le demi-axe de rotation de la masse fluide, et $k\sqrt{1+\lambda^2}$ le demi-axe de son équateur. Il est facile de s'assurer que la somme des aires décrites pendant l'instant dt par toutes les molécules, projetées sur le plan de l'équateur et multipliées respectivement par les molécules correspondantes, est $\frac{4\pi\rho}{15}(1+\lambda^2)^2 k^5 dt . \sqrt{g}$; on aura donc

$$\frac{4\pi\rho}{15}(1+\lambda^2)^2 k^5 \sqrt{g} = \mathrm{E}.$$

En nommant ensuite M la masse fluide, on aura

$$\tfrac{1}{3}\pi k^3 \rho (1+\lambda^2) = \mathrm{M};$$

la quantité $\dfrac{\mathrm{E}}{\frac{1}{3}\pi\rho}$, que nous avons nommée q dans le n° 18, devient ainsi $q'(1+\lambda^2)^{-\frac{2}{3}}$, en désignant par q' la fonction $\dfrac{25\,\mathrm{E}^2\left(\frac{1}{3}\pi\rho\right)^{\frac{1}{3}}}{\mathrm{M}^{\frac{10}{3}}}$. L'équation du même numéro devient

$$0 = \frac{9\lambda + 2q'\lambda^3(1+\lambda^2)^{-\frac{2}{3}}}{9+3\lambda^2} - \operatorname{arc\,tang}\lambda.$$

Cette équation déterminera λ; on aura ensuite k au moyen de l'expression précédente de M.

Nommons φ la fonction

$$\frac{9\lambda + 2q'\lambda^3(1+\lambda^2)^{-\frac{2}{3}}}{9+3\lambda^2} - \operatorname{arc\,tang}\lambda,$$

qui doit être égale à zéro, par la condition de l'équilibre; cette fonction commence par être positive lorsque λ est très-petit, et finit par être négative lorsque λ est infini; il existe donc, entre $\lambda = 0$ et λ infini, une valeur de λ qui rend cette fonction nulle, et par conséquent il y a toujours, quel que soit q', une figure elliptique avec laquelle la masse fluide peut être en équilibre.

On peut mettre la valeur de φ sous cette forme intégrale,

$$\varphi = 2 \int \frac{\lambda^4\, d\lambda \left\{ \frac{27 q'}{\lambda^2} + 18 q' - \left[q' \lambda^2 + 18(1 + \lambda^2)^{\frac{2}{3}} \right] \right\}}{(9 + 3\lambda^2)^2 (1 + \lambda^2)^{\frac{3}{3}}}.$$

Lorsqu'elle devient nulle, la fonction

$$\frac{27 q'}{\lambda^2} + 18 q' - \left[q' \lambda^2 + 18(1 + \lambda^2)^{\frac{2}{3}} \right]$$

a déjà passé par zéro pour devenir négative ; or, dès l'instant où cette fonction commence à être négative, elle continue de l'être à mesure que λ augmente, parce que la partie positive $\frac{27 q'}{\lambda^2} + 18 q'$ diminue, tandis que la partie négative $-\left[q' \lambda^2 + 18(1 + \lambda^2)^{\frac{2}{3}} \right]$ augmente ; la fonction φ ne peut donc pas devenir deux fois nulle, d'où il suit qu'il n'y a qu'une seule valeur réelle et positive de λ qui satisfasse à l'équation de l'équilibre, et par conséquent le fluide ne peut être en équilibre qu'avec une seule figure elliptique.

CHAPITRE IV.

DE LA FIGURE D'UN SPHÉROÏDE TRÈS-PEU DIFFÉRENT D'UNE SPHÈRE ET RECOUVERT D'UNE COUCHE DE FLUIDE EN ÉQUILIBRE.

22. Nous avons considéré, dans le Chapitre précédent, l'équilibre d'une masse fluide homogène, et nous avons trouvé que la figure elliptique satisfait à cet équilibre; mais, pour avoir une solution complète de ce problème, il faudrait déterminer *a priori* toutes les figures de l'équilibre, ou s'assurer que la figure elliptique est la seule qui en remplisse les conditions; d'ailleurs il est très-probable que les corps célestes ne sont pas des masses homogènes, et qu'ils sont plus denses vers le centre qu'à la surface; on ne doit donc pas, dans la recherche de leur figure, se borner au cas de l'homogénéité: mais alors cette recherche présente de grandes difficultés. Heureusement, elle se simplifie par la considération du peu de différence qui existe entre la figure sphérique et celles des planètes et des satellites, ce qui permet de négliger le carré de cette différence et des quantités dont elle dépend. Malgré ces simplifications, la recherche de la figure des planètes est encore très-compliquée. Pour la traiter avec la plus grande généralité, nous allons considérer l'équilibre d'une masse fluide qui recouvre un corps formé de couches d'une densité variable, doué d'un mouvement de rotation et sollicité par l'attraction de corps étrangers. Pour cela, nous allons rappeler les lois de l'équilibre des fluides, que nous avons démontrées dans le premier Livre.

Si l'on nomme ϱ la densité d'une molécule fluide; Π la pression qu'elle éprouve; F, F', F'',... les forces dont elle est animée: df, df'.

df'', ... les éléments des directions de ces forces, l'équation générale de l'équilibre de la masse fluide sera, par le n° 17 du premier Livre,

$$\frac{d\Pi}{\rho} = F\,df + F'\,df' + F''\,df'' + \ldots$$

Supposons que le second membre de cette équation soit une différence exacte; en désignant par $d\varphi$ cette différence, φ sera nécessairement fonction de Π et de ρ; l'intégrale de cette équation donnera φ en fonction de Π; on pourra donc réduire ρ à n'être fonction que de Π, d'où l'on tirera Π en fonction de ρ; ainsi, relativement aux couches de densité constante, on aura $d\Pi = 0$, et par conséquent

$$0 = F\,df + F'\,df' + F''\,df'' + \ldots,$$

équation qui indique que la force tangentielle à la surface de ces couches est nulle, et par conséquent que la résultante de toutes les forces F, F', F'',... est perpendiculaire à cette surface, en sorte que ces couches sont en même temps *couches de niveau*.

La pression Π étant nulle à la surface extérieure, ρ doit y être constant, et la résultante de toutes les forces qui animent chaque molécule de cette surface lui est perpendiculaire. Cette résultante est ce que l'on nomme *pesanteur*. Les conditions de l'équilibre d'une masse fluide sont donc : 1° que la direction de la pesanteur soit perpendiculaire à chaque point de la surface extérieure; 2° que, dans l'intérieur de la masse, les directions de la pesanteur de chaque molécule soient perpendiculaires à la surface des couches de densité constante. Comme on peut, dans l'intérieur d'une masse homogène, prendre telles couches que l'on veut pour couches de densité constante, la seconde des deux conditions précédentes de l'équilibre est toujours satisfaite, et il suffit, pour l'équilibre, que la première soit remplie, c'est-à-dire que la résultante de toutes les forces qui animent chaque molécule de la surface extérieure soit perpendiculaire à cette surface.

23. Dans la théorie de la figure des corps célestes, les forces F, F', F'',... sont produites par l'attraction de leurs molécules, par la force cen-

trifuge due à leur mouvement de rotation, et par l'attraction des corps
étrangers. Il est facile de s'assurer que la différence $Fdf + F'df' + \ldots$
est alors exacte; mais on le verra clairément par l'analyse que nous
allons faire de ces différentes forces, en déterminant la partie de l'intégrale $f(Fdf + F'df' + \ldots)$ qui est relative à chacune d'elles.

Si l'on nomme dM une molécule quelconque du sphéroïde, et f sa
distance à la molécule attirée, son action sur cette dernière sera $\dfrac{dM}{f^2}$.
En multipliant cette action par l'élément de sa direction, qui est $- df$,
puisqu'elle tend à diminuer f, on aura, relativement à l'action de
la molécule dM, $\int Fdf = \dfrac{dM}{f}$, d'où il suit que la partie de l'intégrale
$f(Fdf + F'df' + \ldots)$, qui dépend de l'attraction des molécules du sphéroïde, est égale à la somme de toutes ces molécules divisées par leurs
distances respectives à la molécule attirée. Nous représenterons cette
somme par V, comme nous l'avons fait précédemment.

On se propose, dans la théorie de la figure des planètes, de déterminer les lois de l'équilibre de toutes leurs parties autour de leur
centre commun de gravité; il faut donc transporter, en sens contraire,
à la molécule attirée toutes les forces dont ce centre est animé en
vertu de l'action réciproque de toutes les parties du sphéroïde; mais
on a vu, dans le n° 20 du premier Livre, que, par la propriété de ce
centre, la résultante de toutes ces actions sur ce point est nulle; il
n'y a donc rien à ajouter à V pour avoir l'effet total de l'attraction du
sphéroïde sur la molécule attirée.

Pour déterminer l'effet de la force centrifuge, nous supposerons la
position de la molécule déterminée par les trois coordonnées rectangles x', y', z', dont nous fixerons l'origine au centre de gravité du
sphéroïde. Nous supposerons ensuite que l'axe des x' est l'axe de rotation, et que g exprime la force centrifuge due à la vitesse de rotation
à la distance 1 de l'axe. Cette force sera nulle dans le sens des x',
et égale à gy' et gz' dans le sens des y' et des z'; en multipliant donc
ces deux dernières forces respectivement par les éléments dy' et dz' de
leurs directions, on aura $\frac{1}{2}g(y'^2 + z'^2)$ pour la partie de l'intégrale

$\int(\mathrm{F}\,df + \mathrm{F}'\,df' + \ldots)$ qui est due à la force centrifuge du mouvement de rotation.

Si l'on nomme, comme ci-dessus, r la distance de la molécule attirée au centre de gravité du sphéroïde, θ l'angle que le rayon r forme avec l'axe des x', et ϖ l'angle que forme le plan qui passe par l'axe des x' et par cette molécule avec le plan des x' et des y'; enfin, si l'on fait $\cos\theta = \mu$, on aura

$$x' = r\mu, \quad y' = r\sqrt{1-\mu^2}\cos\varpi, \quad z' = r\sqrt{1-\mu^2}\sin\varpi,$$

d'où l'on tire

$$\tfrac{1}{2}g(y'^2 + z'^2) = \tfrac{1}{2}gr^2(1-\mu^2).$$

Nous mettrons cette dernière quantité sous la forme suivante

$$\tfrac{1}{3}gr^2 - \tfrac{1}{2}gr^2\left(\mu^2 - \tfrac{1}{3}\right),$$

pour assimiler ses termes à ceux de l'expression de V que nous avons donnée dans le Chapitre II, c'est-à-dire pour leur donner la propriété de satisfaire à l'équation aux différences partielles

$$0 = \frac{\partial \cdot (1-\mu^2)\,\dfrac{\partial \mathrm{Y}^{(i)}}{\partial \mu}}{\partial \mu} + \frac{\dfrac{\partial^2 \mathrm{Y}^{(i)}}{\partial \varpi^2}}{1-\mu^2} + i(i+1)\mathrm{Y}^{(i)},$$

dans laquelle $\mathrm{Y}^{(i)}$ est une fonction rationnelle et entière de μ, $\sqrt{1-\mu^2}\cos\varpi$ et $\sqrt{1-\mu^2}\sin\varpi$ du degré i; car il est clair que chacun des deux termes $\tfrac{1}{3}gr^2$ et $-\tfrac{1}{2}gr^2\left(\mu^2 - \tfrac{1}{3}\right)$ satisfait, pour $\mathrm{Y}^{(i)}$, à l'équation précédente.

Il nous reste présentement à déterminer la partie de l'intégrale $\int(\mathrm{F}\,df + \mathrm{F}'\,df' + \ldots)$ qui résulte de l'action des corps étrangers. Soient S la masse d'un de ces corps, f sa distance à la molécule attirée, et s sa distance au centre de gravité du sphéroïde. En multipliant son action par l'élément $-df$ de sa direction, et en l'intégrant ensuite, on aura $\dfrac{\mathrm{S}}{f}$. Ce n'est pas la partie entière de l'intégrale $\int(\mathrm{F}\,df + \mathrm{F}'\,df' + \ldots)$ due à l'action de S; il faut encore transporter, en sens contraire, à la molécule l'action de ce corps sur le centre de gravité du sphéroïde. Pour cela, nommons v l'angle que s forme avec l'axe des x', et ψ l'angle que forme le plan qui passe par cet astre et par le corps S avec le plan des x' et des y'. L'action $\frac{S}{s^2}$ de ce corps sur le centre de gravité du sphéroïde, décomposée parallèlement aux axes des x', des y' et des z', produira les trois forces suivantes

$$\frac{S}{s^2}\cos v, \qquad \frac{S}{s^2}\sin v\cos\psi, \qquad \frac{S}{s^2}\sin v\sin\psi.$$

En les transportant en sens contraire à la molécule attirée, ce qui revient à les faire précéder du signe —, en les multipliant ensuite par les éléments dx', dy', dz' de leurs directions, et en les intégrant, la somme de ces intégrales sera

$$-\frac{S}{s^2}(x'\cos v + y'\sin v\cos\psi + z'\sin v\sin\psi) + \text{const.};$$

la partie entière de l'intégrale $\int(F\,df + F'\,df' + \ldots)$ due à l'action du corps S sera donc

$$\frac{S}{f} - \frac{S}{s^2}(x'\cos v + y'\sin v\cos\psi + z'\sin v\sin\psi) + \text{const.},$$

et comme cette quantité doit être nulle par rapport au centre de gravité du sphéroïde, que nous supposons immobile, et que, relativement à ce point, f devient s, et x', y', z' sont nuls, on aura

$$\text{const.} = -\frac{S}{s}.$$

Maintenant f est égal à

$$[(s\cos v - x')^2 + (s\sin v\cos\psi - y')^2 + (s\sin v\sin\psi - z')^2]^{\frac{1}{2}},$$

ce qui donne, en substituant pour x', y', z' leurs valeurs précédentes,

$$\frac{S}{f} = \frac{S}{\sqrt{s^2 - 2sr[\cos v\cos\theta + \sin v\sin\theta\cos(\varpi - \psi)] + r^2}}.$$

Si l'on réduit cette fonction dans une suite descendante par rapport aux puissances de s, et que l'on représente ainsi cette suite,

$$\frac{S}{s}\left(P^{(0)} + \frac{r}{s}\,P^{(1)} + \frac{r^2}{s^2}\,P^{(2)} + \frac{r^3}{s^3}\,P^{(3)} + \ldots\right),$$

on aura généralement, par les n°s 15 et 17,

$$P^{(i)} = \frac{1.3.5\ldots(2i-1)}{1.2.3\ldots i}\left[\partial^i - \frac{i(i-1)}{2.(2i-1)}\,\partial^{i-2} + \frac{i(i-1)(i-2)(i-3)}{2.4.(2i-1)(2i-3)}\,\partial^{i-4} - \ldots\right],$$

∂ étant égal à $\cos v\cos\theta + \sin v\sin\theta\cos(\varpi - \psi)$; il est visible d'ailleurs, par le n° 9, que l'on a

$$0 = \frac{\partial.(1-\mu^2)\dfrac{\partial P^{(i)}}{\partial\mu}}{\partial\mu} + \frac{\dfrac{\partial^2 P^{(i)}}{\partial\varpi^2}}{1-\mu^2} + i(i+1)\,P^{(i)},$$

en sorte que les termes de la série précédente ont cette propriété commune avec ceux de V. On aura, cela posé,

$$\frac{S}{f} - \frac{S}{s} - \frac{S}{s^2}(x'\cos v + y'\sin v\cos\psi + z'\sin v\sin\psi) = \frac{Sr^2}{s^3}\left(P^{(2)} + \frac{r}{s}\,P^{(3)} + \frac{r^2}{s^2}\,P^{(4)} + \ldots\right).$$

S'il y a d'autres corps, S', S'', ..., en désignant par s', v', ψ', $P'^{(i)}$, s'', v'', ψ'', $P''^{(i)}$, ... ce que nous avons nommé s, v, ψ, $P^{(i)}$ relativement au corps S, on aura les parties de l'intégrale $\int(F\,df + F'\,df' + \ldots)$ dues à leur action, en marquant d'un trait, de deux traits, etc. les lettres s, v, ψ et P dans l'expression précédente de la partie de cette intégrale due à l'action de S.

Si l'on rassemble maintenant toutes les parties de cette intégrale, et si l'on fait

$$\frac{gr}{3} = \alpha Z^{(0)},$$

$$\frac{S}{s^3}\,P^{(2)} + \frac{S'}{s'^3}\,P'^{(2)} + \ldots - \frac{g}{2}\left(\mu^2 - \tfrac{1}{3}\right) = \alpha Z^{(2)},$$

$$\frac{S}{s^4}\,P^{(3)} + \frac{S'}{s'^4}\,P'^{(3)} + \ldots = \alpha Z^{(3)},$$

$$\ldots\ldots\ldots\ldots\ldots\ldots\ldots\ldots\ldots\ldots,$$

α étant un très-petit coefficient, parce que la condition d'un sphéroïde très-peu différent de la sphère exige que les forces qui l'écartent de cette figure soient très-petites, on aura

$$\int (F\,df + F'\,df' + \ldots) = V + \alpha r^2 (Z^{(0)} + Z^{(2)} + r Z^{(3)} + r^2 Z^{(4)} + \ldots),$$

$Z^{(i)}$ satisfaisant, quel que soit i, à l'équation aux différences partielles

$$0 = \frac{\partial . (1 - \mu^2) \frac{\partial Z^{(i)}}{\partial \mu}}{\partial \mu} + \frac{\frac{\partial^2 Z^{(i)}}{\partial \varpi^2}}{1 - \mu^2} + i \cdot i + 1 \cdot Z^{(i)}.$$

L'équation générale de l'équilibre sera donc

$$(1) \qquad \int \frac{d\Pi}{\rho} = V + \alpha r^2 (Z^{(0)} + Z^{(2)} + r Z^{(3)} + r^2 Z^{(4)} + \ldots).$$

Si les corps étrangers sont très-éloignés du sphéroïde, on pourra négliger les quantités $r^3 Z^{(3)}$, $r^4 Z^{(4)}, \ldots$, parce que, les différents termes de ces quantités étant divisés respectivement par s^4, $s^5, \ldots, s'^4, s'^5, \ldots$, ces termes deviennent très-petits lorsque $s, s', \ldots$ sont fort grands par rapport à r. Ce cas a lieu pour les planètes et les satellites, à l'exception de Saturne dont l'anneau est trop près de sa surface pour n'avoir pas égard aux termes précédents. Il faut donc, dans la théorie de la figure de cette planète, prolonger le second membre de l'équation (1), qui a l'avantage de former une série toujours convergente, et comme alors le nombre des corpuscules extérieurs au sphéroïde est infini, les valeurs de $Z^{(0)}$, $Z^{(2)}, \ldots$ sont données en intégrales définies, dépendantes de la figure et de la constitution intérieure de l'anneau de Saturne.

24. Le sphéroïde peut être entièrement fluide; il peut être formé d'un noyau solide recouvert par un fluide. Dans ces deux cas, l'équation (1) du numéro précédent déterminera la figure des couches de la partie fluide, en considérant que, Π devant être une fonction de ρ, le second membre de cette équation doit être constant à la surface extérieure et à celle de toutes les couches de niveau, et qu'il ne peut varier que d'une couche à l'autre.

Les deux cas précédents se réduisent à un seul, lorsque le sphéroïde est homogène; car il est indifférent pour l'équilibre qu'il soit entièrement fluide ou qu'il renferme un noyau intérieur solide. Il suffit, par le n° 12, que l'on ait, à la surface extérieure,

$$\text{const.} = V + \alpha r^2 \big[Z^{(0)} + Z^{(2)} + rZ^{(3)} + r^2 Z^{(4)} + \dots \big].$$

Si l'on substitue dans cette équation, au lieu de V, sa valeur donnée par la formule (3) du n° 11, et si l'on observe que, par le n° 12, $Y^{(0)}$ disparait en prenant pour a le rayon d'une sphère de même volume que le sphéroïde, et que $Y^{(1)}$ est nul lorsque l'on fixe l'origine des coordonnées au centre de gravité du sphéroïde, on aura

$$\text{const.} = -\frac{4\pi a^3}{3r} - \frac{4\pi\alpha a^3}{r^3}\left(\tfrac{1}{5}Y^{(2)} + \frac{a}{7r}Y^{(3)} + \frac{a^2}{9r^2}Y^{(4)} + \dots\right) + \alpha r^2\big[Z^{(0)} + Z^{(2)} + rZ^{(3)} + r^2 Z^{(4)} + \dots \big].$$

C'est l'équation de la surface du sphéroïde, en y substituant, au lieu de r, sa valeur à la surface, $a(1 + \alpha y)$ ou

$$a + \alpha a \big[Y^{(2)} + Y^{(3)} + Y^{(4)} + \dots \big],$$

ce qui donne

$$\text{const.} = \frac{4\pi}{3}a^2 - \frac{8\alpha\pi a^2}{3}\big[\tfrac{4}{5}Y^{(2)} + \tfrac{2}{7}Y^{(3)} + \tfrac{2}{9}Y^{(4)} + \dots\big] + \alpha a^2\big[Z^{(0)} + Z^{(2)} + aZ^{(3)} + a^2 Z^{(4)} + \dots$$

On déterminera la constante arbitraire du premier membre de cette équation au moyen de celle-ci

$$\text{const.} = \tfrac{4}{3}\pi a^2 + \alpha a^2 Z^{(0)};$$

on aura ensuite, en comparant les fonctions semblables, c'est-à-dire assujetties à la même équation aux différences partielles,

$$Y^{(i)} = \frac{3(2i+1)}{8(i-1)\pi}\, a^{i-2} Z^{(i)},$$

i étant plus grand que l'unité. Cette équation peut être mise sous la forme

$$Y^{(i)} = \frac{3}{4\pi}\, a^{i-2} Z^{(i)} + \frac{9}{8a\pi}\int r^{i-2}\,dr.\,Z^{(i)},$$

l'intégrale étant prise depuis $r = 0$ jusqu'à $r = a$. Le rayon $a(1 + \alpha y)$ de la surface du sphéroïde deviendra ainsi

$$(2) \qquad a(1 + \alpha y) = a\left[1 + \frac{3\alpha}{4\pi}(Z^{(2)} + aZ^{(3)} + a^2 Z^{(4)} + \ldots) \right.$$
$$\left. + \frac{9\alpha}{8a\pi} \int dr(Z^{(2)} + rZ^{(3)} + r^2 Z^{(4)} + \ldots) \right].$$

On peut mettre cette équation sous une forme finie, en considérant que l'on a, par le numéro précédent,

$$\alpha(Z^{(2)} + rZ^{(3)} + r^2 Z^{(4)} + \ldots) = -\frac{g}{2}\left(\mu^2 - \frac{1}{3} - \frac{S}{sr^2} - \frac{S\delta}{s^2 r} + \frac{S}{r^2 \sqrt{s^2 - 2sr\delta + r^2}} - \frac{S}{s'r^2} - \ldots \right.$$

en sorte que l'intégrale $\int dr(Z^{(2)} + rZ^{(3)} + \ldots)$ est facile à déterminer par les méthodes connues.

25. L'équation (1) du n° 23 a non-seulement l'avantage de faire connaître la figure du sphéroïde, mais encore celui de donner par la différentiation la loi de la pesanteur à sa surface; car il est visible que, le second membre de cette équation étant l'intégrale de la somme de toutes les forces dont chaque molécule est animée, multipliées par les éléments de leurs directions respectives, on aura la partie de la résultante qui agit suivant le rayon r en différentiant ce second membre par rapport à r; ainsi, en nommant p la force dont une molécule de la surface est sollicitée vers le centre de gravité du sphéroïde, on aura

$$p = -\frac{\partial V}{\partial r} - \frac{\alpha}{\partial r}\, \partial(r^2 Z^{(0)} + r^2 Z^{(2)} + r^3 Z^{(3)} + r^4 Z^{(4)} + \ldots).$$

Si l'on substitue dans cette équation, au lieu de $-\dfrac{\partial V}{\partial r}$, sa valeur à la surface $\frac{2}{3}\pi a + \dfrac{V}{2a}$, donnée par l'équation (2) du n° 10, et au lieu de V sa valeur donnée par l'équation (1) du n° 23, on aura

$$(3) \quad p = \tfrac{4}{3}\pi a - \tfrac{1}{4}\alpha a(Z^{(2)} + aZ^{(3)} + a^2 Z^{(4)} + \ldots) - \frac{\alpha}{\partial r}\, \partial(r^2 Z^{(0)} + r^2 Z^{(2)} + r^3 Z^{(3)} + r^4 Z^{(4)} + \ldots).$$

r devant être changé en a, après les différentiations, dans le second membre de cette équation, qui, par le numéro précédent, peut toujours se réduire à une fonction finie.

p ne représente pas exactement la pesanteur, mais seulement la partie de cette force dirigée vers le centre de gravité du sphéroïde, en la supposant décomposée en deux, dont l'une soit perpendiculaire au rayon r, et dont l'autre p soit dirigée suivant ce rayon. La première de ces deux forces est évidemment très-petite et de l'ordre α; en la désignant donc par $\alpha\gamma$, la pesanteur sera égale à $\sqrt{p^2 + \alpha^2\gamma^2}$, quantité qui, en négligeant les termes de l'ordre α^2, se réduit à p. Nous pouvons ainsi considérer p comme exprimant la pesanteur à la surface du sphéroïde, en sorte que, les équations (2) et (3) du numéro précédent et de celui-ci déterminant et la figure des sphéroïdes homogènes en équilibre et la loi de la pesanteur à leur surface, elles renferment la théorie complète de l'équilibre de ces sphéroïdes, dans la supposition où ils diffèrent très-peu de la sphère.

Si les corps étrangers S, S',… sont nuls, et qu'ainsi le sphéroïde ne soit sollicité que par l'attraction de ses molécules et par la force centrifuge de son mouvement de rotation, ce qui est le cas de la Terre et des planètes premières, à l'exception de Saturne, lorsque l'on n'a égard qu'à l'état permanent de leur figure; alors, en désignant par $\alpha\varphi$ le rapport de la force centrifuge à la pesanteur à l'équateur, rapport qui est à très-peu près égal à $\dfrac{g}{\frac{1}{3}\pi}$, la densité du sphéroïde étant prise pour l'unité, on trouvera

$$a(1+\alpha y) = a\left[1 - \frac{5\,\alpha\varphi}{4}\left(\mu^2 - \tfrac{1}{3}\right)\right],$$

$$p = \tfrac{1}{3}\pi a\left[1 - \tfrac{2}{3}\alpha\varphi + \frac{5\,\alpha\varphi}{4}\left(\mu^2 - \tfrac{1}{3}\right)\right];$$

le sphéroïde est donc alors un ellipsoïde de révolution, sur lequel les accroissements de la pesanteur et les diminutions des rayons, en allant de l'équateur aux pôles, sont à très-peu près proportionnels au carré du sinus de la latitude, μ étant, aux quantités près de l'ordre α, égal à ce sinus.

a, par ce qui précède, est le rayon d'une sphère égale en solidité au sphéroïde; la pesanteur à la surface de cette sphère serait $\frac{4}{3}\pi a$; ainsi l'on aura le point de la surface du sphéroïde où la pesanteur est la même qu'à la surface de la sphère, en déterminant μ par l'équation

$$0 = -\tfrac{2}{7} + \tfrac{5}{7}(\mu^2 - \tfrac{1}{3}),$$

ce qui donne $\mu = \sqrt{\tfrac{11}{15}}$.

26. L'analyse précédente nous a conduits à la figure d'une masse fluide homogène en équilibre, sans employer d'autres hypothèses que celle d'une figure très-peu différente de la sphère; elle fait voir que la figure elliptique, qui, par le Chapitre précédent, satisfait à cet équilibre, est la seule alors qui lui convienne. Mais, comme la réduction du rayon du sphéroïde dans une série de la forme $a(1 + \alpha Y^{(i)} + \alpha Y^{(i)} + \ldots)$ peut faire naître quelques difficultés, nous allons démontrer, directement et indépendamment de cette réduction, que la figure elliptique est la seule figure d'équilibre d'une masse fluide homogène, douée d'un mouvement de rotation; ce qui, en confirmant les résultats de l'analyse précédente, servira en même temps à dissiper les doutes que l'on pourrait élever contre la généralité de cette analyse.

Supposons d'abord que le sphéroïde soit de révolution, et que son rayon soit $a(1 + \alpha y)$, y étant une fonction de μ ou du cosinus de l'angle θ que ce rayon forme avec l'axe de révolution. Si l'on nomme f une droite quelconque menée de l'extrémité de ce rayon dans l'intérieur du sphéroïde, p le complément de l'angle que forme cette droite avec le plan qui passe par le rayon $a(1 + \alpha y)$ et par l'axe de révolution, q l'angle formé par la projection de f sur ce plan et par le rayon : enfin, si l'on nomme V la somme de toutes les molécules du sphéroïde divisées par leurs distances à la molécule placée à l'extrémité du rayon $a(1 + \alpha y)$, chaque molécule étant égale à $f^2\,df\,dp\,dq\,\sin p$, on aura

$$V = \tfrac{1}{2}\int\!\!\int\!\!\int f'^2\,dp\,dq\,\sin p,$$

f' étant ce que devient f à la sortie du sphéroïde. Il faut maintenant déterminer f' en fonction de p et de q.

Pour cela, nous observerons que, si l'on nomme θ' la valeur de θ relative à ce point de sortie, et $a(1+\alpha y')$ le rayon correspondant du sphéroïde, y' étant une pareille fonction de $\cos\theta'$ ou de μ' que y l'est de μ, il est facile de voir que le cosinus de l'angle formé par les deux droites f' et $a(1+\alpha y')$ est égal à $\sin p \cos q$, et qu'ainsi, dans le triangle formé par les trois droites f', $a(1+\alpha y)$ et $a(1+\alpha y')$, on a

$$a^2(1+\alpha y')^2 = f'^2 - 2af'(1+\alpha y)\sin p \cos q + a^2(1+\alpha y)^2.$$

Cette équation donne pour f'^2 deux valeurs; mais, l'une d'elles étant de l'ordre α^2, elle est nulle lorsque l'on néglige les quantités de cet ordre. L'autre devient

$$f'^2 = 4a^2 \sin^2 p \cos^2 q (1+2\alpha y) - 4\alpha a^2 (y'-y),$$

ce qui donne

$$V = 2a^2 \int\!\!\int dp\, dq \sin p \left[(1+2\alpha y)\sin^2 p \cos^2 q + \alpha(y'-y)\right].$$

Il est visible que les intégrales doivent être prises depuis $p=0$ jusqu'à $p=\pi$, et depuis $q=-\tfrac{1}{2}\pi$ jusqu'à $q=\tfrac{1}{2}\pi$; on aura ainsi

$$V = \tfrac{1}{3}\pi a^3 - \tfrac{1}{3}\alpha\pi a^2 y + 2\alpha a^2 \int\!\!\int dp\, dq . y' \sin p.$$

y' étant fonction de $\cos\theta'$, il faut déterminer ce cosinus en fonction de p et de q; on pourra, dans cette détermination, négliger les quantités de l'ordre α, puisque y' est déjà multiplié par α; cela posé, on trouvera facilement

$$a\cos\theta' = (a - f'\sin p \cos q)\cos\theta + f'\sin p \sin q \sin\theta,$$

d'où l'on tire, en substituant pour f' sa valeur $2a\sin p \cos q$,

$$\mu' = \mu\cos^2 p - \sin^2 p \cos(2q+\theta).$$

On doit observer ici, relativement à l'intégrale $\int\!\!\int y' dp\, dq \sin p$, prise par rapport à q, depuis $2q=-\pi$ jusqu'à $2q=\pi$, que le résultat serait le même si l'on prenait cette intégrale depuis $2q=-\theta$ jusqu'à $2q=2\pi-\theta$, parce que les valeurs de μ', et par conséquent celles de y', sont les mêmes depuis $2q = -\pi$ jusqu'à $2q = -\theta$ que depuis $2q = \pi$ jusqu'à $2q = 2\pi - \theta$; en supposant donc $2q - \theta = q'$, ce qui donne

$$\mu' = \mu \cos^2 p - \sin^2 p \cos q',$$

on aura

$$V = \tfrac{1}{3}\pi a^2 - \tfrac{1}{3}\alpha\pi a^2 y + \alpha a^2 \int\int y' dp \, dq' \sin p,$$

les intégrales étant prises depuis $p = 0$ jusqu'à $p = \pi$, et depuis $q' = 0$ jusqu'à $q = 2\pi$.

Maintenant, si l'on désigne par $a^2 N$ l'intégrale de toutes les forces étrangères à l'attraction du sphéroïde et multipliées par les éléments de leurs directions, on aura par le n° 24, dans le cas de l'équilibre,

$$\text{const.} = V + a^2 N,$$

et en substituant au lieu de V sa valeur, on aura

$$\text{const.} = \tfrac{1}{3}\alpha\pi y - \alpha\int\int y' dp \, dq' \sin p - N,$$

équation qui n'est évidemment que l'équation de l'équilibre du n° 24, présentée sous une autre forme. Cette équation étant linéaire, il en résulte que, si un nombre quelconque i de rayons $a(1 + \alpha y)$, $a(1 + \alpha v), \ldots$ y satisfont, le rayon $a\left[1 + \frac{\alpha}{i}(y + v + \ldots)\right]$ y satisfera pareillement.

Supposons que les forces étrangères se réduisent à la force centrifuge due au mouvement de rotation du sphéroïde, et nommons g cette force, à la distance 1 de l'axe de rotation; nous aurons, par le n° 23, $N = \tfrac{1}{2}g(1 - \mu^2)$; l'équation de l'équilibre sera par conséquent

$$\text{const.} = \tfrac{1}{3}\alpha\pi y - \alpha\int\int y' dp \, dq' \sin p - \tfrac{1}{2}g(1 - \mu^2).$$

En la différentiant trois fois de suite relativement à μ, et en observant que $\frac{\partial\mu'}{\partial\mu} = \cos^2 p$, en vertu de l'équation

$$\mu' = \mu \cos^2 p - \sin^2 p \cos q',$$

on aura

$$0 = \tfrac{1}{3}\pi \frac{\partial^3 y}{\partial\mu^3} - \int\int dp \, dq' \sin p \cos^6 p \, \frac{\partial^3 y'}{\partial\mu'^3};$$

or on a $\iint dp\,dq'\,\sin p \cos^6 p = \dfrac{4\pi}{7}$; on pourra donc mettre l'équation précédente sous cette forme

$$0 = \iint dp\,dq'\,\sin p \cos^6 p \left(\frac{7}{3}\frac{\partial^3 y}{\partial \mu^3} - \frac{\partial^3 y'}{\partial \mu'^3} \right).$$

Cette équation doit avoir lieu quel que soit μ; or il est clair que, parmi toutes les valeurs comprises depuis $\mu = -1$ jusqu'à $\mu = 1$, il en existe une, que nous désignerons par h, et qui est telle que, abstraction faite du signe, aucune des valeurs de $\dfrac{\partial^3 y}{\partial \mu^3}$, ne surpassera celle qui est relative à h; en désignant donc par H cette dernière valeur, on aura

$$0 = \iint dp\,dq'\,\sin p \cos^6 p \left(\tfrac{1}{3}\mathrm{H} - \frac{\partial^3 y'}{\partial \mu'^3} \right).$$

La quantité $\tfrac{1}{3}\mathrm{H} - \dfrac{\partial^3 y'}{\partial \mu'^3}$ est évidemment du même signe que H, et le facteur $\sin p \cos^6 p$ est constamment positif dans toute l'étendue de l'intégrale; les éléments de cette intégrale sont donc tous du même signe que H; d'où il suit que l'intégrale entière ne peut être nulle, à moins que H ne le soit lui-même, ce qui exige que l'on ait généralement $0 = \dfrac{\partial^3 y}{\partial \mu^3}$, d'où l'on tire, en intégrant,

$$y = l + m\mu + n\mu^2,$$

l, m, n étant des constantes arbitraires.

Si l'on fixe l'origine des rayons au milieu de l'axe de révolution, et que l'on prenne pour a la moitié de cet axe, y sera nul lorsque $\mu = 1$ et lorsque $\mu = -1$, ce qui donne $m = 0$ et $n = -l$; la valeur de y devient ainsi $l(1 - \mu^2)$; en la substituant dans l'équation de l'équilibre

$$\mathrm{const.} = \tfrac{4}{3}\alpha\pi y - \alpha \iint y'\,dp\,dq'\,\sin p - \tfrac{1}{2}g(1 - \mu^2),$$

on trouvera $\alpha l = \dfrac{15\,g}{16\,\pi} = \tfrac{5}{4}\alpha\varphi$, $\alpha\varphi$ étant le rapport de la force centrifuge à la pesanteur à l'équateur, rapport qui est à très-peu près égal à $\dfrac{3\,g}{4\,\pi}$;

le rayon du sphéroïde sera donc

$$a\left[1 + \frac{5\alpha\varphi}{4}(1 - \mu^2)\right],$$

d'où il suit que ce sphéroïde est un ellipsoïde de révolution, ce qui est conforme à ce qui précède.

Nous voilà ainsi parvenus à déterminer directement, et indépendamment des suites, la figure d'un sphéroïde homogène de révolution qui tourne sur son axe, et à faire voir qu'elle ne peut être que celle d'un ellipsoïde, qui se réduit à une sphère lorsque $\varphi = 0$, en sorte que la sphère est la seule figure de révolution qui satisfasse à l'équilibre d'une masse fluide homogène immobile.

De là on peut généralement conclure que, si la masse fluide est sollicitée par des forces quelconques très-petites, il n'y a qu'une seule figure possible d'équilibre, ou, ce qui revient au même, il n'y a qu'un seul rayon $a(1 + \alpha y)$ qui puisse satisfaire à l'équation de l'équilibre

$$\text{const.} = \tfrac{1}{3}\alpha\pi y - \alpha\int\int y'\, dp\, dq' \sin p - N,$$

y étant une fonction de θ et de la longitude ϖ, et y' étant ce que devient y lorsque l'on y change θ et ϖ en θ' et ϖ'. Supposons, en effet, qu'il y ait deux rayons différents $a(1 + \alpha y)$ et $a(1 + \alpha y + \alpha v)$, qui satisfassent à cette équation ; on aura

$$\text{const.} = \tfrac{1}{3}\alpha\pi(y + v) - \alpha\int\int(y' + v')\, dp\, dq' \sin p - N.$$

En retranchant l'équation précédente de celle-ci, on aura

$$\text{const.} = \tfrac{1}{3}\pi v - \int\int v'\, dp\, dq' \sin p.$$

Cette équation est visiblement celle d'un sphéroïde homogène en équilibre, dont le rayon est $a(1 + \alpha v)$, et qui n'est sollicité par aucune force étrangère à l'attraction de ses molécules. L'angle ϖ disparaissant de lui-même dans cette équation, le rayon $a(1 + \alpha v)$ y satisferait encore, en y changeant ϖ successivement dans $\varpi + d\varpi$, $\varpi + 2d\varpi, \ldots$; d'où il suit que, si l'on nomme $v_1, v_2, \ldots$ ce que devient v en vertu de ces changements, le rayon

$$a(1 + xv\,d\varpi + xv_1\,d\varpi + xv_2\,d\varpi + \ldots)$$

ou $a(1 + x\int v\,d\varpi)$ satisfera à l'équation précédente. Si l'on prend l'intégrale $\int v\,d\varpi$ depuis $\varpi = 0$ jusqu'à $\varpi = 2\pi$, le rayon $a(1 + x\int v\,d\varpi)$ devient celui d'un sphéroïde de révolution, qui, par ce qui précède, ne peut être qu'une sphère; voyons la condition qui en résulte pour v.

Supposons que a soit la plus courte distance du centre de gravité du sphéroïde, dont le rayon est $a(1 + xv)$, à la surface, et fixons le pôle ou l'origine de l'angle θ à l'extrémité de a; v sera nul au pôle, et positif partout ailleurs; il en sera de même de l'intégrale $\int v\,d\varpi$. Maintenant, puisque le centre de gravité du sphéroïde dont le rayon est $a(1 + xv)$ est au centre de la sphère dont le rayon est a, ce point sera pareillement le centre de gravité du sphéroïde dont le rayon est $a(1 + x\int v\,d\varpi)$; les différents rayons menés de ce centre à la surface de ce dernier sphéroïde sont donc inégaux entre eux, si v n'est pas nul; il ne peut donc être une sphère que dans le cas de $v = 0$; ainsi nous sommes assurés qu'un sphéroïde homogène, sollicité par des forces quelconques très-petites, ne peut être en équilibre que d'une seule manière.

27. Nous avons supposé que N est indépendant de la figure du sphéroïde; c'est ce qui a lieu à très-peu près, lorsque les forces étrangères à l'action des molécules fluides sont dues à la force centrifuge de son mouvement de rotation et à l'attraction des corps extérieurs au sphéroïde. Mais, si l'on conçoit au centre du sphéroïde une force finie dépendante de la distance, son action sur les molécules placées à la surface du fluide dépendra de la nature de cette surface, et par conséquent N dépendra de y. Ce cas est celui d'une masse fluide homogène qui recouvre une sphère d'une densité différente de celle du fluide; car on peut considérer cette sphère comme étant de même densité que le fluide, et placer à son centre une force réciproque au carré des distances, de manière que, si l'on nomme c le rayon de la sphère et ρ sa

densité, celle du fluide étant prise pour unité, cette force, à la distance r, sera égale à $\frac{4}{3}\pi\frac{c^3(\rho-1)}{r^2}$. En la multipliant par l'élément $-dr$ de sa direction, l'intégrale du produit sera $\frac{4}{3}\pi\frac{c^3(\rho-1)}{r}$, quantité qu'il faut ajouter à $a^2\mathrm{N}$; et, comme à la surface on a $r=a(1+\alpha y)$, il faudra, dans l'équation de l'équilibre du numéro précédent, ajouter à N, $\frac{4}{3}\pi\frac{(\rho-1)c^3}{a^3}(1-\alpha y)$. Cette équation deviendra

$$\text{const.}=\frac{4\alpha\pi}{3}\left[1+(\rho-1)\frac{c^3}{a^3}\right]y-\alpha\int\int y'\,dp\,dq'\sin p-\mathrm{N}.$$

Si l'on désigne par $a(1+\alpha y+\alpha v)$ une nouvelle expression du rayon du sphéroïde en équilibre, on aura pour déterminer v l'équation

$$\text{const.}=\frac{4}{3}\pi\left[1+(\rho-1)\frac{c^3}{a^3}\right]v-\int\int v'\,dp\,dq'\sin p,$$

équation qui est celle de l'équilibre du sphéroïde, en le supposant immobile et en faisant abstraction de toute force extérieure.

Si le sphéroïde est de révolution, v sera uniquement fonction de $\cos\theta$ ou de μ; or on peut, dans ce cas, le déterminer par l'analyse du numéro précédent; car, si l'on différentie cette équation $i+1$ fois de suite relativement à μ, on aura

$$0=\frac{4}{3}\pi\left[1+(\rho-1)\frac{c^3}{a^3}\right]\frac{\partial^{i+1}v}{\partial\mu^{i+1}}-\int\int\frac{\partial^{i+1}v'}{\partial\mu'^{i+1}}\,dp\,dq'\sin p\cos^{2i+2}p;$$

mais on a

$$\int\int dp\,dq'\sin p\cos^{2i+2}p=\frac{4\pi}{2i+3};$$

l'équation précédente peut donc être mise sous cette forme

$$0=\int\int dp\,dq'\sin p\cos^{2i+2}p\left\{\frac{2i+3}{3}\left[1+(\rho-1)\frac{c^3}{a^3}\right]\frac{\partial^{i+1}v}{\partial\mu^{i+1}}-\frac{\partial^{i+1}v'}{\partial\mu'^{i+1}}\right\}.$$

On peut prendre i tel que, abstraction faite du signe, on ait

$$\frac{2i+3}{3}\left[1+(\rho-1)\frac{c^3}{a^3}\right]>1;$$

en supposant donc que i soit le plus petit nombre entier positif qui rende cette quantité plus grande que l'unité, on s'assurera, comme dans le numéro précédent, que cette équation ne peut être satisfaite, à moins que l'on ne suppose $\frac{\partial^{i+1} v}{\partial \mu^{i+1}} = 0$, ce qui donne

$$v = \mu^i + A \mu^{i-1} + B \mu^{i-2} + \ldots$$

En substituant, dans l'équation précédente de l'équilibre, au lieu de v cette valeur, et au lieu de v',

$$\mu'^i + A \mu'^{i-1} + B \mu'^{i-2} + \ldots,$$

μ' étant, par le numéro précédent, égal à $\mu \cos^2 p - \sin^2 p \cos q'$, on trouvera d'abord

$$1 + (\rho - 1) \frac{c^3}{a^3} = \frac{3}{2i + 1},$$

ce qui suppose ρ égal ou moindre que l'unité; ainsi, toutes les fois que a, c et ρ ne seront pas tels que cette équation soit satisfaite, i étant un nombre entier positif, le fluide ne pourra être en équilibre que d'une seule manière. On aura ensuite

$$A = 0, \quad B = - \frac{i(i-1)}{2(2i-1)}, \quad \ldots,$$

en sorte que

$$v = \mu^i - \frac{i(i-1)}{2(2i-1)} \mu^{i-2} + \frac{i(i-1)(i-2)(i-3)}{2.4.(2i-1)(2i-3)} \mu^{i-4} - \ldots.$$

Il y a donc généralement deux figures d'équilibre, puisque αv est susceptible de deux valeurs, dont l'une est donnée par la supposition de $v = 0$, et dont l'autre est donnée par la supposition de v égal à la fonction précédente de μ.

Si le sphéroïde est sans mouvement de rotation, et n'est sollicité par aucune force étrangère à l'action de ses molécules, la première de ces deux figures est une sphère, et la seconde a pour méridien une courbe de l'ordre i. Ces deux courbes se confondent dans le cas de $i = 1$, parce que le rayon $a(1 + \alpha\mu)$ est celui d'une sphère dans laquelle l'origine des rayons est à la distance α de son centre; mais alors il est aisé de voir que $\rho = 1$, c'est-à-dire que le sphéroïde est homogène, ce qui est conforme au résultat du numéro précédent.

28. Lorsqu'on a les figures de révolution qui satisfont à l'équilibre, il est facile d'en conclure celles qui ne sont pas de révolution, par la méthode suivante. Au lieu de fixer l'origine de l'angle θ à l'extrémité de l'axe de révolution, supposons qu'elle soit à une distance γ de cette extrémité, et nommons θ' la distance à cette même extrémité du point de la surface dont θ est la distance à la nouvelle origine de l'angle θ. Nommons de plus $\varpi - \xi$ l'angle compris entre les deux arcs θ et γ: nous aurons

$$\cos\theta' = \cos\gamma\cos\theta + \sin\gamma\sin\theta\cos(\varpi - \xi);$$

en désignant donc par $\Gamma(\cos\theta')$ la fonction

$$\cos^i\theta' - \frac{i\,(i-1)}{2(2i-1)}\cos^{i-2}\theta' + \ldots,$$

le rayon du sphéroïde immobile, en équilibre, que nous venons de voir être égal à $a[1 + \alpha\Gamma(\cos\theta')]$, sera

$$a + \alpha a\Gamma[\cos\gamma\cos\theta + \sin\gamma\sin\theta\cos(\varpi - \xi)],$$

et, quoiqu'il soit fonction de l'angle ϖ, il appartient à un solide de révolution, dans lequel l'origine de l'angle θ n'est point à l'extrémité de l'axe de révolution.

Puisque ce rayon satisfait à l'équation de l'équilibre, quels que soient α, ξ et γ, il y satisfera encore en changeant ces quantités en α', ξ' et γ'; α'', ξ'' et γ'', etc.; d'où il suit que, cette équation étant linéaire, le rayon

$$a + \alpha a\Gamma[\cos\gamma\cos\theta + \sin\gamma\sin\theta\cos(\varpi - \xi)]$$
$$+ \alpha'a\Gamma[\cos\gamma'\cos\theta + \sin\gamma'\sin\theta\cos(\varpi - \xi')]$$
$$+ \ldots\ldots\ldots\ldots\ldots\ldots\ldots\ldots\ldots\ldots\ldots$$

y satisfera pareillement. Le sphéroïde auquel ce rayon appartient n'est plus de révolution; il est formé d'une sphère du rayon a et d'un nombre quelconque de couches semblables à l'excès du sphéroïde de révolution, dont le rayon est $a + \alpha a \Gamma(\mu)$, sur la sphère dont le rayon est a, ces couches étant posées arbitrairement les unes au-dessus des autres.

Si l'on compare l'expression de $\Gamma(\cos\theta')$ à celle de $\mathrm{P}^{(i)}$ du n° **23**, on verra que ces deux fonctions sont semblables, et qu'elles ne diffèrent que par les quantités γ et δ, qui dans $\mathrm{P}^{(i)}$ sont v et ϖ, et par un facteur indépendant de μ et de ϖ; on a donc

$$0 = \frac{\partial . \left(1 - \mu^2\right) \dfrac{\partial \, \Gamma_{,}\cos\theta'}{\partial \mu}}{\partial \mu} + \frac{\dfrac{\partial^2 . \Gamma_{,}\cos\theta'}{\partial \varpi^2}}{1 - \mu^2} + i\,(i+1)\,\Gamma_{,}\cos\theta'.$$

Il est facile d'en conclure que, si l'on représente par $\alpha \mathrm{Y}^{(i)}$ la fonction

$$\alpha \, \Gamma \left[\cos\gamma \, \cos\theta + \sin\gamma \, \sin\theta \cos_{,}\varpi - \delta_{,}\right]$$
$$+ \alpha' \, \Gamma \left[\cos\gamma' \cos\theta + \sin\gamma' \sin\theta \cos_{,}\varpi - \delta' \right]$$
$$+ \ldots\ldots\ldots\ldots\ldots\ldots\ldots\ldots\ldots\ldots$$

$\mathrm{Y}^{(i)}$ sera une fonction rationnelle et entière de μ, $\sqrt{1 - \mu^2}\,\cos\varpi$, $\sqrt{1 - \mu^2}\,\sin\varpi$, qui satisfera à l'équation aux différences partielles

$$0 = \frac{\partial . \left(1 - \mu^2\right) \dfrac{\partial \mathrm{Y}^{(i)}}{\partial \mu}}{\partial \mu} + \frac{\dfrac{\partial^2 \mathrm{Y}^{(i)}}{\partial \varpi^2}}{1 - \mu^2} + i\,(i+1)\,\mathrm{Y}^{(i)};$$

en choisissant donc pour $\mathrm{Y}^{(i)}$ la fonction la plus générale de cette nature, la fonction $a\left(1 + \alpha \mathrm{Y}^{(i)}\right)$ sera l'expression la plus générale du rayon du sphéroïde immobile en équilibre.

On peut parvenir au même résultat au moyen de l'expression de V en séries du n° **11**; car l'équation de l'équilibre étant, par le numéro précédent,

$$\text{const.} = \mathrm{V} + a^2 \mathrm{N}$$

si l'on suppose que toutes les forces étrangères à l'action réciproque des molécules fluides se réduisent à une seule force attractive égale à $\frac{1}{3}\pi\frac{(\rho-1)c^3}{r^2}$, placée au centre du sphéroïde, en multipliant cette force par l'élément $-dr$ de sa direction et en l'intégrant ensuite, on aura

$$\tfrac{1}{3}\pi\frac{(\rho-1)c^3}{r} = a^2 N,$$

et comme, à la surface, $r = a(1 + \alpha y)$, l'équation précédente de l'équilibre deviendra

$$\text{const.} = V + \tfrac{1}{3}\alpha\pi\frac{c^3}{a}(1-\rho)y.$$

En substituant dans cette équation, au lieu de V, sa valeur donnée par la formule (3) du n° 11, dans laquelle on mettra pour r sa valeur $a(1 + \alpha y)$, et en substituant pour y sa valeur

$$Y^{(0)} + Y^{(1)} + Y^{(2)} + \dots,$$

on aura

$$0 = \left[(1-\rho)\frac{c^3}{a^3} + 2\right]Y^{(0)} + (1-\rho)\frac{c^3}{a^3}Y^{(1)} + \left[(1-\rho)\frac{c^3}{a^3} - \frac{2}{5}\right]Y^{(2)} + \dots$$
$$+ \left[(1-\rho)\frac{c^3}{a^3} - \frac{2i-2}{2i+1}\right]Y^{(i)} + \dots,$$

la constante a étant supposée telle que const. $= \frac{1}{3}\pi a^2$. Cette équation donne $Y^0 = 0$, $Y^{(1)} = 0$, $Y^{(2)} = 0,\dots$ à moins que le coefficient de l'une de ces quantités, de $Y^{(i)}$ par exemple, ne soit nul, ce qui donne

$$(1-\rho)\frac{c^3}{a^3} = \frac{2i-2}{2i+1}.$$

i étant un nombre entier positif, et, dans ce cas, toutes ces quantités sont nulles, excepté $Y^{(i)}$; on aura donc alors $y = Y^{(i)}$, ce qui est conforme à ce que nous venons de trouver.

On voit ainsi que les résultats obtenus par la réduction de V en série ont toute la généralité possible, et qu'il n'est point à craindre que quelque figure d'équilibre échappe à l'analyse fondée sur cette réduction, ce qui confirme ce que l'on a vu *a priori*, par l'analyse du n° 11.

dans lequel nous avons prouvé que la forme que nous avons donnée au rayon des sphéroïdes n'est point arbitraire et découle de la nature même de leurs attractions.

29. Reprenons maintenant l'équation (1) du n° **23**. Si l'on y substitue pour V sa valeur donnée par la formule (6) du n° **14**, on aura, relativement aux différentes couches fluides,

$$(1)\ \left\{ \begin{aligned} \int \frac{d\Pi}{\rho} &= 2\pi \textstyle\int\!\rho\,d.a^2 + 4\alpha\pi \int\!\rho\,d\left(a^2 Y^{(0)} + \frac{ar}{3} Y^{(1)} + \frac{r^2}{5} Y^{(2)} + \frac{r^4}{7a} Y^{(3)} + \ldots\right) \\ &\quad + \frac{4\pi}{3r}\textstyle\int\!\rho\,d.a^3 + \frac{4\alpha\pi}{r} \int\!\rho\,d\left(a^3 Y^{(0)} + \frac{a^4}{3r} Y^{(1)} + \frac{a^5}{5r^2} Y^{(2)} + \frac{a^6}{7r^3} Y^{(3)} + \ldots\right) \\ &\quad + \alpha r^2\left(Z^{(0)} + Z^{(2)} + rZ^{(3)} + r^2 Z^{(1)} + \ldots\right), \end{aligned} \right.$$

les différentielles et les intégrales étant relatives à la variable a : les deux premières intégrales du second membre de cette équation doivent être prises depuis $a = a$ jusqu'à $a = 1$, a étant la valeur de a relative à la couche fluide de niveau que l'on considère, et cette valeur à la surface étant prise pour unité; les deux dernières intégrales doivent être prises depuis $a = 0$ jusqu'à $a = a$; enfin, le rayon r doit être changé en $a(1 + \alpha y)$, après toutes les différentiations et les intégrations. Dans les termes multipliés par α, il suffira de changer r en a; mais, dans le terme $\frac{4\pi}{3r} \int\!\rho\,d.a^3$, il faudra substituer $a(1 + \alpha y)$ pour r, ce qui le change dans celui-ci $\frac{4\pi}{3a}(1 - \alpha y)\int\!\rho\,d.a^3$, et par conséquent dans le suivant

$$\frac{4\pi}{3a}\left(1 - \alpha Y^{(0)} - \alpha Y^{(1)} - \alpha Y^{(2)} - \ldots\right)\int\!\rho\,d.a^3.$$

Cela posé, si dans l'équation (1) on compare les fonctions semblables, on aura d'abord

$$\begin{aligned} \int \frac{d\Pi}{\rho} &= 2\pi \textstyle\int\!\rho\,d.a^2 + 4\alpha\pi \int\!\rho\,d\left(a^2 Y^{(0)}\right) + \frac{4\pi}{3a} \int\!\rho\,d.a^3 \\ &\quad - \frac{4\alpha\pi}{3a} Y^{(0)} \textstyle\int\!\rho\,d.a^3 + \frac{4\alpha\pi}{a} \int\!\rho\,d\left(a^3 Y^{(0)}\right) + \alpha a^2 Z^{(0)}, \end{aligned}$$

les deux premières intégrales du second membre de cette équation étant prises depuis $a = a$ jusqu'à $a = 1$, les trois autres intégrales de ce second membre devant être prises depuis $a = 0$ jusqu'à $a = a$. Cette équation ne déterminant ni a ni $Y^{(0)}$, mais donnant seulement un rapport entre ces deux quantités, on voit que la valeur de $Y^{(0)}$ est arbitraire et peut être déterminée à volonté. On aura ensuite, i étant égal ou plus grand que l'unité,

$$(2) \qquad 0 = \frac{4\pi a^i}{2i+1}\int\rho\, d\frac{Y^{(i)}}{a^{i-2}} - \frac{4\pi}{3a}Y^{(i)}\int\rho\, d.a^3 + \frac{4\pi}{(2i+1)a^{i+1}}\int\rho\, d(a^{i+3}Y^{(i)}) + a^i Z^{(i)},$$

la première intégrale étant prise depuis $a = a$ jusqu'à $a = 1$, et les deux autres étant prises depuis $a = 0$ jusqu'à $a = a$. Cette équation donnera la valeur de $Y^{(i)}$ relative à chaque couche fluide, lorsque la loi des densités ρ sera connue.

Pour réduire ces différentes intégrales dans les mêmes limites, soit

$$\frac{4\pi}{2i+1}\int\rho\, d\frac{Y^{(i)}}{a^{i-2}} + Z^{(i)} = \frac{4\pi}{2i+1}Z'^{(i)},$$

l'intégrale étant prise depuis $a = 0$ jusqu'à $a = 1$; $Z'^{(i)}$ sera une quantité indépendante de a, et l'équation (2) deviendra

$$0 = (2i+1)a^i Y^{(i)}\int\rho\, d.a^3 + 3a^{2i+1}\int\rho\, d\frac{Y^{(i)}}{a^{i-2}} - 3\int\rho\, d(a^{i+3}Y^{(i)}) - 3a^{2i+1}Z'^{(i)},$$

toutes les intégrales étant prises depuis $a = 0$ jusqu'à $a = a$.

On pourra faire disparaître les signes d'intégration par des différentiations relatives à a, et l'on aura l'équation différentielle du second ordre

$$\frac{\partial^2 Y^{(i)}}{\partial a^2} = \left(\frac{i(i+1)}{a^2} - \frac{6\rho a}{\int\rho\, d.a^3}\right)Y^{(i)} - \frac{6\rho a^2}{\int\rho\, d.a^3}\frac{\partial Y^{(i)}}{\partial a}.$$

L'intégrale de cette équation donnera la valeur de $Y^{(i)}$ avec deux constantes arbitraires; ces constantes sont des fonctions rationnelles et entières, de l'ordre i, de μ, $\sqrt{1-\mu^2}\sin\varpi$ et $\sqrt{1-\mu^2}\cos\varpi$, telles qu'en les représentant par $U^{(i)}$, elles satisfont à l'équation aux différences partielles

$$0 = \frac{\partial.(1 - \mu^2)\dfrac{\partial U^{(i)}}{\partial \mu}}{\partial \mu} + \frac{\dfrac{\partial^2 U^{(i)}}{\partial \varpi^2}}{1 - \mu^2} + i(i+1) U^{(i)}.$$

L'une de ces fonctions se déterminera au moyen de la fonction $Z^{(i)}$, qui a disparu par les différentiations, et il est visible qu'elle sera un multiple de cette fonction. Quant à l'autre fonction, si l'on suppose que le fluide recouvre un noyau solide, elle se déterminera au moyen de l'équation à la surface du noyau, en observant que la valeur de $Y^{(i)}$ relative à la couche fluide contiguë à cette surface est la même que celle de cette surface. Ainsi la figure du sphéroïde dépend et de la figure du noyau intérieur, et des forces qui sollicitent le fluide.

30. Si le sphéroïde est entièrement fluide, rien ne déterminant alors une des constantes arbitraires, il semble qu'il doit y avoir une infinité de figures d'équilibre. Examinons particulièrement ce cas, d'autant plus intéressant qu'il paraît avoir eu lieu primitivement pour les corps célestes.

Nous observerons d'abord que les couches du sphéroïde doivent diminuer de densité, en allant du centre à la surface; car il est clair que, si une couche plus dense était placée au-dessus d'une couche moins dense, ses molécules pénétreraient dans celle-ci, de même qu'un corps pesant s'enfonce dans un fluide de moindre densité; le sphéroïde ne serait donc point en équilibre. Mais, quelle que soit sa densité au centre, elle ne peut être que finie; en réduisant donc l'expression de ς dans une suite ascendante par rapport aux puissances de a, cette suite sera de la forme $\beta - \gamma a^n - \ldots$, β, γ et n étant positifs; on aura ainsi

$$\frac{a^3 \rho}{\int \rho\, d.a^3} = 1 - \frac{n\gamma a^n}{(n+3)\beta} + \ldots$$

et l'équation différentielle en $Y^{(i)}$ deviendra

$$\frac{\partial^2 Y^{(i)}}{\partial a^2} = \left[(i-2)(i+3) + \frac{6n\gamma a^n}{(n+3)\beta} - \ldots\right]\frac{Y^{(i)}}{a^2} - \frac{6}{a}\left[1 - \frac{n\gamma a^n}{(n+3)\beta} + \ldots\right]\cdot\frac{\partial Y^{(i)}}{\partial a}.$$

Pour intégrer cette équation, supposons que $Y^{(i)}$ soit développé dans une suite ascendante par rapport aux puissances de a, de cette forme

$$Y^{(i)} = a^s U^{(i)} + a^{s'} U'^{(i)} + \ldots;$$

l'équation différentielle précédente donnera

$$(e) \quad \begin{cases} (s+i+3)(s-i+2)\, a^{s-2} U^{(i)} + (s'+i+3)(s'-i+2)\, a^{s'-2} U'^{(i)} + \ldots \\[2mm] = \dfrac{6n\gamma a^n}{(n+3)\,g}\left[(s+1)\, a^{s-2} U^{(i)} + (s'+1)\, a^{s'-2} U'^{(i)} + \ldots\right]. \end{cases}$$

En comparant les puissances semblables de a, on a d'abord

$$(s+i+3)(s-i+2) = 0,$$

ce qui donne

$$s = i - 2, \quad \text{et} \quad s = - i - 3.$$

À chacune de ces valeurs de s répond une série particulière, qui, étant multipliée par une arbitraire, sera une intégrale de l'équation différentielle en $Y^{(i)}$; la somme de ces deux intégrales en sera l'intégrale complète. Dans le cas présent, la suite qui répond à $s = -i - 3$ doit être rejetée; car il en résulterait pour $aY^{(i)}$ une valeur infinie lorsque a serait infiniment petit, ce qui rendrait infinis les rayons des couches infiniment voisines du centre. Ainsi, des deux intégrales particulières de l'expression de $Y^{(i)}$, celle qui répond à $s = i - 2$ doit seule être admise. Cette expression ne renferme plus alors qu'une arbitraire, qui sera déterminée par la fonction $Z^{(i)}$.

$Z^{(i)}$ étant nul par le n° **23**, $Y^{(i)}$ est pareillement nul, en sorte que le centre de gravité de chaque couche est au centre de gravité du sphéroïde entier. En effet, l'équation différentielle en $Y^{(i)}$ du numéro précédent donne

$$\frac{\partial^2 Y^{(i)}}{\partial a^2} = \left(\frac{2}{a^2} - \frac{6\rho a}{\int \rho\, d.a^3}\right) Y^{(i)} - \frac{6\rho a^2}{\int \rho\, d.a^3}\, \frac{\partial Y^{(i)}}{\partial a}.$$

On satisfait à cette équation en faisant $Y^{(i)} = \dfrac{U^{(i)}}{a}$, $U^{(i)}$ étant indépendant de a. Cette valeur de $Y^{(i)}$ est celle qui répond à l'équation

$s = i - 2$; elle est, par conséquent, la seule que l'on doive admettre. En la substituant dans l'équation (2) du numéro précédent, et en y supposant $Z^{(i)} = 0$, la fonction $U^{(i)}$ disparait, et par conséquent reste arbitraire; mais la condition que l'origine du rayon r est au centre de gravité du sphéroïde terrestre la rend nulle; car on verra, dans le numéro suivant, qu'alors $Y^{(i)}$ est nul à la surface de tout sphéroïde recouvert d'une couche de fluide en équilibre; on aura donc, dans le cas présent, $U^{(i)} = 0$; ainsi $Y^{(i)}$ est nul relativement à toutes les couches fluides qui forment le sphéroïde.

Considérons maintenant l'équation générale

$$Y^{(i)} = a' U^{(i)} + a'' U'^{(i)} + \ldots;$$

s étant, comme on vient de le voir, égal à $i - 2$, s est nul ou positif, lorsque i est égal ou plus grand que 2; de plus, les fonctions $U'^{(i)}$, $U''^{(i)}, \ldots$ sont données en $U^{(i)}$ par l'équation (c) de ce numéro, en sorte que l'on a

$$Y^{(i)} = h\, U^{(i)},$$

h étant une fonction de a, et $U^{(i)}$ en étant indépendant. Si l'on substitue cette valeur de $Y^{(i)}$ dans l'équation différentielle en $Y^{(i)}$, on aura

$$\frac{d^2 h}{da^2} = \left[i(i+1) - \frac{6\rho a^3}{\int \rho\, d.a^3} \right] \frac{h}{a^2} - \frac{6\rho a^2}{\int \rho\, d.a^3} \frac{dh}{da}.$$

Le produit $i(i+1)$ est plus grand que $\dfrac{6\rho a^3}{\int \rho\, d.a^3}$, lorsque i est égal ou plus grand que 2; car la fraction $\dfrac{\rho a^3}{\int \rho\, d.a^3}$ est moindre que l'unité; en effet, son dénominateur $\int \rho\, d.a^3$ est égal à $\rho a^3 - \int a^3 d\rho$, et la quantité $- \int a^3 d\rho$ est positive, puisque ρ diminue du centre à la surface.

Il suit de là que h et $\dfrac{dh}{da}$ sont constamment positifs, du centre à la surface. Pour le faire voir, supposons que ces deux quantités soient positives en partant du centre; dh doit alors devenir négatif avant h, et il est clair qu'il doit, pour cela, passer par zéro; mais dès l'instant où il est nul, $d^2 h$ devient positif, en vertu de l'équation précédente, et par conséquent dh commence à croître; il ne peut donc jamais devenir négatif, d'où il suit que h et dh conservent constamment le même signe, du centre à la surface. Maintenant, ces deux quantités sont positives en partant du centre; car on a, en vertu de l'équation (e), $s' - 2 = s + n - 2$, ce qui donne $s' = i + n - 2$; on a ensuite

$$(s' + i + 3)(s' - i + 2)\, U'^{(i)} = \frac{6n(s + 1)\gamma U^{(i)}}{(n + 3)\delta},$$

d'où l'on tire

$$U'^{(i)} = \frac{6(i - 1)\gamma U^{(i)}}{(n + 3)(2i + n + 1)\delta};$$

on aura donc

$$h = a^{i-2} + \frac{6(i - 1)\gamma a^{i+n-2}}{(n + 3)(2i + n + 1)\delta} + \cdots,$$

$$\frac{dh}{da} = (i - 2)a^{i-3} + \frac{6(i - 1)(i + n - 2)\gamma a^{i+n-3}}{(n + 3)(2i + n + 1)\delta} + \cdots.$$

γ, δ et n étant positifs, on voit qu'au centre h et dh sont positifs, lorsque i est égal ou plus grand que 2; ils sont donc constamment positifs, du centre à la surface.

Relativement à la Terre, à la Lune, à Jupiter, etc., $Z^{(i)}$ est nul ou insensible, lorsque i est égal ou plus grand que 3; l'équation (2) du numéro précédent devient alors

$$0 = \left[3a^{2i+1} \int \rho\, d\frac{h}{a^{i-2}} - (2i + 1)a^i h \int \rho\, d.a^3 + 3 \int \rho\, d(a^{i+3} h) \right] U^{(i)},$$

la première intégrale étant prise depuis $a = a$ jusqu'à $a = 1$, et les deux autres étant prises depuis $a = 0$ jusqu'à $a = a$. A la surface, où $a = 1$, cette équation devient

$$0 = \left[-(2i + 1)h \int \rho\, d.a^3 + 3 \int \rho\, d(a^{i+3} h) \right] U^{(i)},$$

équation que l'on peut mettre sous cette forme

$$0 = \left[-(2i - 2)\rho h + (2i + 1)h \int a^3\, d\rho - 3 \int a^{i+3} h\, d\rho \right] U^{(i)}.$$

$d\rho$ est négatif du centre à la surface, et h croît dans le même intervalle; la fonction $(2i + 1) h \int a^2 d\rho - 3 \int a^{i-3} h d\rho$ est donc négative dans le même intervalle; ainsi, dans l'équation précédente, le coefficient de $U^{(i)}$ est négatif, et ne peut être nul à la surface; $U^{(i)}$ doit donc être nul, ce qui donne $Y^{(i)} = 0$; l'expression du rayon du sphéroïde se réduit ainsi à $a + \alpha a (Y^{(0)} + Y^{(2)})$, c'est-à-dire que la surface de chaque couche de niveau du sphéroïde est elliptique, et par conséquent sa surface extérieure est elliptique.

$Z^{(2)}$, par rapport à la Terre, est, par le n° 23, égal à $- \frac{g}{2\alpha} (\mu^2 - \frac{1}{3})$; l'équation (2) du numéro précédent donne ainsi

$$ 0 = \left[\tfrac{1}{3} \pi a^3 \int \rho \, dh - \tfrac{1}{4} \pi a^2 h \int \rho \, d.a^3 + \tfrac{1}{5} \pi \int \rho \, d(a^5 h) \right] U^{(2)} - \frac{g}{2\alpha} a^5 (\mu^2 - \tfrac{1}{3}). $$

A la surface, la première intégrale $\int \rho \, dh$ est nulle; on aura donc à cette surface, où $a = 1$,

$$ U^{(2)} = \frac{ - \dfrac{1}{2\alpha} g (\mu^2 - \tfrac{1}{3}) }{ \tfrac{1}{3} \pi h \int \rho \, d.a^3 - \tfrac{1}{5} \pi \int \rho \, d(a^5 h) }. $$

Soit $\alpha \rho$ le rapport de la force centrifuge à la pesanteur à l'équateur; l'expression de la pesanteur étant, aux quantités près de l'ordre α, égale à $\tfrac{1}{3} \pi \int \rho \, d.a^3$, on aura $g = \tfrac{1}{3} \pi \alpha \rho \int \rho \, d.a^3$; partant

$$ U^{(2)} = \frac{ - \rho (\mu^2 - \tfrac{1}{3}) }{ 2h - \dfrac{2}{5} \dfrac{\int \rho \, d(a^5 h)}{\int \rho \, a^2 da} }; $$

en comprenant donc dans la constante arbitraire a, que nous avons prise pour l'unité, la fonction

$$ \alpha Y^{(0)} - \frac{\alpha h \rho}{3h - \dfrac{3}{5} \dfrac{\int \rho \, d(a^5 h)}{\int \rho \, a^2 da}}, $$

le rayon du sphéroïde terrestre à la surface sera

$$ 1 + \frac{\alpha h \rho (1 - \mu^2)}{2h - \dfrac{2 \int \rho \, d(a^5 h)}{5 \int \rho \, a^2 da}}. $$

Ce rayon est celui d'un ellipsoïde de révolution, dont le demi-petit axe
est l'unité, et dont le demi-grand axe est

$$1 + \frac{\alpha h \varphi}{2h - \dfrac{2\int \rho\, d(a^5 h)}{5\int \rho a^2\, da}}.$$

La figure de la Terre supposée fluide ne peut donc être que celle d'un
ellipsoïde de révolution, dont toutes les couches de même densité sont
elliptiques et de révolution, et dans lequel les ellipticités croissent et
les densités diminuent du centre à la surface. Le rapport des ellipticités aux densités est donné par l'équation différentielle du second
ordre

$$\frac{d^2 h}{da^2} = \frac{6h}{a^2}\left(1 - \frac{\rho a^3}{3\int \rho a^2\, da}\right) - \frac{2\rho a^2}{\int \rho a^2\, da}\,\frac{dh}{da}.$$

Cette équation n'est intégrable par les méthodes connues que dans
quelques suppositions particulières sur les densités ρ; mais, si la loi
des ellipticités était donnée, on aurait facilement celle des densités
correspondantes. On a vu que l'expression de h, donnée par l'intégrale
de cette équation, ne renferme, dans la question présente, qu'une arbitraire qui disparait de la valeur précédente du rayon du sphéroïde;
il n'y a donc qu'une seule figure d'équilibre très-peu différente de la
sphère qui soit possible, et il est facile de s'assurer que les limites de
l'aplatissement de cette figure sont $\dfrac{\alpha\varphi}{2}$ et $\dfrac{5}{4}\alpha\varphi$, dont la première répond
au cas où toute la masse du sphéroïde serait réunie au centre, et dont
la seconde répond au cas où cette masse serait homogène.

Les directions de la pesanteur, depuis un point quelconque de la
surface jusqu'au centre, ne forment point une ligne droite, mais une
courbe dont les éléments sont perpendiculaires aux couches de niveau
qu'elle traverse : cette courbe est la trajectoire à angles droits de
toutes les ellipses qui par leur révolution forment ces couches. Pour
déterminer sa nature, prenons pour axe le rayon mené du centre au
point de la surface, θ étant l'angle que ce rayon forme avec l'axe de
révolution. On vient de voir que l'expression générale du rayon d'une

couche quelconque du sphéroïde est $a + \alpha k.ah(1 - \mu^2)$, k étant indépendant de a; de là il est facile de conclure que, si l'on nomme $\alpha y'$ l'ordonnée abaissée d'un point quelconque de la courbe sur son axe, on aura

$$\alpha y' = \alpha ak \sin 2\vartheta \left(c - \int \frac{h\,da}{a} \right),$$

c étant la valeur entière de l'intégrale $\int \frac{h\,da}{a}$, prise depuis le centre jusqu'à la surface.

31. Considérons présentement le cas général dans lequel le sphéroïde, toujours fluide à sa surface, peut renfermer un noyau solide d'une figure quelconque peu différente de la sphère. Le rayon mené du centre de gravité du sphéroïde à sa surface et la loi de la pesanteur à cette surface ont quelques propriétés générales, qu'il est d'autant plus essentiel de considérer, que ces propriétés sont indépendantes de toute hypothèse.

La première de ces propriétés est que, dans l'état d'équilibre, la partie fluide du sphéroïde doit toujours se disposer de manière que la fonction $Y^{(i)}$ disparaisse de l'expression du rayon mené du centre de gravité du sphéroïde entier à sa surface, en sorte que le centre de gravité de cette surface coïncide avec celui du sphéroïde.

Pour le faire voir, nous observerons que, R étant supposé représenter le rayon mené du centre de gravité du sphéroïde à l'une quelconque de ses molécules, l'expression de cette molécule sera $\rho R^2 dR\,d\mu.\,d\varpi$, et l'on aura, par le n° 12, en vertu des propriétés du centre de gravité,

$$0 = \iiint \rho R^3\,dR\,d\mu\,d\varpi.\,\mu,$$

$$0 = \iiint \rho R^3\,dR\,d\mu\,d\varpi \sqrt{1-\mu^2}\sin\varpi,$$

$$0 = \iiint \rho R^3\,dR\,d\mu\,d\varpi \sqrt{1-\mu^2}\cos\varpi.$$

Concevons l'intégrale $\int \rho R^3\,dR$ prise relativement à R, depuis l'origine de R jusqu'à la surface du sphéroïde, et ensuite développée dans une série de la forme

$$N^{(0)} + N^{(1)} + N^{(2)} + N^{(3)} + \ldots,$$

$N^{(i)}$ étant, quel que soit i, assujetti à l'équation aux différences partielles

$$0 = \frac{\partial.\left(1-\mu^2\right)\dfrac{\partial N^{(i)}}{\partial\mu}}{\partial\mu} + \frac{\dfrac{\partial^2 N^{(i)}}{\partial\varpi^2}}{1-\mu^2} + i(i+1)N^{(i)};$$

on aura par le n° 12, lorsque i est différent de l'unité,

$$0 = \int\!\!\int N^{(i)}\mu\,d\mu\,d\varpi,$$
$$0 = \int\!\!\int N^{(i)}\,d\mu\,d\varpi\sqrt{1-\mu^2}\sin\varpi,$$
$$0 = \int\!\!\int N^{(i)}\,d\mu\,d\varpi\sqrt{1-\mu^2}\cos\varpi.$$

Les trois équations précédentes, données par la nature du centre de gravité, deviendront

$$0 = \int\!\!\int N^{(1)}\mu\,d\mu\,d\varpi,$$
$$0 = \int\!\!\int N^{(1)}\,d\mu\,d\varpi\sqrt{1-\mu^2}\sin\varpi,$$
$$0 = \int\!\!\int N^{(1)}\,d\mu\,d\varpi\sqrt{1-\mu^2}\cos\varpi.$$

$N^{(1)}$ est de la forme $\mathrm{H}\mu + \mathrm{H}'\sqrt{1-\mu^2}\sin\varpi + \mathrm{H}''\sqrt{1-\mu^2}\cos\varpi$; en substituant cette valeur dans ces trois équations, on aura

$$\mathrm{H}=0,\quad \mathrm{H}'=0,\quad \mathrm{H}''=0;$$

partant $N^{(1)}=0$; c'est la condition nécessaire pour que l'origine de R soit au centre de gravité du sphéroïde.

Voyons maintenant ce que devient $N^{(1)}$ relativement aux sphéroïdes peu différents de la sphère et recouverts d'un fluide en équilibre. On a dans ce cas

$$R = a(1+\alpha y),$$

et l'intégrale $\int\rho R^3\,dR$ devient

$$\tfrac{1}{4}\int\rho\,d[a^4(1+4\alpha y)],$$

la différentielle et l'intégrale étant relatives à la variable a, dont ρ est fonction. En substituant pour y sa valeur $Y^{(0)}+Y^{(1)}+Y^{(2)}+\ldots$, on aura

$$N^{(1)} = \alpha\int\rho\,d(a^4 Y^{(1)}).$$

L'équation (2) du n° 29 donne, à la surface où $a=1$, et en observant

que $Z^{(i)}$ est nul,

$$\int \rho \, d(a^i Y^{(i)}) = Y^{(i)} \int \rho \, d.a^i,$$

la valeur de $Y^{(i)}$ dans le second membre de cette équation étant relative
à la surface; ainsi, $N^{(i)}$ étant nul lorsque l'origine de R est au centre
de gravité du sphéroïde, on a pareillement $Y^{(i)} = 0$.

32. L'état permanent de l'équilibre des corps célestes nous fait connaitre encore quelques propriétés de leurs rayons. Si les planètes ne
tournaient pas exactement, ou du moins à très-peu près, autour d'un
de leurs trois axes principaux de rotation, il en résulterait, dans la
position de leurs axes de rotation, des changements qui seraient sensibles, surtout pour la Terre; et comme les observations les plus précises n'en font apercevoir aucun, nous devons en conclure que depuis
longtemps toutes les parties des corps célestes, et principalement les
parties fluides de leurs surfaces, se sont disposées de manière à rendre
stables leur état d'équilibre, et par conséquent leurs axes de rotation.
Il est, en effet, très-naturel de penser qu'après un grand nombre d'oscillations elles ont dû se fixer à cet état, en vertu des résistances qu'elles
éprouvent. Voyons maintenant les conditions qui en résultent dans
l'expression des rayons des corps célestes.

Si l'on nomme x, y, z les coordonnées rectangles d'une molécule dM
du sphéroïde, rapportées aux trois axes principaux, l'axe des x étant
l'axe de rotation du sphéroïde, on aura, par les propriétés de ces axes,
démontrées dans le premier Livre,

$$0 = \int xy \cdot dM, \qquad 0 = \int xz \, dM, \qquad 0 = \int yz \, dM,$$

les intégrales devant s'étendre à la masse entière du sphéroïde. R étant
le rayon mené de l'origine des coordonnées à la molécule dM, θ étant
l'angle formé par R et par l'axe de rotation, et ϖ étant l'angle que le
plan formé par cet axe et par R fait avec le plan formé par cet axe et
par celui des deux axes principaux qui est l'axe des y, on aura

$$x = R\mu, \qquad y = R\sqrt{1 - \mu^2} \cos\varpi, \qquad z = R\sqrt{1 - \mu^2} \sin\varpi,$$
$$dM = \rho R^2 \, dR \, d\mu \, d\varpi.$$

Les trois équations données par la nature des axes principaux de rota·
tion deviendront ainsi

$$o = \iiint \rho R^4 \, dR \, d\mu \, d\varpi . \mu \sqrt{1 - \mu^2} \cos\varpi,$$

$$o = \iiint \rho R^4 \, dR \, d\mu \, d\varpi . \mu \sqrt{1 - \mu^2} \sin\varpi,$$

$$o = \iiint \rho R^4 \, dR \, d\mu \, d\varpi (1 - \mu^2) \sin 2\varpi.$$

Concevons l'intégrale $\int \rho R^4 \, dR$ prise par rapport à R depuis R $=$ o
jusqu'à la valeur de R à la surface du sphéroïde, et développée dans
une suite de la forme $U^{(0)} + U^{(1)} + U^{(2)} + U^{(3)} + \ldots$, $U^{(i)}$ étant, quel que
soit i, assujetti à l'équation aux différences partielles

$$o = \frac{\partial . (1 - \mu^2) \dfrac{\partial U^{(i)}}{\partial\mu}}{\partial\mu} + \frac{\dfrac{\partial^2 U^{(i)}}{\partial\varpi^2}}{1 - \mu^2} + i(i + 1) U^{(i)}.$$

On aura, par le théorème du n° 12, lorsque i est différent de 2,
et en observant que les fonctions $\mu \sqrt{1 - \mu^2} \cos\varpi$, $\mu \sqrt{1 - \mu^2} \sin\varpi$ et
$(1 - \mu^2) \sin 2\varpi$ sont comprises dans la forme $U^{(2)}$,

$$o = \iint U^{(i)} \, d\mu \, d\varpi . \mu \sqrt{1 - \mu^2} \cos\varpi,$$

$$o = \iint U^{(i)} \, d\mu \, d\varpi . \mu \sqrt{1 - \mu^2} \sin\varpi,$$

$$o = \iint U^{(i)} \, d\mu \, d\varpi (1 - \mu^2) \sin 2\varpi.$$

Les trois équations relatives à la nature des axes de rotation deviendront ainsi

$$o = \iint U^{(2)} \, d\mu \, d\varpi . \mu \sqrt{1 - \mu^2} \cos\varpi,$$

$$o = \iint U^{(2)} \, d\mu \, d\varpi . \mu \sqrt{1 - \mu^2} \sin\varpi,$$

$$o = \iint U^{(2)} \, d\mu \, d\varpi (1 - \mu^2) \sin 2\varpi.$$

Ces équations ne dépendent donc que de la valeur de $U^{(2)}$: cette valeur
est de la forme

$$H(\mu^2 - \tfrac{1}{3}) + H'\mu \sqrt{1 - \mu^2} \sin\varpi + H''\mu \sqrt{1 - \mu^2} \cos\varpi + H'''(1 - \mu^2) \sin 2\varpi + H''''(1 - \mu^2) \cos 2\varpi;$$

en la substituant dans les trois équations précédentes, on aura

$$H' = o, \quad H'' = o, \quad H''' = o.$$

C'est à ces trois conditions que se réduisent les conditions nécessaires pour que les trois axes des x, des y et des z soient de véritables axes de rotation, et alors $U^{(2)}$ sera de la forme

$$H\left(\mu^2 - \tfrac{1}{3}\right) + H''(1 - \mu^2)\cos 2\varpi.$$

Lorsque le sphéroïde est un solide peu différent de la sphère, recouvert d'un fluide en équilibre, on a $R = a(1 + \alpha y)$, et par conséquent

$$\int \rho R^4 \, dR = \tfrac{1}{5} \int \rho \, d[a^5 (1 + 5\alpha y)].$$

Si l'on substitue pour y sa valeur $Y^{(0)} + Y^{(1)} + Y^{(2)} + \ldots$, on aura

$$U^{(2)} = \alpha \int \rho \, d(a^5 Y^{(2)}).$$

L'équation (2) du n° 29 donne, à la surface du sphéroïde,

$$\frac{4\pi}{5} \int \rho \, d(a^5 Y^{(2)}) = \tfrac{1}{3}\pi Y^{(2)} \int \rho \, d.a^3 - Z^{(2)},$$

$Y^{(2)}$ et $Z^{(2)}$, dans le second membre de cette équation, étant relatifs à la surface; on a donc

$$U^{(2)} = \tfrac{5}{3}\alpha Y^{(2)} \int \rho \, d.a^3 - \frac{5\alpha Z^{(2)}}{4\pi}.$$

La valeur de $Z^{(2)}$ est de la forme

$$\ldots \frac{g}{2}\,\mu^2 - \tfrac{1}{3} - g'\mu\sqrt{1-\mu^2}\sin\varpi + g''\mu\sqrt{1-\mu^2}\cos\varpi + g'''(1-\mu^2)\sin 2\varpi + g^{\mathrm{iv}}(1-\mu^2)\cos 2\varpi,$$

et celle de $Y^{(2)}$ est de la forme

$$\ldots h\;\mu^2 - \tfrac{1}{3} - h'\mu\sqrt{1-\mu^2}\sin\varpi - h''\mu\sqrt{1-\mu^2}\cos\varpi + h'''(1-\mu^2)\sin 2\varpi + h^{\mathrm{iv}}(1-\mu^2)\cos 2\varpi.$$

En substituant dans l'équation précédente ces valeurs, et

$$H\left(\mu^2 - \tfrac{1}{3}\right) + H''(1 - \mu^2)\cos 2\varpi$$

au lieu de $U^{(2)}$, on aura

$$h' = \frac{g'}{4\pi \int \rho a^2 \, da}, \qquad h'' = \frac{g''}{4\pi \int \rho a^2 \, da}, \qquad h''' = \frac{g'''}{4\pi \int \rho a^2 \, da}.$$

Telles sont les conditions qui résultent de la supposition que le sphéroïde tourne autour d'un de ses axes principaux de rotation. Cette supposition détermine les constantes h', h'', h''' au moyen des valeurs de g', g'', g'''; mais elle laisse indéterminées les quantités h et h^{iv}, ainsi que les fonctions $Y^{(3)}$, $Y^{(4)}$, ...

Si les forces étrangères à l'attraction des molécules du sphéroïde se réduisent à la force centrifuge due à son mouvement de rotation, on aura $g' = 0$, $g'' = 0$, $g''' = 0$; partant $h' = 0$, $h'' = 0$, $h''' = 0$, et l'expression de $Y^{(2)}$ sera de la forme

$$- h\left(\mu^2 - \tfrac{1}{3}\right) + h^{iv}(1 - \mu^2)\cos 2\varpi.$$

33. Considérons l'expression de la pesanteur à la surface du sphéroïde. Nommons p cette force; il est aisé de voir, par le n° 25, que l'on aura sa valeur en différentiant le second membre de l'équation (1) du n° 29 par rapport à r, et en divisant sa différentielle par $- dr$, ce qui donne, à la surface,

$$p = \frac{4\pi}{3r^2}\int\rho\,d.a^3 + \frac{4\varpi}{r^2}\int\rho\,d\left(a^3 Y^{(0)} + \frac{2a^4}{3r}Y^{(1)} + \frac{3a^5}{5r^2}Y^{(2)} + \frac{4a^6}{7r^3}Y^{(3)} + \dots\right)$$
$$- \alpha r\left(2Z^{(0)} + 2Z^{(2)} + 3rZ^{(3)} + 4r^2Z^{(4)} + \dots\right),$$

ces intégrales étant prises depuis $a = 0$ jusqu'à $a = 1$. Le rayon r à la surface est égal à $1 + \alpha y$, ou égal à

$$1 + \alpha\left(Y^{(0)} + Y^{(1)} + Y^{(2)} + \dots\right);$$

on aura ainsi

$$p = \frac{4\pi}{3}\int\rho\,d.a^3 - \frac{8\varpi}{3}\left(Y^{(0)} + Y^{(1)} + Y^{(2)} + \dots\right)\int\rho\,d.a^3$$
$$+ 4\varpi\int\rho\,d\left(a^3 Y^{(0)} + \frac{2a^4}{3}Y^{(1)} + \frac{3a^5}{5}Y^{(2)} + \frac{4a^6}{7}Y^{(3)} + \dots\right)$$
$$- \alpha\left(2Z^{(0)} + 2Z^{(2)} + 3Z^{(3)} + 4Z^{(4)} + \dots\right).$$

On peut faire disparaître les intégrales de cette expression au moyen de l'équation (2) du n° 29, qui devient, à la surface,

$$\frac{4\pi}{2i+1}\int\rho\,d(a^{i+3}Y^{(i)}) = \tfrac{1}{3}\pi Y^{(i)}\int\rho\,d.a^3 - Z^{(i)};$$

en supposant donc

$$\mathrm{P} = \tfrac{4}{3}\pi \int \rho\, d.a^3 - \frac{8\alpha\pi}{3} \mathrm{Y}^{(0)} + \tfrac{4}{3}\alpha\pi \int \rho\, d(a^3 \mathrm{Y}^{(0)}) - 2\alpha \mathrm{Z}^{(0)},$$

on aura

$$p = \mathrm{P} + \alpha\mathrm{P}[\,\mathrm{Y}^{(2)} + 2\mathrm{Y}^{(3)} + 3\mathrm{Y}^{(4)} + \ldots + (i-1)\mathrm{Y}^{(i)} + \ldots]$$
$$- \alpha[\,5\mathrm{Z}^{(2)} + 7\mathrm{Z}^{(3)} + 9\mathrm{Z}^{(4)} + \ldots + (2i+1)\mathrm{Z}^{(i)} + \ldots].$$

C'est par l'observation des longueurs du pendule à secondes que l'on a reconnu la variation de la pesanteur à la surface de la Terre. On a vu, dans le premier Livre, que ces longueurs sont proportionnelles à la pesanteur; soient donc l et L les longueurs du pendule correspondantes aux pesanteurs p et P; l'équation précédente donnera

$$l = \mathrm{L} + \alpha\mathrm{L}[\,\mathrm{Y}^{(2)} + 2\mathrm{Y}^{(3)} + 3\mathrm{Y}^{(4)} + \ldots + (i-1)\mathrm{Y}^{(i)} + \ldots]$$
$$- \frac{\alpha\mathrm{L}}{\mathrm{P}}[\,5\mathrm{Z}^{(2)} + 7\mathrm{Z}^{(3)} + 9\mathrm{Z}^{(4)} + \ldots + (2i+1)\mathrm{Z}^{(i)} + \ldots].$$

Relativement à la Terre, $\alpha\mathrm{Z}^{(2)}$ se réduit, par le n° 23, à $- \frac{g}{2}\left(\mu^2 - \tfrac{1}{3}\right)$ ou, ce qui revient au même, à $- \frac{\alpha\varphi}{2}\mathrm{P}\left(\mu^2 - \tfrac{1}{3}\right)$, $\alpha\varphi$ étant le rapport de la force centrifuge à la pesanteur à l'équateur; de plus, $\mathrm{Z}^{(3)}$, $\mathrm{Z}^{(4)}$,.... sont nuls; on a donc

$$l = \mathrm{L} + \alpha\mathrm{L}[\,\mathrm{Y}^{(2)} + 2\mathrm{Y}^{(3)} + 3\mathrm{Y}^{(4)} + \ldots + (i-1)\mathrm{Y}^{(i)} + \ldots] + \tfrac{5}{2}\alpha\varphi\,\mathrm{L}\left(\mu^2 - \tfrac{1}{3}\right).$$

Le rayon osculateur du méridien d'un sphéroïde qui a pour rayon $1 + \alpha y$ est

$$1 + \alpha\frac{\partial . \mu y}{\partial\mu} + \alpha\frac{\partial.(1 - \mu^2)\dfrac{\partial y}{\partial\mu}}{\partial\mu};$$

en désignant donc par c la grandeur du degré d'un cercle dont le rayon est ce que nous avons pris pour l'unité, l'expression du degré du méridien du sphéroïde sera

$$c\left(1 + \alpha\frac{\partial . \mu y}{\partial\mu} + \alpha\frac{\partial.(1 - \mu^2)\dfrac{\partial y}{\partial\mu}}{\partial\mu}\right).$$

y est égal à $Y^{(0)} + Y^{(1)} + Y^{(2)} + \ldots$; on peut faire disparaître $Y^{(0)}$ en le comprenant dans la constante arbitraire que nous avons prise pour l'unité, et $Y^{(1)}$ en fixant l'origine du rayon au centre de gravité du sphéroïde entier. Ce rayon devient ainsi

$$1 + \alpha\left(Y^{(2)} + Y^{(3)} + Y^{(4)} + \ldots\right).$$

Si l'on observe ensuite que

$$\frac{\partial.(1 - \mu^2)\frac{\partial Y^{(i)}}{\partial\mu}}{\partial\mu} = -i(i+1)Y^{(i)} - \frac{\frac{\partial^2 Y^{(i)}}{\partial\varpi^2}}{1 - \mu^2},$$

l'expression du degré du méridien deviendra

$$c - \alpha c\left[5Y^{(2)} + 11Y^{(3)} + \ldots + (i^2 + i - 1)Y^{(i)} + \ldots\right]$$

$$+ \alpha c\mu\left(\frac{\partial Y^{(2)}}{\partial\mu} + \frac{\partial Y^{(3)}}{\partial\mu} + \ldots\right) - \alpha c\cdot\frac{\frac{\partial^2 Y^{(2)}}{\partial\varpi^2} + \frac{\partial^2 Y^{(3)}}{\partial\varpi^2} + \ldots}{1 - \mu^2}.$$

Si l'on compare ces expressions du rayon terrestre, de la longueur du pendule et de la grandeur du degré du méridien, on voit que le terme $\alpha Y^{(i)}$ de l'expression du rayon est multiplié par $i - 1$ dans l'expression de la longueur du pendule, et par $i^2 + i - 1$ dans celle du degré; d'où il suit que, pour peu que $i - 1$ soit considérable, ce terme sera plus sensible dans les observations de la longueur du pendule que dans celle de la parallaxe horizontale de la Lune, qui est proportionnelle au rayon terrestre; il sera plus sensible encore dans les mesures des degrés que dans les longueurs du pendule. La raison en est que les termes de l'expression du rayon terrestre subissent deux différentiations dans l'expression du degré du méridien, et chaque différentiation multiplie ces termes par l'exposant correspondant de μ, et les rend ainsi plus considérables. Dans l'expression de la variation de deux degrés consécutifs du méridien, les termes du rayon terrestre subissent trois différentiations consécutives; ceux qui écartent la figure de la Terre de celle d'un ellipsoïde peuvent devenir par là très-sensibles, et l'ellipticité conclue de cette variation peut être fort différente de celle que donnent les longueurs observées du pendule. Ces trois expressions ont l'avantage d'être indépendantes de la constitution intérieure de la Terre, c'est-à-dire de la figure et de la densité de ses couches; en sorte que, si l'on parvient à déterminer les fonctions $Y^{(2)}$, $Y^{(3)}$, ... par les mesures des degrés des méridiens et des parallaxes, on aura sur-le-champ la longueur du pendule; on pourra donc ainsi vérifier si la loi de la pesanteur universelle s'accorde avec la figure de la Terre et avec les variations observées de la pesanteur à sa surface. Ces relations remarquables entre les expressions des degrés du méridien et des longueurs du pendule peuvent servir encore à vérifier les hypothèses propres à représenter les mesures des degrés des méridiens; c'est ce qui va devenir sensible par l'application que nous allons en faire à l'hypothèse proposée par Bouguer pour représenter les degrés mesurés au nord, en France et à l'équateur.

Supposons que l'expression du rayon terrestre soit $1 + \alpha Y^{(2)} + \alpha Y^{(4)}$, et que l'on ait

$$Y^{(2)} = -A\left(\mu^2 - \tfrac{1}{3}\right), \qquad Y^{(4)} = -B\left(\mu^4 - \tfrac{6}{7}\mu^2 + \tfrac{3}{35}\right);$$

il est aisé de voir que ces fonctions de μ satisfont aux équations à différences partielles auxquelles $Y^{(2)}$ et $Y^{(4)}$ doivent satisfaire. La variation des degrés du méridien sera, par ce qui précède,

$$\alpha c\left(3A - \tfrac{102}{7}B\right)\mu^2 + 15\alpha cB\mu^4.$$

Bouguer suppose cette variation proportionnelle à la quatrième puissance du sinus de la latitude, ou, ce qui revient à peu près au même, à μ^4; en faisant donc disparaître de la fonction précédente le terme multiplié par μ^2, on aura

$$B = \tfrac{7}{34}A;$$

ainsi, dans ce cas, le rayon mené du centre de gravité de la Terre à sa surface sera, en prenant pour unité celui de l'équateur,

$$1 - \frac{7\alpha A}{34}\left(4\mu^2 + \mu^4\right).$$

L'expression de la longueur l du pendule deviendra, en désignant par L
sa valeur à l'équateur,

$$\mathrm{L} + \tfrac{5}{2}\alpha\varphi\,\mathrm{L}\mu^2 - \frac{\alpha \mathrm{AL}}{34}\,(16\mu^2 + 21\mu^4).$$

Enfin, l'expression du degré du méridien sera, en nommant c sa grandeur à l'équateur,

$$c + \tfrac{105}{34}\alpha\mathrm{A}c\mu^4.$$

Nous observerons ici que, conformément à ce que nous venons de
dire, le terme multiplié par μ^4 est trois fois plus sensible dans l'expression de la longueur du pendule que dans celle du rayon terrestre,
et cinq fois plus sensible dans l'expression de la grandeur du degré
que dans celle de la longueur du pendule; enfin, sur le parallèle
moyen, il serait quatre fois plus sensible dans l'expression de la variation des degrés consécutifs que dans celle du degré même. Suivant
Bouguer, la différence des degrés du pôle et de l'équateur, divisée par
le degré de l'équateur, est $\frac{959}{56753}$; c'est le rapport qu'exigent, dans son
hypothèse, les mesures des degrés de Pello, de Paris et de l'équateur.
Ce rapport est égal à $\frac{105}{34}\alpha\mathrm{A}$; on a donc

$$\alpha\mathrm{A} = 0{,}0054717.$$

En prenant pour unité la longueur du pendule à l'équateur, la variation de cette longueur dans un lieu quelconque sera

$$-\frac{0{,}0054717}{34}\,(16\mu^2 + 21\mu^4) + \tfrac{5}{2}\alpha\varphi\mu^2.$$

On a, par le n° 19, $\alpha\varphi = 0{,}0034513$, ce qui donne $\tfrac{5}{2}\alpha\varphi = 0{,}0086278$,
et la formule précédente devient

$$0{,}0060529 \cdot \mu^2 - 0{,}0033796 \cdot \mu^4.$$

A Pello, où $\mu = \sin 74°22'$, cette formule donne $0{,}0027016$ pour la
variation de la longueur du pendule. Suivant les observations, cette
variation est $0{,}0044625$, et par conséquent beaucoup plus grande;

ainsi, l'hypothèse de Bouguer ne pouvant pas se concilier avec les observations de la longueur du pendule, elle n'est pas admissible.

34. Appliquons les résultats généraux que nous venons de trouver au cas où le sphéroïde n'est point sollicité par des attractions étrangères, et où il est formé de couches elliptiques ayant leur centre au centre de gravité du sphéroïde. On a vu que ce cas est celui de la Terre supposée originairement fluide; il est encore celui de la Terre, dans l'hypothèse où les figures de ses couches seraient semblables. En effet, l'équation (2) du n° 29 devient, à la surface, où $a = 1$,

$$0 = Y^{(i)} \int \rho\, a^2\, da - \frac{1}{2i+1} \int \rho\, d(a^{i+1} Y^{(i)}) - \frac{Z^{(i)}}{4\pi}.$$

Les couches étant supposées semblables, la valeur de $Y^{(i)}$ est pour chacune d'elles la même qu'à la surface; elle est par conséquent indépendante de a, et l'on a

$$Y^{(i)} \int \rho\, a^2\, da \left(1 - \frac{i+3}{2i+1}\, a^i \right) = \frac{Z^{(i)}}{4\pi}.$$

Lorsque i est égal ou plus grand que 3, $Z^{(i)}$ est nul relativement à la Terre; d'ailleurs, le facteur $1 - \frac{i+3}{2i+1}\, a^i$ est toujours positif; donc alors $Y^{(i)}$ est nul. $Y^{(1)}$ est encore nul, par le n° 31, lorsque l'on fixe l'origine des rayons au centre de gravité du sphéroïde; enfin on a, par le n° 33, $Z^{(2)}$ égal à $-\frac{\varphi}{2}\left(\mu^2 - \frac{1}{3}\right).4\pi \int \rho\, a^2\, da$; on a donc

$$Y^{(2)} = - \frac{\frac{\varphi}{2}\left(\mu^2 - \frac{1}{3}\right) \int \rho\, a^2\, da}{\int \rho\, a^2\, da\left(1 - a^2\right)};$$

ainsi la Terre est alors un ellipsoïde de révolution. Considérons donc généralement le cas où la figure de la Terre est elliptique et de révolution.

On a dans ce cas, en fixant l'origine des rayons terrestres au centre de gravité de la Terre,

$$Y^{(1)} = 0, \qquad Y^{(3)} = 0, \qquad Y^{(4)} = 0, \qquad \ldots,$$

$$Y^{(2)} = - h\left(\mu^2 - \tfrac{1}{3}\right),$$

h étant une fonction de a; on a de plus

$$Z^{(1)} = 0, \qquad Z^{(3)} = 0, \qquad Z^{(4)} = 0, \qquad \ldots,$$

$$\alpha Z^{(2)} = - \frac{\alpha \varphi}{2}\left(\mu^2 - \tfrac{1}{3}\right) \cdot \frac{4\pi}{3} \int \varphi\, d.a^3;$$

l'équation (2) du n° 29 donnera donc, à la surface,

$$(1) \qquad 0 = 6 \int \varphi\, d.(a^5 h) + 5(\varphi - \alpha h) \int \varphi\, d.a^3.$$

Cette équation renferme la loi qui doit exister, pour l'équilibre, entre les densités des couches du sphéroïde et leurs ellipticités; car, le rayon d'une couche étant $a\left[1 + \alpha Y^{(0)} - \alpha h\left(\mu^2 - \tfrac{1}{3}\right)\right]$, si l'on suppose, comme cela est permis, $Y^{(0)} = -\tfrac{1}{3} h$, ce rayon devient $a(1 - \alpha h\mu^2)$, et alors αh est l'ellipticité de la couche.

A la surface du sphéroïde, le rayon est $1 - \alpha h\mu^2$, d'où l'on voit que les diminutions des rayons, en allant de l'équateur aux pôles, sont proportionnelles à μ^2, et par conséquent au carré du sinus de la latitude.

L'accroissement des degrés du méridien, de l'équateur aux pôles, est, par le numéro précédent, égal à $3\alpha h c\mu^2$, c étant le degré de l'équateur; il est donc encore proportionnel au carré du sinus de la latitude.

L'équation (1) nous montre que, les densités étant supposées diminuer du centre à la surface, l'ellipticité du sphéroïde est moindre que dans le cas de l'homogénéité, à moins que les ellipticités n'aillent en augmentant, de la surface au centre, dans un plus grand rapport que la raison inverse du carré des distances à ce centre. En effet, si l'on suppose $h = \dfrac{u}{a^2}$, on aura

$$\int \varphi\, d.(a^3 h) = \int \varphi\, d.(a^3 u) = u \int \varphi\, d.a^2 + \int \left(du \int a^3 d\varphi\right).$$

Si les ellipticités croissent dans un moindre rapport que $\dfrac{1}{a^2}$, u augmente du centre à la surface, et par conséquent du est positif; d'ailleurs, $d\rho$ est négatif, par la supposition que les densités diminuent du centre à la surface; ainsi $\int (du \int a^3 d\rho)$ est une quantité négative, et, en faisant à la surface

$$\int \rho \, d(a^5 h) = (h - f) \int \rho d . a^5,$$

f sera une quantité positive. Cela posé, l'équation (1) donnera

$$h = \frac{5\rho - 6f}{4};$$

αh sera donc moindre que $\frac{5\alpha\rho}{4}$, et par conséquent il sera plus petit que dans le cas de l'homogénéité, où, $d\rho$ étant nul, f est égal à zéro.

Il suit de là que, dans les hypothèses les plus vraisemblables, l'aplatissement du sphéroïde est moindre que $\frac{5\alpha\rho}{4}$; car il est naturel de penser que les couches du sphéroïde sont plus denses en approchant du centre, et que les ellipticités augmentent de la surface au centre, dans un moindre rapport que $\frac{1}{a^2}$, ce rapport donnant un rayon infini aux couches infiniment voisines du centre, ce qui est absurde. Ces suppositions sont d'autant plus vraisemblables, qu'elles deviennent nécessaires dans le cas où le sphéroïde a été originairement fluide; alors les couches les plus denses sont, comme on l'a vu, les plus voisines du centre, et les ellipticités, loin d'augmenter en allant de la surface au centre, vont, au contraire, en diminuant.

Si l'on suppose que le sphéroïde soit un ellipsoïde de révolution, recouvert d'une masse fluide homogène d'une profondeur quelconque; en nommant a' le demi-petit axe de l'ellipsoïde solide et $\alpha h'$ son ellipticité, on aura, à la surface du fluide,

$$\int \rho d(a^5 h) = h - a'^5 h' + \int \rho d(a^5 h),$$

l'intégrale du second membre de cette équation étant prise, relativement à l'ellipsoïde intérieur, depuis son centre jusqu'à sa surface, et la densité du fluide qui le recouvre, étant prise pour unité. L'équation (1) donnera donc, pour l'expression de l'ellipticité αh du sphéroïde terrestre,

$$\alpha h = \frac{5\alpha\varphi\left(1 - a'^3 + \int \rho\, d.a^3\right) - 6\alpha h' a'^5 + 6\alpha \int \rho\, d.a^5 h)}{4 - 10 a'^3 + 10 \int \rho\, d.a^3},$$

les intégrales étant prises depuis $a = 0$ jusqu'à $a = a'$.

Considérons présentement la loi de la pesanteur, ou, ce qui revient au même, celle de la longueur du pendule à la surface du sphéroïde elliptique en équilibre. La valeur de l trouvée dans le numéro précédent devient dans ce cas

$$l = L + \alpha L\left(\tfrac{5}{2}\varphi - h\right)\left(\mu^2 - \tfrac{1}{3}\right);$$

en faisant donc $L' = L - \tfrac{1}{3}\alpha L\left(\tfrac{5}{2}\varphi - h\right)$, on aura, en négligeant les quantités de l'ordre α^2,

$$l = L' + \alpha L'\left(\tfrac{5}{2}\varphi - h\right)\mu^2,$$

équation d'où il résulte que L' est la longueur du pendule à secondes à l'équateur, et que cette longueur croît de l'équateur aux pôles, proportionnellement au carré du sinus de la latitude.

Si l'on nomme $\alpha\varepsilon$ l'excès de la longueur du pendule au pôle sur sa longueur à l'équateur, divisée par cette dernière longueur, on aura $\alpha\varepsilon = \alpha\left(\tfrac{5}{2}\varphi - h\right)$, et par conséquent

$$\alpha\varepsilon + \alpha h = \tfrac{5}{2}\alpha\varphi,$$

équation remarquable entre l'ellipticité de la Terre, et la variation de la longueur du pendule, de l'équateur aux pôles. Dans le cas de l'homogénéité, $\alpha h = \tfrac{5}{4}\alpha\varphi$; ainsi, dans ce cas, $\alpha\varepsilon = \alpha h$; mais, *si le sphéroïde est hétérogène, autant αh est au-dessus ou au-dessous de $\tfrac{5}{4}\alpha\varphi$, autant $\alpha\varepsilon$ est au-dessous ou au-dessus de la même quantité.*

35. Les planètes étant supposées recouvertes d'un fluide en équilibre, il est nécessaire, dans le calcul de leurs attractions, de connaître l'attraction des sphéroïdes dont la surface est fluide et en équilibre; on

peut l'exprimer fort simplement de cette manière. Reprenons l'équation (5) du n° 14; on en fera disparaître les signes d'intégration au moyen de l'équation (2) du n° 29, qui donne, à la surface du sphéroïde,

$$-\frac{4\pi}{2i+1}\int \rho\, d.(a^{i+3}\, Y^{(i)}) = \frac{4\pi}{3}\, Y^{(i)} \int \rho\, d.a^3 - Z^{(i)};$$

ainsi, en fixant l'origine des rayons r au centre de gravité du sphéroïde, ce qui fait disparaître $Y^{(i)}$; en observant ensuite que $Z^{(i)}$ est nul, et que, $Y^{(0)}$ étant arbitraire, on peut supposer $\frac{4\pi}{3}\, Y^{(0)} - Z^{(0)} = 0$, l'équation (5) du n° 14 donnera

$$V = \frac{4\pi}{3r}\int \rho\, d.a^3 + \frac{4\alpha\pi}{3r^3}\left(Y^{(2)} + \frac{Y^{(3)}}{r} + \frac{Y^{(4)}}{r^2} + \dots\right)\int \rho\, d.a^3 - \frac{\alpha}{r^3}\left(Z^{(2)} + \frac{Z^{(3)}}{r} + \frac{Z^{(4)}}{r^2} + \dots\right),$$

expression dans laquelle on doit observer que $\frac{4\pi}{3}\int \rho\, d.a^3$ exprime la masse du sphéroïde, puisque, dans le cas de r infini, la valeur de V est égale à la masse du sphéroïde divisée par r. Cela posé, l'attraction du sphéroïde parallèlement à r sera $-\frac{\partial V}{\partial r}$; l'attraction perpendiculaire à ce rayon, dans le plan du méridien, sera $-\frac{\sqrt{1-\mu^2}}{r}\frac{\partial V}{\partial \mu}$; enfin l'attraction perpendiculaire à ce même rayon dans le sens du parallèle sera $-\dfrac{\dfrac{\partial V}{\partial \varpi}}{r\sqrt{1-\mu^2}}$. L'expression de V devient, relativement à la Terre supposée elliptique,

$$V = \frac{M}{r} + \frac{\frac{1}{2}\alpha\varphi - \alpha h}{r^3} M\left(\mu^2 - \frac{1}{3}\right),$$

M étant la masse de la Terre.

36. Quoique la loi de l'attraction en raison inverse du carré de la distance soit la seule qui nous intéresse, cependant l'équation (1) du n° 10 offre une détermination si simple de la pesanteur à la surface des sphéroïdes homogènes en équilibre, quel que soit l'exposant de la

puissance de la distance à laquelle l'attraction est proportionnelle, que nous croyons pouvoir la présenter ici. L'attraction étant comme une puissance quelconque n de la distance, si l'on désigne par dm une molécule du sphéroïde, et par f sa distance au point attiré, l'action de dm sur ce point, multipliée par l'élément $- df$ de sa direction, sera $- dm f^n df$. L'intégrale de cette quantité, prise par rapport à f, est $- \dfrac{dm f^{n+1}}{n+1}$, et la somme de ces intégrales, étendue au sphéroïde entier, est $- \dfrac{V}{n+1}$, en supposant, comme dans le n° 10, $V = \int f^{n+1} dm$.

Si le sphéroïde est fluide, homogène et doué d'un mouvement de rotation, et s'il n'est sollicité par aucune attraction étrangère, on aura à sa surface, dans le cas de l'équilibre, par le n° 23,

$$\text{const.} = - \frac{V}{n+1} + \tfrac{1}{2} g r^2 (1 - \mu^2),$$

r étant le rayon mené du centre de gravité du sphéroïde à sa surface, et g étant la force centrifuge à la distance 1 de l'axe de rotation.

La pesanteur p à la surface du sphéroïde est égale à la différentielle du second membre de cette équation, prise par rapport à r et divisée par $- dr$, ce qui donne

$$p = \frac{1}{n+1} \cdot \frac{\partial V}{\partial r} - g r (1 - \mu^2).$$

Reprenons maintenant l'équation (1) du n° 10, qui est relative à la surface,

$$\frac{\partial V}{\partial r} = A' - \frac{(n+1)A}{2a} + \frac{(n+1)V}{2a};$$

cette équation, combinée avec les précédentes, donne

$$p = \text{const.} + \left(\frac{(n+1)r}{4a} - 1 \right) g r (1 - \mu^2).$$

À la surface, r est à très-peu près égal à a; en faisant donc, pour simplifier, $a = 1$, on aura

$$p = \text{const.} + \frac{n-3}{4} g (1 - \mu^2).$$

Soient P la pesanteur à l'équateur du sphéroïde, et $\alpha\varphi$ le rapport de la force centrifuge à la pesanteur à l'équateur; on aura

$$p = \mathrm{P}\left(1 + \frac{3-n}{4}\,\alpha\varphi\mu^2\right),$$

d'où il suit que, de l'équateur aux pôles, la pesanteur varie proportionnellement au carré du sinus de la latitude. Dans le cas de la nature, où $n = -2$, on a

$$p = \mathrm{P}(1 + \tfrac{5}{4}\alpha\varphi\mu^2).$$

ce qui est conforme à ce que nous avons trouvé précédemment. Mais il est remarquable que, si $n = 3$, on a $p = \mathrm{P}$, c'est-à-dire que, si l'attraction est proportionnelle au cube de la distance, la pesanteur à la surface des sphéroïdes homogènes est partout la même, quel que soit leur mouvement de rotation.

37. Nous n'avons eu égard, dans la recherche de la figure des corps célestes, qu'aux quantités de l'ordre α; mais il est facile, par l'analyse précédente, d'étendre les approximations aux quantités de l'ordre α^2 et des ordres supérieurs. Considérons pour cela la figure d'une masse fluide homogène en équilibre, recouvrant un sphéroïde peu différent d'une sphère et doué d'un mouvement de rotation, ce qui est le cas de la Terre et des planètes. La condition de l'équilibre à la surface donne, par le n° 23, l'équation

$$\text{const.} = \mathrm{V} - \frac{g}{2}\,r^2\left(\mu^2 - \tfrac{1}{3}\right).$$

La valeur de V se compose : 1° de l'attraction du sphéroïde recouvert par le fluide, sur la molécule de la surface déterminée par les coordonnées r, θ et ϖ; 2° de l'attraction de la masse fluide sur cette molécule; or la somme de ces deux attractions est la même que la somme des attractions : 1° du sphéroïde, en supposant la densité de chacune de ses couches diminuée de la densité du fluide; 2° d'un sphéroïde de même densité que le fluide, et dont la surface extérieure est la même que celle du fluide. Soit V' la première de ces attractions et V″ la seconde, en sorte que $V = V' + V''$; on aura, en supposant g de l'ordre α et égal à $\alpha g'$,

$$\text{const.} = V' + V'' - \frac{\alpha g'}{2}\, r^2 \left(\mu^2 - \tfrac{1}{3}\right).$$

On a vu, dans le n° 9, que V' peut se développer dans une série de la forme

$$\frac{U^{(0)}}{r} + \frac{U^{(1)}}{r^2} + \frac{U^{(2)}}{r^3} + \dots,$$

$U^{(i)}$ étant assujetti à l'équation aux différences partielles

$$0 = \frac{\partial \cdot (1 - \mu^2) \dfrac{\partial U^{(i)}}{\partial \mu}}{\partial \mu} + \frac{\dfrac{\partial^2 U^{(i)}}{\partial \varpi^2}}{1 - \mu^2} + i(i+1)\, U^{(i)},$$

et l'on peut, par l'analyse du n° 17, déterminer $U^{(i)}$ avec toute la précision désirable, lorsque la figure du sphéroïde est connue.

Pareillement, V'' peut se développer dans une série de la forme

$$\frac{U^{(0)}_{,}}{r} + \frac{U^{(1)}_{,}}{r^2} + \frac{U^{(2)}_{,}}{r^3} + \dots,$$

$U^{(i)}_{,}$ étant assujetti à la même équation aux différences partielles que $U^{(i)}$. Si l'on prend pour unité de densité celle du fluide, on a, par le n° 17,

$$U^{(i)}_{,} = \frac{4\pi}{(i+3)(2i+1)}\, Z^{(i)},$$

r^{i+3} étant supposé développé dans la suite

$$Z^{(0)} + Z^{(1)} + Z^{(2)} + \dots,$$

dans laquelle $Z^{(i)}$ est assujetti à la même équation aux différences partielles que $U^{(i)}$. L'équation de l'équilibre deviendra donc

$$\text{const.} = \frac{U^{(0)}}{r} + \frac{U^{(0)}_{,}}{r} + \Sigma \frac{1}{r^{i+1}}\left(U^{(i)} + \frac{4\pi}{(i+3)(2i+1)}\, Z^{(i)}\right) - \tfrac{1}{2}\alpha g' r^2 \left(\mu^2 - \tfrac{1}{3}\right),$$

i étant égal ou plus grand que l'unité.

Si la distance r de la molécule attirée au centre du sphéroïde était infinie, V serait égal à la somme des masses du sphéroïde et du fluide, divisée par r; en nommant donc m cette somme, on aura $U^{(0)} + U_1^{(0)} = m$. Ne portons l'approximation que jusqu'aux quantités de l'ordre α^2; nous pourrons supposer

$$r = 1 + \alpha y + \alpha^2 y',$$

ce qui donne

$$r^{i+3} = 1 + (i+3)\alpha y + \frac{(i+2)(i+3)}{1.2}\alpha^2 y^2 + (i+3)\alpha^2 y'.$$

Supposons

$$y = Y^{(1)} + Y^{(2)} + Y^{(3)} + \ldots,$$
$$y' = Y'^{(1)} + Y'^{(2)} + Y'^{(3)} + \ldots,$$
$$y^2 = M^{(0)} + M^{(1)} + M^{(2)} + \ldots,$$

$Y^{(i)}$, $Y'^{(i)}$ et $M^{(i)}$ étant assujettis à la même équation aux différences partielles que $U^{(i)}$; nous aurons

$$Z^{(i)} = (i+3)\alpha Y^{(i)} + \frac{(i+2)(i+3)}{1.2}\alpha^2 M^{(i)} + (i+3)\alpha^2 Y'^{(i)}.$$

Nous observerons ensuite que $U^{(i)}$ est une quantité de l'ordre α, puisqu'elle serait nulle si le sphéroïde était une sphère; en ne portant ainsi l'approximation que jusqu'aux termes de l'ordre α^2, $U^{(i)}$ sera de cette forme $\alpha U'^{(i)} + \alpha^2 U''^{(i)}$. En substituant donc ces valeurs dans l'équation précédente de l'équilibre, et en y changeant r dans $1 + \alpha y + \alpha^2 y'$, on aura, aux quantités près de l'ordre α^3,

$$\begin{aligned}\text{const.} = {} & m(1 - \alpha y + \alpha^2 y^2 - \alpha^2 y') \\ & + \Sigma\left[\alpha U'^{(i)} + \alpha^2 U''^{(i)} - (i+1)\alpha^2 y U'^{(i)} + \frac{4\alpha\pi}{2i+1} Y^{(i)} \right. \\ & \left. \qquad - \frac{4\alpha^2\pi(i+1)}{2i+1} y Y^{(i)} + \frac{4\alpha^2\pi}{2i+1} Y'^{(i)} + \frac{4\alpha^2\pi(i+2)}{2(2i+1)} M^{(i)}\right] \\ & - \frac{\alpha g(1+2\alpha y)}{2}\left(\mu^2 - \tfrac{1}{3}\right).\end{aligned}$$

En égalant séparément à zéro les termes de l'ordre α et ceux de l'ordre

x^2, on aura les deux équations

$$\Sigma\left(m - \frac{4\pi}{2i+1}\right)Y^{(i)} = \Sigma U'^{(i)} - \frac{g'}{2}\left(\mu^2 - \tfrac{1}{3}\right),$$

$$\Sigma\left(m - \frac{4\pi}{2i+1}\right)Y'^{(i)} = C' + \Sigma\left[U''^{(i)} - (i+1)y\,U'^{(i)} - \frac{4\pi(i+1)}{2i+1}\,y\,Y^{(i)} + \left(m + \frac{4\pi(i+2)}{2(2i+1)}\right)M^{(i)}\right.$$
$$\left. - g'y\left(\mu^2 - \tfrac{1}{3}\right),\right.$$

C' étant une constante arbitraire. La première de ces équations détermine $Y^{(i)}$, et par conséquent la valeur de y. En la substituant dans le second membre de la seconde équation, on le développera, par la méthode du n° 16, dans une suite de la forme

$$N^{(0)} + N^{(1)} + N^{(2)} + \ldots,$$

$N^{(i)}$ étant assujetti à la même équation aux différences partielles que $U^{(i)}$, et l'on déterminera la constante C' de manière que $N^{(0)}$ soit nul; on aura ainsi

$$Y'^{(i)} = \frac{N^{(i)}}{m - \dfrac{4\pi}{2i+1}},$$

et par conséquent

$$y' = \frac{N^{(1)}}{m - \tfrac{4}{3}\pi} + \frac{N^{(2)}}{m - \tfrac{4}{5}\pi} + \frac{N^{(3)}}{m - \tfrac{4}{7}\pi} + \ldots$$

L'expression du rayon r de la surface fluide sera ainsi déterminée aux quantités près de l'ordre x^3, et l'on pourra, par le même procédé, porter l'approximation aussi loin que l'on voudra. Nous n'insisterons pas davantage sur cet objet, qui n'a de difficulté que la longueur du calcul; mais nous tirerons de l'analyse précédente cette conclusion importante, savoir, que l'on peut affirmer que l'équilibre est rigoureusement possible, quoique l'on ne puisse pas assigner la figure rigoureuse qui y satisfait; car on peut trouver une suite de figures qui, substituées dans l'équation de l'équilibre, laissent des restes successivement plus petits et qui deviennent moindres qu'aucune grandeur donnée.

CHAPITRE V.

COMPARAISON DE LA THÉORIE PRÉCÉDENTE AVEC LES OBSERVATIONS.

38. Pour comparer aux observations la théorie que nous venons d'exposer, il faut connaître la courbe des méridiens terrestres et celles que l'on trace par une suite d'opérations géodésiques. Si, par l'axe de rotation de la Terre et par le zénith d'un lieu de sa surface, on imagine un plan prolongé jusqu'au ciel, ce plan y tracera la circonférence d'un grand cercle, qui sera le méridien de ce lieu : tous les points de la surface de la Terre qui auront leur zénith sur cette circonférence seront sous le même méridien céleste, et ils formeront sur cette surface une courbe qui sera le méridien terrestre correspondant.

Pour déterminer cette courbe, représentons par $u = o$ l'équation de la surface de la Terre, u étant une fonction des trois coordonnées orthogonales x, y, z. Soient x', y', z' les trois coordonnées de la verticale qui passe par le lieu de la surface de la Terre déterminé par les coordonnées x, y, z; on aura, par la théorie des surfaces courbes, les deux équations suivantes

$$o = \frac{\partial u}{\partial x} \, dy' - \frac{\partial u}{\partial y} \, dx', \qquad o = \frac{\partial u}{\partial x} \, dz' - \frac{\partial u}{\partial z} \, dx'.$$

En ajoutant la première, multipliée par l'indéterminée λ, à la seconde, on en tirera

$$dz' = \frac{\frac{\partial u}{\partial z} + \lambda \cdot \frac{\partial u}{\partial y}}{\frac{\partial u}{\partial x}} \, dx' - \lambda . dy'.$$

Cette équation est celle d'un plan quelconque parallèle à la verticale dont nous venons de parler; cette verticale, prolongée à l'infini, se réunissant au méridien céleste, tandis que son pied n'est éloigné que d'une quantité finie du plan de ce méridien, elle peut être censée parallèle à ce plan; l'équation différentielle de ce plan peut donc coïncider avec la précédente, en déterminant convenablement l'indéterminée λ. Soit

$$dz' = a\,dx' + b\,dy'$$

l'équation du plan du méridien céleste; en la comparant à la précédente, on en tirera

$$(a) \qquad \frac{\partial u}{\partial z} - a\,\frac{\partial u}{\partial x} - b\,\frac{\partial u}{\partial y} = 0.$$

Pour avoir les constantes a et b, on supposera connues les coordonnées du pied de la verticale parallèle à l'axe de rotation de la Terre, et celles d'un lieu donné de sa surface. En substituant successivement ces coordonnées dans l'équation précédente, on aura deux équations, au moyen desquelles on déterminera a et b. L'équation précédente, combinée avec celle de la surface $u = 0$, donnera la courbe du méridien terrestre qui passe par le lieu donné.

Si la Terre était un ellipsoïde quelconque, u serait une fonction rationnelle et entière du second degré en x, y, z; l'équation (a) serait donc alors celle d'un plan dont l'intersection avec la surface de la Terre formerait le méridien terrestre; dans le cas général, ce méridien est une courbe à double courbure.

Dans ce cas, la ligne déterminée par les mesures géodésiques n'est pas celle du méridien terrestre. Pour tracer cette ligne, on forme un premier triangle horizontal, dont un des angles a pour sommet l'origine de cette courbe, et dont les deux autres angles ont pour sommets deux objets quelconques visibles. On détermine la direction du premier côté de la courbe par rapport aux côtés du triangle, et sa longueur jusqu'au point où elle rencontre le côté qui joint les deux objets. On forme ensuite un second triangle horizontal avec ces objets et un troisième plus éloigné qu'eux de l'origine de la courbe. Ce second triangle n'est pas dans le plan du premier; il n'a de commun avec lui que le côté formé par les deux premiers objets; ainsi le prolongement du premier côté de la courbe s'élève au-dessus du plan de ce second triangle; mais on le plie sur ce plan, de manière qu'il forme toujours les mêmes angles avec le côté commun aux deux triangles, et il est aisé de voir que pour cela il doit être plié suivant une verticale à ce plan. Telle est donc la propriété caractéristique de la courbe tracée par les opérations géodésiques. Son premier côté, dont la direction peut être supposée quelconque, est tangent à la surface de la Terre; son second côté est le prolongement de cette tangente, plié suivant une verticale; son troisième côté est le prolongement du second côté, plié suivant une verticale, et ainsi de suite.

Si, par le point de réunion de deux de ces côtés, on mène dans le plan tangent à la surface du sphéroïde une ligne perpendiculaire à l'un des côtés, il est visible qu'elle sera perpendiculaire à l'autre côté; d'où il suit que la somme de ces côtés est la ligne la plus courte que l'on puisse mener sur cette surface entre leurs points extrêmes. Ainsi les lignes tracées par les mesures géodésiques ont la propriété d'être les plus courtes que l'on puisse mener sur la surface du sphéroïde, entre deux de leurs points quelconques; et, par ce qu'on a vu dans le n° 9 du premier Livre, elles seraient décrites par un mobile mû uniformément dans cette surface.

Soient x, y, z les coordonnées rectangles d'un point quelconque de la courbe; $x + dx$, $y + dy$, $z + dz$ seront les coordonnées d'un point infiniment voisin. Nommons ds l'élément de la courbe, et supposons cet élément prolongé d'une quantité égale à ds; $x + 2dx$, $y + 2dy$, $z + 2dz$ seront les coordonnées de l'extrémité de ce prolongement. En le pliant suivant une verticale, les coordonnées de cette extrémité deviendront $x + 2dx + d^2x$, $y + 2dy + d^2y$, $z + 2dz + d^2z$; ainsi $- d^2x$, $- d^2y$, $- d^2z$ seront les coordonnées de la verticale, prises en partant de son pied; on aura donc, par la nature de la verticale et en supposant que $u = 0$ soit l'équation de la surface de la Terre,

$$0 = \frac{\partial u}{\partial x} d^2y - \frac{\partial u}{\partial y} d^2x, \qquad 0 = \frac{\partial u}{\partial x} d^2z - \frac{\partial u}{\partial z} d^2x,$$

équations qui sont différentes de celles du méridien terrestre. Dans ces
équations, *ds* doit être supposé constant; car il est clair que le prolongement de *ds* rencontre le pied de la verticale suivant laquelle on le
plie, à un infiniment petit près du quatrième ordre.

Voyons quelles lumières peuvent donner sur la figure de la Terre les
mesures géodésiques faites, soit dans le sens des méridiens, soit dans
le sens perpendiculaire aux méridiens. On peut toujours concevoir un
ellipsoïde, tangent à chaque point de la surface terrestre, et sur lequel
les mesures géodésiques, les longitudes et les latitudes à partir du
point de contingence, dans une petite étendue, seraient les mêmes
qu'à cette surface. Si la surface entière était celle d'un ellipsoïde, l'ellipsoïde tangent serait partout le même; mais si, comme on a lieu de
le croire, la figure des méridiens n'est pas elliptique, alors l'ellipsoïde
tangent varie d'un pays à l'autre, et ne peut être déterminé que par
des mesures géodésiques faites dans des sens différents. Il serait très-
intéressant de connaitre ainsi les ellipsoïdes osculateurs d'un grand
nombre de lieux sur la Terre.

Soit $u = x^2 + y^2 + z^2 - 1 - 2\alpha u' = 0$ l'équation de la surface du
sphéroïde, que nous supposerons différer très-peu d'une sphère dont
le rayon est l'unité, en sorte que α est un très-petit coefficient dont nous
négligerons le carré. u' peut toujours être considéré comme fonction
des deux seules variables x et y; car, en le supposant fonction de x,
y, z, on peut en éliminer z au moyen de l'équation $z = \sqrt{1 - x^2 - y^2}$.
Cela posé, les trois équations trouvées ci-dessus, relativement à la
ligne la plus courte sur la surface de la Terre, deviennent

$$(\mathrm{O}) \quad \begin{cases} x\,d^2y - y\,d^2x = \alpha\,\dfrac{\partial u'}{\partial x}\,d^2y - \alpha\,\dfrac{\partial u'}{\partial y}\,d^2x, \\[2mm] x\,d^2z - z\,d^2x = \alpha\,\dfrac{\partial u'}{\partial x}\,d^2z, \\[2mm] y\,d^2z - z\,d^2y = \alpha\,\dfrac{\partial u'}{\partial y}\,d^2z. \end{cases}$$

Nous désignerons cette ligne sous le nom de *ligne géodésique*.

Nommons r le rayon mené du centre de la Terre à sa surface; θ l'angle que ce rayon fait avec l'axe de rotation, que nous supposerons être celui des z, et φ l'angle que le plan formé par cet axe et par r fait avec le plan des x et des y; on aura

$$x = r\sin\theta\cos\varphi, \quad y = r\sin\theta\sin\varphi, \quad z = r\cos\theta,$$

d'où l'on tire

$$r^2\sin^2\theta\, d\varphi = x\, dy - y\, dx,$$
$$- r^2 d\theta = (x\, dz - z\, dx)\cos\varphi + (y\, dz - z\, dy)\sin\varphi,$$
$$ds^2 = dx^2 + dy^2 + dz^2 = dr^2 + r^2 d\theta^2 + r^2 d\varphi^2 \sin^2\theta.$$

En considérant ensuite u' comme fonction de x et de y, et désignant par ψ la latitude, on peut supposer dans cette fonction $r = 1$ et $\psi = 100^\circ - \theta$, ce qui donne

$$x = \cos\psi\cos\varphi, \quad y = \cos\psi\sin\varphi.$$

On aura ainsi

$$\frac{\partial u'}{\partial x}\, dx + \frac{\partial u'}{\partial y}\, dy = \frac{\partial u'}{\partial \psi}\, d\psi + \frac{\partial u'}{\partial \varphi}\, d\varphi;$$

mais on a

$$x^2 + y^2 = \cos^2\psi, \quad \frac{y}{x} = \tang\varphi,$$

d'où l'on tire

$$d\psi = -\frac{x\, dx + y\, dy}{\sin\psi\cos\psi}, \quad d\varphi = \frac{x\, dy - y\, dx}{x^2}\cos^2\varphi.$$

En substituant ces valeurs de $d\psi$ et de $d\varphi$ dans l'équation différentielle précédente en u', et comparant séparément les coefficients de dx et de dy, on aura

$$\frac{\partial u'}{\partial x} = -\frac{\cos\varphi}{\sin\psi}\frac{\partial u'}{\partial \psi} - \frac{\sin\varphi}{\cos\psi}\frac{\partial u'}{\partial \varphi},$$

$$\frac{\partial u'}{\partial y} = -\frac{\sin\varphi}{\sin\psi}\frac{\partial u'}{\partial \psi} + \frac{\cos\varphi}{\cos\psi}\frac{\partial u'}{\partial \varphi},$$

ce qui donne

$$\frac{\partial u'}{\partial x}d^2y - \frac{\partial u'}{\partial y}d^2x = -\frac{\frac{\partial u'}{\partial \psi}}{\sin\psi\cos\psi}(xd^2y - yd^2x) - \frac{\frac{\partial u'}{\partial \varphi}}{\cos^2\psi}(xd^2x + yd^2y);$$

or, en négligeant les quantités de l'ordre α, on a $xd^2y - yd^2x = 0$;
de plus, les deux équations

$$xd^2z - zd^2x = 0, \qquad yd^2z - zd^2y = 0$$

donnent

$$zd^2z = \frac{z^2(xd^2x + yd^2y)}{x^2 + y^2},$$

et l'équation $x^2 + y^2 + z^2 = 1$ donne

$$xd^2x + yd^2y + zd^2z + ds^2 = 0;$$

en substituant au lieu de zd^2z sa valeur précédente, on aura

$$xd^2x + yd^2y = -(x^2 + y^2)ds^2 = -ds^2\cos^2\psi;$$

partant,

$$\frac{\partial u'}{\partial x}d^2y - \frac{\partial u'}{\partial y}d^2x = \frac{\partial u'}{\partial \varphi}ds^2.$$

La première des équations (O) donnera ainsi, en l'intégrant,

$$(p) \qquad\qquad r^2d\varphi\sin^2\theta = cds + \alpha ds\int ds\,\frac{\partial u'}{\partial \varphi},$$

c étant une constante arbitraire.

La seconde des équations (O) donne

$$d(xdz - zdx) = \alpha\frac{\partial u'}{\partial x}d^2z;$$

mais il est facile de voir, par ce qui précède, que l'on a

$$d^2z = -ds^2\sin\psi;$$

on a donc

$$d(xdz - zdx) = -\alpha ds^2\frac{\partial u'}{\partial x}\sin\psi;$$

on a pareillement

$$d(ydz - zdy) = -\alpha ds^2\frac{\partial u'}{\partial y}\sin\psi;$$

on aura donc

$$(q)\quad\left\{\begin{aligned}
r^2 d\theta ={}& c' ds \sin\varphi + c'' ds \cos\varphi \\
&- \alpha\, ds \cos\varphi \int ds\left(\frac{\partial u'}{\partial \psi}\cos\varphi + \frac{\partial u'}{\partial \varphi}\sin\varphi\, \operatorname{tang}\psi\right) \\
&- \alpha\, ds \sin\varphi \int ds\left(\frac{\partial u'}{\partial \psi}\sin\varphi - \frac{\partial u'}{\partial \varphi}\cos\varphi\, \operatorname{tang}\psi\right).
\end{aligned}\right.$$

Considérons d'abord le cas dans lequel le premier côté de la ligne géodésique est parallèle au plan correspondant du méridien céleste. Dans ce cas, $d\varphi$ est de l'ordre α, ainsi que dr; on a donc, en négligeant les quantités de l'ordre α^2, $ds = -r d\theta$, l'arc s étant supposé croître de l'équateur aux pôles. ψ exprimant la latitude, il est facile de voir que l'on a $\theta = 100° - \psi - \dfrac{\partial r}{\partial \psi}$, ce qui donne

$$d\theta = -d\psi - \alpha\, d\psi\, \frac{\partial^2 u'}{\partial \psi^2};$$

on a donc

$$ds = d\psi\left(1 + \alpha u' + \alpha\, \frac{\partial^2 u'}{\partial \psi^2}\right).$$

Ainsi, en nommant ε la différence en latitude des deux points extrêmes de l'arc s, on aura

$$s = \varepsilon + \alpha\varepsilon\left(u'_, + \frac{\partial^2 u'_,}{\partial \psi^2}\right) + \frac{\alpha\varepsilon^2}{1.2}\left(\frac{\partial u'_,}{\partial \psi} + \frac{\partial^3 u'_,}{\partial \psi^3}\right) + \ldots,$$

$u'_,$ étant ici la valeur de u' à l'origine de s.

Lorsque la Terre est un solide de révolution, la ligne géodésique est toujours dans le plan d'un même méridien; elle s'en écarte si les parallèles ne sont pas des cercles; l'observation de cet écart peut donc nous éclairer sur ce point important de la théorie de la Terre. Reprenons l'équation (p), et observons que, dans le cas présent, $d\varphi$ et la constante c de cette équation sont de l'ordre α, et que l'on peut y supposer $r = 1$, $ds = d\psi$, et $\theta = 100° - \psi$; on aura ainsi

$$d\varphi \cos^2\psi = c\, d\psi + \alpha\, d\psi \int d\psi\, \frac{\partial u'}{\partial \varphi}.$$

Maintenant, si l'on nomme V l'angle que fait le plan du méridien céleste avec celui des x et des z, d'où l'on compte l'origine de l'angle φ, on aura

$$dx' \operatorname{tang} V = dy',$$

x', y', z' étant les coordonnées de ce méridien, dont on a vu dans le numéro précédent que l'équation différentielle est

$$dz' = a\,dx' + b\,dy'.$$

En la comparant à la précédente, on voit que a et b sont infinis, et tels que $-\dfrac{a}{b} = \operatorname{tang} V$; l'équation (a) du numéro précédent donne ensuite

$$0 = \frac{\partial u}{\partial x} \operatorname{tang} V - \frac{\partial u}{\partial y},$$

d'où l'on tire

$$0 = x \operatorname{tang} V - y - \alpha \frac{\partial u'}{\partial x} \operatorname{tang} V + \alpha \frac{\partial u'}{\partial y}.$$

On peut supposer $V = \varphi$ dans les termes multipliés par α; de plus, $\dfrac{y}{x} = \operatorname{tang}\varphi$; on a donc

$$\cos\psi \cos\varphi (\operatorname{tang}\varphi - \operatorname{tang} V) = \frac{\alpha \dfrac{\partial u'}{\partial \varphi}}{\cos\psi \cos\varphi},$$

ce qui donne

$$\varphi - V = \frac{\alpha \dfrac{\partial u'}{\partial \varphi}}{\cos^2 \psi}.$$

Le premier côté de la ligne géodésique étant supposé parallèle au plan du méridien céleste, les différentielles de l'angle V et de la distance $(\varphi - V)\cos\psi$ de l'origine de la courbe au plan du méridien céleste doivent être nulles à cette origine; on a donc à ce point

$$\frac{d\varphi}{d\psi} = (\varphi - V) \operatorname{tang}\psi = \frac{\alpha \dfrac{\partial u'}{\partial \varphi} \operatorname{tang}\psi}{\cos^2 \psi},$$

16.

et par conséquent l'équation (p) donne

$$c = x \frac{\partial u'_{\!\prime}}{\partial \varphi} \operatorname{tang} \psi_{\!\prime},$$

$u'_{\!\prime}$ et $\psi_{\!\prime}$ se rapportant à l'origine de l'arc s.

À l'extrémité de l'arc mesuré, le côté de la courbe fait avec le plan du méridien céleste correspondant un angle à très-peu près égal à la différentielle de $(\varphi - V)\cos\psi$ divisée par $d\psi$, V étant supposé constant dans la différentiation; en désignant donc cet angle par ϖ, on aura

$$\varpi = \frac{d\varphi}{d\psi} \cos\psi - (\varphi - V) \sin\psi.$$

Si l'on substitue pour $\frac{d\varphi}{d\psi}$ sa valeur tirée de l'équation (p), et pour $\varphi - V$ sa valeur précédente, on aura

$$\varpi = \frac{x}{\cos\psi} \left(\frac{\partial u'_{\!\prime}}{\partial \varphi} \operatorname{tang}\psi_{\!\prime} - \frac{\partial u'}{\partial \varphi} \operatorname{tang}\psi + \int d\psi \frac{\partial u'}{\partial \varphi} \right),$$

l'intégrale étant prise depuis l'origine de l'arc mesuré jusqu'à son extrémité. Nommons ε la différence en latitude de ses deux points extrêmes, ε étant supposé assez petit pour que l'on puisse négliger son carré; on aura

$$\varpi = - \frac{x\varepsilon \operatorname{tang}\psi}{\cos\psi} \left(\frac{\partial u'}{\partial \varphi} \operatorname{tang}\psi - \frac{\partial^2 u'}{\partial \varphi\, \partial \psi} \right),$$

les valeurs de ψ, $\frac{\partial u'}{\partial \varphi}$ et $\frac{\partial^2 u'}{\partial \varphi\, \partial \psi}$ devant se rapporter ici, pour plus d'exactitude, au milieu de l'arc mesuré. L'angle ϖ doit être supposé positif lorsqu'il s'écarte du méridien dans le sens des accroissements de φ.

Pour avoir la différence en longitude des deux méridiens correspondants aux extrémités de l'arc, nous observerons que, $u'_{\!\prime}$, $V_{\!\prime}$, $\psi_{\!\prime}$ et $\varphi_{\!\prime}$ étant les valeurs de u', V, ψ et φ à la première extrémité, on a

$$\varphi_{\!\prime} - V_{\!\prime} = \frac{x \dfrac{\partial u'_{\!\prime}}{\partial \varphi}}{\cos^2 \psi_{\!\prime}}, \qquad \varphi - V = \frac{x \dfrac{\partial u'}{\partial \varphi}}{\cos^2 \psi};$$

mais on a à fort peu près, en négligeant le carré de z,

$$\varphi - \varphi_{,} = \frac{c z}{\cos^2 \psi_{,}}, \qquad c = z \frac{\partial u'}{\partial \varphi} \operatorname{tang} \psi_{,};$$

on aura donc

$$V - V_{,} = - \frac{z z}{\cos^2 \psi_{,}} \left(\frac{\partial u'}{\partial \varphi} \operatorname{tang} \psi_{,} + \frac{\partial^2 u'}{\partial \varphi \partial \psi} \right),$$

d'où résulte cette équation fort simple

$$(V - V_{,}) \sin \psi_{,} = \varpi;$$

ainsi l'on peut, par l'observation seule et indépendamment de la connaissance de la figure de la Terre, déterminer la différence en longitude des méridiens correspondants aux extrémités de l'arc mesuré; et, si la valeur de l'angle ϖ est telle que l'on ne puisse pas l'attribuer aux erreurs des observations, on sera sûr que la Terre n'est pas un sphéroïde de révolution.

Considérons maintenant le cas où le premier côté de la ligne géodésique est perpendiculaire au plan correspondant du méridien céleste. Si l'on prend ce plan pour celui des x et des z, le cosinus de l'angle formé par ce côté sur ce plan sera $\frac{\sqrt{dx^2 + dz^2}}{ds}$; ainsi, ce cosinus étant nul à l'origine, on a $dx = 0$, $dz = 0$, ce qui donne

$$d . r \sin \theta \cos \varphi = 0, \qquad d . r \cos \theta = 0,$$

et par conséquent

$$r d\theta = r d\varphi \sin \theta \cos \theta \operatorname{tang} \varphi;$$

mais on a, aux quantités près de l'ordre z^2, $ds = r d\varphi \sin \theta$; on aura donc à l'origine

$$\frac{d\theta}{ds} = \frac{\operatorname{tang} \varphi \cos \theta}{r}.$$

La constante c'' de l'équation (q) est égale à la valeur de $x \, dz - z \, dx$ à l'origine; elle est donc nulle, et l'équation (q) donne à l'origine

$$\frac{d\theta}{ds} = \frac{c'}{r^2} \sin \varphi;$$

on a donc, en observant que φ est ici de l'ordre α, et qu'ainsi, en négligeant les quantités de l'ordre α^2, on a $\sin\varphi = \tang\varphi$,

$$c' = r_, \cos\theta_,,$$

les quantités $r_,$ et $\theta_,$ étant relatives à l'origine; partant, si l'on considère qu'à cette origine l'angle φ est ce que nous avons nommé précédemment $\varphi, - V$, et dont nous avons trouvé la valeur égale à $\dfrac{\alpha\,\dfrac{\partial u'_,}{\partial\varphi}}{\cos^2\psi_,}$, on aura à ce point

$$\frac{d\theta_,}{ds} = \alpha\frac{\partial u'_,}{\partial\varphi}\,\frac{\sin\psi_,}{\cos^2\psi_,}.$$

L'équation (q) donne ensuite

$$\frac{d^2\theta_,}{ds^2} = \frac{\cos\theta_,}{r_,}\,\frac{d\varphi_,}{ds} - \alpha\frac{\partial u'_,}{\partial\psi};$$

mais on a

$$\frac{d\varphi_,}{ds} = \frac{1}{r_,\sin\theta_,}, \qquad r_, = 1 + \alpha u'_,, \qquad \theta_, = 100^\circ - \psi_, - \alpha\frac{\partial u'_,}{\partial\psi};$$

on aura donc

$$\frac{d^2\theta_,}{ds^2} = (1 - 2\alpha u'_,)\,\tang\psi_, + \alpha\frac{\partial u'_,}{\partial\psi}\,\tang^2\psi_,.$$

L'équation (p) donne, en observant qu'à l'origine

$$\frac{d\varphi_,}{ds} = \frac{1}{r_,\sin\theta_,} = \frac{1}{\cos\psi_,}\left(1 - \alpha u'_, + \alpha\frac{\partial u'_,}{\partial\psi}\,\tang\psi_,\right),$$

celle-ci

$$c = r_,\sin\theta_,,$$

d'où l'on tire

$$\frac{d^2\varphi_,}{ds^2} = -\frac{2\alpha\dfrac{du'_,}{ds}}{r^2\sin\theta_,} - \frac{2\dfrac{d\theta_,}{ds}\cos\theta_,}{r_,\sin^2\theta_,} - \frac{\alpha\dfrac{\partial u'_,}{\partial\varphi}}{\cos^2\psi_,};$$

et par conséquent

$$\frac{d^2\varphi_,}{ds^2} = -\alpha\frac{\partial u'_,}{\partial\varphi}\,\frac{2 - \cos^2\psi_,}{\cos^4\psi_,}.$$

L'équation

$$0 = 100^{\circ} - \psi - \alpha \frac{\partial u'}{\partial \psi}$$

donne, en ne conservant parmi les termes de l'ordre s^2 que ceux qui sont indépendants de α,

$$\psi - \psi_{,} = - s \frac{d\theta_{,}}{ds} - \tfrac{1}{2} s^2 \frac{d^2 \theta_{,}}{ds^2} - \frac{\alpha s}{\cos \psi_{,}} \frac{\partial^2 u'_{,}}{\partial \varphi \, \partial \psi} ;$$

partant,

$$\psi - \psi_{,} = - \frac{\alpha s}{\cos \psi_{,}} \left(\frac{\partial u'_{,}}{\partial \varphi} \tan g \, \psi_{,} + \frac{\partial^2 u'_{,}}{\partial \varphi \, \partial \psi} \right) - \tfrac{1}{2} s^2 \tan g \, \psi_{,} .$$

La différence des latitudes aux deux extrémités de l'arc mesuré fera donc connaître la fonction

$$- \frac{\alpha s}{\cos \psi_{,}} \left(\frac{\partial u'_{,}}{\partial \varphi} \tan g \, \psi_{,} + \frac{\partial^2 u'_{,}}{\partial \varphi \, \partial \psi} \right) ;$$

il est remarquable que, pour le même arc mesuré dans le sens du méridien, cette fonction est, par ce qui précède, égale à $\dfrac{\varpi}{\tan g \, \psi_{,}}$; elle pourra ainsi être déterminée de ces deux manières, et l'on pourra juger si les valeurs trouvées soit de la différence des latitudes, soit de l'angle azimutal ϖ sont dues aux erreurs des observations ou à l'excentricité des parallèles terrestres.

On a, en ne conservant que la première puissance de s,

$$\varphi - \varphi_{,} = s \frac{d\varphi_{,}}{ds} = \frac{s}{\cos \psi_{,}} \left(1 - \alpha u'_{,} - \alpha \frac{\partial u'_{,}}{\partial \psi} \tan g \, \psi_{,} \right) .$$

$\varphi - \varphi_{,}$ n'est pas la différence en longitude des deux extrémités de l'arc s ; cette différence est égale à $V - V_{,}$; or on a, par ce qui précède,

$$\varphi - V = \frac{\alpha \dfrac{\partial u'}{\partial \varphi}}{\cos^2 \psi} ,$$

ce qui donne

$$\varphi - V - (\varphi_{,} - V_{,}) = \frac{\alpha s \dfrac{\partial^2 u'_{,}}{\partial \varphi \, \partial s}}{\cos^2 \psi_{,}} = \frac{\alpha s \dfrac{\partial^2 u'_{,}}{\partial \varphi^2}}{\cos^3 \psi_{,}} ;$$

partant,

$$V - V_{,} = \frac{s}{\cos\psi_{,}} \left(1 - \alpha u'_{,} + \alpha \frac{\partial u'_{,}}{\partial\psi} \tan g\psi_{,} - \frac{\alpha \frac{\partial^2 u'_{,}}{\partial\varphi^2}}{\cos^2\psi_{,}} \right).$$

Pour plus d'exactitude, il faut ajouter à cette valeur de $V - V_{,}$ le terme dépendant de s^3 et indépendant de α, que l'on obtient dans l'hypothèse de la Terre sphérique ; ce terme est égal à $-\frac{1}{3}s^3 \frac{\tan g^2\psi_{,}}{\cos\psi_{,}}$; ainsi l'on a

$$V - V_{,} = \frac{s}{\cos\psi_{,}} \left(1 - \alpha u'_{,} + \alpha \frac{\partial u'_{,}}{\partial\psi} \tan g\psi_{,} - \frac{\alpha \frac{\partial^2 u'_{,}}{\partial\varphi^2}}{\cos^2\psi_{,}} - \frac{1}{3}s^2 \tan g^2\psi_{,} \right).$$

Il nous reste à déterminer l'angle azimutal à l'extrémité de l'arc s. Pour cela, nommons x' et y' les coordonnées x et y, rapportées au méridien de la dernière extrémité de l'arc s ; il est facile de voir que le cosinus de l'angle azimutal est égal à $\frac{\sqrt{dx'^2 + dz^2}}{ds}$. Si l'on rapporte les coordonnées x et y au plan du méridien correspondant à la première extrémité de l'arc, son premier côté étant supposé perpendiculaire au plan de ce méridien, on aura

$$\frac{dx_{,}}{ds} = 0, \qquad \frac{dz_{,}}{ds} = 0, \qquad \frac{dy_{,}}{ds} = 1 ;$$

partant, en ne conservant que la première puissance de s,

$$\frac{dx}{ds} = s \frac{d^2 x_{,}}{ds^2}, \qquad \frac{dz}{ds} = s \frac{d^2 z_{,}}{ds^2} ;$$

or on a

$$x' = x \cos(V - V_{,}) + y \sin(V - V_{,}) ;$$

ainsi, $V - V_{,}$ étant, par ce qui précède, de l'ordre α, on aura

$$\frac{dx'}{ds} = s \frac{d^2 x_{,}}{ds^2} + (V - V_{,}) \frac{dy_{,}}{ds}.$$

Maintenant on a

$$x = r \sin\theta \cos\varphi, \qquad z = r \cos\theta ;$$

on aura donc, en négligeant les quantités de l'ordre α^2, et observant que $\varphi_{,}$, $\dfrac{d^2\varphi_{,}}{ds^2}$ et $\dfrac{d\theta_{,}}{ds}$ sont des quantités de l'ordre α,

$$\frac{d^2x_{,}}{ds^2} = \alpha\,\frac{d^2u_{,}'}{ds^2}\,\sin\theta_{,} + r_{,}\frac{d^2\theta_{,}}{ds^2}\cos\theta_{,} - r_{,}\sin\theta_{,}\frac{d\varphi_{,}^2}{ds^2}.$$

On a ensuite

$$\alpha\frac{d^2u_{,}'}{ds^2} = \alpha\frac{\partial^2u_{,}'}{\partial\varphi^2}\frac{d\varphi_{,}^2}{ds^2} - \alpha\frac{\partial u_{,}'}{\partial\psi}\frac{d^2\theta_{,}}{ds^2} = \frac{\alpha\dfrac{\partial^2u_{,}'}{\partial\varphi^2}}{\cos^2\psi_{,}} - \alpha\frac{\partial u_{,}'}{\partial\psi}\tan\psi_{,};$$

de plus, $ds = r_{,}\sin\theta_{,}\,d\varphi_{,}$; on aura donc, en substituant pour $r_{,}$, $\theta_{,}$, $\dfrac{d\varphi_{,}}{ds}$ et $\dfrac{d^2\theta_{,}}{ds^2}$ leurs valeurs précédentes,

$$\frac{d^2x_{,}}{ds^2} = (1 - \alpha u_{,}')\frac{\sin^2\psi_{,}}{\cos\psi_{,}} + \alpha\frac{\partial u_{,}'}{\partial\psi}\tan^2\psi_{,}\sin\psi_{,}$$

$$- \frac{1}{\cos\psi_{,}}\left(1 - \alpha u_{,}' + \alpha\frac{\partial u_{,}'}{\partial\psi}\tan\psi_{,}\right) + \frac{\alpha\dfrac{\partial^2u_{,}'}{\partial\varphi^2}}{\cos\psi_{,}}.$$

On a, comme on vient de le voir, en négligeant les puissances supérieures de s,

$$V - V_{,} = \frac{s}{\cos\psi_{,}}\left(1 - \alpha u_{,}' + \alpha\frac{\partial u_{,}'}{\partial\psi}\tan\psi_{,} - \frac{\alpha\dfrac{\partial^2u_{,}'}{\partial\varphi^2}}{\cos^2\psi_{,}}\right), \qquad \text{et} \qquad \frac{dy_{,}}{ds} = 1;$$

on a donc

$$\frac{dx'}{ds} = s(1 - \alpha u_{,}')\frac{\sin^2\psi_{,}}{\cos\psi_{,}} + \alpha s\frac{\partial u_{,}'}{\partial\psi}\tan^2\psi_{,}\sin\psi_{,} - \alpha s\frac{\partial^2u_{,}'}{\partial\varphi^2}\frac{\sin^2\psi_{,}}{\cos^3\psi_{,}};$$

on trouvera semblablement

$$\frac{dz}{ds} = -s(1 - \alpha u_{,}')\sin\psi_{,} - \alpha s\frac{\partial u_{,}'}{\partial\psi}\tan^2\psi_{,}\cos\psi_{,} + \alpha s\frac{\partial^2u_{,}'}{\partial\varphi^2}\frac{\sin\psi_{,}}{\cos^2\psi_{,}};$$

le cosinus de l'angle azimutal à l'extrémité de l'arc s sera ainsi

$$s\tan\psi_{,}\left(1 - \alpha u_{,}' + \alpha\frac{\partial u_{,}'}{\partial\psi}\tan\psi_{,} - \frac{\alpha\dfrac{\partial^2u_{,}'}{\partial\varphi^2}}{\cos^2\psi_{,}}\right).$$

Ce cosinus étant fort petit, il peut être pris pour le complément de l'angle azimutal qui, par conséquent, est égal à

$$100^{\circ} - s\,\tang\psi_{,}\left(1 - \alpha u'_{,} + \alpha\frac{\partial u'_{,}}{\partial\psi}\tang\psi_{,} - \frac{\alpha\dfrac{\partial^2 u'_{,}}{\partial\varphi^2}}{\cos^2\psi_{,}}\right).$$

Il faut, pour plus d'exactitude, ajouter à cet angle la partie dépendante de s^3 et indépendante de α, que l'on obtient dans l'hypothèse de la Terre sphérique : cette partie est égale à $\frac{1}{3}s^3\left(\frac{1}{2} + \tang^2\psi_{,}\right)\tang\psi_{,}$; ainsi l'angle azimutal à l'extrémité de l'arc s est égal à

$$100^{\circ} - s\,\tang\psi_{,}\left(1 - \alpha u'_{,} + \alpha\frac{\partial u'_{,}}{\partial\psi}\tang\psi_{,} - \frac{\alpha\dfrac{\partial^2 u'_{,}}{\partial\varphi^2}}{\cos^2\psi_{,}} - \frac{1}{3}s^2\left(\frac{1}{2} + \tang^2\psi_{,}\right)\right).$$

Le rayon osculateur de la ligne géodésique formant un angle quelconque avec le plan du méridien est égal à

$$\frac{ds^2}{\sqrt{(d^2 x)^2 + (d^2 y)^2 + (d^2 z)^2}},$$

ds étant supposé constant; soit R ce rayon. L'équation

$$x^2 + y^2 + z^2 = 1 + 2\alpha u'$$

donne

$$x\,d^2 x + y\,d^2 y + z\,d^2 z = - ds^2 + \alpha\,d^2 u'.$$

Si l'on ajoute le carré de cette équation aux carrés des équations (O), on aura, en négligeant les termes de l'ordre α^2,

$$(x^2 + y^2 + z^2)\left[(d^2 x)^2 + (d^2 y)^2 + (d^2 z)^2\right] = ds^4 - 2\alpha\,ds^2\,d^2 u',$$

d'où l'on tire

$$R = 1 + \alpha u' + \alpha\frac{d^2 u'}{ds^2}.$$

Dans le sens du méridien, on a

$$\alpha\frac{d^2 u'}{ds^2} = \alpha\frac{\partial^2 u'}{\partial\psi^2};$$

partant.

$$R = 1 + \alpha u' + \alpha\frac{\partial^2 u'}{\partial\psi^2}.$$

Dans le sens perpendiculaire au méridien, on a, par ce qui précède,

$$\alpha\,\frac{d^2 u'_{,}}{ds^2} = \frac{\alpha\,\dfrac{\partial^2 u'_{,}}{\partial\varphi^2}}{\cos^2\psi_{,}} - \alpha\,\frac{\partial u'_{,}}{\partial\psi}\,\text{tang}\,\psi_{,};$$

partant,

$$R = 1 + \alpha u'_{,} - \alpha\,\frac{\partial u'_{,}}{\partial\psi}\,\text{tang}\,\psi_{,} + \frac{\alpha\,\dfrac{\partial^2 u'_{,}}{\partial\varphi^2}}{\cos^2\psi_{,}}.$$

Si dans l'expression précédente de $V - V_{,}$ on fait $\dfrac{s}{R} = s'$, elle prend cette forme très-simple, relative à une sphère du rayon R,

$$V - V_{,} = \frac{s'}{\cos\psi_{,}}\left(1 - \tfrac{1}{3} s'^2 \,\text{tang}^2\,\psi_{,}\right);$$

l'expression de l'angle azimutal devient

$$100^\circ - s'\,\text{tang}\,\psi_{,}\left[1 - \tfrac{1}{3} s'^2\left(\tfrac{1}{2} + \text{tang}^2\,\psi_{,}\right)\right].$$

Nommons λ l'angle que le premier côté de la ligne géodésique forme avec le plan correspondant du méridien céleste; on aura

$$\frac{d^2 u'}{ds^2} = \frac{\partial u'}{\partial\varphi}\,\frac{d^2\varphi}{ds^2} + \frac{\partial u'}{\partial\psi}\,\frac{d^2\psi}{ds^2} + \frac{\partial^2 u'}{\partial\varphi^2}\,\frac{d\varphi^2}{ds^2} + 2\,\frac{\partial^2 u'}{\partial\varphi\,\partial\psi}\,\frac{d\varphi}{ds}\,\frac{d\psi}{ds} + \frac{\partial^2 u'}{\partial\psi^2}\,\frac{d\psi^2}{ds^2}.$$

Mais dans l'hypothèse de la Terre sphérique on a

$$\frac{d\varphi_{,}}{ds} = \frac{\sin\lambda}{\cos\psi_{,}}, \qquad \frac{d^2\varphi_{,}}{ds^2} = \frac{2\sin\lambda\cos\lambda}{\cos\psi_{,}}\,\text{tang}\,\psi_{,},$$

$$\frac{d\psi_{,}}{ds} = \cos\lambda, \qquad \frac{d^2\psi_{,}}{ds^2} = -\sin^2\lambda\,\text{tang}\,\psi_{,};$$

partant,

$$\frac{d^2 u'_{,}}{ds^2} = 2\,\frac{\sin\lambda\cos\lambda}{\cos\psi_{,}}\left(\frac{\partial u'_{,}}{\partial\varphi}\,\text{tang}\,\psi_{,} + \frac{\partial^2 u'_{,}}{\partial\varphi\,\partial\psi}\right) - \sin^2\lambda\,\text{tang}\,\psi_{,}\,\frac{\partial u'_{,}}{\partial\psi}$$

$$+ \frac{\partial^2 u'_{,}}{\partial\varphi^2}\,\frac{\sin^2\lambda}{\cos^2\psi_{,}} + \frac{\partial^2 u'_{,}}{\partial\psi^2}\,\cos^2\lambda;$$

17.

le rayon osculateur R dans le sens de cette ligne géodésique est donc

$$1 + \alpha u_{,}' + 2\alpha \frac{\sin\lambda\cos\lambda}{\cos\psi_{,}} \left(\frac{\partial u_{,}'}{\partial \varphi} \tan\psi_{,} + \frac{\partial^2 u_{,}'}{\partial\varphi\,\partial\psi} \right) - \alpha \sin^2\lambda \, \tan\psi_{,} \frac{\partial u_{,}'}{\partial\psi}$$

$$+ \alpha \frac{\partial^2 u_{,}'}{\partial\varphi^2} \frac{\sin^2\lambda}{\cos^2\psi_{,}} + \alpha \frac{\partial^2 u_{,}'}{\partial\psi^2} \cos^2\lambda.$$

Soit, pour abréger,

$$K = 1 + \alpha u_{,}' - \tfrac{1}{2}\alpha \tan\psi_{,} \frac{\partial u_{,}'}{\partial\psi} + \frac{1}{2} \frac{\alpha \dfrac{\partial^2 u_{,}'}{\partial\varphi^2}}{\cos^2\psi_{,}} + \tfrac{1}{2}\alpha \frac{\partial^2 u_{,}'}{\partial\psi^2},$$

$$A = \frac{\alpha}{\cos\psi_{,}} \left(\frac{\partial u_{,}'}{\partial\varphi} \tan\psi_{,} + \frac{\partial^2 u_{,}'}{\partial\varphi\,\partial\psi} \right),$$

$$B = \frac{\alpha}{2} \tan\psi_{,} \frac{\partial u_{,}'}{\partial\psi} - \frac{\dfrac{\alpha}{2} \dfrac{\partial^2 u_{,}'}{\partial\varphi^2}}{\cos^2\psi_{,}} + \frac{\alpha}{2} \frac{\partial^2 u_{,}'}{\partial\psi^2};$$

on aura

$$R = K + A \sin 2\lambda + B \cos 2\lambda.$$

Les observations des angles azimutaux et de la différence des latitudes aux extrémités de deux lignes géodésiques mesurées, l'une dans le sens du méridien, l'autre dans le sens perpendiculaire au méridien, feront connaitre, par ce qui précède, les valeurs de A, B et K; car ces observations donnent les rayons osculateurs dans ces deux sens. Soient R et R' ces rayons; on aura

$$K = \frac{R' + R''}{2}, \quad B = \frac{R' - R''}{2},$$

et la valeur de A sera déterminée soit par l'azimut de l'extrémité de l'arc mesuré dans le sens du méridien, soit par la différence en latitude des deux extrémités de l'arc mesuré dans le sens perpendiculaire au méridien. On aura ainsi le rayon osculateur de la ligne géodésique dont le premier côté forme un angle quelconque avec le plan du méridien.

Si l'on nomme $2E$ un angle dont la tangente est $\frac{A}{B}$, on aura

$$R = K + \sqrt{A^2 + B^2} \cos(2\lambda - 2E);$$

le plus grand rayon osculateur répond à $\lambda = E$; la ligne géodésique correspondante forme donc l'angle E avec le plan du méridien. Le plus petit rayon osculateur répond à $\lambda = 100° + E$; soit r ce plus petit rayon, et r' le plus grand; on aura

$$R = r + (r' - r)\cos^2(\lambda - E),$$

$\lambda - E$ étant l'angle que la ligne géodésique correspondante à R forme avec celle qui correspond à r'.

Nous avons déjà observé qu'à chaque point de la surface de la Terre on peut concevoir un ellipsoïde osculateur sur lequel les degrés dans tous les sens sont sensiblement les mêmes dans une petite étendue autour du point d'osculation. Exprimons le rayon de cet ellipsoïde par la fonction (*)

$$1 - \alpha \sin^2\psi[1 + h\cos 2(\varphi + \delta)],$$

les longitudes φ étant comptées d'un méridien donné. L'expression de l'arc terrestre mesuré dans le sens du méridien sera, par ce qui précède,

$$\varepsilon - \frac{\alpha\varepsilon}{2}[1 + h\cos 2(\varphi + \delta)](1 + 3\cos 2\psi - 3\varepsilon\sin 2\psi).$$

(*) Il y a dans cet alinéa des inexactitudes qui ont été signalées par Bowditch dans son édition de la *Mécanique céleste*; mais les corrections proposées par le consciencieux commentateur me paraissent s'écarter du texte de Laplace plus qu'il n'est nécessaire. Il me semble préférable de corriger de la manière suivante les formules du texte :

1° Rayon de l'ellipsoïde,

$$1 + \alpha \cos^2\psi[1 + h\cos 2(\varphi + \delta)];$$

2° Longueur de l'arc terrestre mesuré dans le sens du méridien,

$$\varepsilon + \frac{\alpha\varepsilon}{2}[1 + h\cos 2(\varphi + \delta)](1 - 3\cos 2\psi + 3\varepsilon\sin 2\psi);$$

3° Valeur de l'angle ϖ,

$$\varpi = -2\alpha\varepsilon h\sin\psi\,\mathrm{tang}\,\psi\sin 2(\varphi + \delta);$$

4° Valeur du degré mesuré dans le sens perpendiculaire au méridien,

$$1° + 1°.\alpha[1 + h\cos 2(\varphi + \delta)](1 + \sin^2\psi) - 1°.\alpha h\cos 2(\varphi + \delta).$$

Ces formules peuvent se déduire de celles de l'édition américaine, en prenant pour unité ce que Bowditch appelle $1 - \alpha$.   V. P.

Si l'arc mesuré est considérable, et si l'on a observé, comme en France, la latitude de quelques points intermédiaires entre les extrêmes, on aura par ces mesures et la grandeur du rayon pris pour unité, et la valeur de $\alpha[1 + h\cos 2(\varphi + \theta)]$. On a ensuite, par ce qui précède,

$$\varpi = -2\alpha h \varepsilon \frac{\tan g^2 \psi (1 + \cos^2 \psi)}{\cos \psi} \sin 2(\varphi + \theta);$$

l'observation des angles azimutaux aux deux extrémités de l'arc fera connaître $\alpha h \sin 2(\varphi + \theta)$. Enfin, le degré mesuré dans le sens perpendiculaire au méridien est

$$1^\circ + 1^\circ . \alpha[1 + h\cos 2(\varphi + \theta)]\sin^2 \psi + 4^\circ . \alpha h \tan g^2 \psi \cos 2(\varphi + \theta);$$

la mesure de ce degré donnera donc la valeur de $\alpha h \cos 2(\varphi + \theta)$. Ainsi l'ellipsoïde osculateur sera déterminé par ces diverses mesures; il serait nécessaire, pour un aussi grand arc, d'avoir égard au carré de ε dans l'expression de l'angle ϖ, surtout si, comme on l'a observé en France, l'angle azimutal ne varie pas proportionnellement à l'arc mesuré; il faudrait même alors ajouter à l'expression précédente du rayon de l'ellipsoïde un terme de la forme $\alpha k \sin \psi \cos \psi \sin(\varphi + \theta')$, pour avoir l'expression la plus générale de ce rayon.

39. La figure elliptique est la plus simple après celle de la sphère; on a vu précédemment qu'elle doit être celle de la Terre et des planètes, en les supposant originairement fluides, si d'ailleurs elles ont conservé, en se durcissant, leur figure primitive; il était donc naturel de comparer à cette figure les degrés mesurés des méridiens; mais cette comparaison a donné pour la figure des méridiens des ellipses différentes et qui s'éloignent trop des observations pour pouvoir être admises. Cependant, avant de renoncer entièrement à la figure elliptique, il faut déterminer celle dans laquelle le plus grand écart des degrés mesurés est plus petit que dans toute autre figure elliptique, et voir si cet écart est dans les limites des erreurs des observations. On y parviendra par la méthode suivante.

Soient $a^{(1)}$, $a^{(2)}$, $a^{(3)}$,... les degrés mesurés des méridiens; soient $p^{(1)}$, $p^{(2)}$, $p^{(3)}$,... les carrés des sinus des latitudes correspondantes: supposons que, dans l'ellipse cherchée, le degré du méridien soit exprimé par la formule $z + py$; en nommant $x^{(1)}$, $x^{(2)}$, $x^{(3)}$,... les erreurs des observations, on aura les équations suivantes, dans lesquelles nous supposerons que $p^{(1)}$, $p^{(2)}$, $p^{(3)}$,... forment une progression croissante,

$$(A)\quad\begin{cases} a^{(1)} - z - p^{(1)}y = x^{(1)}, \\ a^{(2)} - z - p^{(2)}y = x^{(2)}, \\ a^{(3)} - z - p^{(3)}y = x^{(3)}, \\ \dots\dots\dots\dots\dots\dots\dots, \\ a^{(n)} - z - p^{(n)}y = x^{(n)}, \end{cases}$$

n étant le nombre des degrés mesurés.

On éliminera de ces équations les deux inconnues z et y, et l'on aura $n - 2$ équations de condition entre les n erreurs $x^{(1)}$, $x^{(2)}$,..., $x^{(n)}$. Il faut maintenant déterminer le système de ces erreurs dans lequel la plus grande est, abstraction faite du signe, moindre que dans tout autre système.

Supposons d'abord que l'on n'ait entre ces erreurs qu'une seule équation de condition, que nous pouvons représenter par celle-ci

$$a = m\,x^{(1)} + n\,x^{(2)} + p\,x^{(3)} + \dots,$$

a étant positif. On aura le système des valeurs de $x^{(1)}$, $x^{(2)}$,..., qui donne, abstraction faite du signe, la plus petite valeur à la plus grande, en les supposant, au signe près, toutes égales entre elles et au quotient de a divisé par la somme des coefficients m, n, p,..., pris positivement. Quant au signe que chaque quantité doit avoir, il doit être le même que celui du coefficient de cette quantité dans l'équation proposée.

Si l'on a deux équations de condition entre ces erreurs, le système qui donnera la plus petite valeur possible à la plus grande sera tel qu'abstraction faite du signe, toutes ces erreurs seront égales entre elles, à l'exception d'une seule qui sera plus petite que les autres, ou du moins qui ne les surpassera pas. En supposant donc que $x^{(1)}$ soit cette erreur, on la déterminera, en fonction de $x^{(2)}$, $x^{(3)}$,..., au moyen de l'une des équations de condition proposées; en substituant ensuite cette valeur de $x^{(1)}$ dans l'autre équation de condition, on en formera une entre $x^{(2)}$, $x^{(3)}$,...; représentons-la par la suivante

$$a = m x^{(2)} + n x^{(3)} + \ldots,$$

a étant positif; on aura, comme ci-dessus, les valeurs de $x^{(2)}$, $x^{(3)}$,..., en divisant a par la somme des coefficients m, n,..., pris positivement, et en donnant successivement au quotient les signes de m, n,.... Ces valeurs, substituées dans l'expression de $x^{(1)}$ en $x^{(2)}$, $x^{(3)}$,..., donneront la valeur de $x^{(1)}$, et, si cette valeur, abstraction faite du signe, n'est pas plus grande que celle de $x^{(2)}$, ce système de valeurs sera celui qu'il faut adopter; mais, si elle est plus grande, alors la supposition que $x^{(1)}$ est la plus petite erreur n'est pas légitime, et il faudra faire successivement la même supposition sur $x^{(2)}$, $x^{(3)}$,..., jusqu'à ce que l'on parvienne à une erreur qui y satisfasse.

Si l'on a trois équations de condition entre ces erreurs, le système qui donnera la plus petite valeur possible à la plus grande sera tel que, abstraction faite du signe, toutes ces erreurs seront égales entre elles, à l'exception de deux, qui seront moindres que les autres. En supposant donc que $x^{(1)}$ et $x^{(2)}$ soient ces deux erreurs, on les éliminera de la troisième des équations de condition au moyen des deux autres équations, et l'on aura une équation de condition entre les erreurs $x^{(3)}$, $x^{(4)}$,...; représentons-la par la suivante

$$a = m x^{(3)} + n x^{(4)} + \ldots,$$

a étant positif. On aura les valeurs de $x^{(3)}$, $x^{(4)}$,..., en divisant a par la somme des coefficients m, n,..., pris positivement, et en donnant successivement au quotient les signes de m, n,.... Ces valeurs, substituées dans les expressions de $x^{(1)}$ et de $x^{(2)}$ en $x^{(3)}$, $x^{(4)}$,..., donneront les valeurs de $x^{(1)}$ et de $x^{(2)}$, et si ces dernières valeurs, abstraction faite du signe, ne surpassent pas $x^{(3)}$, on aura le système d'erreurs qu'il faut adopter; mais, si l'une de ces valeurs surpasse $x^{(3)}$, la supposition que $x^{(1)}$ et $x^{(2)}$ sont les plus petites erreurs n'est pas légitime, et il faudra faire la même supposition sur une autre combinaison des erreurs $x^{(1)}$, $x^{(2)}$, $x^{(3)}$,..., prises deux à deux, jusqu'à ce que l'on parvienne à une combinaison dans laquelle cette supposition soit légitime. Il est facile d'étendre cette méthode au cas où l'on aurait quatre ou un plus grand nombre d'équations de condition entre les erreurs $x^{(1)}$, $x^{(2)}$, $x^{(3)}$,.... Ces erreurs étant ainsi connues, il sera facile d'en conclure les valeurs de z et de y.

La méthode que nous venons d'exposer s'applique à toutes les questions du même genre; ainsi, ayant un nombre n d'observations d'une comète, on peut, à son moyen, déterminer l'orbite parabolique dans laquelle la plus grande erreur est, abstraction faite du signe, moindre que dans toute autre orbite parabolique, et reconnaître par là si l'hypothèse parabolique peut représenter ces observations. Mais, quand le nombre des observations est considérable, cette méthode conduit à de longs calculs, et l'on peut, dans le problème qui nous occupe, arriver facilement au système cherché des erreurs, par la méthode suivante.

Concevons que $x^{(i)}$ soit, abstraction faite du signe, la plus grande des erreurs $x^{(1)}$, $x^{(2)}$,...; nous observerons d'abord qu'il doit exister une autre erreur $x^{(i')}$ égale et de signe contraire à $x^{(i)}$; autrement, on pourrait, en faisant varier z convenablement dans l'équation

$$a^{(i)} - z - p^{(i)} y = x^{(i)},$$

diminuer l'erreur $x^{(i)}$, en lui conservant la propriété d'être l'erreur extrême, ce qui est contre l'hypothèse. Nous observerons ensuite que, $x^{(i)}$ et $x^{(i')}$ étant les deux erreurs extrêmes, l'une positive et l'autre négative, et qui doivent être égales, comme on vient de le voir, il doit exister une troisième erreur $x^{(i'')}$ égale, abstraction faite du signe, à $x^{(i)}$. En effet, si l'on retranche l'équation correspondante à $x^{(i)}$ de l'équation correspondante à $x^{(i'')}$, on aura

$$a^{(i'')} - a^{(i)} - \left(p^{(i'')} - p^{(i)}\right) y = x^{(i'')} - x^{(i)}.$$

Le second membre de cette équation est, abstraction faite du signe, la somme des erreurs extrêmes, et il est clair qu'en faisant varier convenablement y, on peut la diminuer, en lui conservant la propriété d'être la plus grande des sommes que l'on peut obtenir par l'addition ou par la soustraction des erreurs $x^{(1)}$, $x^{(2)}$,..., prises deux à deux, pourvu qu'il n'y ait point une troisième erreur $x^{(i'')}$ égale, abstraction faite du signe, à $x^{(i)}$; or, la somme des erreurs extrêmes étant diminuée, et ces erreurs étant rendues égales au moyen de la valeur de z, chacune de ces erreurs serait diminuée, ce qui est contre l'hypothèse. Il existe donc trois erreurs $x^{(i)}$, $x^{(i')}$, $x^{(i'')}$, égales entre elles, abstraction faite du signe, et dont l'une a un signe contraire à celui des deux autres.

Supposons que ce soit $x^{(i')}$; alors le nombre i' tombera entre les deux nombres i et i''. Pour le faire voir, imaginons que cela ne soit pas, et que i' tombe en deçà ou au delà des nombres i et i''. En retranchant l'équation correspondante à i' successivement des deux équations correspondantes à i et à i'', on aura

$$a^{(i)} - a^{(i')} - (p^{(i)} - p^{(i')})y = x^{(i)} - x^{(i')},$$
$$a^{(i'')} - a^{(i')} - (p^{(i'')} - p^{(i')})y = x^{(i'')} - x^{(i')}.$$

Les seconds membres de ces équations sont égaux et de même signe; ils sont encore, abstraction faite du signe, la somme des erreurs extrêmes; or il est clair qu'en faisant varier convenablement y, on peut diminuer chacune de ces sommes, puisque le coefficient de y a le même signe dans les deux premiers membres; on peut d'ailleurs, en faisant varier z convenablement, conserver à $x^{(i')}$ la même valeur; $x^{(i)}$ et $x^{(i'')}$ seraient donc alors, abstraction faite du signe, moindres que $x^{(i')}$, qui deviendrait la plus grande des erreurs, sans avoir d'égale, et dans ce cas on peut, comme on vient de le voir, diminuer l'erreur extrême, ce qui est contre l'hypothèse. Ainsi le nombre i' doit tomber entre les nombres i et i''.

Déterminons maintenant lesquelles des erreurs $x^{(1)}$, $x^{(2)}$, $x^{(3)}$,... sont les erreurs extrêmes. Pour cela, on retranchera la première des équations (A) successivement des suivantes, et l'on aura cette suite d'équations

$$(\text{B}) \quad \begin{cases} a^{(2)} - a^{(1)} - \left(p^{(2)} - p^{(1)}\right) y = x^{(2)} - x^{(1)}, \\ a^{(3)} - a^{(1)} - \left(p^{(3)} - p^{(1)}\right) y = x^{(3)} - x^{(1)}, \\ a^{(4)} - a^{(1)} - \left(p^{(4)} - p^{(1)}\right) y = x^{(4)} - x^{(1)}, \\ \dots\dots\dots\dots\dots\dots\dots\dots\dots \end{cases}$$

Supposons y infini; les premiers membres de ces équations seront négatifs, et alors la valeur de $x^{(1)}$ sera plus grande que $x^{(2)}$, $x^{(3)}$,…; en diminuant continuellement y, on arrivera enfin à une valeur qui rendra positif l'un de ces premiers membres, qui, avant d'arriver à cet état, deviendra nul. Pour connaître celui de ces membres qui le premier devient égal à zéro, on formera les quantités

$$\frac{a^{(2)} - a^{(1)}}{p^{(2)} - p^{(1)}}, \quad \frac{a^{(3)} - a^{(1)}}{p^{(3)} - p^{(1)}}, \quad \frac{a^{(4)} - a^{(1)}}{p^{(4)} - p^{(1)}}, \quad \dots$$

Nommons $\mathfrak{S}^{(1)}$ la plus grande de ces quantités, et supposons qu'elle soit $\dfrac{a^{(r)} - a^{(1)}}{p^{(r)} - p^{(1)}}$; s'il y a plusieurs valeurs égales à $\mathfrak{S}^{(1)}$, nous considérerons celle qui correspond au nombre r le plus grand. En substituant $\mathfrak{S}^{(1)}$ pour y dans la $(r-1)^{\text{ième}}$ des équations (B), $x^{(r)}$ sera égal à $x^{(1)}$, et, en diminuant y, il l'emportera sur $x^{(1)}$, le premier membre de cette équation devenant alors positif. Par les diminutions successives de y, ce membre croîtra plus rapidement que les premiers membres des équations qui la précèdent; ainsi, puisqu'il devient nul lorsque les précédents sont encore négatifs, il est visible que, dans les diminutions successives de y, il sera toujours plus grand qu'eux, ce qui prouve que $x^{(r)}$ sera constamment plus grand que $x^{(1)}$, $x^{(2)}$,…, $x^{(r-1)}$, lorsque y sera moindre que $\mathfrak{S}^{(1)}$.

Les premiers membres des équations (B) qui suivent la $(r-1)^{\text{ième}}$ seront d'abord négatifs, et, tant que cela aura lieu, $x^{(r+1)}$, $x^{(r+2)}$,… seront moindres que $x^{(1)}$, et par conséquent moindres que $x^{(r)}$, qui devient la plus grande de toutes les erreurs $x^{(1)}$, $x^{(2)}$,…, $x^{(n)}$, lorsque y commence à devenir moindre que $\mathfrak{S}^{(1)}$. Mais, en continuant de diminuer y, on parvient à une valeur de cette variable, telle que quelques-unes des erreurs $x^{(r+1)}$, $x^{(r+2)}$,... commencent à l'emporter sur $x^{(r)}$.

Pour déterminer cette valeur de y, on retranchera la $r^{\text{ième}}$ des équations (A) successivement des suivantes, et l'on aura

$$a^{(r+1)} - a^{(r)} - \left(p^{(r+1)} - p^{(r)} \right) y = x^{(r+1)} - x^{(r)},$$

$$a^{(r+2)} - a^{(r)} - \left(p^{(r+2)} - p^{(r)} \right) y = x^{(r+2)} - x^{(r)},$$

$$\dots\dots\dots\dots\dots\dots\dots\dots\dots;$$

on formera ensuite les quantités

$$\frac{a^{(r+1)} - a^{(r)}}{p^{(r+1)} - p^{(r)}}, \quad \frac{a^{(r+2)} - a^{(r)}}{p^{(r+2)} - p^{(r)}}, \quad \dots$$

Nommons $\mathcal{C}^{(2)}$ la plus grande de ces quantités, et supposons qu'elle soit $\dfrac{a^{(r')} - a^{(r)}}{p^{(r')} - p^{(r)}}$; si plusieurs de ces quantités sont égales à $\mathcal{C}^{(2)}$, nous supposerons que r' est le plus grand des nombres auxquels elles répondent. Cela posé, $x^{(r)}$ sera la plus grande des erreurs $x^{(1)}$, $x^{(2)}$, ..., $x^{(n)}$, tant que y sera compris entre $\mathcal{C}^{(1)}$ et $\mathcal{C}^{(2)}$; mais lorsqu'en diminuant y on sera arrivé à $\mathcal{C}^{(2)}$, alors $x^{(r')}$ commencera à l'emporter sur $x^{(r)}$ et à devenir la plus grande des erreurs.

Pour déterminer dans quelles limites, on formera les quantités

$$\frac{a^{(r'+1)} - a^{(r')}}{p^{(r'+1)} - p^{(r')}}, \quad \frac{a^{(r'+2)} - a^{(r')}}{p^{(r'+2)} - p^{(r')}}, \quad \dots$$

Soit $\mathcal{C}^{(3)}$ la plus grande de ces quantités, et supposons qu'elle soit $\dfrac{a^{(r'')} - a^{(r')}}{p^{(r'')} - p^{(r')}}$; si plusieurs de ces quantités sont égales à $\mathcal{C}^{(3)}$, nous supposerons que r'' est le plus grand des nombres auxquels elles répondent. $x^{(r')}$ sera la plus grande de toutes les erreurs depuis $y = \mathcal{C}^{(2)}$ jusqu'à $y = \mathcal{C}^{(3)}$. Lorsque $y = \mathcal{C}^{(3)}$, alors $x^{(r'')}$ commence à être cette plus grande erreur. En continuant ainsi, on formera les deux suites

$$(\text{C}) \quad \begin{cases} x^{(1)}, & x^{(r)}, & x^{(r')}, & x^{(r'')}, & \dots, & x^{(n)}, \\ \infty, & \mathcal{C}^{(1)}, & \mathcal{C}^{(2)}, & \mathcal{C}^{(3)}, & \dots, & \mathcal{C}^{(q)}, & -\infty. \end{cases}$$

La première indique les erreurs $x^{(1)}$, $x^{(r)}$, $x^{(r')}$,... qui deviennent successivement les plus grandes; la seconde suite, formée de quantités décroissantes, indique les limites de y entre lesquelles ces erreurs sont les plus grandes; ainsi $x^{(1)}$ est la plus grande erreur depuis $y = \infty$ jusqu'à $y = \theta^{(1)}$; $x^{(r)}$ est la plus grande erreur depuis $y = \theta^{(1)}$ jusqu'à $y = \theta^{(2)}$; $x^{(r')}$ est la plus grande erreur depuis $y = \theta^{(2)}$ jusqu'à $y = \theta^{3}$; ainsi de suite.

Reprenons maintenant les équations (B), et supposons y négatif et infini. Les premiers membres de ces équations seront positifs; $x^{(1)}$ sera donc alors la plus petite des erreurs $x^{(1)}$, $x^{(2)}$,...; en augmentant continuellement y, quelques-uns de ces membres deviendront négatifs, et alors $x^{(1)}$ cessera d'être la plus petite des erreurs. Si l'on applique ici le raisonnement que nous venons de faire pour le cas des plus grandes erreurs, on verra que, si l'on nomme $\lambda^{(1)}$ la plus petite des quantités

$$\frac{a^{(2)} - a^{(1)}}{p^{(2)} - p^{(1)}}, \quad \frac{a^{(3)} - a^{(1)}}{p^{(3)} - p^{(1)}}, \quad \frac{a^{(4)} - a^{(1)}}{p^{(4)} - p^{(1)}}, \quad \cdots,$$

et si l'on suppose qu'elle soit $\dfrac{a^{(s)} - a^{(1)}}{p^{(s)} - p^{(1)}}$, s étant le plus grand des nombres auxquels répond $\lambda^{(1)}$, si plusieurs de ces quantités sont égales à $\lambda^{(1)}$; $x^{(s)}$ sera la plus petite des erreurs depuis $y = -\infty$ jusqu'à $y = \lambda^{(1)}$. Pareillement, si l'on nomme $\lambda^{(2)}$ la plus petite des quantités

$$\frac{a^{(s+1)} - a^{(s)}}{p^{(s+1)} - p^{(s)}}, \quad \frac{a^{(s+2)} - a^{(s)}}{p^{(s+2)} - p^{(s)}}, \quad \cdots,$$

et que l'on suppose qu'elle soit $\dfrac{a^{(s')} - a^{(s)}}{p^{(s')} - p^{(s)}}$, s' étant le plus grand des nombres auxquels répond $\lambda^{(2)}$, si plusieurs de ces quantités sont égales à $\lambda^{(2)}$; $x^{(s')}$ sera la plus petite des erreurs depuis $y = \lambda^{(1)}$ jusqu'à $y = \lambda^{2}$, et ainsi du reste. On formera de cette manière les deux suites

$$(\text{D}) \quad \begin{cases} x^{(1)}, & x^{(s)}, & x^{(s')}, & x^{(s'')}, & \cdots, & x^{(n)}, \\ -\infty, & \lambda^{(1)}, & \lambda^{(2)}, & \lambda^{(3)}, & \cdots, & \lambda^{(q')}, & \infty. \end{cases}$$

La première indique les erreurs $x^{(1)}$, $x^{(s)}$, $x^{(s')}$,... qui sont successivement les plus petites, à mesure que l'on augmente y; la seconde suite, formée de termes croissants, indique les limites des valeurs de y entre lesquelles chacune de ces erreurs est la plus petite; ainsi $x^{(1)}$ est la plus petite des erreurs depuis $y = -\infty$ jusqu'à $y = \lambda^{(1)}$; $x^{(2)}$ est la plus petite des erreurs depuis $y = \lambda^{(1)}$ jusqu'à $y = \lambda^{(2)}$, et ainsi du reste. Cela posé,

La valeur de y qui appartient à l'ellipse cherchée sera l'une des quantités $\mathcal{C}^{(1)}$, $\mathcal{C}^{(2)}$, $\mathcal{C}^{(3)}$, ..., $\lambda^{(1)}$, $\lambda^{(2)}$, $\lambda^{(3)}$, ...; elle sera dans la première suite, si les deux erreurs extrêmes de même signe sont positives. En effet, ces deux erreurs étant alors les plus grandes, elles sont dans la suite $x^{(1)}$, $x^{(r)}$, $x^{(r)}$, ...; et, puisqu'une même valeur de y les rend égales, elles doivent être consécutives, et la valeur de y qui leur convient ne peut être qu'une des quantités $\mathcal{C}^{(1)}$, $\mathcal{C}^{(2)}$, ..., parce que deux de ces erreurs ne peuvent être à la fois rendues égales et les plus grandes que par l'une de ces quantités. Voici maintenant de quelle manière on déterminera celle des quantités $\mathcal{C}^{(1)}$, $\mathcal{C}^{(2)}$, ... qui doit être prise pour y.

Concevons, par exemple, que $\mathcal{C}^{(3)}$ soit cette valeur; il doit alors se trouver, par ce qui précède, entre $x^{(r)}$ et $x^{(r')}$, une erreur qui sera le minimum de toutes les erreurs, puisque $x^{(r)}$ et $x^{(r')}$ seront les maxima de ces erreurs; ainsi, dans la suite $x^{(1)}$, $x^{(2)}$, $x^{(3)}$, ..., quelqu'un des nombres s, s', ... sera compris entre r' et r''. Supposons que ce soit s. Pour que $x^{(s)}$ soit la plus petite des erreurs, la valeur de y doit être comprise depuis $\lambda^{(1)}$ jusqu'à $\lambda^{(2)}$; donc, si $\mathcal{C}^{(3)}$ est compris dans ces limites, il sera la valeur cherchée de y, et il sera inutile d'en chercher d'autres. En effet, supposons que l'on retranche celle des équations (A) qui répond à $x^{(s)}$ successivement des deux équations qui répondent à $x^{(r')}$ et à $x^{(r'')}$; on aura

$$a^{(r')} - a^{(s)} - \left(p^{(r')} - p^{(s)} \right) y = x^{(r')} - x^{(s)},$$
$$a^{(r'')} - a^{(s)} - \left(p^{(r'')} - p^{(s)} \right) y = x^{(r'')} - x^{(s)}.$$

Tous les membres de ces équations étant positifs, en supposant $y = \mathcal{C}^{(3)}$, il est clair que, si l'on augmente y, la quantité $x^{(r')} - x^{(s)}$ augmentera; la somme des erreurs extrêmes, prise positivement, en sera donc augmentée. Si l'on diminue y, la quantité $x^{(r'')} - x^{(s)}$ en sera augmentée, et par conséquent aussi la somme des erreurs extrêmes; $\mathcal{C}^{(3)}$ est donc la valeur de y qui donne la plus petite de ces sommes, d'où il suit qu'elle est la seule qui satisfasse au problème.

On essayera de cette manière les valeurs de $\mathcal{C}^{(1)}$, $\mathcal{C}^{(2)}$, $\mathcal{C}^{(3)}$, ..., ce qui se fera très-aisément par leur seule inspection, et, si l'on arrive à une valeur qui remplisse les conditions précédentes, on sera sûr d'avoir la valeur cherchée de y.

Si aucune des valeurs de $\mathcal{C}$ ne remplit ces conditions, alors cette valeur de y sera quelqu'un des termes de la suite $\lambda^{(1)}$, $\lambda^{(2)}$, $\lambda^{(3)}$, ... Concevons, par exemple, que ce soit $\lambda^{(2)}$; les deux erreurs extrêmes $x^{(s)}$ et $x^{(s')}$ seront alors négatives, et il y aura, par ce qui précède, une erreur intermédiaire, qui sera un maximum, et qui tombera, par conséquent, dans la suite $x^{(1)}$, $x^{(s)}$, $x^{(s')}$, ... Supposons que ce soit $x^{(r)}$, r étant alors nécessairement compris entre s et s'; $\lambda^{(2)}$ devra donc être compris entre $\mathcal{C}^{(1)}$ et $\mathcal{C}^{(2)}$. Si cela est, ce sera une preuve que $\lambda^{(2)}$ est la valeur cherchée de y. On essayera donc ainsi tous les termes de la suite $\lambda^{(2)}$, $\lambda^{(3)}$, $\lambda^{(4)}$, ..., jusqu'à ce que l'on arrive à un terme qui remplisse les conditions précédentes.

Lorsque l'on aura ainsi déterminé la valeur de y, on aura facilement celle de z. Pour cela, supposons que $\mathcal{C}^{(2)}$ soit la valeur de y, et que les trois erreurs extrêmes soient $x^{(r)}$, $x^{(r')}$ et $x^{(s)}$; on aura $x^{(s)} = - x^{(r)}$, et par conséquent

$$a^{(r)} - z - p^{(r)} y = x^{(r)},$$
$$a^{(s)} - z - p^{(s)} y = - x^{(r)},$$

d'où l'on tire

$$z = \frac{a^{(r)} + a^{(s)}}{2} - \frac{p^{(r)} + p^{(s)}}{2} y;$$

on aura ensuite la plus grande erreur $x^{(r)}$ au moyen de l'équation

$$x^{(r)} = \frac{a^{(r)} - a^{(s)}}{2} - \frac{p^{(s)} - p^{(r)}}{2} y.$$

40. L'ellipse déterminée dans le numéro précédent sert à reconnaitre si l'hypothèse d'une figure elliptique est dans les limites des erreurs des observations; mais elle n'est pas celle que les degrés mesurés indiquent avec le plus de vraisemblance. Cette dernière ellipse me paraît devoir remplir les conditions suivantes, savoir : 1° que la somme des erreurs commises dans les mesures des arcs entiers mesurés soit nulle; 2° que la somme de ces erreurs prises toutes positivement soit un minimum. En considérant ainsi les arcs entiers au lieu des degrés qui en ont été conclus, on donne à chacun de ces degrés d'autant plus d'influence sur l'ellipticité qui en résulte pour la Terre, que l'arc correspondant est plus considérable, comme cela doit être. Voici une méthode très-simple pour déterminer l'ellipse qui satisfait à ces deux conditions.

Reprenons les équations (A) du n° 39, et multiplions-les respectivement par les nombres qui expriment combien les arcs mesurés renferment de degrés, et que nous désignerons par $i^{(1)}$, $i^{(2)}$, $i^{(3)}$,.... Soit A la somme des quantités $i^{(1)}a^{(1)}$, $i^{(2)}a^{(2)}$,..., divisée par la somme des nombres $i^{(1)}$, $i^{(2)}$, $i^{(3)}$,...; soit pareillement P la somme des quantités $i^{(1)}p^{(1)}$, $i^{(2)}p^{(2)}$,..., divisée par la somme des nombres $i^{(1)}$, $i^{(2)}$, $i^{(3)}$,...; la condition que la somme des erreurs $i^{(1)}x^{(1)}$, $i^{(2)}x^{(2)}$,... est nulle donne

$$o = A - z - Py.$$

Si l'on retranche cette équation de chacune des équations (A) du numéro précédent, on aura de nouvelles équations de la forme suivante :

$$\text{(O)}\quad\left\{\begin{aligned} b^{(1)} - q^{(1)}y &= x^{(1)},\\ b^{(2)} - q^{(2)}y &= x^{(2)},\\ b^{(3)} - q^{(3)}y &= x^{(3)},\\ \dots\dots\dots\dots\dots \end{aligned}\right.$$

Formons la suite des quotients $\dfrac{b^{(1)}}{q^{(1)}}$, $\dfrac{b^{(2)}}{q^{(2)}}$, $\dfrac{b^{(3)}}{q^{(3)}}$,..., et disposons-les suivant leur ordre de grandeur, en commençant par les plus grands: multiplions ensuite les équations (O) auxquelles ils répondent par les nombres correspondants $i^{(1)}$, $i^{(2)}$,...; disposons enfin ces équations ainsi multipliées dans le même ordre que ces quotients. Les premiers membres de ces équations disposées de cette manière formeront une suite de termes de la forme

$$(\text{P}) \qquad h^{(1)}y - c^{(1)}, \quad h^{(2)}y - c^{(2)}, \quad h^{(3)}y - c^{(3)}, \quad \ldots,$$

dans lesquels nous supposerons $h^{(1)}$, $h^{(2)}$, ... positifs, en changeant le signe des termes où y a un coefficient négatif. Ces termes sont les erreurs des arcs mesurés, prises positivement ou négativement. Cela posé,

Il est clair qu'en faisant y infini, chaque terme de cette suite devient infini; mais ils diminuent à mesure que l'on diminue y, et finissent par devenir négatifs, d'abord le premier, ensuite le second, et ainsi des autres. En diminuant toujours y, les termes une fois parvenus à être négatifs continuent de l'être, et diminuent sans cesse. Pour avoir la valeur de y qui rend la somme de ces termes, pris tous positivement, un minimum, on ajoutera les quantités $h^{(1)}$, $h^{(2)}$, ..., jusqu'à ce que leur somme commence à surpasser la demi-somme entière de toutes ces quantités; ainsi, en nommant F cette somme, on déterminera r de manière que l'on ait

$$h^{(1)} + h^{(2)} + h^{(3)} + \ldots + h^{(r)} > \tfrac{1}{2}\text{F},$$
$$h^{(1)} + h^{(2)} + h^{(3)} + \ldots + h^{(r-1)} < \tfrac{1}{2}\text{F}.$$

On aura alors $y = \dfrac{c^{(r)}}{h^{(r)}}$, en sorte que l'erreur sera nulle, relativement au degré même qui correspond à celle des équations (O) dont le premier membre, égalé à zéro, donne cette valeur de y.

Pour le faire voir, supposons que l'on augmente y de la quantité δy, de manière que $\dfrac{c^{(r)}}{h^{(r)}} + \delta y$ soit compris entre $\dfrac{c^{(r-1)}}{h^{(r-1)}}$ et $\dfrac{c^{(r)}}{h^{(r)}}$. Les $r-1$ premiers termes de la série (P) seront négatifs, comme dans le cas de $y = \dfrac{c^{(r)}}{h^{(r)}}$; mais, en les prenant avec le signe $+$, leur somme diminuera de la quantité

$$(h^{(1)} + h^{(2)} + \ldots + h^{(r-1)})\,\delta y.$$

Le $r^{\text{ième}}$ terme de cette suite, qui est nul lorsque $y = \dfrac{c^{(r)}}{h^{(r)}}$, deviendra positif et égal à $h^{(r)}\delta y$; la somme de ce terme et des suivants, qui sont tous positifs, augmentera de la quantité

$$(h^{(r)} + h^{(r+1)} + \dots)\,\delta y;$$

mais on a, par la supposition,

$$h^{(1)} + h^{(2)} + \dots + h^{(r-1)} < h^{(r)} + h^{(r+1)} + \dots;$$

la somme entière des termes de la suite (P), pris tous positivement, sera donc augmentée, et, comme elle est égale à la somme des erreurs $i^{(1)}x^{(1)}$, $i^{(2)}x^{(2)},\dots$ des arcs entiers mesurés, prises toutes avec le signe $+$, cette dernière somme sera augmentée par la supposition de $y = \dfrac{c^{(r)}}{h^{(r)}} + \delta y$. Il est facile de s'assurer de la même manière qu'en augmentant y, en sorte qu'il soit compris entre $\dfrac{c^{(r-1)}}{h^{(r-1)}}$ et $\dfrac{c^{(r-2)}}{h^{(r-2)}}$, ou entre $\dfrac{c^{(r-2)}}{h^{(r-2)}}$ et $\dfrac{c^{(r-3)}}{h^{(r-3)}},\dots$, la somme des erreurs prises avec le signe $+$ sera plus grande que lorsque $y = \dfrac{c^{(r)}}{h^{(r)}}$.

Diminuons présentement y de la quantité δy, en sorte que $\dfrac{c^{(r)}}{h^{(r)}} - \delta y$ soit compris entre $\dfrac{c^{(r)}}{h^{(r)}}$ et $\dfrac{c^{(r+1)}}{h^{(r+1)}}$; la somme des termes négatifs de la série (P) augmentera, en changeant leur signe, de la quantité

$$(h^{(1)} + h^{(2)} + \dots + h^{(r)})\,\delta y,$$

et la somme des termes positifs de la même série diminuera de la quantité

$$(h^{(r+1)} + h^{(r+2)} + \dots)\,\delta y,$$

et, puisque l'on a

$$h^{(1)} + h^{(2)} + \dots + h^{(r)} > h^{(r+1)} + h^{(r+2)} + \dots,$$

il est clair que la somme entière des erreurs prises avec le signe $+$ sera augmentée. On verra de la même manière qu'en diminuant y, en sorte qu'il soit entre $\frac{c^{(r+1)}}{h^{(r+1)}}$ et $\frac{c^{(r+2)}}{h^{(r+2)}}$, ou entre $\frac{c^{(r+2)}}{h^{(r+2)}}$ et $\frac{c^{(r+3)}}{h^{(r+3)}}$, ..., la somme des erreurs prises avec le signe $+$ est plus grande que lorsque $y = \frac{c^{(r)}}{h^{(r)}}$; cette valeur de y est donc celle qui rend cette somme un minimum.

La valeur de y donne celle de z au moyen de l'équation

$$z = A - Py.$$

L'analyse précédente étant fondée sur la variation des degrés de l'équateur aux pôles, proportionnelle au carré du sinus de la latitude, et cette loi de variation ayant également lieu pour la pesanteur, il est clair qu'elle s'applique aux observations sur la longueur du pendule à secondes.

41. Appliquons-la d'abord aux degrés déjà mesurés des méridiens terrestres. Parmi ces degrés, je considérerai les sept suivants, que j'évaluerai en parties de la règle à laquelle on a rapporté l'arc mesuré depuis Dunkerque jusqu'à Barcelone, pour déterminer l'unité fondamentale des poids et mesures. Je désignerai par la lettre R cette règle, qui est le double de la toise dont Bouguer s'est servi au Pérou. J'exposerai ensuite la manière dont on a fixé le rapport de cette règle au mètre.

Le premier de ces degrés est celui du Pérou, à zéro de latitude. Sa longueur, suivant Bouguer, est de $25538^R,85$; l'arc total mesuré d'où ce degré a été conclu est de $3^o,4633$.

Le second est celui du Cap de Bonne-Espérance, mesuré par La Caille, et dont le milieu répond à la latitude de $37^o,0093$. Sa longueur est de $25666^R,65$; l'arc total mesuré d'où ce degré a été conclu est $1^o,3572$.

Le troisième est celui de Pensylvanie, mesuré par Mason et Dixon. Son milieu répond à la latitude de $43^o,5556$; sa longueur est de $25599^R,60$; l'arc total mesuré est de $1^o,6435$.

Le quatrième est celui d'Italie, mesuré par Boscovich et Maire. Son milieu répond à la latitude de $47°,7963$; sa longueur est de $25640^n,55$; l'arc total mesuré est de $2°,4034$.

Le cinquième degré est celui de France, mesuré nouvellement par Delambre et Méchain. Son milieu répond à la latitude de $51°,3327$; sa longueur est de $25658^n,29$; l'arc total mesuré est de $10°,7487$.

Le sixième est celui d'Autriche, mesuré par Liesganig. Son milieu répond à la latitude de $53°,0926$; sa longueur est de $25683^n,3o$; l'arc total mesuré est de $3°,2734$.

Le septième est celui de Laponie, mesuré par Clairaut, Maupertuis, Le Monnier, etc. Son milieu répond à la latitude de $73°,7037$; en prenant une moyenne entre les diverses suites de triangles, et en ayant égard à la réfraction dans l'évaluation de l'arc céleste, je fixe sa longueur à $25832^n,25$; l'arc total mesuré est de $1°,0644$.

Voici le tableau de ces degrés disposés suivant l'ordre des latitudes :

Latitudes.	Longueurs des degrés.
$°$	^{n}
$0,0000$	$25538,85$
$37,0093$	$25666,65$
$43,5556$	$25599,6o$
$47,7963$	$25640,55$
$51,3327$	$25658,28$
$53,0926$	$25683,3o$
$73,7037$	$25832,25$

Les équations (A) du n° 39 deviennent donc ici

$$(A')
\begin{cases}
25538,85 - z - y.0,00000 = x^{(1)}, \\
25666,65 - z - y.0,30156 = x^{(2)}, \\
25599,6o - z - y.0,39946 = x^{(3)}, \\
25640,55 - z - y.0,46541 = x^{(4)}, \\
25658,28 - z - y.0,52093 = x^{(5)}, \\
25683,3o - z - y.0,54850 = x^{(6)}, \\
25832,25 - z - y.0,83887 = x^{(7)}.
\end{cases}$$

Les deux suites (C) du même numéro deviennent

$$x^{(1)}, \qquad x^{(2)}, \qquad x^{(7)},$$
$$\infty, \qquad 423,796, \qquad 308,202, \qquad -\infty,$$

et les deux suites (D) deviennent

$$x^{(1)}, \qquad x^{(3)}, \qquad x^{(5)}, \qquad x^{(7)},$$
$$-\infty, \qquad 152,080, \qquad 483,087, \qquad 547,176, \qquad \infty.$$

Il est facile d'en conclure, par le numéro cité, $y = 308^n,202$, ce qui donne $\frac{1}{277}$ pour l'ellipticité de la Terre. On a ensuite

$$x^{(2)} = x^{(7)} = - x^{(3)} = 48^s,60.$$

Ainsi, de quelque manière que l'on combine les sept degrés précédents, quelque rapport que l'on choisisse pour celui des axes de la Terre, il est impossible d'éviter dans l'ellipse une erreur de $48^n,60$ dans les mesures de quelques-uns des degrés précédents; et comme cette erreur, étant la limite de celles qui peuvent être admises, est, par cela même, infiniment peu probable, il faudrait, dans la supposition d'une figure elliptique, admettre des erreurs encore plus grandes que $48^n,60$. Or, en examinant avec attention les mesures de ces degrés, il paraît difficile de supposer à la fois que, dans chacun des degrés de Pensylvanie, du Cap de Bonne-Espérance et de Laponie, sur lesquels tombent les trois plus grandes erreurs, il s'est glissé une erreur de $48^n,60$; il semble donc résulter des erreurs précédentes que la variation des degrés des méridiens terrestres s'écarte sensiblement de la loi du carré des sinus de la latitude, que donne l'hypothèse des méridiens elliptiques.

Déterminons cependant l'ellipse la plus probable qui résulte de ces mesures. En multipliant les équations (A′) respectivement par les nombres $i^{(1)}$, $i^{(2)}$, $i^{(3)}$,... de degrés que renferment les arcs mesurés qui leur correspondent, et divisant leur somme par $i^{(1)} + i^{(2)} + i^{(3)} + \dots$, la condition que la somme des erreurs $i^{(1)}.x^{(1)} + i^{(2)}.x^{(2)} + \dots$ est nulle donne

$$0 = 25646^s,80 - z - y.0,43717;$$

les équations (O) du numéro précédent deviennent ainsi

$$(O')\quad\begin{cases} -107,95 + y \cdot 0,43717 = x^{(1)}, \\ 19,85 + y \cdot 0,13561 = x^{(2)}, \\ -47,20 + y \cdot 0,03771 = x^{(3)}, \\ -6,25 - y \cdot 0,02824 = x^{(4)}, \\ 11,48 - y \cdot 0,08376 = x^{(5)}, \\ 36,50 - y \cdot 0,11133 = x^{(6)}, \\ 185,45 - y \cdot 0,40170 = x^{(7)}. \end{cases}$$

De là il est facile de conclure que la suite des quantités $h^{(1)}$, $h^{(2)}$, $h^{(3)}$,..., disposées suivant l'ordre de grandeur des quotients $\dfrac{b^{(1)}}{q^{(1)}}$, $\dfrac{b^{(2)}}{q^{(2)}}$,..., est

$$0,06198,\quad 0,42757,\quad 0,36443,\quad 1,51405,\quad 0,90031,\quad 0,18405,\quad 0,06787.$$

Les équations (O') leur correspondent dans l'ordre 3, 7, 6, 1, 5, 2, 4 : la somme des trois premières quantités est plus petite que la demi-somme de toutes ces quantités, et la somme des quatre premières la surpasse; on a donc $x^{(1)} = 0$, ce qui donne $y = 246,93$, et par conséquent $z = 25538^R,85$; en sorte que l'expression du degré du méridien est $25538^R,85 + 246^R,93 \cdot \sin^2\theta$, θ étant la latitude, d'où résulte $\frac{1}{312}$ pour l'aplatissement de la Terre. Cette expression donne $86^R,26$ pour l'erreur du degré de Laponie, erreur beaucoup trop grande pour être admise; ce qui confirme ce que nous avons dit, savoir, que la Terre s'écarte sensiblement de la figure elliptique.

Les opérations faites nouvellement par Delambre et Méchain, pour la mesure de l'arc du méridien terrestre compris entre Dunkerque et Barcelone, ne laissent, vu leur grande précision, aucun doute à cet égard. Voici les principaux résultats de ces opérations.

Latitudes.		Distances au parallèle de Montjoui, des parallèles de	
Montjoui	45,958281		
Carcassonne	48,016790	Carcassonne	52749,48
Évaux	51,309414	Évaux	137174,03
Panthéon à Paris	54,274614	Panthéon	213319,77
Dunkerque	56,706944	Dunkerque	275792,36

Maintenant, soient $a^{(2)}$, $a^{(3)}$, $a^{(4)}$ et $a^{(5)}$ ces distances; $\theta^{(1)}$, $\theta^{(2)}$, $\theta^{(3)}$, $\theta^{(4)}$, $\theta^{(5)}$ les latitudes, et $x^{(1)}$, $x^{(2)}$, $x^{(3)}$, $x^{(4)}$, $x^{(5)}$ les erreurs dont ces latitudes sont susceptibles, et que l'on peut attribuer soit aux observations mêmes de la hauteur du pôle, soit aux mesures géodésiques dont les erreurs influent sur les latitudes des parallèles supposés distants de celui de Montjoui des intervalles $a^{(2)}$, $a^{(3)}$, …. L'arc terrestre compris entre l'équateur et le parallèle de Montjoui est à très-peu près, par ce qui précède,

$$s\left(\theta^{(1)} + x^{(1)} - \tfrac{3}{4}\rho\sin 2\theta^{(1)}\right),$$

s étant la grandeur du degré moyen, et ρ étant l'aplatissement de la Terre réduit en degrés. L'arc compris entre l'équateur et le parallèle de Carcassonne sera

$$s\left(\theta^{(2)} + x^{(2)} - \tfrac{3}{4}\rho\sin 2\theta^{(2)}\right);$$

l'arc compris entre les deux parallèles de Carcassonne et de Montjoui sera donc

$$s\left[\theta^{(2)} - \theta^{(1)} + x^{(2)} - x^{(1)} - \tfrac{3}{4}\rho\left(\sin 2\theta^{(2)} - \sin 2\theta^{(1)}\right)\right].$$

En l'égalant à $a^{(2)}$, on aura

$$\theta^{(2)} - \theta^{(1)} + x^{(2)} - x^{(1)} - \tfrac{3}{2}\rho\sin\left(\theta^{(2)} - \theta^{(1)}\right)\cos\left(\theta^{(2)} + \theta^{(1)}\right) = \frac{a^{(2)}}{s}.$$

Les parallèles des autres lieux, comparés à celui de Montjoui, donnent trois équations semblables. En substituant ensuite les nombres correspondants, on aura les quatre équations suivantes

$$(\text{B})\quad
\begin{cases}
2°,058509 + x^{(2)} - x^{(1)} - \rho . 0,0045829 = \dfrac{52749^{\text{t}},48}{s}, \\[2ex]
5°,351133 + x^{(3)} - x^{(1)} - \rho . 0,0054036 = \dfrac{137174^{\text{t}},03}{s}, \\[2ex]
8°,316333 + x^{(4)} - x^{(1)} + \rho . 0,0007152 = \dfrac{213319^{\text{t}},77}{s}, \\[2ex]
10°,748663 + x^{(5)} - x^{(1)} + \rho . 0,0105491 = \dfrac{275792^{\text{t}},36}{s}.
\end{cases}$$

Si l'on applique à ces équations la première méthode que nous avons donnée au commencement du n° 39, on trouve que, dans l'hypothèse elliptique qui donne un minimum pour la plus grande erreur, on a

$$x^{(1)} = x^{(1)} = - x^{(3)} = - x^{(5)} = 4'',43, \quad x^{(2)} = 3'',99,$$

l'aplatissement $\rho = \dfrac{1}{150,6}$, et le degré correspondant au parallèle moyen égal à $25649^{k},8$. Les observations ont été faites avec tant de précision qu'elles ne sont pas susceptibles des erreurs précédentes, quoique fort petites ; il paraît donc qu'on doit les attribuer, au moins en partie, à des causes qui écartent la figure de la Terre de celle d'un ellipsoïde. Mais ce qui le prouve incontestablement, c'est l'aplatissement $\dfrac{1}{150,6}$ que l'ensemble de ces erreurs donne à la Terre, aplatissement qui ne peut subsister ni avec les phénomènes de la pesanteur, ni avec ceux de la précession et de la nutation ; car ces phénomènes ne permettent pas de supposer à la Terre un aplatissement plus grand que dans le cas de l'homogénéité, ou au-dessus de $\dfrac{1}{230}$.

Si dans les équations (B) on fait $\rho = \dfrac{1}{230}$, ou, en degrés, $\rho = 0°,27691$, et si l'on suppose

$$s = \dfrac{10000}{1°.y},$$

elles donnent les suivantes

$$0,000000 - z - y.\ 0,000000 = - x^{(1)},$$
$$2,057240 - z - y.\ 5,274948 = - x^{(2)},$$
$$5,349637 - z - y.\ 13,717403 = - x^{(3)},$$
$$8,316531 - z - y.\ 21,331977 = - x^{(4)},$$
$$10,751583 - z - y.\ 27,579236 = - x^{(5)}.$$

Ces équations rentrent dans les équations (A) du n° 39, avec la seule différence du signe des erreurs $x^{(1)}$, $x^{(2)}$,.... En y appliquant la seconde méthode exposée dans ce numéro, les deux suites (C) du même numéro deviennent

$\cdots x^{(1)},$	$- x^{(2)},$	$\cdots x^{(3)},$	$- x^{(5)},$
∞,	$0°,390002,$	$0°,389981,$	$0°,389699,$ $- \infty$,

et les deux suites (D) deviennent

$$-x^{(1)}, \qquad\qquad -x^{(3)},$$
$$-\infty, \qquad 0^n,389843, \qquad \infty,$$

d'où l'on tire

$$-x^{(1)} = -x^{(5)} = x^{(3)} = -9'',98,$$
$$y = 0,389843,$$

et le degré sur le parallèle de 50^u égal à $25651^R,33$.

Une erreur de $9'',98$ est beaucoup trop grande pour être admise; ainsi l'aplatissement $\frac{1}{230}$ et, à plus forte raison, des aplatissements moindres, ne peuvent pas se concilier avec les mesures précédentes; il est donc bien prouvé que la Terre s'éloigne très-sensiblement d'une figure elliptique. Mais il est très-remarquable que les mesures faites nouvellement en France et en Angleterre, avec une grande précision, dans le sens des méridiens et dans le sens perpendiculaire aux méridiens, se réunissent à indiquer un ellipsoïde osculateur dont l'ellipticité est $\frac{1}{150}$, et le degré moyen est égal à $25649^R,8$.

Pour représenter avec ces données les mesures des degrés entre Dunkerque et le Panthéon, le Panthéon et Évaux, Évaux et Carcassonne, enfin Carcassonne et Montjoui, il ne faut qu'altérer d'environ $4'',4$ les latitudes observées. Le degré perpendiculaire au méridien, à la latitude de $56^u,3144$, devient $25837^R,6$, et, par des opérations très-exactes faites en Angleterre, on l'a trouvé de $25833^R,4$. Il paraît donc, par cet accord, que l'aplatissement considérable de l'ellipsoïde osculateur en France ne dépend point des attractions des Pyrénées et des autres montagnes situées au midi de la France; il tient à des attractions beaucoup plus étendues, dont l'effet est sensible au nord de la France et même en Angleterre, comme en Autriche et en Italie; car tous les degrés mesurés dans cette partie de la surface de la Terre sont, à 8^R ou 9^R près, représentés par l'ellipsoïde osculateur dont on vient de parler.

Il paraît encore, par les diverses observations azimutales faites sur l'arc du méridien terrestre, depuis Dunkerque jusqu'à Montjoui, que l'ellipsoïde osculateur n'est pas exactement un solide de révolution. En appliquant à ces observations les formules du n° 38 et les méthodes précédentes, on pourra déterminer l'ellipsoïde osculateur qui satisfait à la fois aux observations des azimuts et des latitudes. Nous nous bornerons ici à remarquer que la mesure d'une perpendiculaire à la méridienne de l'Observatoire, faite dans la plus grande largeur de la France, par les moyens que l'on vient d'employer dans la mesure de la méridienne, en observant sur plusieurs points les azimuts et les latitudes, fournirait sur l'excentricité de cet ellipsoïde, dans le sens des parallèles, des données beaucoup plus certaines, et qu'il est par conséquent à désirer que l'on ajoute cette nouvelle mesure à la précédente. Les observations azimutales que l'on a déjà faites prouvent que les méridiens ne sont point semblables, et, si l'on compare le degré du Cap de Bonne-Espérance aux degrés mesurés dans l'hémisphère boréal de la Terre, il y a lieu de croire que les deux hémisphères, boréal et austral, sont différents entre eux. La figure de la Terre est donc très-composée, comme il est naturel de le penser, lorsque l'on fait attention aux grandes inégalités de sa surface, à la différente densité des parties qui la recouvrent, et aux irrégularités du contour et de la profondeur des mers.

Pour conclure la grandeur du quart du méridien terrestre de l'arc compris entre Dunkerque et Montjoui, il faut adopter une hypothèse sur la figure de la Terre, et, au milieu des irrégularités que cette figure présente, l'hypothèse la plus naturelle et la plus simple est celle d'un ellipsoïde de révolution. En partant de cette hypothèse, le quart du méridien serait à très-peu près égal à cent fois l'arc mesuré entre Dunkerque et Montjoui, divisé par le nombre de ses degrés, si son milieu correspondait à 50° de latitude; mais il est un peu plus au nord : il en résulte, dans la longueur du quart du méridien, une petite correction qui dépend de l'aplatissement de la Terre. On a choisi l'ellipticité que donne la comparaison de l'arc mesuré en France avec l'arc mesuré à l'équateur, et qui, par sa position et son éloignement, par son étendue et par les soins que plusieurs excellents observateurs ont apportés à sa mesure, doit être préféré pour cet objet. L'ellipticité que cette comparaison donne est $\frac{1}{334}$; le quart du méridien, conclu de l'arc mesuré entre Dunkerque et Montjoui, est ainsi égal à 2565370^R. Le *mètre* étant la dix-millionième partie de cette longueur, est par conséquent $0^R,256537,$ ou $0^{toise},513074,$ la toise étant celle qui a servi à la mesure de la Terre au Pérou, rapportée à la température de 16 degrés et un quart du thermomètre à mercure divisé en 100 degrés, depuis la température de la glace fondante jusqu'à celle de l'eau bouillante sous une pression équivalente à celle d'une colonne de mercure de 76 centimètres de hauteur. Au moyen de cette valeur, il sera facile de traduire en mètres toutes les mesures précédentes, et généralement celles qui sont exprimées en toises.

Quelle que soit la figure de la Terre, on voit par les observations que, dans chaque hémisphère, les degrés vont en diminuant des pôles à l'équateur, ce qui exige une augmentation correspondante dans les rayons terrestres, et par conséquent un aplatissement dans le sens des pôles. Pour le faire voir, concevons, pour plus de simplicité, que la Terre soit un sphéroïde de révolution : le rayon osculateur du méridien, au pôle, sera dirigé suivant l'axe de révolution; ensuite il diminuera sans cesse, jusqu'à ce qu'il devienne perpendiculaire à l'axe, et alors il sera dans le plan de l'équateur. Ces divers rayons forment, par leur intersection commune, la développée du méridien terrestre, dont les deux tangentes extrêmes sont la première dans l'axe du pôle, et la seconde dans l'axe de l'équateur. Nommons a et a' ces deux tangentes, prises depuis l'intersection de l'axe du pôle avec le diamètre de l'équateur, intersection que nous prendrons pour le centre de la Terre. Nommons encore R et R' les rayons osculateurs du méridien au pôle boréal et à l'équateur, et r et r' les rayons menés du centre de la Terre à ces deux points. Nous aurons évidemment $r = R - a$, $r' = R' + a'$, d'où l'on tire

$$r' - r = a + a' - (R - R').$$

La développée est convexe vers l'axe du pôle, puisque les rayons osculateurs et les degrés du méridien vont en diminuant des pôles à l'équateur; de plus, l'arc entier de la développée est moindre que la somme $a + a'$ de ses deux tangentes extrêmes; or $R - R'$ est égal à cet arc; $r' - r$ est donc une quantité positive. Si l'on nomme r'' le rayon mené du centre de la Terre au pôle austral, on verra de la même manière que $r' - r''$ est positif; $2r'$ est donc plus grand que $r + r''$, c'est-à-dire que le diamètre de l'équateur est plus grand que l'axe des pôles, ou, ce qui revient au même, la Terre est aplatie dans le sens des pôles.

Si l'on considère un arc infiniment petit du méridien comme un arc de cercle, et si l'on conçoit tracée la circonférence dont cet arc fait partie, l'extrémité de l'arc la plus voisine du pôle sera plus près que l'autre extrémité du point de la circonférence le plus voisin du centre de la Terre, d'où il est facile de conclure que le rayon terrestre mené à la première extrémité est moindre que le rayon mené à la seconde extrémité, c'est-à-dire que les rayons terrestres vont en augmentant des pôles à l'équateur.

$a + a'$ est moindre que $2(R - R')$; ainsi $r' - r$ est plus petit que $R - R'$; la différence des rayons terrestres du pôle et de l'équateur est donc moindre que la différence des rayons osculateurs correspondants, en sorte que les degrés des méridiens croissent de l'équateur aux pôles dans un plus grand rapport que celui suivant lequel les rayons terrestres diminuent. Il est facile d'étendre les mêmes raisonnements au cas où la Terre ne serait point un solide de révolution.

42. Considérons présentement les longueurs observées du pendule à secondes. Parmi ces longueurs, je choisirai les quinze suivantes : les deux premières ont été déterminées par Bouguer, l'une à l'équateur au Pérou, l'autre à Portobello; la troisième a été déterminée par Le Gentil à Pondichéry; la quatrième a été conclue de celle de Londres par la comparaison des oscillations d'un pendule invariable transporté de Londres à la Jamaïque par Campbell; la cinquième a été déterminée par Bouguer, au Petit-Goave; la sixième par La Caille au Cap de Bonne-Espérance; la septième par Darquier à Toulouse; la huitième par Lies-

ganig à Vienne en Autriche; la neuvième à Paris par Bouguer; la dixième à Gotha par Zach; la onzième a été conclue de celle de Paris par la différence des oscillations d'un pendule invariable transporté de Londres à Paris; la douzième et la quatorzième ont été conclues de la même manière de celle de Paris, par les observations de Mallet, à Pétersbourg et à Ponoï; la treizième a été semblablement conclue de celle de Paris, par Grischow, à Arensberg; enfin, la quinzième a été déterminée suivant le même procédé, par les académiciens français qui ont mesuré le degré du méridien en Laponie.

Les neuf mesures absolues ont l'avantage d'avoir été faites suivant la même méthode, qui consiste à observer les oscillations d'un poids suspendu à l'extrémité inférieure d'un fil de pite très-mince, d'un mètre environ de longueur, et saisi par une pince à son extrémité supérieure. Toutes ces mesures peuvent être considérées comme ayant été prises au niveau des mers. Je les ai réduites au vide et à la même température; ainsi, dans le cas même où elles laisseraient quelque incertitude sur la longueur absolue du pendule à secondes, l'uniformité de la méthode doit donner avec précision la loi des variations de cette longueur, l'un des principaux objets à connaître. Les huit autres mesures ont été conclues par la comparaison d'un pendule invariable observé à Paris, et transporté dans les lieux correspondants à ces mesures.

C'est à la longueur du pendule observée à Paris par Bouguer, et prise pour unité, que j'ai rapporté les autres, qui expriment encore les rapports des poids d'un même corps, transporté successivement dans ces divers lieux, à son poids à Paris, pris pour unité de poids.

Latitudes.	Longueurs du pendule à secondes.
0,00	0,99669
10,61	0,99689
13,25	0,99710
20,00	0,99745
20,50	0,99728
37,69	0,99877
48,44	0,99950

Latitudes.	Longueurs du pendule à secondes.
$53°,57$	$0,99987$
$54,26$	$1,00000$
$56,63$	$1,00006$
$57,22$	$1,00018$
$64,72$	$1,00074$
$66,60$	$1,00101$
$74,22$	$1,00137$
$74,53$	$1,00148$

Les équations (A) du n° 39 deviennent donc ici (*)

$$(A'') \quad \begin{cases} 0,99669 - z - y.0,00000 = x^{(1)}, \\ 0,99689 - z - y.0,02752 = x^{(2)}, \\ 0,99710 - z - y.0,04270 = x^{(3)}, \\ 0,99745 - z - y.0,09549 = x^{(4)}, \\ 0,99728 - z - y.0,10016 = x^{(5)}, \\ 0,99877 - z - y.0,31142 = x^{(6)}, \\ 0,99950 - z - y.0,47551 = x^{(7)}, \\ 0,99987 - z - y.0,55596 = x^{(8)}, \\ 1,00000 - z - y.0,56672 = x^{(9)}, \\ 1,00006 - z - y.0,57624 = x^{(10)}, \\ 1,00018 - z - y.0,61244 = x^{(11)}, \\ 1,00074 - z - y.0,72307 = x^{(12)}, \\ 1,00101 - z - y.0,74909 = x^{(13)}, \\ 1,00137 - z - y.0,84478 = x^{(14)}, \\ 1,00148 - z - y.0,84829 = x^{(15)}. \end{cases}$$

Les deux suites (C) du même numéro deviennent

$$x^{(1)}, \qquad x^{(3)}, \qquad x^{(4)}, \qquad x^{(6)}, \qquad x^{(13)}, \qquad x^{(15)}, \quad \ldots$$
$$\infty. \quad +0,0096019, \quad +0,0066304, \quad -0,0061131, \quad -0,0051181, \quad +0,0047379, \quad -\infty,$$

(*) Les calculs qui suivent, jusqu'à la fin du n° 42, ont été réimprimés ici tels qu'on les lit dans l'édition princeps. On croit cependant devoir avertir qu'il s'y est glissé des fautes qui affectent notablement les conclusions de l'Auteur. C'est ainsi que le coefficient $0,57624$ de $-y$, dans la dixième des équations (A''), doit être remplacé par $0,60339$. On peut consulter. au sujet de ces erreurs, l'édition de Bowditch.   (*Note de l'Editeur.*)

et les deux suites (D) deviennent

$$x^{(1)}, \qquad x^{(11)}, \qquad x^{(15)}, \qquad \ldots$$
$$-\infty, \qquad +\,0,0055399, \qquad +\,0,0313390, \qquad +\infty.$$

Il est facile d'en conclure, par le numéro cité, que $y = 0,0055399$.
On trouve ensuite

$$x^{(6)} = \cdots = x^{(1)} = \cdots = x^{(11)} = 0,00018,$$
$$z = 0,99687.$$

Ainsi, de quelque manière que l'on combine les quinze mesures précédentes, on ne peut éviter une erreur moindre que 0,00018, dans l'hypothèse où les variations de la pesanteur croissent de l'équateur aux pôles proportionnellement au carré du sinus de la latitude. Cette erreur est dans les limites de celles dont ces mesures sont susceptibles, et l'on voit qu'elle est beaucoup moindre que l'erreur correspondante des mesures des degrés des méridiens, ce qui confirme ce que la théorie nous a indiqué dans le n° 33, savoir, que les termes de l'expression du rayon terrestre qui écartent la figure de la Terre de l'hypothèse elliptique sont beaucoup moins sensibles dans la longueur du pendule à secondes que dans la grandeur des degrés des méridiens.

On a vu, dans le n° 34, qu'en partant de l'hypothèse elliptique, l'ellipticité de la Terre est égale à cinq demis du rapport de la force centrifuge à la pesanteur, moins la valeur de y : ce rapport est $\frac{1}{289}$; l'ellipticité est donc égale à 0,00865 — y : en substituant pour y sa valeur précédente, on a $\frac{1}{321,48}$ pour l'ellipticité de la Terre, qui rend un minimum la plus grande erreur des mesures précédentes.

Déterminons par la méthode du n° 40 l'ellipse la plus vraisemblable qui résulte de ces mesures. Si l'on ajoute les équations (A″), et que l'on divise leur somme par 15, on aura

$$0 = 0,99923 - z - y.0,43529;$$

c'est l'équation de condition nécessaire pour que la somme des erreurs soit nulle. Les équations (O) du n° 40 deviendront ainsi

$$(\text{O}'')\quad \left\{ \begin{aligned}
&- 0,00254 + y.0,43529 = x^{(1)},\\
&- 0,00234 + y.0,40777 = x^{(2)},\\
&- 0,00213 + y.0,39259 = x^{(3)},\\
&- 0,00178 + y.0,33980 = x^{(4)},\\
&- 0,00195 + y.0,33513 = x^{(5)},\\
&- 0,00046 + y.0,12387 = x^{(6)},\\
&0,00027 - y.0,04022 = x^{(7)},\\
&0,00064 - y.0,12067 = x^{(8)},\\
&0,00077 - y.0,13143 = x^{(9)},\\
&0,00083 - y.0,14095 = x^{(10)},\\
&0,00095 - y.0,17715 = x^{(11)},\\
&0,00151 - y.0,28778 = x^{(12)},\\
&0,00178 - y.0,31380 = x^{(13)},\\
&0,00214 - y.0,40949 = x^{(14)},\\
&0,00225 - y.0,41300 = x^{(15)}.
\end{aligned} \right.$$

De là il est facile de conclure que la suite des quantités $h^{(1)}$, $h^{(2)}$, $h^{(3)}$,... du n° 40 est

$$
\begin{array}{lllll}
0,0067131, & 0,0058886, & 0,0058586, & 0,0058352, & 0,0058186,\\
0,0057385, & 0,0056724, & 0,0054479, & 0,0054255, & 0,0053627,\\
0,0053037, & 0,0052471, & 0,0052384, & 0,0052260, & 0,0037136.
\end{array}
$$

Les équations (O″) leur correspondent dans l'ordre 7, 10, 9, 1, 5, 2, 13, 15, 3, 11, 8, 12, 4, 14, 6; la somme des six premières est plus petite que la demi-somme de toutes ces quantités, et la somme des sept premières surpasse cette demi-somme; la septième quantité répond à la treizième des équations (A″); on a donc, par le n° 40, $x^{(13)} = 0$, et par conséquent

$$y = 0,0056724, \quad z = 0,99676,$$

ce qui donne $\dfrac{1}{335,78}$ pour l'ellipticité de la Terre. Cela s'accorde d'une manière remarquable avec l'ellipticité concluc des mesures de France et de l'équateur. Il paraît donc, par les observations du pendule, que la Terre est beaucoup moins aplatie que dans le cas de l'homogénéité, et que le rapport de ses axes ne peut pas être supposé plus grand que celui de 320 à 321, qui donne les plus petites erreurs dans les longueurs précédentes. L'ellipse la plus vraisemblable qui résulte de ces observations est celle dont les axes sont dans le rapport de 335 à 336 : l'expression de la longueur du pendule est alors, par ce qui précède,

$$(e) \qquad 0,99676 + 0,0056724 \cdot \sin^2 \psi,$$

ψ étant la latitude.

Il ne s'agit plus que de multiplier cette expression par la longueur absolue du pendule à l'équateur, divisée par 0,99676, pour avoir sa longueur absolue dans un lieu quelconque dont la latitude est ψ. Bouguer a trouvé cette longueur absolue à l'équateur égale à $0^m,739615$; mais il y a lieu de penser que sa méthode donne au pendule une trop grande longueur, parce qu'à raison de l'épaisseur du fil et de la petite résistance qu'il oppose à sa flexion, le centre des oscillations doit être un peu au-dessous du point de suspension. Borda, qui a déterminé par un moyen très-précis la longueur du pendule à secondes à l'Observatoire de Paris, l'a trouvée égale à $0^m,741887$. En la divisant par $0,99676 + 0,0056724 \cdot \sin^2\psi$, ψ étant ici la latitude de l'Observatoire, on a $0^m,741905$; c'est le facteur par lequel on doit multiplier la formule (e), qui donne ainsi la longueur absolue du pendule dans un lieu quelconque, égale à $0^m,739502 + 0^m,004208 \cdot \sin^2\psi$.

Nous remarquerons ici que les mêmes anomalies que présentent les divers degrés mesurés depuis Dunkerque jusqu'à Barcelone, et dont la cause est sans doute l'irrégularité des parties de la Terre, se retrouvent dans les longueurs observées du pendule; car Grischow a observé à Pétersbourg et à Arensberg, sous des latitudes très-peu différentes entre elles, des variations dans ces longueurs, sensiblement plus grandes que celles qui résultent de la loi précédente de la variation du pendule de l'équateur aux pôles.

Ces anomalies de la variation de la pesanteur disparaissent à très-peu près à de grandes distances, pour ne laisser apercevoir que la loi de variation proportionnelle au carré du sinus de la latitude. On a vu, dans le n° 33, que, l'expression du rayon terrestre étant

$$1 + \alpha\left(Y^{(2)} + Y^{(3)} + Y^{(4)} + \dots\right),$$

l'expression de la longueur du pendule à secondes est

$$L + \alpha L\left(Y^{(2)} + 2 Y^{(3)} + 3 Y^{(4)} + \dots\right) + \tfrac{5}{2}\alpha\varphi L\left(\mu^2 - \tfrac{1}{3}\right);$$

ainsi, les observations de la longueur du pendule donnant cette longueur à très-peu près proportionnelle à μ^2, $Y^{(2)}$ est à très-peu près égal à $-h\left(\mu^2 - \tfrac{1}{3}\right)$. La Terre tournant autour d'un de ses axes principaux, $Y^{(2)}$ doit être, par le n° 32, de la forme

$$- h\left(\mu^2 - \tfrac{1}{3}\right) + h^{\mathrm{iv}}\left(1 - \mu^2\right)\cos 2\varpi;$$

les observations sur le pendule nous montrent donc que h^{iv} est très-petit relativement à h; elles nous apprennent encore que $Y^{(3)}$, $Y^{(4)}$, ... sont très-petits par rapport à $Y^{(2)}$, et qu'ainsi on peut les négliger dans l'expression du rayon terrestre, et même dans celles de la pesanteur et de la parallaxe; mais, en même temps, les diverses mesures des degrés des méridiens indiquent que ces termes deviennent sensibles dans l'expression de ces degrés, à raison de la grandeur des coefficients qui les multiplient dans cette expression.

43. Considérons présentement Jupiter, dont l'aplatissement très-sensible a été déterminé avec exactitude. Si l'on suppose d'abord cette planète homogène, on déterminera son ellipticité par l'équation (2) du n° 18,

$$o = \frac{9\lambda + 2q\lambda^3}{9 + 3\lambda^2} - \mathrm{arc\ tang}\lambda,$$

$\sqrt{1 + \lambda^2}$ étant le rapport de l'axe de l'équateur à celui du pôle. Pour conclure λ de cette équation, il faut déterminer q; or, en nommant D la distance du quatrième satellite de Jupiter à son centre, et T la durée de sa rotation exprimée en parties du jour, la force centrifuge de ce satellite sera égale à la masse M de Jupiter divisée par D^2. Mais cette force centrifuge est à la force centrifuge g due à la rotation de Jupiter et considérée à la distance 1 de l'axe de rotation comme $\frac{D}{T^2}$ est à $\frac{1}{t^2}$, t étant la durée de la rotation de Jupiter exprimée en fraction de jour; on a donc

$$g = \frac{MT^2}{t^2 D^3}.$$

On a, par le n° 19, $M = \frac{4}{3}\pi k^3(1 + \lambda^2)$; partant,

$$\frac{g}{\frac{4}{3}\pi} = \frac{k^3(1 + \lambda^2)T^2}{t^2 D^3} = q.$$

Nous supposerons avec Newton, d'après les mesures de Pound, la distance du quatrième satellite égale à 26,63 demi-diamètres de l'équateur de la planète, ce qui donne $\dfrac{k\sqrt{1 + \lambda^2}}{D} = \dfrac{1}{26,63}$; on a ensuite

$$t = 0^{jour},41377, \qquad T = 16^{jours},68902;$$

on aura donc

$$q = 0,0861450(1 + \lambda^2)^{-\frac{1}{2}},$$

et l'équation en λ devient

$$0 = 9\lambda + \frac{0,172290\,.\,\lambda^3}{\sqrt{1 + \lambda^2}} - (9 + 3\lambda^2)\,\mathrm{arc\ tang}\,\lambda,$$

d'où l'on tire $\lambda = 0,481$, et par conséquent, l'axe du pôle étant pris pour l'unité, l'axe de l'équateur est 1,10967.

Suivant les observations de Pound, rapportées par Newton, l'axe de l'équateur de Jupiter est 1,0771; Short a trouvé, par ses observations, cet axe égal à 1,0769; enfin, par les mouvements des nœuds et des périjoves des satellites de Jupiter, on trouve 1,0747 pour ce même axe, qui, comme on le verra dans la théorie des satellites de Jupiter, est déterminé par ce moyen avec beaucoup plus de précision que par les mesures directes. Ces divers résultats concourent à faire voir que Jupiter est moins aplati que dans le cas de l'homogénéité, et qu'ainsi sa densité croît, comme celle de la Terre, de la surface au centre.

On a vu dans le n° 30 que, si les planètes ont été primitivement fluides, comme il est naturel de le supposer, les limites de leur ellipticité sont $\frac{5}{4}\alpha\varphi$ et $\frac{1}{2}\alpha\varphi$, en sorte que, l'axe du pôle étant 1, l'axe de l'équateur est compris entre $1+\frac{5}{4}\alpha\varphi$ et $1+\frac{1}{2}\alpha\varphi$, la première de ces limites répondant au cas de l'homogénéité; et comme cette limite est, par ce qui précède, 1,10967, on a $\frac{5}{4}\alpha\varphi = 0,10967$, ce qui donne 1,10967 et 1,04387 pour les deux limites entre lesquelles l'axe de l'équateur doit être compris; or les axes précédents, donnés soit par les mesures directes, soit par le mouvement des nœuds des orbes des satellites de Jupiter, sont renfermés dans ces limites; ainsi la théorie de la pesanteur est sur ce point parfaitement d'accord avec les observations.

Il suit encore du n° 30 que si, Jupiter et la Terre étant supposés fluides, leurs densités respectives à des distances de leurs centres proportionnelles à leurs diamètres sont dans un rapport constant, la loi de leurs ellipticités sera la même; et, l'ellipticité étant l'excès de l'axe de l'équateur sur celui du pôle pris pour unité, le rapport des ellipticités de Jupiter et de la Terre sera le même, quelle que soit la loi des densités. Or, dans le cas de l'homogénéité, les ellipticités sont, par ce qui précède et par le n° 19, comme 0,10967 est à 0,0043344I; en supposant donc l'ellipticité de Jupiter égale à 0,0747, telle que la donne le mouvement des nœuds de ses satellites, on aura $\dfrac{1}{338,72}$ pour l'ellipticité de la Terre, correspondante à la même loi de densité. Cette ellipticité serait $\dfrac{1}{328,17}$, si l'on adoptait l'ellipticité de Jupiter qui résulte des mesures de Pound. Ces divers résultats sont d'accord avec ceux que nous ont donnés les observations du pendule; ainsi l'analogie de Jupiter avec la Terre concourt avec ces observations pour nous faire voir que l'aplatissement du sphéroïde terrestre est au-dessous de $\frac{1}{230}$, et même au-dessous de $\frac{1}{300}$: on verra dans le cinquième Livre ce résultat confirmé par les phénomènes de la précession des équinoxes et de la nutation de l'axe de la Terre.

Nous traiterons de la figure de la Lune dans le cinquième Livre, en considérant les mouvements du sphéroïde lunaire autour de son centre de gravité, les seuls phénomènes qui nous donnent quelques lumières sur cette figure, trop peu différente de la sphère pour qu'elle puisse être déterminée par l'observation directe.

CHAPITRE VI.

DE LA FIGURE DE L'ANNEAU DE SATURNE.

44. L'anneau de Saturne est une couronne circulaire d'une très-mince épaisseur, dont le centre est le même que celui de la planète, et dont la largeur paraît être environ le tiers du diamètre de Saturne, la distance du bord intérieur à la surface de cette planète étant à peu près égale à cette largeur. La surface de l'anneau est divisée en deux parties presque égales par une bande obscure qui lui est concentrique, et qui prouve que l'anneau est formé de deux anneaux concentriques, et même d'un plus grand nombre, si l'on s'en rapporte aux observations de Short, qui assure avoir aperçu, avec un fort télescope, la surface de l'anneau extérieur divisée par des bandes obscures qui lui sont concentriques. Nous supposerons, comme dans les recherches précédentes, qu'une couche infiniment mince de fluide, répandue sur la surface de ces anneaux, y serait en équilibre en vertu des forces dont elle serait animée ; il est, en effet, contre toute vraisemblance de supposer que ces anneaux ne se soutiennent autour de Saturne que par l'adhérence de leurs molécules ; car alors leurs parties les plus voisines de la planète, sollicitées par l'action toujours renaissante de la pesanteur, se seraient, à la longue, détachées des anneaux, qui, par une dégradation insensible, auraient fini par se détruire, ainsi que tous les ouvrages de la nature qui n'ont point opposé des forces suffisantes à l'action des causes étrangères. C'est par les conditions de l'équilibre de ce fluide que nous allons déterminer la figure des anneaux.

On peut concevoir chaque anneau comme produit par la révolution d'une figure fermée, telle que l'ellipse, mue perpendiculairement à son plan, autour du centre de Saturne placé sur le prolongement de l'axe de cette figure. Nous supposerons cet axe très-petit par rapport à la distance de son centre à celui de la planète. On a vu, dans le n° 11 du second Livre, que, x, y, z étant les trois coordonnées orthogonales d'un point attiré par un sphéroïde, et V étant la somme des molécules du sphéroïde divisées par leurs distances à ce point, on a

$$0 = \frac{\partial^2 V}{\partial x^2} + \frac{\partial^2 V}{\partial y^2} + \frac{\partial^2 V}{\partial z^2}.$$

Si, le sphéroïde étant de révolution, l'axe des z est l'axe même de révolution, et si l'on fait $r^2 = x^2 + y^2$, V devient fonction de z et de r, puisque cette fonction doit rester la même quand r et z sont les mêmes : on a donc alors

$$\frac{\partial^2 V}{\partial x^2} = \frac{y^2}{r^3} \frac{\partial V}{\partial r} + \frac{x^2}{r^2} \frac{\partial^2 V}{\partial r^2},$$

$$\frac{\partial^2 V}{\partial y^2} = \frac{x^2}{r^3} \frac{\partial V}{\partial r} + \frac{y^2}{r^2} \frac{\partial^2 V}{\partial r^2};$$

l'équation précédente deviendra ainsi

$$0 = \frac{1}{r} \frac{\partial V}{\partial r} + \frac{\partial^2 V}{\partial r^2} + \frac{\partial^2 V}{\partial z^2};$$

c'est l'équation relative au sphéroïde de révolution.

Si l'on fait $r = a + u$, a étant la distance du centre de Saturne au centre de la figure génératrice de l'anneau, on aura

$$(1) \qquad 0 = \frac{1}{a+u} \frac{\partial V}{\partial u} + \frac{\partial^2 V}{\partial u^2} + \frac{\partial^2 V}{\partial z^2},$$

et, si l'on suppose les coordonnées u et z très-petites par rapport au rayon a, on aura, à fort peu près,

$$0 = \frac{\partial^2 V}{\partial u^2} + \frac{\partial^2 V}{\partial z^2};$$

c'est l'équation relative aux cylindres d'une longueur infinie de chaque côté de l'origine des u et des z, et l'on voit que ce cas est à fort peu près celui de l'anneau, quand le point attiré est voisin de sa surface.

Cette équation donne, en l'intégrant,

$$V = \varphi(u + z\sqrt{-1}) + \psi(u - z\sqrt{-1}),$$

$\varphi(u)$ et $\psi(u)$ étant des fonctions arbitraires de u. On peut mettre cette expression de u sous la forme suivante

$$V = f(u + z\sqrt{-1}) + \sqrt{-1}\,F(u + z\sqrt{-1}) + f(u - z\sqrt{-1}) - \sqrt{-1}\,F(u - z\sqrt{-1}).$$

$f(u)$ et $F(u)$ étant des fonctions réelles de u. Si la figure génératrice du cylindre est formée de deux parties égales et semblables de chaque côté de l'axe des u, alors l'expression de V reste la même, en y changeant le signe de z; ainsi l'on a, dans ce cas,

$$V = f(u + z\sqrt{-1}) + f(u - z\sqrt{-1}).$$

Pour déterminer la fonction $f(u)$, il suffit de connaître la valeur de V, lorsque $z = 0$, ou lorsque le point attiré est sur le prolongement de l'axe des u, et l'on verra bientôt que la détermination de cette fonction se réduit aux quadratures des courbes.

La valeur de V relative aux cylindres ne doit être considérée que comme une approximation par rapport aux anneaux; mais, en la substituant dans l'équation (1), il est facile d'en conclure des valeurs de V successivement plus approchées. Si l'on fait dans cette équation

$$u + z\sqrt{-1} = s, \qquad u - z\sqrt{-1} = s',$$

elle deviendra

$$0 = 2\,\frac{\partial^2 V}{\partial s\,\partial s'} + \frac{1}{2a + s + s'}\left(\frac{\partial V}{\partial s} + \frac{\partial V}{\partial s'}\right).$$

Soit

$$V = V' + \frac{1}{a}\,V'' + \frac{1}{a^2}\,V''' + \ldots;$$

on aura, en comparant les puissances semblables de $\frac{1}{a}$, les équations suivantes

$$0 = 2\,\frac{\partial^2 V'}{\partial s\,\partial s'},$$

$$0 = 2\,\frac{\partial^2 V''}{\partial s\,\partial s'} + \frac{1}{2}\left(\frac{\partial V'}{\partial s} + \frac{\partial V'}{\partial s'}\right),$$

$$0 = 2\,\frac{\partial^2 V'''}{\partial s\,\partial s'} + \frac{1}{2}\left(\frac{\partial V''}{\partial s} + \frac{\partial V''}{\partial s'}\right) - \frac{s+s'}{4}\left(\frac{\partial V'}{\partial s} + \frac{\partial V'}{\partial s'}\right),$$

. . . .

Ces équations donneront, en les intégrant, les valeurs de V', V'',...; pour en déterminer les fonctions arbitraires, nous supposerons, pour plus de simplicité, que la figure génératrice de l'anneau est égale et semblable de chaque côté de l'axe des u, ce qui réduit à une seule les fonctions arbitraires de chacune des valeurs de V', V'',.... Pour les obtenir, il suffira de connaître ces valeurs, lorsque le point attiré est placé sur le prolongement de l'axe des u. Considérons une ligne circulaire parallèle au plan qui, passant par l'axe des u, est perpendiculaire à la figure génératrice; supposons que le centre de cette circonférence soit sur la droite qui passe par le centre de Saturne, perpendiculairement à ce plan. Nommons y la hauteur de ce centre au-dessus de ce plan, $a + x$ le rayon de cette circonférence, et ϖ l'angle que ce rayon forme avec le plan de la figure génératrice qui passe par le point attiré; soit $a + u$ la distance de ce point au centre de Saturne. Cela posé, la somme des molécules de la circonférence, divisées par leurs distances au point attiré, sera

$$\int \frac{(a + x)\,d\varpi}{\sqrt{(a + u)^2 - 2(a + u)(a + x)\cos\varpi + (a + x)^2 + y^2}},$$

l'intégrale étant prise depuis $\varpi = 0$ jusqu'à ϖ égal à la circonférence. Il faut ensuite multiplier cette intégrale par dy, et l'intégrer depuis $y = -\varphi(x)$ jusqu'à $y = \varphi(x)$, $y^2 = [\varphi(x)]^2$ étant l'équation de la figure génératrice de l'anneau; il faut enfin, pour avoir la valeur de V, multiplier cette nouvelle intégrale par dx, et l'intégrer depuis $x = -k$ jusqu'à $x = k'$, $-k$ et k' étant les limites des valeurs de x. Ces diverses intégrations sont inexécutables rigoureusement; on peut obtenir leurs développements en séries suivant les puissances de $\frac{1}{a}$, ce qui suffit dans la question présente; mais, comme V devient infini dans la supposition de a infini, il faut, au lieu de chercher V, déterminer $\frac{\partial V}{\partial u}$, dont la valeur n'est jamais infinie. Il est visible que l'expression de $\frac{\partial V}{\partial u}$ donnera celle de $\frac{\partial V}{\partial z}$, et par conséquent on aura les attractions de l'anneau parallèles aux axes des u et des z.

Les dimensions de la figure génératrice des anneaux de Saturne sont assez petites relativement à leurs diamètres pour que l'on puisse négliger les termes divisés par a; or, si l'on substitue dans l'intégrale précédente, au lieu de $\cos\varpi$, sa valeur en série $1 - \frac{1}{2}\varpi^2 + \ldots$, et si l'on suppose $a\varpi = t$, elle devient, en négligeant les termes divisés par a,

$$\int \frac{dt}{\sqrt{(u-x)^2 + y^2 + t^2}}.$$

Sa différentielle, prise par rapport à u et divisée par du, est

$$-\int \frac{(u-x)\,dt}{\left[(u-x)^2 + y^2 + t^2\right]^{\frac{3}{2}}}.$$

L'intégrale relative à ϖ devant être prise depuis $\varpi = 0$ jusqu'à $\varpi = 2\pi$, π étant la demi-circonférence dont le rayon est l'unité, elle est évidemment la même que si on la prenait depuis $\varpi = -\pi$ jusqu'à $\varpi = \pi$, ce qui, dans le cas de a infini, revient à prendre l'intégrale relative à t depuis $t = -\infty$ jusqu'à $t = \infty$; et alors elle devient

$$-\frac{2(u-x)}{(u-x)^2 + y^2},$$

et par conséquent on a, lorsque le point attiré est sur l'axe des u,

$$-\frac{\partial V}{\partial u} = 2\int\int \frac{(u-x)\,dy\,dx}{(u-x)^2 + y^2} = 4\int dx \, \text{arc tang} \, \frac{\varphi(x)}{u-x}.$$

Si l'on suppose que la figure génératrice de l'anneau est une ellipse, en représentant son équation par la suivante

$$\lambda^2 y^2 = k^2 - x^2,$$

on trouvera

$$-\frac{\partial V}{\partial u} = \frac{4\pi\lambda}{\lambda^2 - 1}\left(u - \sqrt{u^2 - k^2\frac{\lambda^2 - 1}{\lambda^2}}\right)$$

La valeur de $-\dfrac{\partial V}{\partial u}$ relative à un point quelconque attiré est, par ce qui précède,

$$-f'(u + z\sqrt{-1}) - f'(u - z\sqrt{-1}),$$

$f'(u)$ étant la différentielle de $f(u)$ divisée par du; en égalant donc ces deux valeurs de $-\dfrac{\partial V}{\partial u}$ dans le cas de $z = 0$, on aura celle de $f'(u)$.

La valeur de $-\dfrac{\partial V}{\partial z}$ est

$$-\sqrt{-1}\,f'(u + z\sqrt{-1}) + \sqrt{-1}\,f'(u - z\sqrt{-1});$$

$-\dfrac{\partial V}{\partial u}$ et $-\dfrac{\partial V}{\partial z}$ expriment les attractions de l'anneau parallèles aux axes des u et des z et dirigées vers le centre de la figure génératrice, d'où il est facile de conclure que, dans le cas où cette figure est une ellipse, ces attractions sont

$$\frac{2\pi\lambda}{\lambda^2 - 1}\left[\; u + z\sqrt{-1} - \sqrt{(u + z\sqrt{-1})^2 - k^2\frac{\lambda^2 - 1}{\lambda^2}} \right.$$
$$\left. + u - z\sqrt{-1} - \sqrt{(u - z\sqrt{-1})^2 - k^2\frac{\lambda^2 - 1}{\lambda^2}}\;\right],$$

et

$$\frac{2\pi\lambda\sqrt{-1}}{\lambda^2 - 1}\left[\; u + z\sqrt{-1} - \sqrt{(u + z\sqrt{-1})^2 - k^2\frac{\lambda^2 - 1}{\lambda^2}} \right.$$
$$\left. - (u - z\sqrt{-1}) + \sqrt{(u - z\sqrt{-1})^2 - k^2\frac{\lambda^2 - 1}{\lambda^2}}\;\right].$$

Si le point attiré est à la surface du sphéroïde, où l'on a $u^2 + \lambda^2 z^2 = k^2$, elles deviennent

$$\frac{4\pi u}{\lambda + 1}, \qquad \text{et} \qquad \frac{4\pi\lambda z}{\lambda + 1}.$$

45. Supposons maintenant que l'anneau soit une masse fluide homogène, et que sa figure génératrice soit une ellipse; nommons a la distance du centre de cette ellipse à celui de Saturne, a étant supposé très-grand par rapport aux dimensions de l'ellipse. Concevons que l'anneau tourne dans son plan autour de Saturne, et nommons g la force centrifuge due à ce mouvement de rotation à la distance 1 de l'axe de rotation. Cette force, relativement à la molécule de l'anneau dont les coordonnées sont u et z, sera $(a+u)g$, et en la multipliant par l'élément de sa direction, le produit sera $(a+u)g\,du$. L'attraction de Saturne sur la même molécule est $\dfrac{S}{(a+u)^2+z^2}$, S étant la masse de Saturne; en la multipliant par l'élément de sa direction, qui est égal à $-d\sqrt{(a+u)^2+z^2}$, on aura, en négligeant les carrés de u et de z,

$$-\frac{S\,du}{a^2}+\frac{2Su\,du}{a^3}-\frac{Sz\,dz}{a^3}.$$

Les attractions que la même molécule éprouve de la part de l'anneau, multipliées par les éléments $-du$ et $-dz$ de leurs directions, donnent les produits

$$-\frac{4\pi u\,du}{\lambda+1},\quad\text{et}\quad-\frac{4\pi\lambda z\,dz}{\lambda+1}.$$

Présentement, la condition générale de l'équilibre est que la somme de tous ces produits soit nulle; on a donc

$$0=\left(\frac{S}{a^3}-ag\right)du+\left(\frac{4\pi}{\lambda+1}-\frac{2S}{a^3}-g\right)u\,du+\left(\frac{4\pi\lambda}{\lambda+1}+\frac{S}{a^3}\right)z\,dz;$$

c'est l'équation différentielle de la figure génératrice de l'anneau; mais nous avons supposé que cette figure est une ellipse dont l'équation est $u^2+\lambda^2 z^2=k^2$, et dont l'équation différentielle est par conséquent $0=u\,du+\lambda^2 z\,dz$; en comparant cette équation différentielle à la précédente, on aura les deux suivantes

$$g=\frac{S}{a^3},\qquad \frac{\dfrac{4\pi\lambda}{\lambda+1}+\dfrac{S}{a^3}}{\dfrac{4\pi}{\lambda+1}-\dfrac{3S}{a^3}}=\lambda^2.$$

La première de ces équations détermine le mouvement de rotation de l'anneau; la seconde détermine l'ellipticité de sa figure génératrice. Si l'on fait $c = \dfrac{S}{4\pi a^3}$, la seconde de ces équations donne

$$e = \frac{\lambda(\lambda - 1)}{(\lambda + 1)(3\lambda^2 + 1)}.$$

e étant positif, on voit que λ doit être plus grand que l'unité. L'axe de l'ellipse dirigé vers Saturne est égal à $2k$, et il mesure la largeur de l'anneau; l'axe qui lui est perpendiculaire est égal à $\dfrac{2k}{\lambda}$, et il mesure l'épaisseur de l'anneau; cette épaisseur est donc moindre que la largeur.

On voit ensuite que e est nul lorsque $\lambda = 1$ et lorsque $\lambda = \infty$, d'où il suit qu'à une même valeur de e répondent deux valeurs différentes de λ; mais on peut choisir la plus grande qui donne un anneau plus aplati. La valeur de e est susceptible d'un maximum, qui répond à fort peu près à $\lambda = 2,594$. Dans ce cas, $e = 0,0543026$; cette valeur est donc la plus grande dont e soit susceptible. En désignant par R le rayon du globe de Saturne, et par ρ sa moyenne densité, celle de l'anneau étant prise pour unité, on aura

$$S = \tfrac{1}{3}\pi \rho R^3,$$

et par conséquent

$$e = \frac{\rho R^3}{3 a^3}.$$

Ainsi la plus grande valeur que l'on puisse supposer à ρ est

$$0,1629078 \cdot \frac{a^3}{R^3}.$$

La difficulté d'avoir le vrai rapport de a à R, vu la petitesse de ces grandeurs et l'effet de l'irradiation, ne permet pas d'évaluer exactement la limite de ρ; en supposant $\dfrac{a}{R} = 2$ relativement à l'anneau le plus intérieur, ce qui s'éloigne peu de la vérité, on aura $\tfrac{13}{10}$ environ pour cette limite.

L'irradiation doit considérablement augmenter la largeur apparente des anneaux, dont la largeur réelle est conséquemment beaucoup moindre; peut-être même cette irradiation confond en un seul, dans les meilleurs télescopes, plusieurs anneaux distincts, de même que les télescopes moins forts nous présentent l'ensemble des anneaux de Saturne comme ne formant qu'un seul anneau; on ne peut donc établir rien de certain sur la figure des anneaux dont cette planète est environnée. Nous nous contenterons d'observer que la petitesse de leur largeur et de leur épaisseur, relativement à leurs distances à son centre, rend plus exacte l'application de la théorie précédente à leur figure, et l'explication que nous venons de donner de la manière dont ces anneaux peuvent se soutenir autour de Saturne par les lois seules de l'équilibre des fluides.

Il est facile de déterminer la durée de la rotation de chaque anneau, d'après la distance a du centre de la section génératrice au centre de Saturne; car la force centrifuge g, due à son mouvement de rotation, étant égale à $\frac{S}{a^2}$, il est clair que ce mouvement est le même que celui d'un satellite placé à la distance a du centre de Saturne; d'où il suit que la période de ce mouvement doit être d'environ $0^{\text{jour}}, 44$, relativement à l'anneau intérieur, ce qui est conforme à l'observation.

46. La théorie précédente subsisterait encore dans le cas où l'ellipse génératrice varierait de grandeur et de position dans toute l'étendue de la circonférence génératrice de l'anneau, qui peut ainsi être supposé d'une largeur inégale dans ses diverses parties; on peut même lui supposer une double courbure, pourvu que toutes ces variations de grandeur et de position ne soient sensibles qu'à des distances d'un point quelconque donné sur sa surface, beaucoup plus grandes que le diamètre de la section génératrice, passant par ce point. Ces inégalités sont indiquées par les apparitions et les disparitions de l'anneau de Saturne, dans lesquelles les deux bras de l'anneau ont présenté des phénomènes différents. J'ajoute que ces inégalités sont nécessaires pour maintenir l'anneau en équilibre autour de Saturne; car, s'il était

parfaitement semblable dans toutes ses parties, son équilibre serait
troublé par la force la plus légère, telle que l'attraction d'une comète
ou d'un satellite, et l'anneau finirait par se précipiter sur la surface
de Saturne. Pour le faire voir, imaginons que l'anneau soit une ligne
circulaire dont r soit le rayon, et dont le centre soit à la distance z
du centre de Saturne, supposé dans le plan de l'anneau. Il est clair
que la résultante de l'attraction de Saturne sur cette circonférence sera
dirigée suivant la droite z qui joint les deux centres. Si l'on nomme ϖ
l'angle que le rayon r forme avec le prolongement de z,

$$-\frac{\partial}{\partial z}\int\frac{S\,d\varpi}{\sqrt{r^2 + 2rz.\cos\varpi + z^2}}$$

sera l'attraction de Saturne sur l'anneau, décomposée parallèlement
à z, l'intégrale étant prise depuis $\varpi = 0$ jusqu'à ϖ égal à la circonférence, et la différentielle étant prise par rapport à z. Nommons A cette
attraction; le centre de l'anneau sera donc mu comme si, toute sa
masse étant réunie à ce point, il était sollicité par la force A dirigée
vers le centre de Saturne.

En désignant par c le nombre dont le logarithme hyperbolique est
l'unité, on a

$$\frac{1}{\left(r^2 + 2rz\cos\varpi + z^2\right)^{\frac{1}{2}}} = \frac{1}{r\left(1 + \frac{z}{r}c^{\varpi\sqrt{-1}}\right)^{\frac{1}{2}}\left(1 + \frac{z}{r}c^{-\varpi\sqrt{-1}}\right)^{\frac{1}{2}}}$$

Soit

$$\frac{1}{\left(1 + \frac{z}{r}c^{\varpi\sqrt{-1}}\right)^{\frac{1}{2}}} = 1 + \alpha\frac{z}{r}c^{\varpi\sqrt{-1}} + \alpha'\frac{z^2}{r^2}c^{2\varpi\sqrt{-1}} + \ldots;$$

on aura

$$\frac{1}{\left(1 + \frac{z}{r}c^{-\varpi\sqrt{-1}}\right)^{\frac{1}{2}}} = 1 + \alpha\frac{z}{r}c^{-\varpi\sqrt{-1}} + \alpha'\frac{z^2}{r^2}c^{-2\varpi\sqrt{-1}} + \ldots$$

Si l'on multiplie ces deux suites l'une par l'autre, et qu'après avoir multiplié leur produit par $d\varpi$, on l'intègre depuis $\varpi = 0$ jusqu'à ϖ égal à la circonférence entière représentée par 2π, on aura

$$\int \frac{d\varpi}{\sqrt{r^2 + 2rz \cos\varpi + z^2}} = \frac{2\pi}{r}\left(1 + \alpha^2 \frac{z^2}{r^2} + \alpha'^2 \frac{z^4}{r^4} + \ldots\right).$$

d'où l'on tire

$$A = -\frac{4\pi S z}{r^3}\left(\alpha^2 + 2\alpha'^2 \frac{z^2}{r^2} + \ldots\right).$$

Cette quantité est négative, quel que soit z; ainsi le centre de Saturne repousse celui de l'anneau, et, quel que soit le mouvement relatif de ce second centre autour du premier, la courbe qu'il décrit par ce mouvement est convexe vers Saturne; le centre de l'anneau doit donc finir par s'éloigner de plus en plus de celui de la planète, jusqu'à ce que sa circonférence vienne en toucher la surface.

Un anneau parfaitement semblable dans toutes ses parties serait composé d'une infinité de circonférences pareilles à celle que nous venons de considérer; le centre de l'anneau serait donc repoussé par celui de Saturne, pour peu que ces deux centres cessassent de coïncider, et alors l'anneau finirait par se joindre à Saturne.

Les divers anneaux qui entourent le globe de Saturne sont par conséquent des solides irréguliers d'une largeur inégale dans les différents points de leurs circonférences, en sorte que leurs centres de gravité ne coïncident point avec leurs centres de figure. Ces centres de gravité peuvent être considérés comme autant de satellites qui se meuvent autour du centre de Saturne, à des distances dépendantes de l'inégalité des parties de chaque anneau, avec des vitesses de rotation égales à celles de leurs anneaux respectifs.

Dans la recherche de leurs figures, nous avons fait abstraction de leur action mutuelle, ce qui suppose l'intervalle qui les sépare assez grand pour que cette action n'ait pas une influence sensible sur leur figure. Il serait cependant facile d'y avoir égard, et l'on peut s'assurer aisément que la figure génératrice de chaque anneau serait encore elliptique si les anneaux étaient fort aplatis. Mais, la stabilité de leur

équilibre exigeant que leur figure soit irrégulière, et ces anneaux,
doués de divers mouvements de rotation, changeant sans cesse leur
position respective, leur action réciproque doit être extrêmement variable, et elle ne doit point entrer en considération dans la recherche
de leur figure permanente.

CHAPITRE VII.

DE LA FIGURE DES ATMOSPHÈRES DES CORPS CÉLESTES.

47. Un fluide rare, transparent, élastique et compressible, soutenu
par un corps qu'il environne et sur lequel il pèse, est ce que je nomme
son *atmosphère*. Nous concevons autour de chaque corps céleste une
pareille atmosphère, dont l'existence, vraisemblable pour tous, est,
relativement au Soleil, à la Terre et à plusieurs planètes, indiquée par
les observations. A mesure que le fluide atmosphérique s'élève au-
dessus du corps, il devient de plus en plus rare, en vertu de son ressort qui le dilate d'autant plus qu'il est moins comprimé; mais, si les
parties de sa surface étaient élastiques, il s'étendrait sans cesse, et finirait par se dissiper dans l'espace; il est donc nécessaire que le ressort
du fluide atmosphérique diminue dans un plus grand rapport que le
poids qui le comprime, et qu'il existe un état de rareté dans lequel ce
fluide soit sans ressort. C'est dans cet état qu'il doit être à la surface
de l'atmosphère.

Toutes les couches atmosphériques doivent prendre à la longue un
même mouvement de rotation, commun au corps qu'elles environnent;
car le frottement de ces couches les unes contre les autres et contre la
surface du corps doit accélérer les mouvements les plus lents et retarder les plus rapides, jusqu'à ce qu'il y ait entre eux une parfaite égalité.

A la surface de l'atmosphère, le fluide n'est retenu que par sa pesanteur, et la figure de cette surface est telle que la résultante de la force
centrifuge et de la force attractive du corps lui est perpendiculaire;

car le peu de densité de l'atmosphère permet de négliger l'attraction de ses molécules. Déterminons cette figure, et, pour cela, nommons V la somme des molécules du sphéroïde que l'atmosphère recouvre, divisées par leurs distances respectives à une molécule quelconque dM de cette atmosphère. Soit r la distance de cette molécule au centre de gravité du sphéroïde, θ l'angle que r forme avec l'axe de rotation du sphéroïde, et ϖ l'angle que le plan mené par cet axe et par le rayon r fait avec un méridien fixe sur la surface du sphéroïde. Soit encore n la vitesse angulaire de rotation du sphéroïde; la force centrifuge de la molécule dM sera $n^2 r \sin\theta$. L'élément de sa direction sera $d(r\sin\theta)$; ainsi l'intégrale de cette force multipliée par l'élément de sa direction sera $\frac{1}{2}n^2 r^2 \sin^2\theta$; en nommant donc ρ la densité de la molécule dM, et Π la pression qu'elle éprouve, on aura, par le n° 22,

$$(1) \qquad \int \frac{d\Pi}{\rho} = \text{const.} + V + \tfrac{1}{2}n^2 r^2 \sin^2\theta,$$

Π étant une fonction de ρ.

Si le sphéroïde est peu différent d'une sphère, l'expression de V est, par les n°ˢ 11 et 31, de cette forme

$$\frac{m}{r} + \frac{U^{(2)}}{r^3} + \frac{U^{(3)}}{r^4} + \ldots,$$

m étant la masse du sphéroïde, et $U^{(i)}$ étant une fonction rationnelle et entière de μ, $\sqrt{1-\mu^2}\sin\varpi$ et $\sqrt{1-\mu^2}\cos\varpi$, qui satisfait à l'équation aux différences partielles

$$0 = \frac{\partial.\left(1-\mu^2\right)\dfrac{\partial U^{(i)}}{\partial\mu}}{\partial\mu} + \frac{\dfrac{\partial^2 U^{(i)}}{\partial\varpi^2}}{1-\mu^2} + i\left(i+1\right)U^{(i)},$$

μ étant égal à $\cos\theta$. Si l'on substitue pour V cette valeur dans l'équation (1), on aura l'équation de toutes les couches de même densité de l'atmosphère.

A la surface extérieure, $\Pi = 0$, et, si l'on néglige l'excentricité du sphéroïde, et que l'on désigne par α le rapport de la force centrifuge à la pesanteur à l'équateur et sur la surface du sphéroïde, dont nous prendrons le rayon pour unité, l'équation (1) devient

$$c = \frac{2}{r} + \alpha r^2 \sin^2 \theta.$$

En nommant R le rayon du pôle de l'atmosphère, on a $c = \frac{2}{R}$; partant,

$$\frac{2}{R} = \frac{2}{r} + \alpha r^2 \sin^2 \theta.$$

Pour avoir le rapport des deux axes de l'atmosphère, nommons R′ le rayon de son équateur; l'équation précédente donnera

$$\alpha R'^3 = 2\,\frac{R' - R}{R}.$$

La plus grande valeur dont R′ soit susceptible est celle qui s'étend jusqu'au point où la force centrifuge devient égale à la pesanteur; on a dans ce cas $\frac{1}{R'^2} = \alpha R'$, ou $\alpha R'^3 = 1$, et par conséquent $\frac{R'}{R} = \frac{3}{2}$. Ce rapport de R′ à R est le plus grand qu'il est possible; car en faisant $\alpha R'^3 = 1 - z$, z étant nécessairement positif ou zéro, on aura

$$\frac{R'}{R} = \frac{3 - z}{2}.$$

Le rayon le plus grand de l'atmosphère est celui de l'équateur; en effet, l'équation de sa surface donne, en la différentiant,

$$dr = \frac{\alpha r^4 \, d\theta \sin \theta \cos \theta}{1 - \alpha r^3 \sin^2 \theta}.$$

Le dénominateur de cette fraction est constamment positif; car la force centrifuge, décomposée suivant le rayon r, est égale à $\alpha m r \sin^2 \theta$, et elle doit être moindre que la pesanteur, qui est égale à $\frac{m}{r^2}$; r croît donc avec θ du pôle à l'équateur.

Donnons à l'équation de la surface de l'atmosphère la forme suivante

$$r^3 - \frac{2r}{\alpha R \sin^2 \theta} + \frac{2}{\alpha \sin^2 \theta} = 0.$$

Les valeurs de r qui conviennent au problème doivent être positives. et telles que $1 - \alpha r^3 \sin^2\theta$ soit plus grand que zéro; or il ne peut y avoir qu'une racine de cette nature; car, si l'on nomme p, p', p'' les trois valeurs de r données par l'équation précédente, et si l'on suppose p et p' positifs et moindres que $\dfrac{1}{\sqrt[3]{\alpha \sin^2\theta}}$, l'équation en r manquant de son second terme, ce qui donne $p'' = - p - p'$, p'' serait négatif et moindre que $\dfrac{2}{\sqrt[3]{\alpha \sin^2\theta}}$; le produit $- pp'p''$ serait donc moindre que $\dfrac{2}{\alpha \sin^2\theta}$; mais, par la nature des équations, ce produit doit être égal à cette quantité; la supposition précédente est donc impossible, et l'équation en r n'a qu'une racine qui satisfait au problème, c'est-à-dire que l'atmosphère n'a qu'une figure possible d'équilibre.

Si l'on applique ces résultats à l'atmosphère solaire, on voit : 1° qu'elle ne peut s'étendre que jusqu'à l'orbite d'une planète qui circulerait dans un temps égal à celui de la rotation de cet astre, c'est-à-dire en vingt-cinq jours et demi; elle est donc fort loin d'atteindre les orbes de Mercure et de Vénus, et l'on sait que la lumière zodiacale s'étend beaucoup au delà. On voit : 2° que le rapport du petit au grand axe de cette atmosphère ne peut être moindre que $\frac{2}{3}$, et la lumière zodiacale paraît sous la forme d'une lentille fort aplatie, dont le tranchant est dans le plan de l'équateur solaire. Le fluide qui nous réfléchit la lumière zodiacale n'est donc point l'atmosphère du Soleil, et, puisqu'il environne cet astre, il doit circuler autour de lui suivant les mêmes lois que les planètes; c'est peut-être la cause pour laquelle il n'oppose qu'une résistance insensible à leurs mouvements.

LIVRE IV.

DES OSCILLATIONS DE LA MER ET DE L'ATMOSPHÈRE.

L'action du Soleil et de la Lune sur la mer et sur l'atmosphère excite dans ces deux masses fluides des oscillations dont il est intéressant de déterminer la loi. Les oscillations de la mer sont connues sous le nom de *flux* et *reflux*; elles sont très-sensibles dans nos ports; celles de l'atmosphère sont peu sensibles en elles-mêmes, et peuvent être d'autant plus difficilement observées, qu'elles se confondent avec les vents irréguliers dont l'atmosphère est sans cesse agitée. Nous allons considérer dans ce Livre ces divers mouvements.

CHAPITRE PREMIER.

THÉORIE DU FLUX ET DU REFLUX DE LA MER.

1. Reprenons les équations générales du mouvement de la mer, que nous avons données dans le dernier Chapitre du premier Livre. Si l'on prend pour unité le demi-petit axe de la Terre, et que l'on représente par γ la profondeur de la mer, supposée très-petite par rapport à ce demi-axe, γ sera une fonction de θ et de ϖ, θ étant le complément de la latitude d'une molécule dm de la surface de la mer, dans l'état d'équilibre qu'elle prendrait sans l'action du Soleil et de la Lune, et ϖ étant

la longitude de la molécule dans cet état, cette longitude étant comptée
d'un méridien fixe sur la Terre. Soit αy l'élévation de la molécule dm
au-dessus de cette surface d'équilibre, dans l'état de mouvement, et
supposons que par cet état θ se change dans $\theta + \alpha u$, et ϖ dans $\varpi + \alpha v$;
enfin, soit nt le moyen mouvement de rotation de la Terre, et g la pe-
santeur; on aura, par le n° 36 du premier Livre, les deux équations
suivantes

$$(1) \qquad y = - \frac{\partial . \gamma u}{\partial \theta} - \frac{\partial . \gamma v}{\partial \varpi} - \frac{\gamma u \cos \theta}{\sin \theta},$$

$$(2) \quad d\theta \left(\frac{\partial^2 u}{\partial t^2} - 2 n \frac{\partial v}{\partial t} \sin \theta \cos \theta \right) + d\varpi \left(\sin^2 \theta \frac{\partial^2 v}{\partial t^2} + 2 n \frac{\partial u}{\partial t} \sin \theta \cos \theta \right) = - g \, dy + dV'',$$

les différences dy et dV' étant uniquement relatives aux variables θ
et ϖ. La fonction $\alpha dV'$ exprime, comme on l'a vu dans le n° 35 du premier Livre, la somme des produits de toutes les forces qui troublent
l'état d'équilibre de la molécule dm par les éléments de leurs directions, en ne conservant que les différentielles $d\theta$ et $d\varpi$. Ces forces sont
d'abord l'action du Soleil et de la Lune; on aura la partie de $\alpha dV'$ relative à cette action, en divisant respectivement la somme des masses du
Soleil et de la Lune par leurs distances à la molécule dm, et en différentiant ces quotients par rapport aux variables θ et ϖ; or, si l'on
nomme r la distance d'un astre L au centre de la Terre, v sa déclinaison, et ψ son ascension droite, sa distance à la molécule dm sera,
par le n° 23 du troisième Livre, à très-peu près,

$$\sqrt{r^2 - 2 r [\cos \theta \sin v + \sin \theta \cos v \cos(nt + \varpi - \psi)] + 1},$$

l'angle $nt + \varpi$ étant compté, comme l'angle ψ, de l'équinoxe du printemps; ainsi, pour avoir la partie de $\alpha dV'$ relative à l'action de l'astre L,
il faut différentier par rapport à θ et à ϖ la fonction

$$\frac{L}{\sqrt{r^2 - 2 r [\cos \theta \sin v + \sin \theta \cos v \cos(nt + \varpi - \psi)] + 1}}.$$

Mais, comme on suppose le centre de gravité de la Terre immobile, il

faut transporter en sens contraire, à la molécule *dm*, la force dont ce
centre est animé par l'action de L, et l'on a vu, dans le n° **23** du troisième Livre, que cela revient à retrancher de la fonction précédente
celle-ci

$$\frac{L}{r} + \frac{L}{r^3}\left[\cos\theta\sin v + \sin\theta\cos v\cos(nt + \varpi - \psi)\right];$$

on aura donc la valeur de $\alpha\,dV'$ dépendante de l'action de L, en différentiant par rapport à θ et à ϖ la différence de ces deux fonctions, différence qui, par le numéro cité du troisième Livre, peut se développer
dans une suite descendante par rapport aux puissances de r, telle qu'en
la désignant par

$$\frac{\alpha Z^{(0)}}{r} + \frac{\alpha Z^{(2)}}{r^3} + \frac{\alpha Z^{(3)}}{r^4} + \frac{\alpha Z^{(4)}}{r^5} + \ldots,$$

$Z^{(i)}$ est une fonction rationnelle et entière de μ, $\sqrt{1-\mu^2}\sin\varpi$ et
$\sqrt{1-\mu^2}\cos\varpi$, du degré i, assujettie à l'équation aux différences partielles

$$0 = \frac{\partial.(1-\mu^2)\dfrac{\partial Z^{(i)}}{\partial\mu}}{\partial\mu} + \frac{\dfrac{\partial^2 Z^{(i)}}{\partial\varpi^2}}{1-\mu^2} + i(i+1)Z^{(i)},$$

μ étant égal à $\cos\theta$.

$\alpha\,dV'$ se compose encore de l'attraction sur la molécule *dm* de la
couche aqueuse dont, le rayon intérieur étant l'unité, le rayon extérieur est $1 + \alpha y$, et il est facile de voir que, pour la déterminer, il
faut diviser chacune des molécules de la couche par sa distance à la
molécule *dm*, et différentier la somme de ces quotients relativement
à θ et ϖ. Il faut, de plus, transporter en sens contraire, à la molécule,
l'action de cette couche sur le centre de gravité de la Terre; mais il est
visible que, ce centre ne changeant point par l'attraction et par la pression des diverses parties de la Terre, cette action doit être ici négligée.

2. Considérons d'abord le cas dans lequel la Terre n'aurait point de
mouvement de rotation, et où l'on aurait par conséquent $n = 0$; supposons, de plus, la Terre sphérique, et la profondeur γ de la mer égale
à une constante l, et déterminons les oscillations que doit y exciter

l'action du Soleil et de la Lune. L'équation (1) du numéro précédent devient, en y faisant $\cos\theta = \mu$ et $\gamma = l$,

$$\frac{y}{l} = \frac{\partial\left(u\sqrt{1-\mu^2}\right)}{\partial\mu} - \frac{\partial v}{\partial\varpi};$$

l'équation (2) devient

$$d\theta\,\frac{\partial^2 u}{\partial t^2} + d\varpi(1-\mu^2)\frac{\partial^2 v}{\partial t^2} = -g\,\frac{\partial y}{\partial\mu}\,\frac{\partial u}{\partial\theta}\,d\theta - g\,\frac{\partial y}{\partial\varpi}\,d\varpi - \frac{\partial V'}{\partial\mu}\,\frac{\partial\mu}{\partial\theta}\,d\theta + \frac{\partial V'}{\partial\varpi}\,d\varpi;$$

or on a $\dfrac{\partial u}{\partial\theta} = -\sqrt{1-\mu^2}$; on aura donc, en comparant les coefficients de $d\theta$ et de $d\varpi$,

$$\frac{\partial^2 u}{\partial t^2} = g\,\frac{\partial y}{\partial\mu}\sqrt{1-\mu^2} - \frac{\partial V'}{\partial\mu}\sqrt{1-\mu^2},$$

$$\frac{\partial^2 v}{\partial t^2} = -\frac{g\,\dfrac{\partial y}{\partial\varpi}}{1-\mu^2} + \frac{\dfrac{\partial V'}{\partial\varpi}}{1-\mu^2};$$

partant,

$$\frac{\partial\cdot\dfrac{\partial^2 u}{\partial t^2}\sqrt{1-\mu^2}}{\partial\mu} = g\,\frac{\partial\cdot(1-\mu^2)\dfrac{\partial y}{\partial\mu}}{\partial\mu} - \frac{\partial\cdot(1-\mu^2)\dfrac{\partial V'}{\partial\mu}}{\partial\mu},$$

$$\frac{\partial\dfrac{\partial^2 v}{\partial t^2}}{\partial\varpi} = -g\,\frac{\dfrac{\partial^2 y}{\partial\varpi^2}}{1-\mu^2} + \frac{\dfrac{\partial^2 V'}{\partial\varpi^2}}{1-\mu^2}.$$

L'expression précédente de $\dfrac{y}{l}$ donne

$$\frac{\partial^2 y}{\partial t^2} = l\,\frac{\partial\cdot\dfrac{\partial^2 u}{\partial t^2}\sqrt{1-\mu^2}}{\partial\mu} - l\,\frac{\partial\dfrac{\partial^2 v}{\partial t^2}}{\partial\varpi};$$

on aura donc

$$(3)\qquad \frac{\partial^2 y}{\partial t^2} = lg\,\frac{\partial\cdot(1-\mu^2)\dfrac{\partial y}{\partial\mu}}{\partial\mu} + \frac{lg\,\dfrac{\partial^2 y}{\partial\varpi^2}}{1-\mu^2} - l\,\frac{\partial\cdot(1-\mu^2)\dfrac{\partial V'}{\partial\mu}}{\partial\mu} - \frac{l\,\dfrac{\partial^2 V'}{\partial\varpi^2}}{1-\mu^2}.$$

Pour intégrer cette équation, nous ferons

$$y = Y^{(0)} + Y^{(1)} + Y^{(2)} + Y^{(3)} + \ldots,$$

$Y^{(0)}$, $Y^{(1)}$, $Y^{(2)}$, ... étant des fonctions rationnelles et entières de μ, $\sqrt{1-\mu^2}\sin\varpi$ et $\sqrt{1-\mu^2}\cos\varpi$, telles que l'on a généralement

$$0 = \frac{\partial.(1-\mu^2)\dfrac{\partial Y^{(i)}}{\partial\mu}}{\partial\mu} + \frac{\dfrac{\partial^2 Y^{(i)}}{\partial\varpi^2}}{1-\mu^2} + i(i+1)\,Y^{(i)}.$$

La partie de V' relative à la couche sphérique fluide dont le rayon intérieur est l'unité, et dont le rayon extérieur est $1+\alpha y$, sera, par le n° 14 du troisième Livre, en prenant pour unité de densité la densité de la mer,

$$4\pi\left(Y^{(0)}+\tfrac{1}{3}Y^{(1)}+\tfrac{1}{5}Y^{(2)}+\tfrac{1}{7}Y^{(3)}+\ldots\right),$$

π étant le rapport de la demi-circonférence au rayon. Nommons ρ la moyenne densité de la Terre entière; nous aurons $g=\frac{1}{3}\pi\rho$, et par conséquent $4\pi=\dfrac{3g}{\rho}$.

Il résulte du numéro précédent que la partie de $\alpha V'$ relative à l'action du Soleil et de la Lune, et généralement à l'action d'un nombre quelconque d'astres attirants, peut se développer dans une suite de la forme

$$\alpha U^{(0)} + \alpha U^{(2)} + \alpha U^{(3)} + \alpha U^{(1)} + \ldots,$$

$U^{(i)}$ étant une fonction rationnelle et entière de l'ordre i, en μ, $\sqrt{1-\mu^2}\sin\varpi$ et $\sqrt{1-\mu^2}\cos\varpi$, qui satisfait à l'équation aux différences partielles

$$0 = \frac{\partial.(1-\mu^2)\dfrac{\partial U^{(i)}}{\partial\mu}}{\partial\mu} + \frac{\dfrac{\partial^2 U^{(i)}}{\partial\varpi^2}}{1-\mu^2} + i(i+1)\,U^{(i)}.$$

Cela posé, si l'on substitue pour y et V' ces valeurs dans l'équation (3), la comparaison des fonctions semblables $U^{(i)}$ et $Y^{(i)}$ donnera

$$\frac{\partial^2 Y^{(i)}}{\partial t^2} + \frac{i(i+1)\,lg}{(2i+1)\rho}\left[(2i+1)\rho - 3\right]Y^{(i)} = i(i+1)\,lU^{(i)}.$$

Supposons, pour abréger,

$$\frac{i(i+1)\,lg}{(2i+1)\rho}\left[(2i+1)\rho - 3\right] = \lambda_i^2;$$

l'équation différentielle précédente donnera, en l'intégrant,

$$Y^{(i)} = l M^{(i)} \sin \lambda_i t + l N^{(i)} \cos \lambda_i t$$
$$+ \frac{i(i+1)}{\lambda_i} l \sin \lambda_i t . \int U^{(i)} dt \cos \lambda_i t - \frac{i(i+1)}{\lambda_i} l \cos \lambda_i t . \int U^{(i)} dt \sin \lambda_i t,$$

$M^{(i)}$ et $N^{(i)}$ étant des fonctions rationnelles et entières de μ, $\sqrt{1 - \mu^2} \sin \varpi$ et $\sqrt{1 - \mu^2} \cos \varpi$, qui satisfont aux équations à différences partielles

$$0 = \frac{\partial . (1 - \mu^2) \frac{\partial M^{(i)}}{\partial \mu}}{\partial \mu} + \frac{\frac{\partial^2 M^{(i)}}{\partial \varpi^2}}{1 - \mu^2} + i(i+1) M^{(i)},$$

$$0 = \frac{\partial . (1 - \mu^2) \frac{\partial N^{(i)}}{\partial \mu}}{\partial \mu} + \frac{\frac{\partial^2 N^{(i)}}{\partial \varpi^2}}{1 - \mu^2} + i(i+1) N^{(i)}.$$

L'équation différentielle en $Y^{(i)}$ donne, en y supposant $i = 0$, $\frac{\partial^2 Y^{(0)}}{\partial t^2} = 0$, et par conséquent

$$Y^{(0)} = l M^{(0)} t + l N^{(0)};$$

l'équation

$$y = Y^{(0)} + Y^{(1)} + Y^{(2)} + \dots$$

donnera donc

$$y = l M^{(0)} t + l N^{(0)} + l M^{(1)} \sin \lambda_1 t + l N^{(1)} \cos \lambda_1 t$$
$$+ l M^{(2)} \sin \lambda_2 t + l N^{(2)} \cos \lambda_2 t$$
$$+ \dots \dots \dots \dots \dots \dots \dots \dots$$
$$+ l M^{(i)} \sin \lambda_i t + l N^{(i)} \cos \lambda_i t$$
$$+ \dots \dots \dots \dots \dots \dots \dots \dots$$
$$+ \frac{6l}{\lambda_2} \sin \lambda_2 t . \int U^{(2)} dt \cos \lambda_2 t$$
$$- \frac{6l}{\lambda_2} \cos \lambda_2 t . \int U^{(2)} dt \sin \lambda_2 t$$
$$+ \dots \dots \dots \dots \dots \dots \dots \dots$$
$$+ \frac{i(i+1)l}{\lambda_i} \sin \lambda_i t . \int U^{(i)} dt \cos \lambda_i t$$
$$- \frac{i(i+1)l}{\lambda_i} \cos \lambda_i t . \int U^{(i)} dt \sin \lambda_i t$$
$$+ \dots \dots \dots \dots \dots \dots \dots \dots$$

On déterminera les fonctions $N^{(0)}$, $N^{(1)}$, $N^{(2)}$,... au moyen de la figure initiale du fluide, et les fonctions $M^{(0)}$, $M^{(1)}$, $M^{(2)}$,... au moyen de sa vitesse initiale; ainsi, l'expression précédente de y embrassant toutes les figures et toutes les vitesses dont le fluide est susceptible, elle a toute la généralité que l'on peut désirer.

Si la quantité $M^{(0)}$ n'était pas nulle, la valeur de y irait en croissant sans cesse, et l'équilibre ne serait pas ferme, quel que fût d'ailleurs le rapport de la densité du fluide à celle de la sphère qu'il recouvre. Mais il est facile de s'assurer que les quantités $M^{(0)}$ et $N^{(0)}$ sont nulles, par cela seul que la masse fluide est constante. Cette condition donne $\iint y\,d\mu\,d\varpi = 0$, l'intégrale étant prise depuis $\mu = -1$ jusqu'à $\mu = 1$, et depuis $\varpi = 0$ jusqu'à $\varpi = 2\pi$; or on a généralement, par le n° 12 du troisième Livre,

$$\iint Y^{(i)} U^{(i')} d\mu\,d\varpi = 0,$$

lorsque i et i' sont des nombres différents; on aura donc

$$\iint y\,d\mu\,d\varpi = 4\pi Y^{(0)} = 4\pi(M^{(0)} t + N^{(0)});$$

ainsi, en égalant cette quantité à zéro, on aura $M^{(0)} = 0$ et $N^{(0)} = 0$.

Il suit de là que la stabilité de l'équilibre du fluide dépend du signe des quantités λ_1^2, λ_2^2,...; car, si l'une de ces quantités, telle que λ_i^2, est négative, le sinus et le cosinus de l'angle $\lambda_i t$ se changent en exponentielles, et ils se changent en arcs de cercle si $\lambda_i^2 = 0$. Dans ces deux cas, la valeur de y cesse d'être périodique, condition nécessaire pour la stabilité de l'équilibre. λ_i^2 étant égal à $\dfrac{i(i+1)\lg}{(2i+1)\rho}\left[(2i+1)\rho - 3\right]$, cette quantité ne peut être positive que dans le cas où l'on a $\rho > \dfrac{3}{2i+1}$, i étant un nombre entier positif égal ou plus grand que l'unité; il faut donc, pour la stabilité de l'équilibre, que cette condition soit remplie pour toutes les valeurs de i, et cela ne peut avoir lieu qu'autant que l'on a $\rho > 1$, c'est-à-dire que la densité du noyau doit surpasser celle du fluide. Voilà donc la condition générale de la stabilité de l'équilibre, condition qui, si elle est remplie, rend l'équilibre ferme, quel que soit l'ébranlement primitif, mais qui, si elle ne l'est pas, fait dépendre la stabilité de l'équilibre de la nature de cet ébranlement.

Si, par exemple, l'ébranlement primitif est tel que le centre de gravité du fluide coïncide avec celui du noyau qu'il recouvre, et n'ait aucun mouvement par rapport à lui dans le premier instant, alors $Y^{(1)}$ et $\frac{\partial Y^{(1)}}{\partial t}$ seront nuls au premier instant, puisque cette coïncidence ne dépend que de la valeur de $Y^{(1)}$, comme on l'a vu dans le n° 31 du troisième Livre; cette valeur sera donc nulle à tous les instants, et par conséquent le centre de gravité du fluide coïncidera toujours avec celui du noyau. Dans ce cas, la stabilité de l'équilibre dépend du signe de λ_2^2, et, pour que cette quantité soit positive, il suffit que l'on ait $\rho > \frac{3}{5}$.

La valeur de y donne immédiatement celles de u et de v; en effet, l'équation

$$\frac{\partial^2 u}{\partial t^2} = g \frac{\partial y}{\partial \mu} \sqrt{1 - \mu^2} - \frac{\partial V'}{\partial \mu} \sqrt{1 - \mu^2}$$

donne

$$\frac{\partial^2 u}{\partial t^2} = \Sigma \sqrt{1 - \mu^2} \left[g \left(1 - \frac{3}{(2i+1)\rho} \right) \frac{\partial Y^{(i)}}{\partial \mu} - \frac{\partial U^{(i)}}{\partial \mu} \right],$$

le signe des intégrales finies Σ se rapportant à toutes les valeurs entières positives de i, en y comprenant la valeur $i = 0$; mais on a, par ce qui précède,

$$g \left(1 - \frac{3}{(2i+1)\rho} \right) Y^{(i)} - U^{(i)} = - \frac{1}{i(i+1)t} \frac{\partial^2 Y^{(i)}}{\partial t^2};$$

partant,

$$\frac{\partial^2 u}{\partial t^2} = - \Sigma \frac{\sqrt{1 - \mu^2}}{i(i+1)t} \frac{\partial . \frac{\partial^2 Y^{(i)}}{\partial t^2}}{\partial \mu},$$

d'où l'on tire

$$u = G + H t - \Sigma \frac{\sqrt{1 - \mu^2}}{i(i+1)t} \frac{\partial Y^{(i)}}{\partial \mu},$$

G et H étant des fonctions arbitraires de μ et de ϖ. On trouvera de la même manière

$$v = K + L t + \Sigma \frac{1}{i(i+1)t(1 - \mu^2)} \frac{\partial Y^{(i)}}{\partial \varpi},$$

K et L étant des fonctions de μ et de ϖ dépendantes des fonctions G
et H; en effet, si dans l'équation

$$y = t \frac{\partial . u \sqrt{1 - \mu^2}}{\partial \mu} - t \frac{\partial v}{\partial \varpi}$$

on substitue, au lieu de y, u et v, leurs valeurs précédentes, on aura,
en comparant séparément les termes multipliés par t et ceux qui en
sont indépendants,

$$0 = \frac{\partial . G \sqrt{1 - \mu^2}}{\partial \mu} - \frac{\partial K}{\partial \varpi},$$

$$0 = \frac{\partial . H \sqrt{1 - \mu^2}}{\partial \mu} - \frac{\partial L}{\partial \varpi},$$

en sorte qu'en vertu des valeurs $u = G + H t$, $v = K + L t$, la surface
du fluide resterait toujours sphérique. Pour concevoir les mouvements
du fluide dans cette hypothèse, imaginons qu'il ait un très-petit mouvement de rotation, de l'ordre α, autour de l'axe du sphéroïde; la
figure sphérique du fluide n'en sera altérée que d'une quantité très-
petite du second ordre, puisque la force centrifuge ne sera que de
l'ordre α^2; dans ce cas, on aura $u = 0$ et $v = q t \sqrt{1 - \mu^2}$, q étant un
coefficient indépendant de μ et de ϖ; mais on peut concevoir le fluide
tournant autour de tout autre axe, et de plus, ces mouvements étant
supposés fort petits, le fluide mû en vertu d'un nombre quelconque
de mouvements semblables conservera toujours, aux quantités près du
second ordre, sa figure sphérique. Tous ces mouvements sont compris
dans les formules

$$u = G + H t, \qquad v = K + L t,$$

G, H, K, L étant des fonctions de μ et de ϖ, qui ont entre elles les relations précédentes. Ces mouvements ne nuisent point à la stabilité de
l'équilibre; d'ailleurs, ils doivent être bientôt anéantis par les frottements et les résistances de tout genre que le fluide éprouve.

3. Considérons présentement le cas de la nature, dans lequel le sphéroïde qui recouvre la mer a un mouvement de rotation. L'équation (1)

du n° 1 se transforme dans celle-ci

$$(A) \qquad y = \frac{\partial.\gamma u \sqrt{1-\mu^2}}{\partial\mu} - \frac{\partial.\gamma v}{\partial\varpi};$$

l'équation (2) du même numéro donne les deux suivantes

$$(B) \quad \begin{cases} \dfrac{\partial^2 u}{\partial t^2} - 2n\dfrac{\partial v}{\partial t}\mu\sqrt{1-\mu^2} = g\dfrac{\partial\gamma}{\partial\mu}\sqrt{1-\mu^2} - \dfrac{\partial V'}{\partial\mu}\sqrt{1-\mu^2}, \\[2ex] \dfrac{\partial^2 v}{\partial t^2} + 2n\dfrac{\partial u}{\partial t}\dfrac{\mu}{\sqrt{1-\mu^2}} = -\dfrac{g\dfrac{\partial\gamma}{\partial\varpi}}{1-\mu^2} - \dfrac{\dfrac{\partial V'}{\partial\varpi}}{1-\mu^2}. \end{cases}$$

L'intégration générale de ces équations présente beaucoup de difficultés; nous nous bornerons ici à un cas fort étendu, celui dans lequel γ est une fonction de μ sans ϖ, et nous ferons

$$\gamma = a\cos(it + s\varpi + \varepsilon),$$
$$u = b\cos(it + s\varpi + \varepsilon),$$
$$v = c\sin(it + s\varpi + \varepsilon),$$
$$\gamma - \frac{V'}{g} = a'\cos(it + s\varpi + \varepsilon),$$

a, b, c, a' étant des fonctions rationnelles de μ et de $\sqrt{1-\mu^2}$, et s étant un nombre entier. En substituant ces valeurs dans les équations (A) et (B), nous aurons

$$a = \frac{\partial.\gamma b\sqrt{1-\mu^2}}{\partial\mu} - s\gamma c,$$

$$i^2 b + 2nic\mu\sqrt{1-\mu^2} = -g\frac{\partial a'}{\partial\mu}\sqrt{1-\mu^2},$$

$$i^2 c + \frac{2nib\mu}{\sqrt{1-\mu^2}} = -\frac{gsa'}{1-\mu^2}.$$

Ces deux dernières équations donnent

$$b = \frac{-g\dfrac{\partial a'}{\partial\mu}(1-\mu^2) + \dfrac{2ngs}{i}\mu a'}{(i^2 - 4n^2\mu^2)\sqrt{1-\mu^2}},$$

$$c = \frac{\dfrac{2ng}{i}\dfrac{\partial a'}{\partial\mu}\mu(1-\mu^2) - gsa'}{(i^2 - 4n^2\mu^2)(1-\mu^2)}.$$

En substituant ces valeurs de b et de c dans la première et faisant, pour abréger,

$$z = \frac{\gamma}{i^2 - 4n^2\mu^2},$$

on aura

$$(4) \quad \begin{cases} a = g\,\dfrac{\partial.z\left[\dfrac{2ns}{i}\mu a' - \dfrac{\partial a'}{\partial\mu}(1-\mu^2)\right]}{\partial\mu} \\[2ex] \quad + \dfrac{2ngs\mu z}{i(1-\mu^2)}\left[\dfrac{2ns}{i}\mu a' - \dfrac{\partial a'}{\partial\mu}(1-\mu^2)\right] + \dfrac{s^2 g z a'(i^2 - 4n^2\mu^2)}{i^2(1-\mu^2)}. \end{cases}$$

Nous observerons ici que, si $\dfrac{2ns}{i}\mu a' - \dfrac{\partial a'}{\partial\mu}(1-\mu^2)$ est divisible par $i^2 - 4n^2\mu^2$, le second membre de cette équation n'aura point à son dénominateur la fonction $i^2 - 4n^2\mu^2$.

L'équation (4) renferme ce que nous avons démontré dans le numéro précédent sur le cas de $n = 0$ et de γ égal à une constante l; car alors on a $z = \dfrac{l}{i^2}$, ce qui change cette équation dans la suivante

$$(5) \quad i^2 a = lg\left(-\frac{\partial.(1-\mu^2)\dfrac{\partial a'}{\partial\mu}}{\partial\mu} + \frac{s^2 a'}{1-\mu^2} \right).$$

Supposons que $a\cos(it + s\varpi)$ satisfasse, pour $Y^{(f)}$, à l'équation aux différences partielles

$$0 = \frac{\partial.(1-\mu^2)\dfrac{\partial Y^{(f)}}{\partial\mu}}{\partial\mu} + \frac{\dfrac{\partial^2 Y^{(f)}}{\partial\varpi^2}}{1-\mu^2} + f(f+1)Y^{(f)};$$

la partie de $a'\cos(it + s\varpi)$, due à l'attraction d'une couche aqueuse dont le rayon intérieur est 1 et le rayon extérieur est $1 + \alpha Y$, sera, par le numéro précédent, $-\dfrac{4\pi}{(2f+1)g}\,a\cos(it + s\varpi)$, ou $-\dfrac{3a}{(2f+1)\rho}\cos(it + s\varpi)$, à cause de $g = \frac{1}{3}\pi\rho$. En supposant donc nulle la partie de a' correspondante à l'action des astres, on aura

$$a' = \left(1 - \frac{3}{(2f+1)\rho}\right)a;$$

or l'équation aux différences partielles en $Y^{(f)}$ donne

$$0 = -\frac{\partial.(1 - \mu^2)\frac{\partial a'}{\partial \mu}}{\partial \mu} - \frac{s^2 a'}{1 - \mu^2} + f(f+1)\,a';$$

l'équation (5) donnera donc

$$i^2 = f(f+1)\,lg\left(1 - \frac{3}{(2f+1)\rho}\right).$$

Les nombres s et f étant arbitraires, il est clair que l'on aura la partie de y qui est indépendante de l'action des astres, en réunissant toutes les valeurs de $a\cos(it + s\varpi)$ correspondantes aux diverses valeurs que l'on peut donner à ces nombres.

Pour avoir la partie de y qui dépend de l'action des astres, nommons $e\cos(it + s\varpi)$ un terme de l'expression de V' relatif à cette action, et tel qu'il satisfasse pour $Y^{(f)}$ à l'équation précédente aux différences partielles en $Y^{(f)}$; on aura alors

$$a' = a\left(1 - \frac{3}{(2f+1)\rho}\right) - \frac{e}{g};$$

l'équation (5) donnera donc

$$i^2 a = lgf(f+1)\left(1 - \frac{3}{(2f+1)\rho}\right)a - f(f+1)\,le,$$

et par conséquent,

$$a = \frac{f(f+1)\,le}{lgf(f+1)\left(1 - \frac{3}{(2f+1)\rho}\right) - i^2};$$

on aura ainsi la partie de y qui dépend de l'action des astres, et il est aisé de voir que ces résultats coïncident avec ceux du numéro précédent.

4. L'intégration de l'équation (4), dans le cas général où n n'est pas nul et où la mer a une profondeur variable, surpasse les forces de l'analyse; mais, pour déterminer les oscillations de l'océan, il n'est

pas nécessaire de l'intégrer généralement; il suffit d'y satisfaire; car il est clair que la partie des oscillations qui dépend de l'état primitif de la mer a dû bientôt disparaître par les résistances de tout genre que les eaux de la mer éprouvent dans leurs mouvements, en sorte que, sans l'action du Soleil et de la Lune, la mer serait depuis longtemps parvenue à un état permanent d'équilibre; l'action de ces deux astres l'en écarte sans cesse, et il nous suffit de connaître les oscillations qui en dépendent.

r étant la distance au centre de la Terre d'un astre L, la partie de $\alpha V'$ relative à son action sur une molécule fluide, et développée suivant les puissances de $\frac{1}{r}$, sera, par le n° 1, en négligeant les quatrièmes puissances,

$$\frac{3L}{2r^3}\left\{[\cos\theta\sin v + \sin\theta\cos v\cos(nt + \varpi - \psi)]^2 - \tfrac{1}{3}\right\},$$

ou

$$\frac{L}{4r^3}\left(\sin^2 v - \tfrac{1}{2}\cos^2 v\right)(1 + 3\cos 2\theta)$$

$$+ \frac{3L}{r^3}\sin\theta\cos\theta\sin v\cos v\cos(nt + \varpi - \psi)$$

$$+ \frac{3L}{4r^3}\sin^2\theta\cos^2 v\cos 2(nt + \varpi - \psi).$$

Les quantités r, v et ψ variant avec une grande lenteur par rapport au mouvement de rotation de la Terre, les trois termes précédents donnent lieu à trois espèces différentes d'oscillations. Les périodes des oscillations de la première espèce sont fort longues; elles sont indépendantes du mouvement de rotation de la Terre, et ne dépendent que du mouvement de l'astre L dans son orbite. Les périodes des oscillations de la seconde espèce dépendent principalement du mouvement de rotation nt de la Terre; elles sont d'un jour à peu près; enfin, les périodes des oscillations de la troisième espèce dépendent principalement de l'angle $2nt$; elles sont d'environ un demi-jour. L'équation (4) du numéro précédent étant différentielle linéaire, il en résulte que ces trois espèces d'oscillations se mêlent sans se confondre; nous pouvons donc les considérer séparément.

Des oscillations de la première espèce.

5. Nous supposerons, dans ces recherches, que le sphéroïde recouvert par la mer est un ellipsoïde de révolution, ce qui est l'hypothèse la plus naturelle et la plus simple que l'on puisse adopter. Dans ce cas, l'expression γ de la profondeur de la mer est de la forme $l(1 - q\mu^2)$, et l'on a

$$z = \frac{l(1 - q\mu^2)}{i^2 - 4n^2\mu^2}.$$

Reprenons l'équation (4) du n° 3. Les oscillations de la première espèce ne dépendant point de l'angle ϖ, on doit faire $s = 0$ dans cette équation. Supposons que l'on ait

$$a = P^{(0)} + P^{(2)} + P^{(4)} + P^{(6)} + \ldots + P^{(2f)},$$

$P^{(2)}$, $P^{(4)}$, ... étant des fonctions de μ^2 qui satisfont, quel que soit f, à l'équation aux différences partielles

$$0 = \frac{\partial.(1 - \mu^2)\dfrac{\partial P^{(2f)}}{\partial \mu}}{\partial \mu} + 2f(2f + 1)\,P^{(2f)}.$$

La partie de a', relative à y et à l'action de la couche aqueuse dont le rayon intérieur est l'unité et dont le rayon extérieur est $1 + 2y$, sera, par ce qui précède,

$$\left(1 - \frac{3}{\rho}\right)P^{(0)} + \left(1 - \frac{3}{5\rho}\right)P^{(2)} + \left(1 - \frac{3}{9\rho}\right)P^{(4)} + \ldots + \left(1 - \frac{3}{(4f + 1)\rho}\right)P^{2f}.$$

La partie de a' relative à l'action des astres ne produit que des quantités de la forme $P^{(2)}$; car la fonction $1 + 3\cos 2\theta$, qui la multiplie par le numéro précédent, est égale à $6(\mu^2 - \frac{1}{3})$, et il est facile de voir que cette dernière fonction est de la forme $P^{(2)}$. Cela posé, si l'on substitue au lieu de a et de a' leurs valeurs dans l'équation (4) du n° 3, et si l'on détermine les arbitraires de $P^{(0)}$, $P^{(2)}$, ..., de manière que la fonction $\frac{\partial a'}{\partial \mu}(1-\mu^2)$ soit divisible par $i^2 - 4n^2\mu^2$, ce qui donne une équation de condition entre ces arbitraires; alors la puissance de μ^2 la plus élevée dans chaque membre de cette équation sera μ^{2f}, et, en comparant les coefficients des diverses puissances de μ^2, on aura $f+1$ équations de condition, qui, réunies à la précédente, formeront $f+2$ équations de condition. Mais les arbitraires de la fonction $P^{(0)} + P^{(2)} + P^{(4)} + \ldots$ sont au nombre $f+1$; en y joignant l'indéterminée q, on aura $f+2$ indéterminées, qui pourront satisfaire à ces équations de condition; on pourra donc ainsi satisfaire à l'équation (4) pour une loi déterminée de la profondeur de la mer. On aura cette loi en observant que, si l'on désigne par $Q\mu^{2f}$ le terme de a le plus élevé en μ, le coefficient de μ^{2f-1} dans la fonction $-\frac{\partial a'}{\partial \mu}(1-\mu^2)$, divisée par $i^2-4n^2\mu^2$, sera

$$-f\left(1-\frac{3}{(4f+1)\rho}\right)\frac{Q}{2n^2},$$

d'où il suit que le coefficient de μ^{2f} dans le second membre de l'équation (4) sera

$$f(2f+1)\left(1-\frac{3}{(4f+1)\rho}\right)\frac{lgqQ}{2n^2}.$$

En l'égalant au coefficient Q de μ^{2f} dans le premier membre, on aura

$$q = \frac{2n^2}{f(2f+1)\left(1-\frac{3}{(4f+1)\rho}\right)lg};$$

en supposant donc la profondeur de la mer égale à l moins le produit de $l\mu^2$ par cette valeur de q, on aura, par l'analyse précédente, les oscillations de la première espèce.

$\frac{n^2}{g}$ est le rapport de la force centrifuge à la pesanteur à l'équateur, rapport égal à $\frac{1}{289}$. En prenant pour f un assez grand nombre, tel que 12 ou 14, le coefficient de μ^2 sera assez petit pour pouvoir être négligé, et alors la profondeur de la mer sera à très-peu près constante; on aura donc ainsi, d'une manière fort approchée, les oscillations de la mer, dans le cas où sa profondeur est partout la même.

6. La valeur de c du n° 3 est très-grande dans les oscillations de la première espèce, à cause du diviseur i qui affecte plusieurs de ses termes. Si l'on développe la partie

$$\frac{L}{4\,r^3}\left(\sin^2 v - \tfrac{1}{2}\cos^2 v\right)(1 + 3\cos 2\theta)$$

de l'action de la Lune, qui produit les oscillations de la première espèce, en sinus et cosinus d'angles croissants proportionnellement au temps; que l'on désigne par $\alpha k(1 + 3\cos 2\theta)\cos(it + A)$ un terme quelconque de ce développement; k sera multiplié par la tangente de l'inclinaison de l'orbe lunaire à l'écliptique, dans le terme où it sera le moyen mouvement des nœuds de l'orbite lunaire; mais, à raison de la petitesse de i, ce terme sera très-considérable et le plus grand de tous ceux qui entrent dans l'expression de c.

Nous devons cependant faire ici une observation importante. Les résistances que les eaux de la mer éprouvent doivent considérablement diminuer les oscillations de cette espèce et leur laisser très-peu d'étendue. Pour le faire voir, supposons la résistance proportionnelle à la vitesse, et nommons 6 le coefficient de cette résistance. Les deux équations dans lesquelles se partage l'équation (2) du n° 1 seront alors

$$\frac{\partial^2 u}{\partial t^2} - 2\,n\,\frac{\partial v}{\partial t}\,\mu\,\sqrt{1 - \mu^2} + 6\,\frac{\partial u}{\partial t} = g\,\frac{\partial y}{\partial \mu}\,\sqrt{1 - \mu^2} - \frac{\partial V'}{\partial \mu}\,\sqrt{1 - \mu^2},$$

$$\frac{\partial^2 v}{\partial t^2} + \frac{2\,n\,\mu\,\frac{\partial u}{\partial t}}{\sqrt{1 - \mu^2}} + 6\,\frac{\partial v}{\partial t} = -\frac{g\,\frac{\partial y}{\partial \varpi}}{1 - \mu^2} + \frac{\frac{\partial V'}{\partial \varpi}}{1 - \mu^2};$$

car il est clair que la résistance doit ajouter aux deux premiers membres de ces équations les termes $6\,\dfrac{\partial u}{\partial t}$ et $6\,\dfrac{\partial v}{\partial t}$: l'équation (1) du n° 1 subsistera toujours.

Nous ne considérerons ici que les termes dépendants de l'angle it

dans lesquels le coefficient i est très-petit et beaucoup moindre que $\mathfrak{b}$. Dans ce cas, $\frac{\partial^2 u}{\partial t^2}$ et $\frac{\partial^2 v}{\partial t^2}$ peuvent être négligés par rapport à $\mathfrak{b}\frac{\partial u}{\partial t}$ et $\mathfrak{b}\frac{\partial v}{\partial t}$, et comme ces termes sont indépendants de l'angle ϖ, la dernière des équations précédentes donnera

$$\frac{2\,n\mu\,\frac{\partial u}{\partial t}}{\sqrt{1-\mu^2}} + \mathfrak{b}\frac{\partial v}{\partial t} = 0,$$

et l'avant-dernière deviendra

$$(f) \qquad \frac{\mathfrak{b}^2 + 4n^2\mu^2}{\mathfrak{b}}\frac{\partial u}{\partial t} = g\frac{\partial y}{\partial \mu}\sqrt{1-\mu^2} - \frac{\partial V'}{\partial \mu}\sqrt{1-\mu^2};$$

cette équation doit être combinée avec celle-ci

$$y = \frac{\partial . \gamma u \sqrt{1-\mu^2}}{\partial \mu}.$$

Si l'on néglige les quantités de l'ordre i, l'équation (f) donne

$$0 = g\frac{\partial y}{\partial \mu} - \frac{\partial V'}{\partial \mu},$$

ou

$$gy - V' = 0;$$

partant,

$$u = \int \frac{V' d\mu}{g\gamma \sqrt{1-\mu^2}}.$$

Cette valeur de u, substituée dans l'équation (f), donnera une valeur plus approchée de $gy - V'$; mais on peut s'en tenir à la première approximation.

La partie de V' relative à l'action de l'astre L est de la forme

$$k(1 + 3\cos 2\theta)\cos(it + A), \qquad \text{ou} \qquad 6k(\mu^2 - \tfrac{1}{3})\cos(it + A).$$

Soit $Q(\mu^2 - \tfrac{1}{3})\cos(it + A)$ la partie correspondante de y; la partie correspondante de V', due à l'action de la couche aqueuse dont, le rayon intérieur étant 1, le rayon extérieur est $1 + \alpha y$, sera

$$\frac{3g}{5\rho} Q(\mu^2 - \tfrac{1}{3}) \cos(it + \Lambda);$$

l'équation $gy - V' = 0$ donnera donc

$$0 = \left(1 - \frac{3}{5\rho}\right) Q(\mu^2 - \tfrac{1}{3}) - \frac{6k}{g} (\mu^2 - \tfrac{1}{3}),$$

d'où l'on tire

$$Q = \frac{6k}{g\left(1 - \dfrac{3}{5\rho}\right)},$$

et par conséquent

$$\alpha y = \frac{6\alpha k(\mu^2 - \tfrac{1}{3}) \cos(it + \Lambda)}{g\left(1 - \dfrac{3}{5\rho}\right)}.$$

La somme de tous les termes $\alpha k \cos(it + \Lambda)$ étant égale à

$$\frac{L}{4r^3} (\sin^2 v - \tfrac{1}{2}\cos^2 v),$$

la valeur entière de αy, relative aux oscillations de la première espèce dues à l'action de l'astre L, sera donc

$$\alpha y = \frac{L(\sin^2 v - \tfrac{1}{2}\cos^2 v)(1 + 3\cos 2\theta)}{4r^3 g\left(1 - \dfrac{3}{5\rho}\right)}.$$

Cette valeur est celle qui aurait lieu si v et r étaient rigoureusement constants, et si le fluide prenait à chaque instant la figure qui convient à l'état d'équilibre; car, $\dfrac{\partial u}{\partial t}$ et $\dfrac{\partial v}{\partial t}$ étant nuls dans le cas de l'équilibre, les équations différentielles en u et v se réduisent à celle-ci, $0 = gy - V'$; on peut donc, lorsque les variations de r et de v sont très-lentes, déterminer les oscillations de la première espèce comme si le fluide se mettait à chaque instant en équilibre sous l'action de l'astre qui l'attire; l'erreur est d'autant moindre que l'astre se meut avec plus de lenteur; elle est par conséquent insensible pour le Soleil. Elle peut être sensible pour la Lune, à cause de la rapidité de son mouvement dans son orbite; mais, comme les oscillations de la première espèce sont très-petites par les observations, on pourra employer pour la Lune elle-même la valeur précédente de αy.

Quoique nous soyons parvenus à ces résultats dans la supposition d'une résistance proportionnelle à la vitesse, il est clair qu'ils ont lieu quelle que soit la loi de la résistance. En général, on peut les adopter sans erreur sensible toutes les fois que le fluide dérangé de son état d'équilibre reviendrait, en vertu de la résistance qu'il éprouve, à cet état dans un temps moindre que celui d'une révolution de l'astre.

Des oscillations de la seconde espèce.

7. La partie de l'action de l'astre L qui produit ces oscillations est, par le n° 4, égale à

$$\frac{3L}{r^3} \sin v \cos v \sin \theta \cos \theta \cos(nt + \varpi - \psi).$$

Le développement de cette fonction en sinus et cosinus d'angles proportionnels au temps donne une suite de termes de la forme $\alpha k \mu \sqrt{1 - \mu^2} \cos(it + \varpi - A)$, i étant fort peu différent de n, à cause de la lenteur du mouvement de l'astre par rapport au mouvement de rotation de la Terre. Reprenons maintenant l'équation (4) du n° 3, en y supposant $s = 1$ et

$$z = \frac{l(1 - q\mu^2)}{i^2 - 4 n^2 \mu^2};$$

supposons, de plus, que a soit exprimé par la suite

$$\mu \sqrt{1 - \mu^2}\left(P^{(0)} + P^{(2)} + P^{(4)} + \ldots + P^{(2f-2)}\right),$$

$P^{(0)}$, $P^{(2)}$, ... étant des fonctions de μ^2, telles qu'en désignant par $Y^{(2f)}$ la fonction $\mu \sqrt{1 - \mu^2}\, P^{(2f-2)}$, on ait, quel que soit f,

$$0 = \frac{\partial . (1 - \mu^2) \dfrac{\partial Y^{(2f)}}{\partial \mu}}{\partial \mu} - \frac{Y^{(2f)}}{1 - \mu^2} + 2f(2f + 1) Y^{(2f)}.$$

La partie de a' relative à l'action de la couche aqueuse dont, le rayon intérieur étant l'unité, le rayon extérieur est $1 + \alpha y$ sera, par ce qui précède,

$$- \frac{3\mu\sqrt{1-\mu^2}}{\rho}\left(\tfrac{1}{5}\mathrm{P}^{(0)} + \tfrac{1}{9}\mathrm{P}^{(2)} + \tfrac{1}{13}\mathrm{P}^{(4)} + \ldots + \frac{1}{4f+1}\mathrm{P}^{(2f-2)}\right);$$

la partie de a' relative à l'action de l'astre L est $-\frac{k}{g}\mu\sqrt{1-\mu^2}$; on aura donc

$$a' = \mu\sqrt{1-\mu^2}\left[\left(1-\frac{3}{5\rho}\right)\mathrm{P}^{(0)} + \left(1-\frac{3}{9\rho}\right)\mathrm{P}^{(2)} + \ldots + \left(1-\frac{3}{(4f+1)\rho}\right)\mathrm{P}^{(2f-2)} - \frac{k}{g}\right].$$

Supposons que les constantes indéterminées qui multiplient chacune des fonctions $\mathrm{P}^{(0)}$, $\mathrm{P}^{(2)}$, … soient telles que la fonction $\frac{2n}{i}\mu a' - \frac{\partial a'}{\partial\mu}(1-\mu^2)$ soit divisible par $i^2 - 4n^2\mu^2$, ce qui ne demande qu'une seule équation de condition entre ces indéterminées; alors le second membre de l'équation (4) n'aura plus de dénominateur; car, en ne considérant dans ce second membre que les termes qui ont $\sqrt{1-\mu^2}$ pour diviseur, et supposant $a' = \mathrm{F}\mu\sqrt{1-\mu^2}$, F étant une fonction rationnelle et entière de μ^2, les trois parties de ce second membre deviennent

$$-\left(\frac{2n}{i}+1\right)\frac{gz\mu^3\mathrm{F}}{\sqrt{1-\mu^2}} + \frac{2n}{i}\left(\frac{2n}{i}+1\right)\frac{gz\mu^3\mathrm{F}}{\sqrt{1-\mu^2}} + \frac{(i^2-4n^2\mu^2)gz\mu\mathrm{F}}{i^2\sqrt{1-\mu^2}},$$

ou $gz\mu\mathrm{F}\sqrt{1-\mu^2}$; d'où il suit que ce second membre n'a point $\sqrt{1-\mu^2}$ au dénominateur. En substituant donc, dans cette équation, pour a et a' leurs valeurs, et en la divisant par $\mu\sqrt{1-\mu^2}$, la comparaison des puissances semblables de μ donnera f équations de condition qui, réunies à la précédente, formeront $f+1$ équations de condition à satisfaire; mais le nombre des indéterminées, en y comprenant q, est $f+1$; on aura donc autant d'indéterminées que d'équations.

Pour avoir la valeur de q, désignons par $Q\mu^{2f-1}\sqrt{1-\mu^2}$ le terme de l'expression de a le plus élevé en μ; le terme semblable de l'expression de a' sera

$$Q\left(1 - \frac{3}{(4f+1)\rho}\right)\mu^{2f-1}\sqrt{1-\mu^2},$$

ce qui donne

$$\frac{lgq}{2\,n^2}\left(2f^2 + f + \frac{n}{i}\right)Q\left(1 - \frac{3}{(4f+1)\rho}\right)\mu^{2f-1}\sqrt{1-\mu^2}$$

pour le terme semblable du second membre de l'équation (4); en l'é-galant au terme correspondant de a, on aura

$$q = \frac{2\,n^2}{lg\left(1 - \frac{3}{(4f+1)\rho}\right)\left(2f^2 + f + \frac{n}{i}\right)};$$

ainsi, la profondeur de la mer étant supposée égale à

$$l - \frac{2\,n^2\mu^2}{g\left(1 - \frac{3}{(4f+1)\rho}\right)\left(2f^2 + f + \frac{n}{i}\right)};$$

on pourra déterminer par l'analyse précédente les oscillations de la seconde espèce.

Cette loi de profondeur dépend de la valeur de i, et par conséquent elle n'est pas la même pour tous les termes dans lesquels l'action de l'astre peut se développer; cependant cette identité est indispensable pour qu'une loi de profondeur puisse être admise. Mais on doit obser-ver que, i étant peu différent de n, on peut supposer ici $\frac{n}{i} = 1$, et alors la loi précédente de profondeur de la mer devient indépendante de i; elle est même à très-peu près égale à celle que nous avons trouvée dans le numéro précédent pour les oscillations de la première espèce, si f est assez grand pour que l'on puisse négliger $\frac{n}{i}$ vis-à-vis de $2f^2 + f$.

8. La considération de i à fort peu près égal à n nous conduit à une expression de a très-simple, et fort remarquable en ce qu'elle donne l'explication d'un des principaux phénomènes des marées. Si l'on fait $i = n$, on a

$$z = \frac{l(1 - qu^2)}{n^2(1 - 4\mu^2)}.$$

Supposons maintenant, dans l'équation (4) du n° 3, $s = 1$, $i = n$ et
$a = Q\mu\sqrt{1 - \mu^2}$, Q étant un coefficient indépendant de μ; on aura, par
ce qui précède,

$$a' = \left[\left(1 - \frac{3}{5\rho}\right)Q - \frac{k}{g}\right]\mu\sqrt{1 - \mu^2},$$

ce qui donne

$$\frac{2n}{i}\mu a' - \frac{\partial a'}{\partial \mu}(1 - \mu^2) = -\frac{1 - 4\mu^2}{\mu}a';$$

le second membre de l'équation (4) se réduit ainsi au terme $\frac{2lgqa'}{n^2}$.
En égalant cette quantité au premier membre ou à la valeur supposée
pour a, on aura

$$Q = \frac{2lgq}{n^2}\left(1 - \frac{3}{5\rho}\right)Q - \frac{2lq}{n^2}k,$$

d'où l'on tire

$$Q = \frac{2lqk}{2lgq\left(1 - \dfrac{3}{5\rho}\right) - n^2}.$$

La partie de αy correspondante au terme $\alpha k \sin\theta \cos\theta \cos(it + \varpi - A)$
sera donc

$$-\frac{2lq\sin\theta\cos\theta}{2lgq\left(1 - \dfrac{3}{5\rho}\right) - n^2}\, \alpha k\cos(it + \varpi - A);$$

mais la somme des termes $\alpha k \cos(it + \varpi - A)$ est, par ce qui précède,
le développement de la fonction

$$\frac{3L}{r^3}\sin v\cos v\cos(nt + \varpi - \psi);$$

on aura donc, pour la partie entière de αy relative aux oscillations de
la seconde espèce,

$$\frac{\dfrac{6L}{r^3}lq\sin\theta\cos\theta\sin v\cos v\cos(nt + \varpi - \psi)}{2lgq\left(1 - \dfrac{3}{5\rho}\right) - n^2},$$

et cette valeur a lieu généralement, quel que soit q, c'est-à-dire quelle
que soit la loi de la profondeur de la mer, pourvu que le sphéroïde
qu'elle recouvre soit un ellipsoïde de révolution.

La différence des deux marées d'un même jour dépend des oscillations de la seconde espèce. En effet, lorsque l'astre L passe au méridien supérieur de la molécule, on a $nt + \varpi - \psi = 0$, et lorsqu'il passe au méridien inférieur, on a $nt + \varpi - \psi = 200°$; ainsi l'excès de la marée dans le premier cas sur la marée dans le second cas est

$$\frac{\frac{12 L}{r^3} \, lq \, \sin\vartheta \cos\vartheta \sin v \cos v}{2\,lgq\left(1 - \frac{3}{5\rho}\right) - n^2}.$$

Les observations faites dans nos ports nous montrent que cette différence est très-petite, ce qui suppose lq très-petit par rapport à $\frac{n^2}{g}$; cette supposition donne ainsi une explication fort simple de ce phénomène. Dans ce cas, le dénominateur de la fraction précédente est négatif, et si, comme les observations semblent l'indiquer, la marée supérieure l'emporte sur la marée inférieure, lq est une quantité négative, et la mer est un peu plus profonde aux pôles qu'à l'équateur. Mais cette conséquence est subordonnée à l'hypothèse d'un fluide répandu régulièrement sur la surface d'un ellipsoïde de révolution, ce qui n'est point le cas de la nature.

Si l'on substitue pour Q sa valeur dans l'expression de a', on aura

$$a' = \frac{\frac{n^2 k}{g}\,\mu\sqrt{1 - \mu^2}}{2\,lgq\left(1 - \frac{3}{5\rho}\right) - n^2}.$$

Cette valeur, substituée dans les expressions de b et de c du n° 3, donne, en supposant $s = 1$ et $i = n$,

$$b = \frac{-k}{2\,lgq\left(1 - \frac{3}{5\rho}\right) - n^2},$$

$$c = \frac{k\mu}{\left[2\,lgq\left(1 - \frac{3}{5\rho}\right) - n^2\right]\sqrt{1 - \mu^2}},$$

d'où il suit que la partie de xu relative aux oscillations de la seconde espèce est

$$- \frac{\dfrac{3\mathrm{L}}{r^3} \sin v \cos v \cos(nt + \varpi - \psi)}{2\, lgq \left(1 - \dfrac{3}{5\rho}\right) - n^2},$$

et que la partie de xv relative aux mêmes oscillations est

$$\frac{\dfrac{3\mathrm{L}}{r^3}\, \dfrac{\cos\vartheta}{\sin\vartheta}\, \sin v \cos v \sin(nt + \varpi - \psi)}{2\, lgq \left(1 - \dfrac{3}{5\rho}\right) - n^2}.$$

Des oscillations de la troisième espèce.

9. La partie de l'action de l'astre L qui produit ces oscillations est, par le n° 4, égale à

$$\frac{3\mathrm{L}}{4\, r^3} \sin^2\vartheta \cos^2 v \cos 2(nt + \varpi - \psi).$$

Le développement de cette fonction en cosinus d'angles croissant proportionnellement au temps donne une suite de termes de la forme $xk \sin^2\vartheta \cos(it + 2\varpi - \mathrm{A})$, i étant peu différent de $2n$.

Reprenons maintenant l'équation (4) du n° 3, en y supposant $s = 2$ et

$$z = \frac{l(1 - q\mu^2)}{i^2 - 4n^2\mu^2}.$$

Supposons, de plus, que a soit exprimé par la suite

$$(1 - \mu^2)\left(\mathrm{P}^{(0)} + \mathrm{P}^{(2)} + \mathrm{P}^{(4)} + \ldots + \mathrm{P}^{(2f-2)}\right),$$

$\mathrm{P}^{(0)}$, $\mathrm{P}^{(2)}$, ... étant des fonctions rationnelles et entières de μ^2, telles qu'en désignant par $\mathrm{Y}^{(2f)}$ la fonction $(1 - \mu^2)\mathrm{P}^{(2f-2)}$, on ait

$$0 = \frac{\partial.(1 - \mu^2)\dfrac{\partial \mathrm{Y}^{(2f)}}{\partial\mu}}{\partial\mu} - \frac{4\,\mathrm{Y}^{(2f)}}{1 - \mu^2} + 2f(2f + 1)\,\mathrm{Y}^{(2f)}.$$

La partie de a' relative à l'action de la couche aqueuse dont, le rayon intérieur étant l'unité, le rayon extérieur est $1 + \alpha y$ sera, par ce qui précède,

$$- \frac{3(1 - \mu^2)}{\rho} \left(\tfrac{1}{5} P^{(0)} + \tfrac{1}{9} P^{(2)} + \tfrac{1}{13} P^{(4)} + \ldots + \frac{1}{4f + 1} P^{(2f-2)} \right);$$

la partie de a' relative à l'action de l'astre L est $- \frac{k}{g}(1 - \mu^2)$; on aura donc

$$a' = (1 - \mu^2)\left[\left(1 - \frac{3}{5\rho}\right) P^{(0)} + \left(1 - \frac{3}{9\rho}\right) P^{(2)} + \ldots + \left(1 - \frac{3}{(4f + 1)\rho}\right) P^{(2f-2)} - \frac{k}{g} \right].$$

Supposons que les constantes indéterminées qui multiplient chacune des fonctions $P^{(0)}$, $P^{(2)}$,... soient telles que la fonction $\frac{4n}{i} \mu a' - \frac{\partial a'}{\partial \mu}(1 - \mu^2)$ soit divisible par $i^2 - 4n^2\mu^2$, ce qui ne demande qu'une seule équation de condition entre ces indéterminées; alors le second membre de l'équation (4) n'aura plus de dénominateur; de plus, il sera divisible par $1 - \mu^2$, comme le premier; car, en supposant $a' = (1 - \mu^2)$ F, et ne considérant que les termes qui ne sont point divisibles par $1 - \mu^2$, les trois parties de ce second membre deviennent

$$- \frac{2n + i}{i} \mu^2 . 4 g z \, \mathrm{F} + \frac{2n + i}{i} \mu^2 . \frac{8n}{i} g z \, \mathrm{F} + \frac{i^2 - 4n^2\mu^2}{i^2} . 4 g z \, \mathrm{F},$$

ou $4(1 - \mu^2) g z \, \mathrm{F}$; et par conséquent leur somme est divisible par $1 - \mu^2$. En substituant pour a et a' leurs valeurs précédentes dans l'équation (4), et en la divisant par $1 - \mu^2$, la comparaison des coefficients des puissances de μ donnera f équations, qui, réunies à la précédente, formeront $f + 1$ équations de condition à satisfaire; le nombre des indéterminées, en y comprenant q, est pareillement $f + 1$; on aura donc autant d'indéterminées que d'équations.

Pour avoir la valeur de q, nommons $Q \mu^{2f-2}$ le terme le plus élevé en μ de $P^{(2f-2)}$; le terme correspondant de a' sera

$$(1 - \mu^2) \mu^{2f-2} Q \left(1 - \frac{3}{(4f + 1)\rho} \right);$$

le terme correspondant du second membre de l'équation (4) sera

$$\frac{lgq}{2n^2}\left(2f^2 - f \div \frac{2n}{i}\right)\left(1 - \frac{3}{(4f \div 1)\rho}\right)Q(1 - \mu^2)\mu^{2f-2};$$

en l'égalant au terme correspondant du premier membre ou à

$$Q(1 - \mu^2)\mu^{2f-2},$$

on aura

$$q = \frac{2n^2}{lg\left(1 - \frac{3}{(4f \div 1)\rho}\right)\left(2f^2 + f \div \frac{2n}{i}\right)};$$

ainsi, en supposant la profondeur de la mer égale à

$$l - \frac{2n^2\mu^2}{g\left(1 - \frac{3}{(4f + 1)\rho}\right)\left(2f^2 \div f \div \frac{2n}{i}\right)},$$

on pourra déterminer par l'analyse précédente les oscillations de la troisième espèce. Cette expression est différente pour les diverses valeurs dont i est susceptible; mais on doit observer que, i étant à fort peu près égal à $2n$, on peut supposer $\frac{2n}{i} = 1$, et alors on a pour la profondeur de la mer la même expression que nous avons trouvée dans le n° 7, relativement aux oscillations de la seconde espèce, ce qui est nécessaire pour que cette loi de profondeur puisse être admise. On peut même faire coïncider cette profondeur avec celle que nous avons trouvée dans le n° 5, relativement aux oscillations de la première espèce, en supposant f assez grand pour pouvoir négliger l'unité, eu égard à $2f^2 \div f$; mais nous avons observé dans le n° 6 que les résistances éprouvées par la mer dans ses mouvements rendent les oscillations de la première espèce indépendantes de la loi de profondeur de la mer, en sorte qu'il suffit de considérer les lois de profondeur dans lesquelles on peut déterminer à la fois les oscillations de la seconde et de la troisième espèce.

10. Nous avons remarqué dans le n° 8 que, pour satisfaire aux observations, il faut supposer la profondeur de la mer à fort peu près

constante; nous allons déterminer, dans cette hypothèse, les oscillations de la troisième espèce. Nous supposerons, de plus, que r, ψ et v varient avec assez de lenteur, par rapport aux variations de l'angle $2nt$, pour que l'on puisse les traiter comme constants. Nous négligerons encore la fraction $\frac{1}{\rho}$, qui exprime le rapport de la densité de la mer à la moyenne densité de la Terre, rapport qui paraît assez petit, par les observations faites sur l'attraction des montagnes. Cela posé, en faisant

$$y = a \cos(2nt + 2\varpi - 2\psi),$$

on aura

$$\alpha a' = \alpha a - \frac{3\,\mathrm{L}}{4\,r^3 g}(1 - \mu^2)\cos^2 v;$$

l'équation (4) du n° 3 deviendra donc, en observant que $z = \dfrac{l}{4\,n^2(1 - \mu^2)}$,

$$\frac{4\,n^2}{lg}\,\alpha a (1 - \mu^2)^2 = -\alpha\frac{\partial^2 a}{\partial\mu^2}(1 - \mu^2)^2 + (6 + 2\mu^2)\,\alpha a - \frac{6\,\mathrm{L}}{r^3 g}(1 - \mu^2)\cos^2 v.$$

On peut donner à cette équation une forme plus simple, en y faisant $1 - \mu^2 = x^2$, et en supposant dx constant; on aura ainsi

$$0 = x^2(1 - x^2)\,\alpha\frac{\partial^2 a}{\partial x^2} - x\alpha\frac{\partial a}{\partial x} - 2\alpha a\left(4 - x^2 - \frac{2\,n^2}{lg}\,x^4\right) + \frac{6\,\mathrm{L}}{r^3 g}\,x^2\cos^2 v.$$

Pour satisfaire à cette équation, nous ferons

$$\alpha a = \mathrm{A}^{(1)}x^2 + \mathrm{A}^{(2)}x^4 + \mathrm{A}^{(3)}x^6 + \dots$$

Cette valeur, substituée dans l'équation différentielle précédente, donnera d'abord, en comparant les coefficients de x^2,

$$\mathrm{A}^{(1)} = \frac{3\,\mathrm{L}}{4\,r^3 g}\cos^2 v.$$

La comparaison des coefficients de x^4 donnera l'équation identique $0 = 0$; enfin la comparaison des coefficients de x^{2f+1}, f étant égal ou plus grand que l'unité, donnera

$$0 = A^{(f+2)}(2f^2 + 6f) - A^{(f+1)}(2f^2 + 3f) + \frac{2n^2}{lg} A^{(f)}.$$

On aura, au moyen de cette équation, les valeurs de $A^{(3)}$, $A^{(4)}$, ..., lorsque $A^{(1)}$ et $A^{(2)}$ seront connus. En la mettant sous cette forme

$$\frac{A^{(f+1)}}{A^{(f)}} = \cfrac{\dfrac{2n^2}{lg}}{2f^2 + 3f - (2f^2 + 6f)\dfrac{A^{(f+2)}}{A^{(f+1)}}},$$

on en tirera

$$\frac{A^{(f+1)}}{A^{(f)}} = \cfrac{\dfrac{2n^2}{lg}}{2f^2 + 3f - \cfrac{\dfrac{4n^2}{lg}(f^2 + 3f)}{2(f+1)^2 + 3(f+1) - \cfrac{\dfrac{4n^2}{lg}[(f+1)^2 + 3(f+1)]}{2(f+2)^2 + 3(f+2) - \ldots}}}$$

ce qui donne, en supposant $f = 1$,

$$A^{(2)} = \cfrac{\dfrac{2n^2}{lg}A^{(1)}}{2.1^2 + 3.1 - \cfrac{\dfrac{4n^2}{lg}(1^2 + 3.1)}{2.2^2 + 3.2 - \cfrac{\dfrac{4n^2}{lg}(2^2 + 3.2)}{2.3^2 + 3.3 - \cfrac{\dfrac{4n^2}{lg}(3^2 + 3.3)}{2.4^2 + 3.4 - \ldots}}}}$$

On aura ainsi $A^{(2)}$ au moyen de $A^{(1)}$; $\frac{n^2}{g}$ est le rapport de la force centrifuge à la pesanteur sous l'équateur; ce rapport est $\frac{1}{289}$. En supposant donc successivement $\frac{2n^2}{lg} = 20$, $\frac{2n^2}{lg} = 5$, $\frac{2n^2}{lg} = \frac{5}{2}$, les profondeurs l correspondantes de la mer seront $\frac{1}{2890}$, $\frac{1}{722,5}$, $\frac{1}{361,25}$, le rayon terrestre étant pris pour unité. Cela posé, on trouvera, par l'analyse précédente, que les valeurs correspondantes de αa sont

$$\alpha a = \frac{3L}{4r^3 g}\, x^2 \cos^2 v \left\{ \begin{array}{l} 1,0000 + 20,1862.x^2 +10,1164.x^4 \\ \quad - 13,1047.x^6 -15,4488.x^8 - 7,4581.x^{10} \\ \quad - 2,1975.x^{12}- 0,4501.x^{14}- 0,0687.x^{16} \\ \quad - 0,0082.x^{18}- 0,0008.x^{20} - 0,0001.x^{22} \end{array} \right\},$$

$$\alpha a = \frac{3L}{4r^3 g}\, x^2 \cos^2 v \left\{ \begin{array}{l} 1,0000 + 6,1960.x^2 + 3,2474.x^4 \\ \quad + 0,7238.x^6 + 0,0919.x^8 + 0,0076.x^{10} \\ \quad + 0,0004.x^{12} \end{array} \right\}.$$

$$\alpha a = \frac{3L}{4r^3 g}\, x^2 \cos^2 v \left\{ \begin{array}{l} 1,0000 + 0,7504.x^2 + 0,1566.x^4 \\ \quad + 0,01574.x^6 + 0,0009.x^8 \end{array} \right\}.$$

11. Réunissons maintenant les diverses oscillations de la mer. Celles de la première espèce sont, par le n° 6, en négligeant la densité de la mer eu égard à celle de la Terre,

$$\frac{L}{4r^3 g}\, (\sin^2 v - \tfrac{1}{2}\cos^2 v)(1 + 3\cos 2\theta).$$

On a vu que les oscillations de la seconde espèce sont nulles lorsque la profondeur de la mer est partout la même; enfin, les oscillations de la troisième espèce sont exprimées par $\alpha a \cos(2nt + 2\varpi - 2\psi)$. La somme de ces oscillations est la valeur entière de αy; on aura donc

$$\alpha y = \frac{L}{4r^3 g}\, (\sin^2 v - \tfrac{1}{2}\cos^2 v)(1 + 3\cos 2\theta) + \alpha a \cos(2nt + 2\varpi - 2\psi).$$

Si l'on suppose que L est le Soleil, que r exprime sa moyenne distance à la Terre, et que mt exprime son moyen mouvement sidéral, on aura, par la théorie des forces centrales,

$$\frac{3L}{4r^3 g} = \frac{3n^2}{4g}\,\frac{m^2}{n^2} = \frac{3}{4.289.(366,26)^2}.$$

Cette quantité est une fraction du rayon terrestre, que nous avons pris pour unité; en la multipliant donc par le nombre de mètres que ce rayon renferme, on aura

$$\frac{3L}{4r^3 g} = 0^m,12316,$$

et il faudra faire varier cette quantité comme le cube du rapport de la moyenne distance du Soleil à la Terre à sa distance actuelle.

Si l'on nomme c le rapport de la masse de la Lune, divisée par le cube de sa moyenne distance à la Terre, à la masse du Soleil, divisée par le cube de sa moyenne distance, on aura, pour la Lune,

$$\frac{3L}{4\,r^3\,g} = c.0^m,12316,$$

et il faudra faire varier cette quantité comme le cube du rapport de la moyenne distance de la Lune à sa distance actuelle.

Il suit de là que, si l'on désigne par v' et ψ' la déclinaison et l'ascension droite de la Lune, on aura, en vertu de son action réunie à celle du Soleil, et lorsque la profondeur l de la mer est égale à $\frac{1}{10}\frac{n^2}{g}$, ou à $\frac{1}{2890}$ du rayon terrestre,

$$x y = 0^m,12316 \cdot \frac{1+3\cos 2\theta}{3}\left(\sin^2 v - \tfrac{1}{2}\cos^2 v + c\sin^2 v' - \tfrac{1}{2}c\cos^2 v'\right)$$

$$+ 0^m,12316 \left\{\begin{array}{l} 1,0000 + 20,1862.x^2 \\ +10,1164.x^4 - 13,1047.x^6 \\ -15,4188.x^8 - 7,4581.x^{10} \\ - 2,1975.x^{12} - 0,4501.x^{14} \\ - 0,0687.x^{16} - 0,0082.x^{18} \\ - 0,0008.x^{20} - 0,0001.x^{22} \end{array}\right\} x^2\left[\cos^2 v\cos(2nt + 2\varpi - 2\psi) + c\cos^2 v'\cos(2nt + 2\varpi - 2\psi')\right].$$

Nous verrons ci-après que $c = 3$ dans les moyennes distances du Soleil et de la Lune; en supposant donc ces deux astres à ces distances, et de plus en opposition ou en conjonction dans le plan de l'équateur, la haute et la basse mer répondront au cas où l'angle $2nt + 2\varpi - 2\psi$ sera nul ou égal à 200 degrés; on trouve ainsi $7^m,34$ pour la différence de la haute à la basse mer sous l'équateur où $x = 1$. Mais, par une singularité remarquable, la basse mer a lieu lorsque les deux astres sont dans le méridien, tandis que la haute mer arrive lorsqu'ils sont à l'horizon, en sorte que l'océan s'abaisse à l'équateur sous l'astre qui l'attire. En avançant de l'équateur aux pôles, on trouve que, vers le dix-huitième degré de latitude tant boréale qu'australe, la différence de la haute à la basse mer est nulle; d'où il suit que, dans toute la zone comprise entre les deux parallèles de 18 degrés, la basse mer a lieu lors du passage des astres au méridien, et qu'au delà de ces parallèles la haute mer a lieu à ce même instant.

Dans le cas de l égal à $\frac{4}{10}\frac{n^2}{g}$, ou d'une profondeur de la mer égale à $\frac{1}{722,5}$, on trouve

$$zy = 0^m.12316 \cdot \frac{1 - 3\cos 2\varphi}{3}\left(\sin^2 v - \tfrac{1}{2}\cos^2 v + c\sin^2 v' - \tfrac{1}{2}c\cos^2 v'\right)$$

$$+\, 0^m.12316 \left\{ \begin{array}{l} 1,0000 + 6.1960.x^2 \\ +\,1,2474.x^4 + 0.7238.x^6 \\ +\,0,0919.x^8 - 0.0076.x^{10} \\ +\,0,0004.x^{12} \end{array} \right\} x^2\left[\cos^2 v \cos(2nt + 2\varpi - 2\psi) + c\cos^2 v'\cos(2nt + 2\varpi - 2\psi')\right].$$

et l'on aura, dans les mêmes suppositions que ci-dessus, $11^m,05$ pour la différence de la haute à la basse mer sous l'équateur; mais ici l'instant de la haute mer est partout celui du passage des astres au méridien.

Enfin, dans le cas de $l = \frac{8}{10}\frac{n^2}{g}$, ou d'une profondeur de la mer double de la précédente, on trouve

$$zy = 0^m,12316 \cdot \frac{1 + 3\cos 2\varphi}{3}\left(\sin^2 v - \tfrac{1}{2}\cos^2 v + c\sin^2 v' - \tfrac{1}{2}c\cos^2 v'\right)$$

$$-\,0^m.12316 \left\{ \begin{array}{l} 1,0000 + 0.7504.x^2 \\ +\,0,1566.x^4 + 0.0157.x^6 \\ +\,0,0009.x^8 \end{array} \right\} x^2\left[\cos^2 v \cos(2nt + 2\varpi - 2\psi) + c\cos^2 v'\cos(2nt + 2\varpi - 2\psi')\right].$$

et l'on aura, dans les mêmes suppositions que ci-dessus, $1^m,90$ pour la différence de la haute à la basse mer, à l'équateur.

Si l'on augmente la profondeur de la mer, la valeur de zy diminue : mais cette diminution a une limite, et la valeur de za se réduit bientôt à $\frac{3L}{4r^3 g}x^2\cos^2 v$; on trouve alors, lorsque les deux astres sont en conjonction dans le plan de l'équateur, $0^m,98528$ pour la différence de la

haute à la basse mer, à l'équateur; cette quantité est donc la limite de
cette différence.

12. La limite que nous venons d'assigner répond au cas où la mer
prend à chaque instant la figure d'équilibre qui convient aux forces
qui l'animent. Dans cette hypothèse, la valeur de αy peut se déterminer fort simplement, quelles que soient la loi de profondeur et la densité de la mer. En effet, elle revient à supposer, dans l'équation (2) du
n° 1, que les mouvements de l'astre et de la rotation de la Terre sont
assez lents pour que l'on puisse négliger les quantités

$$\frac{\partial^2 u}{\partial t^2}, \quad n\frac{\partial u}{\partial t}, \quad \frac{\partial^2 v}{\partial t^2}, \quad n\frac{\partial v}{\partial t},$$

et alors cette équation donne, en l'intégrant,

$$\alpha y = \frac{\alpha V'}{g}.$$

La partie de $\alpha V'$ dépendante de l'action de l'astre L est, par le n° 4,
égale à

$$\frac{L}{4 r^3}\left(\sin^2 v - \tfrac{1}{2}\cos^2 v\right)(1 + 3\cos 2\theta)$$

$$+ \frac{3L}{r^3}\sin v \cos v \sin\theta\cos\theta\cos(nt + \varpi - \psi)$$

$$+ \frac{3L}{4 r^3}\cos^2 v \sin^2\theta\cos(2nt + 2\varpi - 2\psi).$$

Supposons que la partie correspondante de αy soit égale à cette quantité multipliée par une indéterminée Q; ce produit étant de la forme
$Y^{(2)}$, ou satisfaisant pour $Y^{(2)}$ à l'équation aux différences partielles

$$0 = \frac{\partial\,.\,(1 - \mu^2)\dfrac{\partial Y^{(2)}}{\partial\mu}}{\partial\mu} + \frac{\dfrac{\partial^2 Y^{(2)}}{\partial\varpi^2}}{1 - \mu^2} + 6 Y^{(2)},$$

la partie de $\alpha V'$ correspondante à l'action de la couche fluide dont, le
rayon intérieur étant l'unité, le rayon extérieur est $1 + \alpha y$, sera par

le n° 2, $\frac{4\pi}{5}\, Y^{(2)}$ ou $\frac{3}{5\rho}\, g\, Y^{(2)}$; l'équation $\alpha g y = z V'$ donnera donc

$$\alpha y = \frac{L}{4\,r^3 g\left(1 - \dfrac{3}{5\rho}\right)} \left(\sin^2 v - \tfrac{1}{2}\cos^2 v\right)\left(1 + 3\cos 2\vartheta\right)$$

$$+ \frac{3L}{r^3 g\left(1 - \dfrac{3}{5\rho}\right)} \sin v \cos v \sin \vartheta \cos \vartheta \cos\left(nt + \varpi - \psi\right)$$

$$+ \frac{3L}{4\,r^3 g\left(1 - \dfrac{3}{5\rho}\right)} \cos^2 v \sin^2 \vartheta \cos\left(2nt + 2\varpi - 2\psi\right).$$

Dans l'hypothèse que nous considérons, si le Soleil et la Lune sont en conjonction avec la même déclinaison, alors l'excès de la haute mer relative à midi sur la basse mer qui la suit sera

$$\frac{3L}{2\,r^3 g\left(1 - \dfrac{3}{5\rho}\right)} (1 + e) \sin^2 \vartheta \cos^2 v\left(1 + 2\,\mathrm{tang}\,v\,\cot\vartheta\right),$$

et l'excès de la haute mer relative à minuit sur la même basse mer sera, à très-peu près,

$$\frac{3L}{2\,r^3 g\left(1 - \dfrac{3}{5\rho}\right)} (1 + e) \sin^2 \vartheta \cos^2 v\left(1 - 2\,\mathrm{tang}\,v\,\cot\vartheta\right);$$

ces deux excès seraient donc entre eux dans le rapport de $1 + 2\,\mathrm{tang}\,v\,\cot\vartheta$ à $1 - 2\,\mathrm{tang}\,v\,\cot\vartheta$; ainsi, pour Brest, où $\vartheta = 46° 26'$ à peu près, si les deux astres ont 23 degrés de déclinaison boréale, ces deux excès seraient dans le rapport de $1,7953$ à $0,2047$, c'est-à-dire que le premier serait environ huit fois plus grand que le second. Suivant les observations, ces deux excès sont peu différents l'un de l'autre; l'hypothèse dont il s'agit est donc fort éloignée de représenter sur ce point les observations, et l'on voit qu'il est indispensable, dans la théorie du flux et du reflux de la mer, d'avoir égard au mouvement de rotation de la Terre et à celui des astres attirants.

CHAPITRE II.

DE LA STABILITÉ DE L'ÉQUILIBRE DES MERS.

13. Nous avons observé, dans le n° 2, que si, la Terre n'ayant point de mouvement de rotation, la profondeur de la mer est constante, l'équilibre est stable toutes les fois que la densité moyenne de la Terre surpasse celle de la mer; nous allons généraliser ce théorème, et faire voir qu'il a lieu quels que soient la loi de profondeur de la mer et le mouvement de rotation de la Terre.

Reprenons les équations générales du mouvement de la mer, données dans le n° 36 du premier Livre,

$$(5) \qquad 0 = \frac{\partial . r^2 s}{\partial r} + r^2 \left(\frac{\partial v}{\partial \varpi} - \frac{\partial . u \sqrt{1 - \mu^2}}{d\mu} \right),$$

$$(6) \qquad \frac{\partial^2 u}{\partial t^2} - 2 n \mu \sqrt{1 - \mu^2} \frac{\partial v}{\partial t} = g \frac{\partial y'}{\partial \mu} \sqrt{1 - \mu^2},$$

$$(7) \qquad (1 - \mu^2) \frac{\partial^2 v}{\partial t^2} + 2 n \mu \sqrt{1 - \mu^2} \frac{\partial u}{\partial t} = - g \frac{\partial y'}{\partial \varpi},$$

ces équations étant relatives à une molécule quelconque de l'intérieur ou de la surface de la mer, déterminée par les coordonnées $\theta + \alpha u$, $\varpi + \alpha v$ et $r + \alpha s$; $r + \alpha s$ étant le rayon mené du centre de gravité de la Terre à la molécule, et gy' étant égal à $gy - V'$.

Si l'on intègre l'équation (5) depuis la surface du sphéroïde recouvert par la mer jusqu'à celle de la mer, on aura .

$$r'^2 s' - r_i^2 s_i = \int r^2 dr \left(\frac{\partial . u \sqrt{1 - \mu^2}}{\partial \mu} - \frac{\partial v}{\partial \varpi} \right),$$

r' et s' étant relatifs à la surface de la mer, et $r_,$ et $s_,$ se rapportant à la surface du sphéroïde. En représentant par γ la profondeur très-petite de la mer, on aura $r' = r_, + \gamma$, ce qui donne

$$r'^2 s' - r_,^2 s_, = r_,^2 (s' - s_,) + 2 r_, \gamma s' + \gamma^2 s',$$

et par conséquent, le rayon moyen de la Terre étant pris pour unité, on aura, à très-peu près,

$$r'^2 s' - r_,^2 s_, = s' - s_, ;$$

or on a

$$\alpha s' = \alpha y + \alpha u' \frac{\partial r'}{\partial \theta} + \alpha v' \frac{\partial r'}{\partial \varpi},$$

u' et v' étant relatifs à la surface de la mer; on a pareillement

$$\alpha s_, = \alpha u_, \frac{\partial r_,}{\partial \theta} + \alpha v_, \frac{\partial r_,}{\partial \varpi},$$

$u_,$ et $v_,$ étant relatifs à la surface du sphéroïde; on a donc

$$s' - s_, = y - u' \frac{\partial r'}{\partial \mu}\sqrt{1 - \mu^2} + u_, \frac{\partial r_,}{\partial \mu}\sqrt{1 - \mu^2} - v' \frac{\partial r'}{\partial \varpi} - v_, \frac{\partial r_,}{\partial \varpi},$$

partant, on aura, à très-peu près,

$$(8) \quad \left\{ \begin{aligned} & y = u' \frac{\partial r'}{\partial \mu}\sqrt{1 - \mu^2} - u_, \frac{\partial r_,}{\partial \mu}\sqrt{1 - \mu^2} + v' \frac{\partial r'}{\partial \varpi} + v_, \frac{\partial r_,}{\partial \varpi} \\ & \quad + \int dr \left(\frac{\partial . u \sqrt{1 - \mu^2}}{\partial \mu} - \frac{\partial v}{\partial \varpi} \right). \end{aligned} \right.$$

Cette équation n'est pas restreinte, comme l'équation (1) du n° 1, à la condition que u et v soient les mêmes pour toutes les molécules situées sur le même rayon; il est facile de voir qu'en remplissant cette condition, ces deux équations coïncident.

Maintenant, si l'on ajoute l'équation (6), multipliée par $dr\, d\mu\, d\varpi\, \frac{\partial u}{\partial t}$, à l'équation (7), multipliée par $dr\, d\mu\, d\varpi\, \frac{\partial v}{\partial t}$, on aura, en l'intégrant,

$$(9) \quad \left\{ \begin{aligned} & \int\!\!\int\!\!\int dr\, d\mu\, d\varpi \left[\frac{\partial u}{\partial t}\frac{\partial^2 u}{\partial t^2} + \frac{\partial v}{\partial t}\frac{\partial^2 v}{\partial t^2}(1 - \mu^2) \right] \\ & \quad = \int\!\!\int\!\!\int dr\, d\mu\, d\varpi \left(g \frac{\partial r'}{\partial \mu}\frac{\partial u}{\partial t}\sqrt{1 - \mu^2} - g \frac{\partial r'}{\partial \varpi}\frac{\partial v}{\partial t} \right). \end{aligned} \right.$$

Pour étendre les intégrales à la masse entière du fluide, il faut les prendre depuis $r = r$, jusqu'à $r = r'$, depuis $\mu = -1$ jusqu'à $\mu = 1$, et depuis $\varpi = 0$ jusqu'à $\varpi = 2\pi$. En intégrant par rapport à μ, et en observant que y' est indépendant de r, on aura

$$\iint dr\,d\mu \frac{\partial u}{\partial t} \frac{\partial y'}{\partial \mu} \sqrt{1-\mu^2} = \int y' \frac{\partial u}{\partial t} \, dr\sqrt{1-\mu^2} - \int y' \frac{\partial . \int \frac{\partial u}{\partial t} dr \sqrt{1-\mu^2}}{\partial \mu} \, d\mu + \text{const.}$$

Aux deux extrémités de l'intégrale, où $\mu = -1$ et $\mu = 1$, on a

$$y' \frac{\partial u}{\partial t} \sqrt{1-\mu^2} = 0;$$

donc

$$0 = \int y' \frac{\partial u}{\partial t} \, dr\sqrt{1-\mu^2} + \text{const.},$$

et par conséquent

$$\iint dr\,d\mu \frac{\partial u}{\partial t} \frac{\partial y'}{\partial \mu} \sqrt{1-\mu^2} = - \int y' \frac{\partial . \int \frac{\partial u}{\partial t} dr \sqrt{1-\mu^2}}{\partial \mu} \, d\mu;$$

or on a

$$\frac{\partial . \int \frac{\partial u}{\partial t} dr \sqrt{1-\mu^2}}{\partial \mu} = \int dr \frac{\partial . \frac{\partial u}{\partial t} \sqrt{1-\mu^2}}{\partial \mu} + \frac{\partial u'}{\partial t} \frac{\partial r'}{\partial \mu} \sqrt{1-\mu^2} - \frac{\partial u_{,}}{\partial t} \frac{\partial r_{,}}{\partial \mu} \sqrt{1-\mu^2};$$

partant,

$$\iiint dr\,d\mu\,d\varpi \frac{\partial u}{\partial t} \frac{\partial y'}{\partial \mu} \sqrt{1-\mu^2}$$

$$= \iint y' d\mu\, d\varpi \left(\frac{\partial u_{,}}{\partial t} \frac{\partial r_{,}}{\partial \mu} \sqrt{1-\mu^2} - \frac{\partial u'}{\partial t} \frac{\partial r'}{\partial \mu} \sqrt{1-\mu^2} - \int dr \frac{\partial . \frac{\partial u}{\partial t} \sqrt{1-\mu^2}}{\partial \mu} \right).$$

Pareillement, si l'on intègre relativement à ϖ, on a

$$\iint dr\,d\varpi \frac{\partial v}{\partial t} \frac{\partial y'}{\partial \varpi} = \int y' \frac{\partial v}{\partial t} \, dr - \int y' \frac{\partial . \int \frac{\partial v}{\partial t} dr}{\partial \varpi} \, d\varpi + \text{const.}$$

Aux deux extrémités de l'intégrale, où $\varpi = 0$ et $\varpi = 2\pi$, la valeur de

$y'\dfrac{\partial v}{\partial t}$ est la même, puisqu'elle se rapporte à la même molécule; on a donc

$$\int y'\frac{\partial v}{\partial t}\,dr + \text{const.} = 0;$$

partant,

$$\iint dr\,d\varpi\,\frac{\partial v}{\partial t}\,\frac{\partial y'}{\partial \varpi} = -\int y'\frac{\partial\cdot\int\frac{\partial v}{\partial t}\,dr}{\partial\varpi}\,d\varpi;$$

or on a

$$\frac{\partial\cdot\int\frac{\partial v}{\partial t}\,dr}{\partial\varpi} = \int dr\,\frac{\partial^2 v}{\partial\varpi\partial t} + \frac{\partial v'}{\partial t}\,\frac{\partial r'}{\partial\varpi} - \frac{\partial v_{,}}{\partial t}\,\frac{\partial r_{,}}{\partial\varpi};$$

donc

$$\iint dr\,d\varpi\,\frac{\partial v}{\partial t}\,\frac{\partial y'}{\partial\varpi} = -\int y'\,d\varpi\left(\frac{\partial v'}{\partial t}\,\frac{\partial r'}{\partial\varpi} - \frac{\partial v_{,}}{\partial t}\,\frac{\partial r_{,}}{\partial\varpi} + \int dr\,\frac{\partial^2 v}{\partial\varpi\partial t}\right),$$

et par conséquent

$$\iiint dr\,d\mu\,d\varpi\left(g\,\frac{\partial u}{\partial t}\,\frac{\partial y'}{\partial\mu}\sqrt{1-\mu^2} - g\,\frac{\partial v}{\partial t}\,\frac{\partial y'}{\partial\varpi}\right)$$

$$= \iint gy'\,d\mu\,d\varpi\left\{\begin{aligned}&\frac{\partial u_{,}}{\partial t}\,\frac{\partial r_{,}}{\partial\mu}\sqrt{1-\mu^2} - \frac{\partial u'}{\partial t}\,\frac{\partial r'}{\partial\mu}\sqrt{1-\mu^2} + \frac{\partial v'}{\partial t}\,\frac{\partial r'}{\partial\varpi}\\[4pt] &- \frac{\partial v_{,}}{\partial t}\,\frac{\partial r_{,}}{\partial\varpi} - \int dr\left(\frac{\partial\cdot\frac{\partial u}{\partial t}\sqrt{1-\mu^2}}{\partial\mu} - \frac{\partial^2 v}{\partial\varpi\partial t}\right)\end{aligned}\right\}.$$

Le second membre de cette équation se réduit, en vertu de l'équation (8), au terme $-\iint gy'\dfrac{\partial y}{\partial t}\,d\mu\,d\varpi$; l'équation (9) devient donc

$$(10)\qquad \iiint dr\,d\mu\,d\varpi\left[\frac{\partial u}{\partial t}\,\frac{\partial^2 u}{\partial t^2} + \frac{\partial v}{\partial t}\,\frac{\partial^2 v}{\partial t^2}\,(1-\mu^2)\right] = -\iint d\mu\,d\varpi\,gy'\,\frac{\partial y}{\partial t}.$$

Nous ferons abstraction ici de l'action des astres, pour ne considérer que l'action mutuelle des molécules de la mer et du sphéroïde terrestre. La valeur de V' est alors due à l'attraction d'une couche aqueuse dont, le rayon intérieur étant r', le rayon extérieur est $r' + \alpha y'$, r' étant à très-peu près égal à l'unité. On a vu, dans le n° 2, que, y étant sup-

28.

posé égal à

$$Y^{(0)} + Y^{(1)} + Y^{(2)} + Y^{(3)} + Y^{(4)} + \ldots,$$

on a

$$V' = \frac{3g}{\rho}\left(Y^{(0)} + \tfrac{1}{3}Y^{(1)} + \tfrac{1}{5}Y^{(2)} + \tfrac{1}{7}Y^{(3)} + \ldots\right);$$

or on a généralement

$$\int\int Y^{(i)} Y^{(i')} \, d\mu \, d\varpi = 0,$$

lorsque i et i' sont des nombres différents ; on a donc

$$\int\int y' \frac{\partial y}{\partial t} \, d\mu \, d\varpi = \int\int d\mu \, d\varpi \left\{ \begin{array}{l} \left(1 - \dfrac{3}{\rho}\right) Y^{(0)} \dfrac{\partial Y^{(0)}}{\partial t} + \left(1 - \dfrac{1}{\rho}\right) Y^{(1)} \dfrac{\partial Y^{(1)}}{\partial t} \\[2mm] + \left(1 - \dfrac{3}{5\rho}\right) Y^{(2)} \dfrac{\partial Y^{(2)}}{\partial t} + \left(1 - \dfrac{3}{7\rho}\right) Y^{(3)} \dfrac{\partial Y^{(3)}}{\partial t} + \ldots \end{array} \right\}$$

Par le n° 2, on a $Y^{(0)} = 0$; l'équation (10) devient donc, en l'intégrant
par rapport au temps t,

$$(11)\left\{ \begin{array}{l} \int\int\int dr \, d\mu \, d\varpi \left[\left(\dfrac{\partial u}{\partial t}\right)^2 + \left(\dfrac{\partial v}{\partial t}\right)^2 (1 - \mu^2) \right] \\[2mm] = M - g \int\int d\mu \, d\varpi \left[\left(1 - \dfrac{1}{\rho}\right) Y^{(1)2} + \left(1 - \dfrac{3}{5\rho}\right) Y^{(2)2} + \left(1 - \dfrac{3}{7\rho}\right) Y^{(3)2} + \ldots \right], \end{array} \right.$$

M étant une constante arbitraire. Il est facile de voir que le premier
membre de cette équation exprime, à très-peu près, la force vive de la
masse fluide, en ne considérant que la vitesse relative de ses molécules
sur le sphéroïde terrestre.

M est une constante indépendante du temps t, et qui dépend de l'état
initial du mouvement de la mer ; elle est très-petite, lorsque l'on suppose l'ébranlement primitif peu considérable.

Si ρ est plus grand que l'unité, la fonction

$$- g \int\int d\mu \, d\varpi \left[\left(1 - \frac{1}{\rho}\right) Y^{(1)2} + \left(1 - \frac{3}{5\rho}\right) Y^{(2)2} + \ldots \right].$$

sera constamment négative ; elle sera moindre que M, puisque le premier membre de l'équation précédente est nécessairement positif ; $Y^{(1)}$,
$Y^{(2)}, \ldots$ ne doivent donc point contenir d'exponentielles croissantes, ni

d'arcs de cercle; d'où il suit que *l'équilibre de la mer est stable, si sa
densité est moindre que la densité moyenne de la Terre.*

14. Si la densité de la mer surpasse la moyenne densité de la Terre,
sa figure cesse d'être stable dans un grand nombre de cas. On a vu dans
le n° 2 que, la Terre n'ayant point de mouvement de rotation, et la
profondeur de la mer étant constante, on peut, si ρ est moindre que
l'unité, ébranler ce fluide de manière que l'équation de sa surface renferme le temps sous la forme d'exponentielles croissantes, ce qui est
contraire à la stabilité de l'équilibre. La même chose a généralement
lieu dans le cas où, la Terre ayant un mouvement de rotation, le sphéroïde que recouvre la mer est un solide de révolution, quelle que soit
d'ailleurs la loi de la profondeur de la mer.

Reprenons l'équation (11), dans laquelle nous supposerons que les
valeurs de u et de v sont à très-peu près les mêmes pour toutes les molécules situées sur le même rayon. Supposons qu'à l'origine du mou-
vement on ait eu $y = h\mu$, $\dfrac{\partial y}{\partial t} = 0$, $\dfrac{\partial u}{\partial t} = 0$, $\dfrac{\partial v}{\partial t} = 0$. Le fluide, aban-
donné ensuite à sa pesanteur et à l'attraction de ses molécules, a dû
prendre un mouvement composé d'une infinité d'oscillations simples,
telles que l'on a, par leur réunion,

$$y = a\cos(it + \varepsilon) + a_1 \cos(i_1 t + \varepsilon_1) + a_2 \cos(i_2 t + \varepsilon_2) + \ldots,$$

a, a_1, a_2, … étant des fonctions de μ. Les constantes i, i_1, i_2, …,
ε, ε_1, ε_2, … doivent être telles qu'à l'origine du mouvement, où $t = 0$,
on ait eu

$$a\cos\varepsilon + a_1\cos\varepsilon_1 + a_2\cos\varepsilon_2 + \ldots = h\mu,$$
$$ai\sin\varepsilon + a_1 i_1 \sin\varepsilon_1 + a_2 i_2 \sin\varepsilon_2 + \ldots = 0.$$

Les valeurs correspondantes de $\dfrac{\partial u}{\partial t}$ et de $\dfrac{\partial v}{\partial t}$ sont, par le n° 3, de la
forme

$$-ib\sin(it + \varepsilon) - i_1 b_1 \sin(i_1 t + \varepsilon_1) - \ldots,$$
$$ic\cos(it + \varepsilon) + i_1 c_1 \cos(i_1 t + \varepsilon_1) + \ldots,$$

et elles doivent se réduire à zéro, lorsque $t = 0$. Cela posé, si l'on substitue les valeurs précédentes dans l'équation (11), elle deviendra, en l'intégrant par rapport à r,

$$(12) \left\{ \begin{aligned}
& \int\int \frac{\gamma\, d\mu\, d\varpi}{2} \Sigma i^2 [c^2(1-\mu^2)+b^2] + \int\int \frac{\gamma\, d\mu\, d\varpi}{2} \Sigma i^2 [c^2(1-\mu^2)-b^2]\cos(2it+2\varepsilon) \\
& \quad + \int\int \gamma\, d\mu\, d\varpi\, \Sigma ii_1 [bb_1 + cc_1(1-\mu^2)]\cos(it-i_1 t+\varepsilon-\varepsilon_1) \\
& \quad + \int\int \gamma\, d\mu\, d\varpi\, \Sigma ii_1 [cc_1(1-\mu^2)-bb_1]\cos(it+i_1 t+\varepsilon+\varepsilon_1) \\
& = \mathrm{M} - g \int\int \frac{d\mu\, d\varpi}{2} \Sigma\left[\left(1-\frac{1}{\rho}\right)\mathrm{P}^{(1)2} + \left(1-\frac{3}{5\rho}\right)\mathrm{P}^{(2)2} + \dots\right] \\
& \quad - g \int\int \frac{d\mu\, d\varpi}{2} \Sigma\left[\left(1-\frac{1}{\rho}\right)\mathrm{P}^{(1)2} + \left(1-\frac{3}{5\rho}\right)\mathrm{P}^{(2)2} + \dots\right]\cos(2it+2\varepsilon) \\
& \quad - g \int\int d\mu\, d\varpi\, \Sigma\left[\left(1-\frac{1}{\rho}\right)\mathrm{P}^{(1)}\mathrm{P}_1^{(1)} + \left(1-\frac{3}{5\rho}\right)\mathrm{P}^{(2)}\mathrm{P}_1^{(2)} + \dots\right][\cos(it-i_1 t+\varepsilon-\varepsilon_1)+\cos(it+i_1 t+\varepsilon+\varepsilon_1)].
\end{aligned} \right.$$

la caractéristique Σ des intégrales finies s'étendant à toutes les valeurs $i, i_1, \dots$; $\mathrm{P}^{(1)}, \mathrm{P}^{(2)}, \dots$ sont les coefficients de $\cos(it+\varepsilon)$ dans $\mathrm{Y}^{(1)}, \mathrm{Y}^{(2)}, \dots$; $\mathrm{P}_1^{(1)}, \mathrm{P}_1^{(2)}, \dots$ sont les coefficients de $\cos(i_1 t+\varepsilon_1)$ dans les mêmes quantités, et ainsi de suite. La comparaison des termes indépendants de t, dans cette équation, donne

$$(13) \int\int \frac{\gamma\, d\mu\, d\varpi}{2} \Sigma i^2 [c^2(1-\mu^2)+b^2] = \mathrm{M} - g \int\int \frac{d\mu\, d\varpi}{2} \Sigma\left[\left(1-\frac{1}{\rho}\right)\mathrm{P}^{(1)2} + \left(1-\frac{3}{5\rho}\right)\mathrm{P}^{(2)2} + \dots\right];$$

on a ensuite

$$(14) \int\int \frac{\gamma\, d\mu\, d\varpi}{2} i^2 [c^2(1-\mu^2)-b^2] = -g \int\int \frac{d\mu\, d\varpi}{2} \left[\left(1-\frac{1}{\rho}\right)\mathrm{P}^{(1)2} + \left(1-\frac{3}{5\rho}\right)\mathrm{P}^{(2)2} + \dots\right];$$

car le fluide peut avoir séparément chacune des oscillations simples relatives aux coefficients $i, i_1, \dots$, puisqu'en substituant pour y, $\frac{\partial u}{\partial t}$ et $\frac{\partial v}{\partial t}$ leurs valeurs précédentes dans les équations (A) et (B) du n° 3, les termes affectés de $\sin(it+\varepsilon)$ et de $\cos(it+\varepsilon)$ doivent se détruire séparément; or, en ne considérant que l'oscillation relative à l'angle $it+\varepsilon$, et supposant nuls tous les termes relatifs aux autres angles, l'équation (12) donne, en comparant les coefficients de $\cos(2it+2\varepsilon)$, l'équation (14); on a donc, en rassemblant toutes les équations semblables à cette dernière équation,

$$\iint \frac{\gamma \, d\mu \, d\varpi}{2} \Sigma i^2 [c^2(1-\mu^2)-b^2] = -g \iint \frac{d\mu \, d\varpi}{2} \Sigma \left[\left(1 - \frac{1}{\rho}\right) P^{(1)2} + \left(1 - \frac{3}{5\rho}\right) P^{(2)2} + \ldots \right].$$

Si l'on retranche cette équation de l'équation (13), on aura

$$\iint \gamma \, d\mu \, d\varpi \, \Sigma i^2 b^2 = M.$$

A l'origine du mouvement, on a, par la supposition, $y = Y^{(0)} = h\mu$, $\frac{\partial u}{\partial t} = 0$, $\frac{\partial v}{\partial t} = 0$; l'équation (11) donne ainsi

$$0 = M - \tfrac{1}{3}\pi g h^2 \left(1 - \frac{1}{\rho}\right);$$

partant,

$$\iint \gamma \, d\mu \, d\varpi \, (i^2 b^2 + i_1^2 b_1^2 + \ldots) = \tfrac{1}{3}\pi g \left(1 - \frac{1}{\rho}\right) h^2.$$

Si ρ est moindre que l'unité, ou, ce qui revient au même, si la densité de la mer surpasse la moyenne densité de la Terre, le second membre de cette équation est négatif; le premier membre est donc pareillement négatif, ce qui est impossible, tant que i^2, i_1^2, i_2^2,... sont positifs; ainsi, dans ce cas, quelqu'une de ces quantités est négative, et par conséquent l'expression de y renferme des exponentielles, et l'équilibre n'est point stable.

CHAPITRE III.

DE LA MANIÈRE D'AVOIR ÉGARD, DANS LA THÉORIE DU FLUX ET DU REFLUX DE LA MER, AUX DIVERSES CIRCONSTANCES QUI, DANS CHAQUE PORT, INFLUENT SUR LES MARÉES.

15. Nous avons supposé, dans le premier Chapitre, que la Terre est un solide de révolution, et nous avons déterminé, dans cette hypothèse, les oscillations de la mer; rapprochons-nous de la nature, en donnant à la Terre une figure quelconque. Dans ce cas, les inégalités de la première espèce seront, en vertu des résistances que la mer éprouve, les mêmes que nous avons déterminées dans le n° 7. Relativement aux inégalités de la seconde et de la troisième espèce, la valeur de y sera formée d'une suite de sinus et de cosinus d'angles proportionnels au temps t, et en nommant it un de ces angles, on aura

$$y = F \cos it + G \sin it,$$
$$gy - V' = F' \cos it + G' \sin it,$$
$$u = H \cos it + K \sin it,$$
$$v = P \cos it + Q \sin it.$$

Ces valeurs, substituées dans les équations (A) et (B) du n° 3, donneront les six équations suivantes, en comparant les coefficients des sinus et des cosinus de it,

$$i^2 H + 2ni\mu \sqrt{1-\mu^2} \cdot Q = - \frac{\partial F'}{\partial \mu} \sqrt{1-\mu^2},$$

$$i^2 K - 2ni\mu \sqrt{1-\mu^2} \cdot P = - \frac{\partial G'}{\partial \mu} \sqrt{1-\mu^2},$$

$$(1 - \mu^2) i^2 P - 2ni\mu\sqrt{1-\mu^2} \cdot K = \frac{\partial F}{\partial \varpi},$$

$$(1 - \mu^2) i^2 Q + 2ni\mu\sqrt{1-\mu^2} \cdot H = \frac{\partial G'}{\partial \varpi},$$

$$F = \frac{\partial . \gamma H \sqrt{1-\mu^2}}{\partial \mu} - \frac{\partial . \gamma P}{\partial \varpi},$$

$$G = \frac{\partial . \gamma K \sqrt{1-\mu^2}}{\partial \mu} - \frac{\partial . \gamma Q}{\partial \varpi}.$$

Il est facile d'en conclure

$$H = \frac{-\dfrac{\partial F'}{\partial \mu}\sqrt{1-\mu^2} - \dfrac{\frac{2n}{i}\mu\frac{\partial G'}{\partial\varpi}}{\sqrt{1-\mu^2}}}{i^2 - 4n^2\mu^2},$$

$$K = \frac{-\dfrac{\partial G'}{\partial \mu}\sqrt{1-\mu^2} + \dfrac{\frac{2n}{i}\mu\frac{\partial F'}{\partial\varpi}}{\sqrt{1-\mu^2}}}{i^2 - 4n^2\mu^2},$$

$$P = \frac{\dfrac{\partial F'}{\partial \varpi} - \frac{2n}{i}\mu(1-\mu^2)\dfrac{\partial G'}{\partial\mu}}{(1-\mu^2)(i^2 - 4n^2\mu^2)},$$

$$Q = \frac{\dfrac{\partial G'}{\partial \varpi} + \frac{2n}{i}\mu(1-\mu^2)\dfrac{\partial F'}{\partial\mu}}{(1-\mu^2)(i^2 - 4n^2\mu^2)},$$

ce qui donne

$$F = -\frac{\gamma(1-\mu^2)\dfrac{\partial^2 F'}{\partial\mu^2}}{i^2-4n^2\mu^2} - \frac{\gamma\dfrac{\partial^2 F'}{\partial\varpi^2}}{(1-\mu^2)(i^2-4n^2\mu^2)} - \frac{\partial.\dfrac{\gamma(1-\mu^2)}{i^2-4n^2\mu^2}}{\partial\mu}\frac{\partial F'}{\partial\mu}$$

$$-\frac{\dfrac{\partial\gamma}{\partial\varpi}\dfrac{\partial F'}{\partial\varpi}}{(1-\mu^2)(i^2-4n^2\mu^2)} + \frac{\frac{2n}{i}\mu\dfrac{\partial\gamma}{\partial\varpi}}{i^2-4n^2\mu^2}\frac{\partial G'}{\partial\mu} - \frac{2n}{i}\frac{\partial.\dfrac{\gamma\mu}{i^2-4n^2\mu^2}}{\partial\mu}\frac{\partial G'}{\partial\varpi}.$$

En changeant dans cette équation F en G, F' en G' et réciproquement, et en changeant le signe des termes multipliés par $\frac{2n}{i}$, on aura une nouvelle équation entre G, G', F', qui, combinée avec celle-ci, déterminera F et G.

On peut, au moyen de ces équations, déterminer généralement la loi de la profondeur de la mer qui rend les oscillations de la seconde espèce nulles pour tous les lieux de la Terre. En effet, relativement à ces oscillations, i étant très-peu différent de n, on peut supposer $i = n$ dans les équations précédentes. De plus, F et G étant nuls par la supposition, les valeurs de F' et de G' sont, par le n° 7, $M\mu\sqrt{1-\mu^2}\cos\varpi$ et $-M\mu\sqrt{1-\mu^2}\sin\varpi$, M étant une fonction de t indépendante de μ et de ϖ. En substituant ces valeurs dans l'équation précédente entre F, F' et G', on trouvera

$$o = \cos\varpi \frac{\partial\gamma}{\partial\mu}\sqrt{1-\mu^2} + \frac{\mu\frac{\partial\gamma}{\partial\varpi}\sin\varpi}{\sqrt{1-\mu^2}}.$$

L'équation entre G, G' et F' donnera

$$o = \sin\varpi \frac{\partial\gamma}{\partial\mu}\sqrt{1-\mu^2} - \frac{\mu\frac{\partial\gamma}{\partial\varpi}\cos\varpi}{\sqrt{1-\mu^2}},$$

d'où l'on tire $\frac{\partial\gamma}{\partial\mu} = o$, $\frac{\partial\gamma}{\partial\varpi} = o$, et par conséquent γ égal à une constante. Les oscillations de la seconde espèce ne peuvent donc disparaître pour toute la Terre que dans le seul cas où la profondeur de la mer est constante.

Si les oscillations de la troisième espèce sont nulles pour toute la Terre, F et G sont nuls relativement à ces oscillations, et l'on a, par le n° 9,

$$F' = N(1-\mu^2)\cos 2\varpi, \qquad G' = -N(1-\mu^2)\sin 2\varpi,$$

N étant une fonction de t indépendante de μ et de ϖ. On peut, de plus, supposer à très-peu près $i = 2n$; cela posé, l'équation entre F, F' et G' donnera

$$o = \frac{2\gamma\cos 2\varpi}{1-\mu^2} + \mu\frac{\partial\gamma}{\partial\mu}\cos 2\varpi + \frac{(1+\mu^2)\frac{\partial\gamma}{\partial\varpi}\sin 2\varpi}{2(1-\mu^2)};$$

l'équation entre G, G' et F' donnera

$$o = \frac{2\gamma\sin 2\varpi}{1-\mu^2} + \mu\frac{\partial\gamma}{\partial\mu}\sin 2\varpi - \frac{(1+\mu^2)\frac{\partial\gamma}{\partial\varpi}\cos 2\varpi}{2(1-\mu^2)};$$

d'où l'on tire $\dfrac{\partial \gamma}{\partial \varpi} = o$ et

$$o = \frac{2\gamma}{1 - \mu^2} + \mu \frac{\partial \gamma}{\partial \mu}.$$

Cette dernière équation donne, en l'intégrant,

$$\gamma = \frac{A(1 - \mu^2)}{\mu^2},$$

A étant une constante arbitraire. Suivant cette valeur de γ, la profondeur de la mer serait infinie lorsque $\mu = o$, ou à l'équateur, ce qui ne peut pas être admis; il n'y a donc aucune loi admissible de profondeur de la mer qui puisse rendre nulles pour toute la Terre les oscillations de la troisième espèce.

La rapidité du mouvement angulaire de rotation de la Terre, relativement au mouvement angulaire du Soleil et de la Lune, permettant de supposer $i = n$ dans les oscillations de la seconde espèce, et $i = 2n$ dans les oscillations de la troisième espèce, il est facile de conclure de l'analyse précédente et des n°s 6, 8 et 9 que, si l'on marque d'un trait, pour la Lune, les quantités L, v, ψ et r que nous supposerons se rapporter au Soleil, l'élévation $z.y$ d'une molécule de la surface de la mer au-dessus de la surface d'équilibre qui aurait lieu sans l'action de ces deux astres est, à fort peu près, de la forme

$$z y = - \frac{1 + 3\cos 2\theta}{8g\left(1 - \frac{3}{5\rho}\right)} \left[\frac{L}{r^3}(1 - 3\sin^2 v) + \frac{L'}{r'^3}(1 - 3\sin^2 v')\right]$$
$$+ A\left[\frac{L}{r^3}\sin v \cos v \cos(nt + \varpi - \psi - \theta) + \frac{L'}{r'^3}\sin v' \cos v' \cos(nt + \varpi - \psi' - \theta)\right]$$
$$+ B\left[\frac{L}{r^3}\cos^2 v \cos 2(nt + \varpi - \psi - \lambda) + \frac{L'}{r'^3}\cos^2 v' \cos 2(nt + \varpi - \psi' - \lambda)\right],$$

A, B, θ et λ étant des fonctions de μ et de ϖ, dépendantes de la loi de la profondeur de la mer. La généralité de cette forme embrasse un grand nombre de variétés des phénomènes des marées, qui peuvent avoir lieu dans les différents ports. Lorsque la Terre est un solide de révolution, il résulte des n°s 7 et 9 que l'instant du maximum ou du minimum des oscillations de la seconde et de la troisième espèce est le même que celui du passage de l'astre qui les produit au méridien; mais on voit par la formule précédente que, dans le cas général d'une profondeur quelconque, ces instants peuvent être fort différents, et les heures des marées peuvent être très-variables d'un port à l'autre, conformément à ce que l'on observe.

Dans plusieurs ports, les oscillations de la seconde espèce peuvent être insensibles, tandis que dans d'autres ports on ne remarquera point les oscillations de la troisième espèce. Mais, suivant la formule précédente, les maxima ou minima de ces oscillations suivraient d'un même intervalle les passages de leurs astres respectifs au méridien, puisque les quantités ξ et λ sont les mêmes relativement à chacun des deux astres; or nous verrons dans la suite que ce résultat est contraire aux observations; ainsi, quelque étendue que soit la formule précédente, elle ne satisfait pas encore à tous les phénomènes observés. L'irrégularité de la profondeur de l'océan, la manière dont il est répandu sur la Terre, la position et la pente des rivages, leurs rapports avec les côtes qui les avoisinent, les courants, les résistances que les eaux éprouvent, toutes ces causes, qu'il est impossible de soumettre au calcul, modifient les oscillations de cette grande masse fluide. Nous ne pouvons donc qu'analyser les phénomènes généraux qui doivent résulter des attractions du Soleil et de la Lune, et tirer des observations les données dont la connaissance est indispensable pour compléter dans chaque port la théorie du flux et du reflux de la mer, et qui sont autant d'arbitraires dépendantes de l'étendue de la mer, de sa profondeur et des circonstances locales du port.

16. Envisageons sous ce point de vue général la théorie des oscillations de l'océan et sa correspondance avec les observations. On peut considérer la mer comme un système d'une infinité de molécules qui réagissent les unes sur les autres, soit par leur pression, soit par leur attraction mutuelle, et qui, de plus, sont animées par la pesanteur et par les forces attractives du Soleil et de la Lune. Sans l'action de ces

deux dernières forces, la mer serait depuis longtemps en équilibre; la loi de ces forces doit donc en régler les mouvements.

Pour avoir les forces attractives du Soleil et de la Lune sur une molécule de la surface de la mer, déterminée par les coordonnées R, ϖ et θ, R étant le rayon mené du centre de la Terre à la molécule, nommons $\alpha V'$ la fonction

$$\frac{3 L R^2}{2 r^3} \left\{ [\sin v \cos\theta + \cos v \sin\theta \cos(nt + \varpi - \psi)]^2 - \tfrac{1}{3} \right\}$$
$$+ \frac{3 L' R^2}{2 r'^3} \left\{ [\sin v' \cos\theta + \cos v' \sin\theta \cos(nt + \varpi - \psi')]^2 - \tfrac{1}{3} \right\};$$

la somme des forces lunaire et solaire, décomposées suivant le rayon terrestre, sera $\alpha \dfrac{\partial V'}{\partial R}$, ou $2\alpha V'$, en faisant $R = 1$ après la différentiation. La somme de ces forces, décomposées perpendiculairement au rayon terrestre et dans le plan du méridien de la molécule, sera $\alpha \dfrac{\partial V'}{\partial\theta}$; enfin, la somme des mêmes forces, décomposées perpendiculairement au plan de ce méridien, sera $-\dfrac{\alpha \dfrac{\partial V'}{\partial\varpi}}{\sin\theta}$. Ces expressions sont très-approchées pour le Soleil, à cause de sa grande distance à la Terre, qui rend insensibles les termes multipliés par $\dfrac{L}{r^3}$. Elles sont moins exactes pour la Lune : mais les phénomènes des marées ne m'ont rien fait apercevoir qui puisse dépendre des forces de l'ordre $\dfrac{L'}{r'^3}$; peut-être des observations plus exactes et plus nombreuses que celles qui ont été faites rendront sensibles les effets de ces forces.

Ne considérons d'abord que l'action du Soleil, et supposons qu'il se meuve dans le plan de l'équateur, uniformément et toujours à la même distance du centre de la Terre; les trois forces précédentes deviennent

$$(A) \quad \left\{ \begin{array}{l} \dfrac{3 L}{2 r^3} \left[\sin^2\theta - \tfrac{2}{3} + \sin^2\theta \cos(2nt + 2\varpi - 2\psi) \right], \\[2ex] \dfrac{3 L}{2 r^3} \sin\theta \cos\theta \left[1 + \cos(2nt + 2\varpi - 2\psi) \right], \\[2ex] -\dfrac{3 L}{2 r^3} \sin\theta \sin(2nt + 2\varpi - 2\psi). \end{array} \right.$$

En vertu des seules forces constantes $\frac{3L}{2r^3}(\sin^2\theta - \frac{2}{3})$ et $\frac{3L}{2r^3}\sin\theta\cos\theta$, la mer finirait par être en équilibre; ces forces ne font donc qu'altérer un peu la figure permanente qu'elle prend en vertu du mouvement de rotation. Mais les trois parties variables des forces précédentes doivent exciter dans l'océan des oscillations dont nous allons déterminer la nature.

Ces forces redeviennent les mêmes à chaque intervalle d'un demi-jour; or on peut établir, comme un principe général de Dynamique. que *l'état d'un système de corps, dans lequel les conditions primitives du mouvement ont disparu par les résistances qu'il éprouve, est périodique comme les forces qui l'animent;* l'état de l'océan doit donc redevenir le même à chaque intervalle d'un demi-jour, en sorte qu'il doit y avoir un flux et un reflux dans cet intervalle.

Pour le faire voir par un raisonnement qui peut s'appliquer à tous les cas semblables, supposons qu'à un instant quelconque a, la hauteur de la mer dans un port ait été h, et qu'elle soit redevenue la même après les intervalles $f^{(1)}, f^{(2)}, f^{(3)}, \ldots, f^{(i)}, \ldots$, comptés de l'instant a; $a + f^{(i)}$ est l'instant où la hauteur de la mer était h, après le nombre i de ces intervalles; si l'on suppose i très-grand, cet instant ne dépendra point des conditions de mouvement qui ont eu lieu à l'instant a, que nous prendrons pour celui de l'origine du mouvement; car toutes ces conditions ont dû bientôt disparaitre par les frottements et les résistances de tout genre que la mer éprouve dans ses oscillations, en sorte que, le mouvement de la mer finissant par n'en plus dépendre et par se rapporter uniquement aux forces qui la sollicitent, il est impossible de connaitre l'état primitif de la mer par son état présent.

Imaginons maintenant qu'à l'instant a plus un demi-jour, toutes les conditions du mouvement de la mer aient été les mêmes qu'elles étaient dans le premier cas à l'instant a. Puisque les forces solaires sont les mêmes et varient de la même manière dans les deux cas, il est clair que, dans le second cas, les intervalles successifs après lesquels la hauteur de la mer sera h, en partant de l'instant a plus un demi-jour, seront, comme dans le premier cas, $f^{(1)}$, $f^{(2)}$, $f^{(3)}$, ..., en sorte qu'à l'instant $a + f^{(i)} +$ un demi-jour, la hauteur de la mer sera h. Mais puisque, i étant fort grand, l'état actuel de la mer est indépendant de tout ce qui a rapport à l'origine du mouvement, il est visible que l'instant $a + f^{(i)} +$ un demi-jour doit coïncider avec quelques-uns des instants où la hauteur de la mer est h dans le premier cas; on doit donc avoir

$$a + f^{(i)} + \text{un demi-jour} = a + f^{(i+r)},$$

r étant un nombre entier; partant

$$f^{(i+r)} - f^{(i)} = \text{un demi-jour},$$

d'où il suit que l'état de la mer redevient le même après l'intervalle d'un demi-jour.

Il est vraisemblable qu'en supposant la mer entière ébranlée par une cause quelconque, les résistances qu'elle éprouve anéantiraient l'effet de cette cause dans l'intervalle de quelques mois, de manière qu'après cet intervalle les marées reprendraient leur état naturel. On peut juger par là du peu d'influence des vents qui, quelque violents qu'il soient, ne sont que locaux et n'ébranlent que la superficie des mers. Ainsi, en prenant les résultats moyens d'un grand nombre d'observations continuées pendant plusieurs années, ces résultats représenteront à très-peu près l'effet des forces régulières qui agissent sur l'océan.

Imaginons une droite dont les parties représentent le temps, et sur cette droite, comme axe des abscisses, concevons une courbe dont les ordonnées expriment les hauteurs de la mer; la partie de la courbe correspondante à l'abscisse qui représente un demi-jour déterminera la courbe entière qui sera formée de cette partie répétée à l'infini. Ainsi l'intervalle entre deux pleines mers consécutives sera d'un demi-jour, comme l'intervalle entre deux basses mers consécutives.

17. Déterminons cette courbe, et, pour cela, concevons un second Soleil L, parfaitement égal au premier, et mû de la même manière dans le plan de l'équateur, avec la seule différence qu'il précède le

premier dans son orbite de l'angle $n'T$, n' étant égal à $n - m$, et m étant égal à $\frac{d\psi}{dt}$. On aura les forces relatives à ce nouveau Soleil en changeant, dans l'expression des forces variables qui agitent la mer et que nous avons donnée dans le numéro précédent, ψ dans $\psi + n'T$. Ces nouvelles forces, ajoutées aux précédentes, produiront les suivantes

$$\frac{3L}{2r^3} \sin^2\theta [\cos(2nt + 2\varpi - 2\psi) + \cos(2nt + 2\varpi - 2\psi - 2n'T)],$$

$$\frac{3L}{2r^3} \sin\theta \cos\theta [\cos(2nt + 2\varpi - 2\psi) + \cos(2nt + 2\varpi - 2\psi - 2n'T)],$$

$$-\frac{3L}{2r^3} \sin\theta [\sin(2nt + 2\varpi - 2\psi) + \sin(2nt + 2\varpi - 2\psi - 2n'T)].$$

Si l'on fait $L_{,} = 2L\cos n'T$, ces trois forces se réduisent aux suivantes

$$\frac{3L_{,}}{2r^3} \sin^2\theta \cos(2nt + 2\varpi - 2\psi - n'T),$$

$$\frac{3L_{,}}{2r^3} \sin\theta \cos\theta \cos(2nt + 2\varpi - 2\psi - n'T),$$

$$-\frac{3L_{,}}{2r^3} \sin\theta \sin(2nt + 2\varpi - 2\psi - n'T).$$

Ces dernières forces produisent un flux et un reflux semblable à celui qu'exciterait l'astre L, si sa masse se changeait en $L_{,}$, et si l'on diminuait de $\frac{1}{2}T$ le temps t dans les forces du numéro précédent; en nommant donc y'' l'ordonnée de la courbe des hauteurs de la mer correspondante à l'abscisse $t - \frac{1}{2}T$, on aura $\frac{L_{,}y''}{L}$ pour la hauteur de la mer produite par les trois forces précédentes.

Cette hauteur est, par la nature des oscillations très-petites, la somme des hauteurs de la mer dues aux actions des deux Soleils L; car on sait que le mouvement total d'un système agité par de très-petites forces est la somme des mouvements partiels que chaque force lui eût imprimés séparément : c'est ainsi que des ondes légères excitées dans un bassin se superposent les unes aux autres, comme elles se seraient disposées séparément sur la surface de l'eau tranquille. Cela résulte évidemment de ce que les oscillations très-petites sont données par des équations différentielles linéaires, dont les intégrales complètes sont les sommes de toutes les intégrales partielles qui y satisfont. Soient donc y l'ordonnée de la courbe des hauteurs de la mer correspondante au temps t, et y' l'ordonnée correspondante au temps $t - T$; $y + y'$ sera la somme de ces hauteurs; on aura par conséquent

$$(o) \qquad y + y' = \frac{L_{,}y''}{L}.$$

Maintenant, si l'on développe y' et y'' en séries ordonnées par rapport aux puissances de T, on aura, en négligeant les puissances supérieures au carré,

$$y' = y - T\frac{dy}{dt} + \frac{T^2}{2}\frac{d^2y}{dt^2},$$

$$y'' = y - \tfrac{1}{2}T\frac{dy}{dt} + \frac{T^2}{8}\frac{d^2y}{dt^2}.$$

On a, de plus,

$$L_{,} = 2L - Ln'^2T^2;$$

ces valeurs, substituées dans l'équation (o), donnent

$$\frac{d^2y}{dt^2} = - 4n'^2y;$$

d'où l'on tire, en intégrant,

$$y = \frac{BL}{r^3}\cos(2nt + 2\varpi - 2\psi - 2\lambda),$$

B et λ étant deux arbitraires, dont la première dépend de la grandeur de la marée totale dans le port, et dont la seconde dépend de l'heure de la marée ou du temps dont elle suit le passage du Soleil au méridien.

Cette expression de y donne la loi suivant laquelle la mer s'élève et s'abaisse. Concevons un cercle vertical dont la circonférence représente un intervalle d'un demi-jour, et dont le diamètre soit égal à la marée totale, c'est-à-dire à la différence des hauteurs de la pleine et de la

basse mer; supposons que les arcs de cette circonférence, en partant
du point le plus bas, expriment les temps écoulés depuis la basse mer;
les sinus verses de ces arcs seront les hauteurs de la mer qui correspondent à ces temps.

Cette loi s'observe exactement au milieu d'une mer libre de tous
côtés; mais dans nos ports les circonstances locales en éloignent un
peu les marées; la mer y emploie un peu plus de temps à descendre
qu'à monter, et à Brest la différence de ces deux temps est d'environ
dix minutes.

Plus une mer est vaste, plus les phénomènes des marées doivent être
sensibles. Dans une masse fluide, les impressions que reçoit chaque
molécule se communiquent à la masse entière; c'est par là que l'action du Soleil, qui est insensible sur une molécule isolée, produit sur
l'océan des effets remarquables, et c'est la raison pour laquelle le flux
et le reflux sont insensibles dans les lacs et dans les petites mers, telles
que la mer Noire et la mer Caspienne.

On a vu, dans le n° 10, la grande influence de la profondeur de la
mer sur la hauteur des marées. Les circonstances locales de chaque
port peuvent faire varier considérablement cette hauteur. Les ondulations de la mer, resserrées dans un détroit, peuvent devenir fort
grandes; la réflexion des eaux par les côtes opposées peut les augmenter encore : c'est ainsi que les marées, généralement fort petites dans
les iles de la mer du Sud, sont très-considérables dans nos ports.

Si l'océan recouvrait un sphéroïde de révolution, et s'il n'éprouvait
point de résistance dans ses mouvements, l'instant de la pleine mer
serait celui du passage du Soleil au méridien supérieur ou inférieur;
mais il n'en est pas ainsi dans la nature, et les circonstances locales
font varier considérablement l'heure des marées dans des ports même
fort voisins. Pour avoir une juste idée de ces variétés, imaginons un
large canal communiquant avec la mer, en s'avançant fort loin dans
les terres. Il est visible que les ondulations qui ont lieu à son embouchure se propageront successivement dans toute sa longueur, en sorte
que la figure de sa surface sera formée d'une suite de grandes ondes

en mouvement, qui se renouvelleront sans cesse, et qui parcourront
leur longueur dans l'intervalle d'un demi-jour. Ces ondes produiront
à chaque point du canal un flux et un reflux qui suivront la loi précédente; mais les heures du flux retarderont à mesure que les points
seront plus éloignés de l'embouchure. Ce que nous disons d'un canal
peut s'appliquer aux fleuves, dont la surface s'élève et s'abaisse par des
ondes semblables, malgré le mouvement contraire de leurs eaux. On
observe ces ondes dans toutes les rivières, près de leur embouchure;
elles se propagent fort loin dans les grands fleuves, et, au détroit du
Pauxis, dans la rivière des Amazones, à 80 myriamètres de distance
à la mer, elles sont encore sensibles.

18. Considérons présentement l'action de la Lune, et supposons que
cet astre se meuve uniformément dans le plan de l'équateur. Il est clair
qu'il doit exciter dans l'océan un flux et un reflux semblable à celui qui
résulte de l'action du Soleil; les deux flux partiels produits par les actions de ces astres se combinent sans se troubler mutuellement, et leur
combinaison produit le flux composé que nous observons dans nos
ports. Cela posé, en marquant d'un trait, pour la Lune, les quantités L,
r, ψ, λ, B, relatives à l'action du Soleil, la hauteur de la mer due à
l'action de la Lune sera exprimée par la fonction

$$\frac{B'L'}{r'^3}\cos(2nt + 2\varpi - 2\psi' - 2\lambda'),$$

B' et λ' étant deux nouvelles arbitraires; la hauteur entière y de la mer,
due aux actions réunies du Soleil et de la Lune, sera donc

$$y = \frac{BL}{r^3}\cos(2nt + 2\varpi - 2\psi - 2\lambda) + \frac{B'L'}{r'^3}\cos(2nt + 2\varpi - 2\psi' - 2\lambda').$$

On voit par cette formule que la hauteur des marées doit varier considérablement avec les phases de la Lune. Cette hauteur est la plus
grande lorsque les deux cosinus de l'expression de y sont égaux à
l'unité, et alors elle est la somme des quantités $\frac{BL}{r^3}$ et $\frac{B'L'}{r'^3}$. Elle est la

plus petite lorsque, le cosinus affecté du plus grand coefficient étant 1, l'autre cosinus est -1, et alors elle est égale à la différence des deux quantités précédentes. Si $\frac{BL}{r^3}$ surpassait $\frac{B'L'}{r'^3}$, le maximum et le minimum de cette hauteur auraient lieu lorsque le premier cosinus serait 1, et par conséquent ils arriveraient à la même heure du jour. Mais si $\frac{B'L'}{r'^3}$ surpassait $\frac{BL}{r^3}$, la plus petite marée aurait lieu lorsque le premier cosinus serait -1, ou à l'instant de la basse mer solaire; l'heure de cette marée serait donc à un quart de jour de distance de l'heure de la plus grande marée. Voilà donc un moyen simple de reconnaître laquelle des deux quantités $\frac{BL}{r^3}$ et $\frac{B'L'}{r'^3}$ est la plus grande. Toutes les observations faites dans nos ports concourent à faire voir que la seconde surpasse la première.

Les constantes arbitraires B, B', λ et λ' donnent lieu à plusieurs remarques importantes. Si l'on avait $\lambda = \lambda'$, la plus grande marée aurait lieu au moment de la pleine ou de la nouvelle Lune, et la plus petite marée arriverait au moment de la quadrature. En effet, au moment de la plus grande marée, les deux angles $2(nt + \varpi - \psi - \lambda)$ et $2(nt + \varpi - \psi' - \lambda')$ sont égaux à zéro ou à un multiple de la circonférence; leur différence est pareillement nulle ou multiple de la circonférence, ce qui, dans le cas de $\lambda = \lambda'$, suppose la Lune en conjonction ou en opposition au Soleil. Suivant les observations faites dans nos ports, la plus grande marée suit d'environ un jour et demi la nouvelle ou la pleine Lune, en sorte que $\psi' - \psi$ est positif et égal au mouvement synodique de la Lune, pendant un jour et demi; $\lambda' - \lambda$ est donc négatif, et par conséquent λ surpasse λ'.

On aura une juste idée de ce phénomène en imaginant, comme ci-dessus, un large canal communiquant avec la mer, et s'avançant fort loin dans les terres, sous le méridien de son embouchure. Si l'on suppose qu'à cette embouchure la pleine mer a lieu à l'instant même du passage de l'astre au méridien, et qu'elle emploie vingt et une heures à parvenir à son extrémité, il est visible qu'à ce dernier point la marée solaire suivra d'une heure le passage du Soleil au méridien; mais, deux jours lunaires formant $2^{\text{jours}},070$ solaires, le flux lunaire ne suivra que de 30 minutes le passage de la Lune au méridien. Dans ce cas, l'angle λ est une heure convertie en degrés, à raison de la circonférence entière pour un jour, ce qui donne $\lambda = 40°$. L'angle λ' est l'intervalle de 30 minutes, converti de la même manière en degrés, ce qui donne $\lambda' = 12°$. Si l'extrémité du canal est plus orientale que son embouchure d'un certain nombre de degrés, il faudra les ajouter aux valeurs précédentes de λ et de λ' pour avoir leurs véritables valeurs. Dans l'hypothèse que nous considérons, B et B' sont les mêmes, et l'angle $\lambda - \lambda'$ est égal au mouvement synodique de la Lune dans l'intervalle de vingt et une heures; la différence des valeurs de λ et de λ' ne fait que reculer de vingt et une heures les phénomènes des marées qui ont lieu à l'embouchure, où $\lambda = \lambda'$, et il est clair que ce résultat a également lieu pour un système quelconque d'astres mus uniformément dans le plan de l'équateur.

Imaginons présentement que le canal dont nous venons de parler ait deux embouchures; si l'on suppose $\dfrac{d\psi}{dt} = m$ (*), la marée qui a lieu à la première embouchure par l'action de L produira à l'extrémité du canal une marée dont la hauteur sera exprimée par

$$\frac{\mathrm{B L}}{r^3} \cos(2nt + 2\varpi - 2\psi - 2mT),$$

T étant l'intervalle de temps que la marée emploie à se transmettre de la première embouchure à l'extrémité du canal. Pareillement, la marée qui a lieu à la seconde embouchure produira à l'extrémité du canal une marée dont la hauteur sera représentée par

$$\frac{\mathrm{C L}}{r^3} \cos(2nt + 2\varpi - 2\psi - 2mT'),$$

T' étant l'intervalle de temps que cette marée emploie à se transmettre

(*) Correction proposée par Bowditch : « Si l'on pose $\dfrac{d\psi}{dt} = m'$ et $m = n - m'$, la marée qui a lieu..... »

de la seconde embouchure à l'extrémité du canal, et le coefficient C dépendant de la hauteur de la marée à cette seconde embouchure. La hauteur entière y de la marée, à l'extrémité du canal, produite par l'action de l'astre L, sera donc

$$y = \frac{BL}{r^3} \cos(2nt + 2\varpi - 2\psi - 2mT) + \frac{CL}{r^3} \cos(2nt + 2\varpi - 2\psi - 2mT').$$

Si l'on fait

$$B_{,} = \sqrt{B^2 + C^2 + 2BC \cos 2m(T' - T)},$$

$$\sin 2\lambda_{,} = \frac{B \sin 2mT + C \sin 2mT'}{B_{,}},$$

on aura

$$y = \frac{B_{,}L}{r^3} \cos(2nt + 2\varpi - 2\psi - 2\lambda_{,}).$$

On voit par là que $B_{,}$ dépend, ainsi que $\lambda_{,}$, de la valeur de m ou de la rapidité du mouvement de l'astre dans son orbite, et il est clair que, si le canal avait trois ou un plus grand nombre d'embouchures, les valeurs de $B_{,}$ et de $\lambda_{,}$ seraient plus composées. Le rapport des coefficients $\frac{BL}{r^3}$ et $\frac{B'L'}{r'^3}$, donné par les observations des marées, n'est donc point exactement celui des forces $\frac{L}{r^3}$ et $\frac{L'}{r'^3}$; il peut être fort différent dans les différents ports, et ce n'est qu'en ayant égard à la différence des valeurs de B et de B' que l'on peut déterminer, par les phénomènes des marées, le rapport des forces du Soleil et de la Lune.

Si, dans le cas où le canal que nous venons de considérer n'a que deux embouchures, C est égal à — B, c'est-à-dire si la haute mer a lieu à la première embouchure à l'instant où la basse mer a lieu à la seconde embouchure: si, de plus, T = T', ou, ce qui revient au même, si les deux marées emploient le même temps à parvenir à l'extrémité du canal, on aura $B_{,} = 0$, et il n'y aura point de flux et de reflux à cette extrémité, en vertu des oscillations dont la période est d'un demi-jour. Ce cas singulier a été observé à Batsha, port du royaume de Tunquin, et dans quelques autres lieux.

La grande variété des circonstances locales qui, dans chaque port, influent sur les marées doit donc en produire de considérables dans ces phénomènes, et il n'est probablement aucun cas possible qui n'ait lieu sur la Terre. Mais, puisque les constantes B et λ seraient les mêmes pour le Soleil et la Lune si les mouvements de ces astres étaient égaux, il est naturel de supposer que leurs différences sont proportionnelles aux différences de ces mouvements; nous adopterons donc cette hypothèse, et nous verrons qu'elle satisfait avec une précision remarquable aux observations. Nous ferons ainsi

$$\lambda = O - mT,$$
$$B = P(1 - 2mQ),$$

O, T, P et Q étant les mêmes pour le Soleil et la Lune. Nous donnerons dans la suite le moyen de déterminer ces constantes dans chaque port par les observations.

19. Voyons maintenant ce qui doit arriver lorsque le Soleil et la Lune, toujours mus dans le plan de l'équateur, sont assujettis à des inégalités dans leurs mouvements et dans leurs distances. Les forces partielles

$$\frac{3L}{2r^3}\left(\sin^2\theta - \tfrac{2}{3}\right), \quad \text{et} \quad \frac{3L}{2r^3}\sin\theta\cos\theta,$$

trouvées dans le n° 16, ne seront plus constantes; mais elles varieront avec une grande lenteur, et la période de leur variation sera d'une année. Si la durée de cette période était infinie, ces forces n'auraient d'autre effet que de changer la figure permanente de la mer, qui parviendrait bientôt à l'état d'équilibre. Mais, quoique cette durée soit finie, on a vu, dans le n° 6, qu'en vertu des résistances que la mer éprouve, on peut la considérer comme étant à chaque instant en équilibre sous l'action de ces forces, et déterminer dans cette hypothèse la hauteur correspondante des marées. On a vu de plus que, quelle que soit la profondeur de la mer, la hauteur des marées due à l'action de ces forces est

$$-\frac{1 + 3\cos 2\theta}{8g\left(1 - \dfrac{3}{5\rho}\right)}\frac{L}{r^3}.$$

Si, dans les parties des forces solaires (A) du n° 16 qui sont multipliées par le sinus et le cosinus de l'angle $2nt + 2\varpi - 2\psi$, on substitue, au lieu de r et de ψ, leurs valeurs, chacune de ces parties se
développera en sinus et cosinus d'angles de la forme $2nt - 2qt + 2\varepsilon$,
en sorte que l'on aura

$$\frac{3L}{2r^3} \sin^2\theta \cos 2(nt + \varpi - \psi) = \sin^2\theta \,.\, \Sigma k \cos 2(nt - qt + \varepsilon),$$

$$\frac{3L}{2r^3} \sin\theta \cos\theta \cos 2(nt + \varpi - \psi) = \sin\theta \cos\theta \,.\, \Sigma k \cos 2(nt - qt + \varepsilon),$$

$$\frac{3L}{2r^3} \sin\theta \sin 2(nt + \varpi - \psi) = \sin\theta \,.\, \Sigma k \sin 2(nt - qt + \varepsilon),$$

le signe Σ des intégrales finies servant ici à désigner la somme de tous
les termes de la forme $k\cos 2(nt - qt + \varepsilon)$ et $k\sin 2(nt - qt + \varepsilon)$,
dans lesquels le premier membre de chacune de ces équations peut se
décomposer.

Le plus considérable de ces termes est celui qui dépend de l'angle
$2nt - 2mt + 2\varpi$, et qui produit le flux et le reflux de la mer, dans le
cas que nous avons examiné ci-dessus, où le Soleil serait mû uniformément dans le plan de l'équateur, en conservant toujours la même
distance à la Terre. Les autres termes peuvent être considérés comme
le résultat de l'action d'autant d'astres particuliers, mus uniformément
dans le plan de l'équateur. C'est de la combinaison des flux et reflux
particiels dus à l'action de tous ces astres que se compose le flux et le
reflux total dû à l'action du Soleil.

Si l'on nomme l la masse de l'astre fictif dont l'action produit le
terme dépendant de l'angle $2nt - 2qt + 2\varepsilon$, et a sa distance au centre
de la Terre, on aura

$$\frac{3l}{2a^3} = k, \qquad \text{ou} \qquad \frac{l}{a^3} = \tfrac{2}{3}k.$$

On a vu dans le numéro précédent que, le Soleil étant supposé mû
uniformément dans le plan de l'équateur avec un mouvement angulaire égal à mt, la partie de l'expression de la hauteur de la mer dé-

pendante de l'angle $2nt - 2mt + 2\varpi$ est égale à

$$P(1 - 2mQ)\frac{L}{r^3}\cos 2(nt - mt + \varpi - O + mT),$$

les constantes P, Q, O et T étant les mêmes pour tous les astres, quel
que soit leur mouvement propre; la somme de toutes les marées partielles dues aux actions de tous les astres l, l', l'', ... sera donc

$$\Sigma P(1 - 2qQ)\frac{l}{a^3}\cos 2(nt - qt + \varepsilon - O + qT),$$

et par conséquent elle sera

$$\frac{2P}{3}\Sigma k\cos 2(nt - qt + \varepsilon - O + qT) + \frac{2PQ}{3}\cdot\frac{d}{dt}\Sigma k\sin 2(nt - qt + \varepsilon - O + qT),$$

la différentielle étant prise en supposant nt constant. Mais on a, par ce
qui précède,

$$\Sigma k\cos 2(nt - qt + \varepsilon - O + qT) = \frac{3L}{2r^3}\cos 2(nt + \varpi - \psi - \lambda),$$

le temps t étant diminué de T dans les variables nt, ψ et r du second
membre de cette équation, et λ étant égal à $O - nT$; la partie de la
hauteur de la mer, due à l'action du Soleil et dépendante de l'angle
$2nt + 2\varpi - 2\psi$, est donc, avec les conditions précédentes,

$$P\frac{L}{r^3}\cos 2(nt + \varpi - \psi - \lambda) + PQ\frac{d}{dt}\left[\frac{L}{r^3}\sin 2(nt + \varpi - \psi - \lambda)\right].$$

Si l'on transporte à la Lune ce que nous venons de dire du Soleil, on
trouvera que la partie de la hauteur de la mer, due à son action et dépendante du mouvement de rotation de la Terre, est

$$P\frac{L'}{r'^3}\cos 2(nt + \varpi - \psi' - \lambda) + PQ\frac{d}{dt}\left[\frac{L'}{r'^3}\sin 2(nt + \varpi - \psi' - \lambda)\right],$$

le temps t devant être encore diminué de T dans cette expression. La
partie indépendante du mouvement de rotation de la Terre sera

$$-\frac{1 + 3\cos 2\theta}{8g\left(1 - \frac{3}{5\rho}\right)}\frac{L'}{r'^3},$$

En réunissant tous les termes dus à l'action du Soleil et de la Lune, on aura, pour l'expression approchée de la hauteur xy de la mer,

$$xy = -\frac{1 + 3\cos 2\theta}{8g\left(1 - \frac{3}{5\rho}\right)}\left(\frac{L}{r^3} + \frac{L'}{r'^3}\right)$$

$$+ P\left[\frac{L}{r^3}\cos 2(nt + \varpi - \psi - \lambda) + \frac{L'}{r'^3}\cos 2(nt + \varpi - \psi' - \lambda)\right] \cdot$$

$$+ PQ\frac{d}{dt}\left[\frac{L}{r^3}\sin 2(nt + \varpi - \psi - \lambda) + \frac{L'}{r'^3}\sin 2(nt + \varpi - \psi' - \lambda)\right].$$

le temps t devant être diminué de T dans les termes multipliés par P, et la différentielle étant prise en faisant nt constant.

20. Examinons enfin le cas de la nature, dans lequel le Soleil et la Lune ne se meuvent pas dans le plan de l'équateur. Nous avons donné, dans le n° **16**, la manière d'obtenir les forces solaires et lunaires décomposées parallèlement à trois droites perpendiculaires entre elles, et il en résulte :

1° Que ces forces, décomposées parallèlement au rayon terrestre, sont

$$-\frac{1 + 3\cos 2\theta}{4}\left[\frac{L}{r^3}(1 - 3\sin^2 v) + \frac{L'}{r'^3}(1 - 3\sin^2 v')\right]$$

$$+ 6\sin\theta\cos\theta\left[\frac{L}{r^3}\sin v\cos v\cos(nt + \varpi - \psi) + \frac{L'}{r'^3}\sin v'\cos v'\cos(nt - \varpi - \psi'\right]$$

$$+ \tfrac{3}{4}\sin^2\theta\left[\frac{L}{r^3}\cos^2 v\cos 2(nt + \varpi - \psi) + \frac{L'}{r'^3}\cos^2 v'\cos 2(nt + \varpi - \psi'\right];$$

2° Que ces forces, décomposées perpendiculairement au rayon terrestre, dans le plan du méridien, sont

$$\tfrac{1}{4}\sin 2\theta\left[\frac{L}{r^3}(1 - 3\sin^2 v) + \frac{L'}{r'^3}(1 - 3\sin^2 v')\right]$$

$$+ 3\cos 2\theta\left[\frac{L}{r^3}\sin v\cos v\cos(nt + \varpi - \psi) + \frac{L'}{r'^3}\sin v'\cos v'\cos(nt + \varpi - \psi')\right]$$

$$+ \tfrac{1}{4}\sin\theta\cos\theta\left[\frac{L}{r^3}\cos^2 v\cos 2(nt + \varpi - \psi) + \frac{L'}{r'^3}\cos^2 v'\cos 2(nt + \varpi - \psi')\right];$$

3° Que ces forces, décomposées perpendiculairement au plan du méridien, sont

$$-3\cos\theta\left[\frac{L}{r^3}\sin v\cos v\sin(nt+\varpi-\psi)+\frac{L'}{r'^3}\sin v'\cos v'\sin(nt+\varpi-\psi')\right]$$

$$-\tfrac{3}{2}\sin\theta\left[\frac{L}{r^3}\cos^2 v\sin 2(nt+\varpi-\psi)+\frac{L'}{r'^3}\cos^2 v'\sin 2(nt+\varpi-\psi')\right].$$

Les forces partielles

$$-\frac{1+3\cos 2\theta}{4}\left[\frac{L}{r^3}(1-3\sin^2 v)+\frac{L'}{r'^3}(1-3\sin^2 v')\right],$$

$$\tfrac{3}{4}\sin 2\theta\left[\frac{L}{r^3}(1-3\sin^2 v)+\frac{L'}{r'^3}(1-3\sin^2 v')\right]$$

croissant avec une grande lenteur, on peut, comme on l'a vu dans le numéro précédent, supposer que la mer est, à chaque instant, en équilibre, sous l'action de ces forces, et dans ce cas la valeur de αy,

$$-\frac{1+3\cos 2\theta}{8g\left(1-\frac{3}{5\rho}\right)}\left[\frac{L}{r^3}(1-3\sin^2 v)+\frac{L'}{r'^3}(1-3\sin^2 v')\right],$$

donnée par le n° 6, représente la hauteur de la mer due à l'action de ces forces.

Les forces partielles dépendantes de l'angle $2nt+2\varpi+\ldots$ peuvent être décomposées en différents termes multipliés par les sinus et les cosinus d'angles de la forme $2nt-2qt+2\varepsilon$. On s'assurera, comme dans le numéro précédent, qu'il en résulte dans l'expression de la hauteur de la mer une quantité égale à

$$P\left[\frac{L\cos^2 v}{r^3}\cos 2(nt+\varpi-\psi-\lambda)+\frac{L'\cos^2 v'}{r'^3}\cos 2(nt+\varpi-\psi'-\lambda)\right]$$

$$+PQ\frac{d}{dt}\left[\frac{L\cos^2 v}{r^3}\sin 2(nt+\varpi-\psi-\lambda)+\frac{L'\cos^2 v'}{r'^3}\sin 2(nt+\varpi-\psi'-\lambda)\right],$$

le temps t devant être diminué de T dans ces termes, et la différentielle étant prise en faisant nt constant.

31.

Il nous reste à considérer la partie des forces précédentes qui dépend de l'angle $nt + \varpi + \dots$. Cette partie peut se développer en termes multipliés par des sinus et cosinus d'angles de la forme $nt - qt + \varepsilon$, q étant fort petit relativement à n. Chacun de ces termes produit, dans l'intervalle d'un jour à peu près, un flux et un reflux analogues à ceux que produisent les termes dépendants de l'angle $2nt - 2qt + 2\varepsilon$, avec la seule différence que le flux relatif à l'angle $nt - qt + \varepsilon$ n'a lieu qu'une fois par jour, au lieu que le flux relatif à l'angle $2nt - 2qt + 2\varepsilon$ a lieu deux fois par jour.

On trouvera facilement, par l'analyse des numéros précédents, que la hauteur de la mer, due aux forces dont la période est à peu près d'un jour, peut être représentée par la formule

$$A\left[\frac{L}{r^3}\sin v\cos v\cos(nt+\varpi-\psi-\gamma) + \frac{L'}{r'^3}\sin v'\cos v'\cos(nt+\varpi-\psi'-\gamma)\right]$$
$$+ B\frac{d}{dt}\left[\frac{L}{r^3}\sin v\cos v\sin(nt+\varpi-\psi-\gamma) + \frac{L'}{r'^3}\sin v'\cos v'\sin(nt+\varpi-\psi'-\gamma)\right],$$

A, B et γ étant trois constantes arbitraires, que l'observation peut seule déterminer dans chaque port; les différentielles étant prises en faisant nt constant, et le temps t devant être diminué d'une constante T', que l'observation peut seule déterminer.

Si l'on réunit maintenant toutes ces hauteurs partielles de la mer, on aura, pour sa hauteur entière zy,

$$(O)\quad\left\{\begin{aligned}
zy = & -\frac{1+3\cos 2\theta}{8g\left(1-\dfrac{3}{5\rho}\right)}\left[\frac{L}{r^3}(1-3\sin^2 v) + \frac{L'}{r'^3}(1-3\sin^2 v')\right] \\
& + A\left[\frac{L}{r^3}\sin v\cos v\cos(nt+\varpi-\psi-\gamma) + \frac{L'}{r'^3}\sin v'\cos v'\cos(nt+\varpi-\psi'-\gamma)\right] \\
& + B\frac{d}{dt}\left[\frac{L}{r^3}\sin v\cos v\sin(nt+\varpi-\psi-\gamma) + \frac{L'}{r'^3}\sin v'\cos v'\sin(nt+\varpi-\psi'-\gamma)\right] \\
& + P\left[\frac{L}{r^3}\cos^2 v\cos 2(nt+\varpi-\psi-\lambda) + \frac{L'}{r'^3}\cos^2 v'\cos 2(nt+\varpi-\psi'-\lambda)\right] \\
& + PQ\frac{d}{dt}\left[\frac{L}{r^3}\cos^2 v\sin 2(nt+\varpi-\psi-\lambda) + \frac{L'}{r'^3}\cos^2 v'\sin 2(nt+\varpi-\psi'-\lambda)\right],
\end{aligned}\right.$$

expression dans laquelle on doit observer de prendre les différentielles en supposant nt constant, et de diminuer le temps t d'une constante T' dans les termes multipliés par A et B, et d'une constante T dans les termes multipliés par P ; ces constantes devant être, ainsi que A, B, γ, P, Q, λ, déterminées dans chaque port par les observations.

CHAPITRE IV.

COMPARAISON DE LA THÉORIE PRÉCÉDENTE AUX OBSERVATIONS.

21. Développons présentement les principaux phénomènes des marées qui résultent de l'expression précédente de y, et comparons-y les observations. Nous distinguerons ces phénomènes en deux classes, l'une relative aux hauteurs des marées, et l'autre relative à leurs intervalles, et nous les considérerons à leur maximum vers les syzygies, et à leur minimum vers les quadratures.

Des hauteurs des marées vers les syzygies.

Les instants de la pleine et de la basse mer sont déterminés par l'équation $\frac{dy}{dt} = 0$; or on peut, en différentiant l'expression précédente de αy, supposer les quantités v, v', r, r', ψ et ψ' constantes, parce que, ces quantités variant avec beaucoup de lenteur, l'effet de leurs variations est insensible sur les hauteurs de la pleine et de la basse mer; car on sait que, vers ces deux points de maximum et de minimum, une petite erreur dans le temps t est insensible sur la valeur de y. On peut négliger pareillement, sans erreur sensible, le terme de l'expression de αy multiplié par B; car, les oscillations dépendantes de l'angle $nt + \varpi$ et dont la période est d'un demi-jour à peu près étant très-petites dans nos ports, il est fort vraisemblable que le coefficient B est insensible; nous verrons même dans la suite que Q est très-peu considérable, en sorte que nous ferons d'abord abstraction du terme qu'il multiplie. L'équation $\frac{dy}{dt} = 0$ donnera ainsi

$$0 = \frac{A}{2P}\left[\frac{L}{r^3}\sin v\cos v\sin(nt+\varpi-\psi-\gamma)+\frac{L'}{r'^3}\sin v'\cos v'\sin(nt+\varpi-\psi'-\gamma)\right.$$
$$\left.+\frac{L}{r^3}\cos^2 v\sin 2(nt+\varpi-\psi-\lambda)+\frac{L'}{r'^3}\cos^2 v'\sin 2(nt+\varpi-\psi'-\lambda).\right.$$

La fraction $\frac{A}{2P}$ est très-petite dans nos ports, et l'on verra ci-après qu'à Brest elle est tout au plus $\frac{1}{10}$; on peut donc la négliger sans crainte d'erreur sensible. L'équation précédente donne ainsi

$$\tan 2(nt+\varpi-\psi'-\lambda)=\frac{\frac{L}{r^3}\cos^2 v\sin 2(\psi-\psi')}{\frac{L'}{r'^3}\cos^2 v'+\frac{L}{r^3}\cos^2 v\cos 2(\psi-\psi')}$$

Il faut maintenant substituer dans l'expression de y la valeur de $nt+\varpi-\psi'$ déterminée par cette équation. Soit (A) ce que devient alors la fonction

$$A\left[\frac{L}{r^3}\sin v\cos v\cos(nt+\varpi-\psi-\gamma)+\frac{L'}{r'^3}\sin v'\cos v'\cos(nt+\varpi-\psi'-\gamma)\right]:$$

on aura

$$\alpha y=-\frac{1+3\cos 2\theta}{8g\left(1-\frac{3}{5\rho}\right)}\left[\frac{L}{r^3}(1-3\sin^2 v)+\frac{L'}{r'^3}(1-3\sin^2 v')\right]+(A)$$
$$\pm P\sqrt{\left(\frac{L}{r^3}\cos^2 v\right)^2+\frac{2L}{r^3}\cos^2 v\frac{L'}{r'^3}\cos^2 v'\cos 2(\psi'-\psi)+\left(\frac{L'}{r'^3}\cos^2 v'\right)^2},$$

le signe $+$ ayant lieu pour la haute mer, et le signe $-$ pour la basse mer.

Supposons que cette expression se rapporte à la pleine mer du matin; on aura l'expression de la hauteur de la pleine mer du soir, en augmentant les quantités variables de ce dont elles croissent dans l'intervalle de ces deux marées; il faut, par conséquent, changer le signe de (A), parce que l'angle $nt+\varpi-\psi-\gamma$ augmente d'environ deux angles droits dans cet intervalle, la petite différence pouvant être négligée, à raison de la petitesse de (A); $2(A)$ est donc la différence des deux marées d'un même jour. Nommons présentement y' la demi-somme des hauteurs des marées du matin et du soir; y' sera ce que nous entendrons dans la suite par *hauteur moyenne absolue de la marée d'un jour*. On aura à très-peu près

$$y' = - \frac{1 + 3\cos 2\theta}{8g\left(1 - \frac{3}{5\rho}\right)} \left[\frac{L}{r^3}(1 - 3\sin^2 v) + \frac{L'}{r'^3}(1 - 3\sin^2 v') \right]$$
$$- P \sqrt{\left(\frac{L}{r^3}\cos^2 v\right)^2 + \frac{2L}{r^3}\cos^2 v \frac{L'}{r'^3}\cos^2 v' \cos 2(\psi' - \psi) + \left(\frac{L'}{r'^3}\cos^2 v'\right)^2},$$

toutes les variables de cette expression étant relatives à la basse mer intermédiaire entre les deux marées du matin et du soir, et devant par conséquent se rapporter à un instant qui précède de T cette basse mer. Il est très-vraisemblable que la partie de cette expression qui n'est pas multipliée par P se rapporte à un instant différent; mais cette partie est si petite par rapport à l'autre que l'on peut, sans erreur sensible, les rapporter toutes deux à l'instant qui convient à la plus grande.

Si l'on nomme (A') ce que devient (A) à l'instant de la basse mer intermédiaire entre les deux marées du matin et du soir, la hauteur de cette basse mer sera

$$- \frac{1 + 3\cos 2\theta}{8g\left(1 - \frac{3}{5\rho}\right)} \left[\frac{L}{r^3}(1 - 3\sin^2 v) + \frac{L'}{r'^3}(1 - 3\sin^2 v') \right] + (A')$$
$$- P \sqrt{\left(\frac{L}{r^3}\cos^2 v\right)^2 + \frac{2L}{r^3}\cos^2 v \frac{L'}{r'^3}\cos^2 v' \cos 2(\psi' - \psi) + \left(\frac{L'}{r'^3}\cos^2 v'\right)^2}.$$

En retranchant cette expression de la hauteur moyenne absolue de la marée du jour, on aura ce que nous nommerons *marée totale*, qui n'est ainsi que l'excès de la demi-somme des deux marées d'un jour sur la basse mer intermédiaire. Représentons cet excès par y''; on aura

$$y'' = - (A') + 2P \sqrt{\left(\frac{L}{r^3}\cos^2 v\right)^2 + \frac{2L}{r^3}\cos^2 v \frac{L'}{r'^3}\cos^2 v' \cos 2(\psi' - \psi) + \left(\frac{L'}{r'^3}\cos^2 v'\right)^2}.$$

Enfin, la différence de deux basses mers consécutives sera $2(A')$.

Vers le maximum des marées ou vers les syzygies, l'angle $\psi' - \psi$ est peu considérable, puisqu'il est nul au maximum; on aura donc à peu près, à l'instant de la pleine mer, $nt + \varpi - \psi = \lambda$. En substituant cette valeur dans la fonction (A), on aura, dans la supposition où le temps t doit être diminué de T dans cette fonction, comme dans la fonction multipliée par P,

$$(A) = -A\left(\frac{L}{r^3}\sin v\cos v + \frac{L'}{r'^3}\sin v'\cos v'\right)\cos(\lambda - \gamma).$$

(A) étant très-petit, l'erreur de la supposition précédente doit être insensible. La fonction (A') devient à très-peu près

$$(A') = A\left(\frac{L}{r^3}\sin v\cos v + \frac{L'}{r'^3}\sin v'\cos v'\right)\sin(\gamma - \lambda).$$

On peut même, vu la petitesse de ces fonctions, y supposer $\lambda = \gamma$, ce qui rend (A') nul. Cela posé, si, dans les termes multipliés par P des expressions de y' et de y'', on néglige la quatrième puissance de $\psi' - \psi$, on aura, vers les syzygies,

$$y' = -\frac{1 + 3\cos 2\theta}{8g\left(1 - \frac{3}{5\rho}\right)}\left[\frac{L}{r^3}(1 - 3\sin^2 v) + \frac{L'}{r'^3}(1 - 3\sin^2 v')\right]$$

$$+ P\left(\frac{L}{r^3}\cos^2 v + \frac{L'}{r'^3}\cos^2 v'\right) - \frac{2P\dfrac{L}{r^3}\cos^2 v\,\dfrac{L'}{r'^3}\cos^2 v'}{\dfrac{L}{r^3}\cos^2 v + \dfrac{L'}{r'^3}\cos^2 v'}\left[(\psi' - \psi)^2 + \tfrac{1}{4}q^2\right],$$

$$y'' = 2P\left(\frac{L}{r^3}\cos^2 v + \frac{L'}{r'^3}\cos^2 v'\right) - \frac{4P\dfrac{L}{r^3}\cos^2 v\,\dfrac{L'}{r'^3}\cos^2 v'}{\dfrac{L}{r^3}\cos^2 v + \dfrac{L'}{r'^3}\cos^2 v'}\left[(\psi' - \psi)^2 + \tfrac{1}{8}q^2\right],$$

q étant la variation de l'arc $\psi' - \psi$ dans l'intervalle des deux pleines mers consécutives. L'addition des termes qui en dépendent est fondée sur ce que la véritable valeur de $(\psi' - \psi)^2$ de l'expression de y' est la demi-somme des carrés $(\psi' - \psi)^2$ relatifs aux deux pleines mers consécutives, et il est facile de voir que cette demi-somme est égale à

$(\psi'-\psi)^2+\frac{1}{4}q^2$, l'arc $\psi'-\psi$ se rapportant ici à la basse mer intermédiaire. Ainsi, les variables des deux formules précédentes se rapportant à cette basse mer, le carré $(\psi'-\psi)^2$ doit, pour plus d'exactitude, être augmenté de $\frac{1}{4}q^2$ dans l'expression de y', et de $\frac{1}{8}q^2$ dans celle de y''.

22. Développons les expressions de y' et de y'' relatives aux équinoxes et aux solstices, pour déterminer l'influence des déclinaisons des astres sur les marées. Le terme

$$-\frac{1+3\cos 2\vartheta}{8g\left(1-\frac{3}{5\rho}\right)}\left[\frac{L}{r^3}(1-3\sin^2 v)+\frac{L'}{r'^3}(1-3\sin^2 v')\right]$$

de l'expression de y' est très-petit; on peut donc y supposer, sans erreur sensible, que les variables r, v, r', v' se rapportent à l'instant même de la syzygie. Lorsque l'on fait une somme des valeurs de y relatives à deux syzygies consécutives, on peut supposer, dans le terme précédent, r' égal à la moyenne distance de la Lune à la Terre dans les syzygies; car il est visible que, si la Lune est apogée dans une syzygie, elle est à peu près périgée dans la syzygie suivante. r est à peu près égal à la moyenne distance de la Terre au Soleil, dans les syzygies des équinoxes, et, si l'on considère autant de syzygies vers les solstices d'hiver que vers les solstices d'été, on peut supposer encore r égal à cette distance moyenne.

La partie $P\left(\frac{L}{r^3}\cos^2 v+\frac{L'}{r'^3}\cos^2 v'\right)$ de l'expression de y' change sensiblement dans l'intervalle de quelques jours, et, comme elle est considérable dans nos ports, il est nécessaire d'avoir égard à sa variation. Pour cela, soient ε' l'inclinaison de l'orbe lunaire à l'équateur, et Γ' la distance de la Lune au nœud ascendant de son orbite sur l'équateur; on aura $\sin v'=\sin\varepsilon'\sin\Gamma'$, et par conséquent

$$\cos^2 v'=1-\tfrac{1}{2}\sin^2\varepsilon'+\tfrac{1}{2}\sin^2\varepsilon'\cos 2\Gamma'.$$

Nommons t le temps écoulé depuis le maximum de la marée jusqu'au

moment d'une observation quelconque, t étant négatif relativement
aux observations antérieures à ce maximum; on aura, en négligeant
les puissances de t supérieures au carré, et en supposant le mouvement
de la Lune, dans son orbite, uniforme pendant le temps t, ce que l'on
peut admettre sans erreur sensible,

$$\cos^2 v' = \cos^2 v' - t \frac{d\Gamma''}{dt} \sin^2 \varepsilon' \sin 2\Gamma'' - t^2 \left(\frac{d\Gamma'}{dt}\right)^2 \sin^2 \varepsilon' \cos 2\Gamma',$$

les valeurs de v' et de Γ'' dans le second membre de cette équation se
rapportant à la syzygie. Dans les équinoxes et dans les solstices, $\sin 2\Gamma'$
est nul à peu près; en ne considérant ainsi les syzygies que vers ces
points, le terme de l'expression de $\cos^2 v'$ multiplié par la première
puissance de t disparait de la somme des valeurs de y', surtout si l'on
en considère un assez grand nombre pour que les valeurs positives et
négatives de $\sin 2\Gamma'$ se détruisent mutuellement; on aura donc alors

$$\cos^2 v' = \cos^2 v' - t^2 \left(\frac{d\Gamma''}{dt}\right)^2 (\sin^2 \varepsilon' - 2\sin^2 v').$$

Prenons pour unité de temps l'intervalle des deux marées consécutives
du matin ou du soir, vers les syzygies, intervalle d'environ $1^{jour},0271$.
Soit v le moyen mouvement synodique de la Lune dans cet intervalle:
on aura dans les syzygies, en ayant égard à l'argument de la variation,
qui vers ces points augmente constamment le mouvement lunaire,

$$\left(\frac{d\Gamma''}{dt}\right)^2 = 1,165\,v^2,$$

et par conséquent

$$\cos^2 v' = \cos^2 v' - 1,165\,t^2 v^2 (\sin^2 \varepsilon' - 2\sin^2 v').$$

La variation de $\frac{1}{r'^3}$ peut être négligée, lorsque l'on considère à la fois
deux syzygies consécutives. On peut négliger pareillement les variations de $\frac{1}{r^3}$ et de $\sin^2 v$, comme étant peu sensibles dans l'intervalle
d'un petit nombre de jours; elles se rapportent d'ailleurs à l'action

32.

du Soleil, que nous verrons ci-après être trois fois moindre que celle de la Lune.

Il nous reste à considérer le terme

$$- \frac{2P \frac{L}{r^3} \cos^2 v \, \frac{L'}{r'^3} \cos^2 v'}{\frac{L}{r^3} \cos^2 v + \frac{L'}{r'^3} \cos^2 v'} (\psi' - \psi)^2$$

de l'expression de y'. Si l'on nomme ε et Γ pour le Soleil ce que nous avons nommé ε' et Γ' pour la Lune, on aura à fort peu près, en observant que ε' diffère très-peu de ε, et que $\sin(\Gamma' + \Gamma)$ est à peu près nul dans les syzygies des équinoxes et des solstices,

$$\cos v \cos v' . (\psi' - \psi) = \cos \frac{\varepsilon + \varepsilon'}{2} \cdot (\Gamma' - \Gamma),$$

ce qui change le terme précédent dans celui-ci

$$- \frac{2P \frac{L}{r^3} \frac{L'}{r'^3} \cos^2 \frac{\varepsilon + \varepsilon'}{2} \cdot t^2 v^2}{\frac{L}{r^3} \cos^2 v + \frac{L'}{r'^3} \cos^2 v'}$$

Cela posé, si l'on nomme Y' la somme des valeurs de y' correspondantes à $2i$ syzygies des équinoxes, on aura

$$Y' = - \frac{2i(1 + 3\cos 2\theta)}{8g\left(1 - \frac{3}{55}\right)} \left[\frac{L}{r^3}(1 - 3\sin^2 V) + \frac{L'}{r'^3}(1 - 3\sin^2 V') \right] + 2iP\left(\frac{L}{r^3} \cos^2 V + \frac{L'}{r'^3} \cos^2 V' \right)$$
$$- 2iP \frac{L'}{r'^3}(t^2 + \frac{1}{16})v^2 \left[1,165.(\sin^2 \varepsilon' - 2\sin^2 V') + \frac{\frac{2L}{r^3} \cos^2 \frac{\varepsilon + \varepsilon'}{2}}{\frac{L}{r^3} \cos^2 V + \frac{L'}{r'^3} \cos^2 V'} \right].$$

Dans cette expression, $\cos^2 V$, $\sin^2 V$, $\cos^2 V'$, $\sin^2 V'$ et $\cos^2 \frac{\varepsilon + \varepsilon'}{2}$ sont les valeurs moyennes entre toutes les valeurs correspondantes de $\cos^2 v$, $\sin^2 v$, $\cos^2 v'$, $\sin^2 v'$ et $\cos^2 \frac{\varepsilon + \varepsilon'}{2}$ relatives aux $2i$ syzygies. La même expression peut représenter encore la somme des valeurs de y' dans $2i$ syzygies des solstices, dont la moitié se rapporte aux solstices d'hiver.

Considérons présentement l'expression de y''. Le terme

$$A\left(\frac{L}{r^3}\sin v\cos v + \frac{L'}{r'^3}\sin v'\cos v'\right)$$

est très-petit dans nos ports; il est nul dans les syzygies des équinoxes; il disparaît encore de la somme des valeurs de y'', si l'on considère deux syzygies consécutives, et autant de solstices d'hiver que de solstices d'été. En nommant donc Y'' la somme des valeurs de y'' correspondantes à $2i$ syzygies des équinoxes, on aura

$$Y'' = iP\left(\frac{L}{r^3}\cos^2 V + \frac{L'}{r'^3}\cos^2 V'\right) - iP\frac{L'}{r'^3}(a^2 - \tfrac{1}{11})v^2\left[1.165.(\sin^2 \varepsilon' - 2\sin^2 V') + \frac{\frac{2L}{r^3}\cos^2\frac{\varepsilon + \varepsilon'}{2}}{\frac{L}{r^3}\cos^2 V + \frac{L'}{r'^3}\cos^2 V'}\right];$$

cette expression représente encore la somme des valeurs de y'' dans $2i$ syzygies des solstices.

Voyons maintenant ce que les termes dépendants de Q, et que nous avons jusqu'ici négligés, ajoutent à ces expressions de Y' et de Y''. Pour cela, reprenons l'expression (O) de zy du nº **20**. Dans les équinoxes et dans les solstices, $\dfrac{d.\cos^2 v}{dt}$ est nul; on peut négliger la différentielle de $\dfrac{1}{r^3}$ divisée par dt, lorsque l'on considère l'ensemble de deux syzygies consécutives; nous négligerons encore

$$PQ\frac{d}{dt}\left[\frac{L}{r^3}\cos^2 v\sin 2(nt + \varpi - \psi - \lambda)\right],$$

vu la lenteur des variations de r, ψ et r, et parce que $\dfrac{L}{r^3}$ est trois fois moindre que $\dfrac{L'}{r'^3}$. Le terme dépendant de Q dans la formule (O) ajoutera ainsi à l'expression de zy la quantité

$$- 2PQ\frac{d\psi'}{dt}\frac{L'}{r'^3}\cos^2 v'\cos 2(nt + \varpi - \psi' - \lambda).$$

Or on a

$$\frac{d\psi'}{dt}\cos^2 v' = \frac{dV'}{dt}\cos\varepsilon' = m'\cos\varepsilon',$$

$m't$ étant le moyen mouvement de la Lune; le terme précédent devient
ainsi

$$- 2\,m'\,\mathrm{PQ}\cos\varepsilon'\,\frac{\mathrm{L}'}{r'^3}\,\cos 2\,(nt + \varpi - \psi' - \lambda).$$

De là il est facile de conclure que, dans les syzygies des équinoxes, où $\cos v' = 1$ à fort peu près, le terme dépendant de Q ne fait que changer dans les expressions de $z y$, Y' et Y'', L' en $\mathrm{L}'(1 - 2\,m'\mathrm{Q}\cos\varepsilon')$, et que dans les solstices, où $\cos v' = \cos\varepsilon'$, L' se change en $\mathrm{L}'\left(1 - \dfrac{2\,m'\mathrm{Q}}{\cos\varepsilon'}\right)$, en sorte que la différence des valeurs de L' dans ces deux cas peut servir à déterminer Q.

23. Comparons les formules précédentes aux observations. Au commencement de ce siècle, et sur l'invitation de l'Académie des Sciences, on fit dans nos ports un grand nombre d'observations du flux et du reflux de la mer; elles furent continuées chaque jour à Brest, pendant six années consécutives, et, quoiqu'elles laissent à désirer encore, elles forment, par leur nombre et par la grandeur et la régularité des marées dans ce port, le recueil le plus complet et le plus utile que nous ayons en ce genre. C'est aux observations de ce recueil que nous allons comparer nos formules. Ces observations étant compliquées de beaucoup de circonstances étrangères à l'action du Soleil et de la Lune, il faut en considérer un grand nombre, afin que, les effets des causes passagères venant à se détruire mutuellement, leur ensemble ne présente que l'effet des causes régulières; il faut de plus, par une combinaison avantageuse des observations, faire ressortir les phénomènes que l'on veut connaître. C'est ainsi que, dans la vue de déterminer l'effet de la déclinaison des astres, nous avons considéré à la fois deux syzygies consécutives, dont l'ensemble est indépendant à peu près de la variation de la distance de la Lune à la Terre. Pour comparer sur ce point les observations à la théorie, j'ai pris dans le recueil cité vingt-quatre syzygies vers les équinoxes et vingt-quatre syzygies vers les solstices, en considérant toujours deux syzygies consécutives.

Voici les jours de ces syzygies à Brest :

Syzygies des équinoxes.

Années.
1711. 28 août, 12 septembre, 26 septembre, 12 octobre.
1712. 1ᵉʳ septembre, 15 septembre.
1714. 25 août, 8 septembre, 23 septembre, 8 octobre.
1715. 18 février, 5 mars, 20 mars, 4 avril, 28 août, 13 septembre, 27 septembre, 12 octobre.
1716. 23 février, 8 mars, 23 mars, 6 avril, 1ᵉʳ septembre, 15 septembre.

Syzygies des solstices.

1711. 16 juin, 30 juin, 25 novembre, 9 décembre.
1712. 19 juin, 3 juillet, 28 novembre, 13 décembre.
1714. 29 mai, 12 juin, 27 juin, 11 juillet, 21 novembre, 7 décembre, 21 décembre.
1715. 5 janvier, 17 juin, 1ᵉʳ juillet, 26 novembre, 10 décembre, 25 décembre.
1716. 9 janvier, 5 juin, 19 juin.

Dans chacune de ces syzygies, j'ai pris une moyenne entre les deux hauteurs absolues des deux marées d'un même jour, c'est-à-dire la hauteur moyenne absolue de la mer; j'ai considéré le jour qui précède la syzygie et que je désigne par — 1, le jour de la syzygie que je désigne par 0, et les quatre jours qui la suivent et que je désigne par 1, 2, 3, 4. Plusieurs fois on n'a observé qu'une seule des marées de chaque jour; j'en ai conclu la hauteur moyenne absolue, en lui ajoutant la moitié de son excès sur la marée non observée, excès qu'une première discussion des observations m'a fait connaître à très-peu près, tant dans les syzygies des équinoxes que dans celles des solstices.

Plusieurs fois encore, la hauteur de la basse mer intermédiaire entre les deux marées d'un même jour n'a point été observée. Pour avoir la marée totale, j'ai supposé, conformément à la théorie, que la différence des marées totales, dans deux jours consécutifs, est double à fort peu près de la différence des hauteurs moyennes absolues correspondantes.

J'ai pris un résultat moyen entre les marées totales conclues de cette supposition et des observations des deux jours entre lesquels était compris celui que je considérais.

Quelquefois, la loi des basses mers observées indiquait évidemment une erreur de signe dans une de ces hauteurs. Dans ce cas, j'ai presque toujours regardé comme nulle l'observation de la basse mer, et j'ai conclu la marée totale par la règle que je viens d'exposer. C'est avec ces précautions que j'ai formé le tableau suivant, qui présente la somme des hauteurs moyennes absolues et des marées totales, correspondantes à chacun des jours que j'ai considérés dans les syzygies précédentes :

TABLE I.

Syzygies des équinoxes.

Jours.	Hauteurs moyennes absolues des marées.	Marées totales.
— 1	129,890	128,988
0	136,079	142,068
1	139,851	149,342
2	139,962	150,066
3	137,479	143,826
4	131,653	131,770

Syzygies des solstices d'été.

Jours.	Hauteurs moyennes absolues des marées.	Marées totales.
— 1	62,004	58,097
0	63,914	62,002
1	65,028	64,095
2	65,157	64,995
3	64,147	63,425
4	61,914	59,186

Syzygies des solstices d'hiver.

Jours.	Hauteurs moyennes absolues des marées.	Marées totales.
— 1	65,211	61,098
0	66,456	64,967
1	67,121	67,202
2	66,424	67,500
3	65,998	66,187
4	63,574	61,425

24. Considérons d'abord l'ensemble de ces observations. On aura, relativement aux 48 syzygies :

TABLE II.

Jours.	Hauteurs moyennes absolues.	Marées totales.
— 1	$257^{\mathrm{m}},105$	$248^{\mathrm{m}},183$
0	$266,419$	$269,037$
1	$272,000$	$280,639$
2	$271,543$	$282,561$
3	$267,624$	$273,438$
4	$257,141$	$252,381$

En considérant les variations des hauteurs absolues et des marées totales de cette Table, on voit que les plus grandes marées n'ont point lieu le jour même de la syzygie, mais du premier au second jour. Déterminons la distance de l'instant du maximum des marées à la syzygie, dans les observations précédentes. Pour cela, prenons pour unité l'intervalle de deux marées du matin ou du soir vers les syzygies, et pour époque l'instant de la basse mer intermédiaire entre les deux marées du jour qui précède la syzygie. Soit, pour un jour quelconque voisin de cette phase, $a + bx - cx^2$ l'expression de la hauteur absolue d'une marée voisine de la syzygie, x étant le nombre des intervalles pris pour unité dont cette marée suit l'époque. Si cette formule se rapporte à une marée du matin, l'expression de la marée du soir du même jour sera $a + b(x + \frac{1}{2}) - c(x + \frac{1}{2})^2$, en ne considérant que les inégalités dont la période est à peu près d'un jour, les seules auxquelles il soit nécessaire d'avoir égard ici, parce que les effets des autres inégalités se compensent dans les observations de la Table II. Si l'on ajoute les deux expressions précédentes, la moitié de leur somme sera ce que nous avons nommé *hauteur moyenne absolue de la marée*; l'expression de cette hauteur est ainsi

$$a - \tfrac{1}{16}c + b\left(x + \tfrac{1}{4}\right) - c\left(x + \tfrac{1}{4}\right)^2.$$

L'expression de la basse mer intermédiaire est, suivant notre théorie, de la forme

$$a' - b(x + \tfrac{1}{4}) + c(x + \tfrac{1}{4})^2,$$

$x + \tfrac{1}{4}$ étant le temps écoulé depuis l'époque jusqu'à cette basse mer; en nommant donc t ce temps, l'expression de la marée totale sera de la forme

$$a'' + 2bt - 2ct^2.$$

Le maximum de cette marée a lieu lorsque $t = \dfrac{b}{2c}$; cette valeur est pareillement la valeur de x correspondante au maximum de la fonction $a + bx - cx^2$.

Pour déterminer $\dfrac{b}{2c}$ par les observations, on peut faire usage des marées totales de la Table II; mais les hauteurs moyennes absolues de cette Table ayant été observées avec plus de soin que les marées totales, nous ferons usage de leur ensemble.

Soient donc f, f', f'', f''', f^{iv} et f^{v} les six sommes que l'on obtient en ajoutant la hauteur absolue à la marée totale de chaque jour, dans la Table II. L'expression analytique de ces sommes sera de la forme $k + ibt - ict^2$, et en y supposant successivement $t = 0$, $t = 1$, $t = 2$, $t = 3$, $t = 4$, $t = 5$, on aura les valeurs de f, f', f'', f''', f^{iv}, f^{v}, d'où l'on tirera

$$12\,ic = f''' + f'' - f^{\text{v}} - f,$$

$$ib = 5ic + \frac{f^{\text{v}} + f^{\text{iv}} + f''' - f'' - f' - f}{9},$$

et par conséquent

$$\frac{b}{2c} = \frac{5}{2} + \frac{2(f' + f^{\text{iv}} + f''' - f'' - f' - f)}{3(f''' + f'' - f^{\text{v}} - f)}.$$

En substituant pour f, f',... leurs valeurs numériques, on aura

$$\frac{b}{2c} = 2,58176.$$

L'intervalle dont le maximum de la marée totale, dans les syzygies de la Table II, a suivi l'instant de la basse mer intermédiaire entre les deux marées du jour de la syzygie, est donc $1,58176$. On verra ci-après que l'intervalle pris pour unité est à fort peu près $1^j,02705$; en le multipliant donc par $1,58176$, le produit $1^j,62455$ exprimera l'intervalle dont le maximum de la marée totale a suivi l'instant de la basse mer du matin du jour de la syzygie. Cet instant est l'heure moyenne entre les deux marées de ce jour, et l'on trouve, par un résultat moyen, qu'elle a été dans les observations précédentes $0^j,39657$. On trouve encore, par un résultat moyen, que l'heure de la syzygie dans les mêmes observations a été à Brest $0^j,45667$, en sorte qu'elle a suivi la basse mer de $0^j,06010$; elle a donc précédé le maximum de la marée totale de $1^j,56445$. Mais, comme une erreur de quelques mètres dans ces observations peut influer sensiblement sur cet intervalle, il convient de déterminer d'une manière plus précise cet élément important de la théorie des marées.

Pour cela, j'ai considéré les hauteurs absolues des marées du second jour avant et du cinquième jour après la syzygie; elles sont à peu près à égale distance de part et d'autre du maximum des marées, et à cette distance elles varient de la manière la plus sensible. J'ai ajouté les hauteurs absolues des marées du matin et du soir, du second jour avant chaque syzygie, et, lorsque l'on n'a observé qu'une seule hauteur dans un jour, je l'ai doublée. Le Recueil cité d'observations renferme 100 syzygies, dans lesquelles j'ai pu me procurer des observations semblables. J'ai trouvé $1009^m,470$ pour la somme des hauteurs absolues des marées des seconds jours qui précèdent les syzygies, et $1010^m,886$ pour la somme des hauteurs absolues des marées des cinquièmes jours qui les suivent. Mais, parmi les hauteurs qui précèdent les syzygies, 86 se rapportent au matin, et 114 au soir; en prenant donc pour unité l'intervalle de la basse mer du second jour qui précède la syzygie à la basse mer correspondante du jour suivant, l'heure moyenne à laquelle se rapporte la première somme suit celle de la basse mer du second jour avant la syzygie de $\frac{11}{100}$, ou de $0,035$ de cet intervalle. Dans la seconde somme, il y a autant de hauteurs du matin que du soir; l'heure à laquelle elle se rapporte est donc celle de la basse mer du cinquième

33.

jour après la syzygie. Ainsi le milieu de l'intervalle compris entre les instants auxquels ces sommes se rapportent n'est pas exactement le milieu de l'intervalle compris entre l'heure de la basse mer du matin du second jour avant la syzygie et celle de la basse mer correspondante du cinquième jour qui la suit; mais il se rapproche de cette seconde limite de 0,0175.

Si les deux sommes $1009^m,470$ et $1010^m,886$ étaient égales, ce milieu serait l'instant du maximum des marées; mais la seconde somme surpassant la première de $1^m,416$, l'instant de ce maximum est un peu plus près de l'heure de la basse mer du cinquième jour après la syzygie. La hauteur absolue des marées de ce jour et du second jour avant la syzygie varie à Brest de $0^m,14803$, pendant une moitié de l'intervalle pris pour unité; en supposant donc que l'instant du maximum des marées se rapproche d'un centième de cet intervalle vers la seconde limite, la somme des 200 hauteurs relatives à la seconde limite sera augmentée de $0^m,59212$, et la somme des 200 hauteurs relatives à la première limite sera diminuée de la même quantité, en sorte que la différence de ces deux sommes sera $1^m,18424$; et, puisque l'observation donne $1^m,416$ pour cette différence, le maximum des marées doit être rapproché, par cette considération, de 0,01196 de la seconde limite; en ajoutant 0,0175 à cette quantité, on aura 0,02946 pour le temps dont le maximum des marées se rapproche plus de l'heure de la basse mer du cinquième jour après la syzygie que le milieu de l'intervalle compris entre cette basse mer et celle du second jour avant la syzygie; ce temps évalué en parties du jour est à fort peu près $0^j,03022$.

Maintenant le milieu de l'intervalle compris entre ces deux basses mers est le même que le milieu compris entre la basse mer du matin du jour de la syzygie et la basse mer correspondante du troisième jour qui la suit; l'intervalle de deux basses mers consécutives du matin étant alors $1^j,02705$, ce second milieu est éloigné de $1^j,54058$ de la basse mer du matin du jour de la syzygie. L'heure de cette basse mer peut être supposée $^j0,39657$, comme dans les observations de la

Table II, parce que l'heure moyenne à Brest des 100 syzygies que j'ai considérées a été de $0^j,46013$ à peu près, comme dans les observations de cette Table; la syzygie a donc suivi de $0^j,06356$ l'heure de la basse mer du matin, et par conséquent elle a précédé de $1^j,47702$ le milieu de l'intervalle compris entre les deux limites. En y ajoutant $0^j,03022$, on aura $1^j,50724$ pour l'intervalle dont le maximum de la marée à Brest suit la syzygie. C'est la valeur que je supposerai dans la suite à cet intervalle.

25. Déterminons présentement la loi des variations des hauteurs moyennes absolues des marées et des marées totales de la Table II. Pour cela, prenons pour unité l'intervalle des deux marées consécutives du matin ou du soir vers les syzygies, et nommons k la quantité dont l'instant moyen du maximum des marées suit le milieu de l'intervalle compris entre les six jours d'observation que nous avons considérés. Soit $a - bt^2$ l'expression générale des hauteurs moyennes absolues des marées de la Table II, t étant la distance à l'instant du maximum. Les hauteurs moyennes absolues des marées correspondantes aux jours $-1, 0, 1, 2, 3, 4$ seront

$$a - b(\tfrac{5}{2} + k)^2, \quad a - b(\tfrac{3}{2} + k)^2, \quad a - b(\tfrac{1}{2} + k)^2,$$
$$a - b(\tfrac{1}{2} - k)^2, \quad a - b(\tfrac{3}{2} - k)^2, \quad a - b(\tfrac{5}{2} - k)^2.$$

Si de la somme de la troisième et de la quatrième on retranche la somme des extrêmes, on aura $12b$ pour la différence. Les résultats de la Table II donnent $29^m,297$ pour cette différence, d'où l'on tire

$$b = 2^m,4414.$$

Si l'on représente semblablement par $a' - b't^2$ les marées totales de la Table II, on trouvera de la même manière

$$b' = 5^m,2197.$$

Suivant la théorie exposée dans le n° 22, $b = \tfrac{1}{2}b'$, et par conséquent $b = 2^m,6098$. La différence entre cette valeur et celle-ci $2^m,4414$, que

donnent les observations des hauteurs moyennes absolues des marées,
est dans les limites des erreurs des observations; mais, les hauteurs
absolues ayant été observées avec plus de soin que les basses mers,
nous prendrons pour b le tiers de la somme des deux valeurs de b et
de b' données par les observations, et pour b' le double de ce tiers;
nous aurons ainsi

$$b = 2^m,5537, \qquad b' = 5^m,1074.$$

Pour déterminer a et a', nous observerons que la somme des six expressions précédentes des hauteurs moyennes absolues des marées est
$6a - b(\frac{35}{2} + 6k^2)$. Cette somme est, par les observations de la Table II,
égale à $1591^m,862$; on a donc

$$a = \frac{1591^m,862 + (\frac{35}{2} + 6k^2) \cdot 2^m,5537}{6}.$$

On a de la même manière

$$a' = \frac{1606^m,239 + (\frac{35}{2} + 6k^2) \cdot 5^m,1074}{6}.$$

L'heure moyenne de la syzygie de la Table II a été $0^j,45667$; en lui
ajoutant $1^j,50724$, distance de la syzygie au maximum de la marée,
on aura $1^j,96391$ pour la distance de ce maximum au minuit qui précède la syzygie à Brest. L'instant moyen entre les deux marées du jour
de la syzygie a été $0^j,39657$; en lui ajoutant $\frac{3}{7}$ de l'intervalle pris pour
unité, et qui est égal à $1^j,02705$, on aura $1^j,93715$ pour la distance
du milieu de l'intervalle compris entre les six jours d'observation au
minuit qui précède la syzygie. Si l'on retranche cette distance de
$1^j,96391$, on aura la valeur de k exprimée en jours et égale à
$0^j,02676$; en la divisant par $1,02705$, on aura, en parties de l'intervalle pris pour unité, $k = 0,026055$, ce qui donne

$$a = 272^m,760, \qquad a' = 282^m,606;$$

ainsi l'expression des nombres relatifs aux hauteurs moyennes absolues des marées de la Table II est

$$272^m,760 - 2^m,5537 \cdot t^2.$$

et l'expression des nombres de la même Table relatifs aux marées
totales est

$$282^{m},606 - 5^{m},1074 . t^{2},$$

les valeurs de t, relatives à tous ces nombres, étant respectivement

$$-2,526055, \quad -1,526055, \quad -0,526055,$$
$$0,473945, \quad 1,473945, \quad 2,473945.$$

En substituant ces valeurs dans les deux formules précédentes et en
comparant les résultats aux nombres de la Table II, on verra que les
erreurs sont très-petites et dans les limites de celles dont les observations sont susceptibles.

Comparons maintenant ces formules données par l'observation aux
formules du n° 22 données par la théorie de la pesanteur. Soit e la hauteur du zéro de l'échelle d'observation au-dessus du niveau d'équilibre
que la mer prendrait sans l'action du Soleil et de la Lune; soit, de
plus, h la somme des carrés des cosinus des déclinaisons du Soleil aux
instants des phases dans les syzygies de la Table II, et h' cette même
somme relativement à la Lune; on aura, par le n° 22,

$$a = 48e - \frac{3(1+3\cos 2\theta)}{8g\left(1-\frac{3}{5\rho}\right)}\left[\frac{L}{r^3}(h-32)+\frac{L'}{r'^3}(h'-32)\right]+P\left(\frac{hL}{r^3}+\frac{h'L'}{r'^3}\right)-\frac{b}{16}=272^{m},760,$$

$$a' = 2P\left(\frac{hL}{r^3}+\frac{h'L'}{r'^3}\right)-\frac{b}{16}=282^{m},606.$$

On a vu, n° 11, que $\dfrac{3L}{4r^3g}=0^{m},12316$. La latitude de Brest étant
de 535685'', on a, à très-peu près, $2\theta = 928630''$. En négligeant vis-
à-vis de l'unité la fraction $\dfrac{3}{5\rho}$, très-petite, parce que la moyenne densité ρ de la Terre surpasse plusieurs fois celle de la mer, on aura

$$\frac{1+3\cos 2\theta}{8g\left(1-\frac{3}{5\rho}\right)}\frac{L}{r^3}=0^{m},02745.$$

Nous verrons ci-après que, dans les moyennes distances de la Lune à la Terre, $\frac{L'}{r'^3} = \frac{3L}{r^3}$; mais la distance de la Lune dans les syzygies est plus petite d'environ $\frac{1}{120}$ que sa moyenne distance, à raison de l'argument de la variation, qui diminue constamment la distance lunaire syzygie; ainsi l'on a dans les syzygies $\frac{L'}{r'^3} = \frac{123}{40}\frac{L}{r^3}$. J'ai trouvé que, relativement aux 48 syzygies de la Table II, on a

$$h = 44,13399. \qquad h' = 44,50884;$$

on a donc

$$\frac{3(1 + 3\cos 2\theta)}{8g}\left[\frac{L}{r^3}(h - 32) + \frac{L'}{r'^3}(h' - 32)\right] = 4^m,1666,$$

et par conséquent

$$48e - 4^m,1666 + \tfrac{1}{2}\cdot 282^m,606 - \tfrac{4}{42}\cdot 2^m,5537 = 372^m,760,$$

ce qui donne

$$e = 2^m,827.$$

On a ensuite, en réduisant $\frac{L'}{r'^3}$ à la moyenne distance de la Lune à la Terre,

$$2P.\tfrac{11}{10}h'\left(\frac{L}{r^3} + \frac{L'}{r'^3}\right) + 2P\left(h - \tfrac{11}{10}h'\right)\frac{L}{r^3} = 282^m,756;$$

la fraction $2P\left(h - \tfrac{11}{10}h'\right)\frac{L}{r^3}$ étant fort petite, on peut y supposer

$$\frac{L}{r^3} = \tfrac{1}{4}\left(\frac{L}{r^3} + \frac{L'}{r'^3}\right);$$

on aura ainsi

$$2P\left(\tfrac{123}{160}h' + \tfrac{10}{160}h\right)\left(\frac{L}{r^3} + \frac{L'}{r'^3}\right) = 282^m,756,$$

d'où l'on tire

$$2P\left(\frac{L}{r^3} + \frac{L'}{r'^3}\right) = 6^m,2490.$$

C'est l'expression de la marée totale qui aurait lieu à Brest, si le Soleil et la Lune se mouvaient uniformément dans le plan de l'équateur; car on a vu, dans le n° 22, que L' dans les syzygies des équinoxes se change dans $L'(1 - 2m'Q\cos\varepsilon')$, et que dans les syzygies des solstices il se change dans $L'\left(1 - \dfrac{2m'Q}{\cos\varepsilon'}\right)$, en sorte que, dans l'ensemble des syzygies de la Table II, L' doit être changé dans $L'\left[1 - m'Q\left(\cos\varepsilon' + \dfrac{1}{\cos\varepsilon'}\right)\right]$; or on a

$$\cos\varepsilon' + \frac{1}{\cos\varepsilon'} = 2 + 4\,\frac{\sin^4\frac{1}{2}\varepsilon'}{\cos\varepsilon'},$$

et ce dernier terme peut être négligé par rapport au premier, à cause de la petitesse de $\sin^4\frac{1}{2}\varepsilon'$; L' doit donc, relativement aux syzygies de la Table II, être changé en $L'(1 - 2m'Q)$, comme si la Lune était en mouvement dans le plan même de l'équateur.

Déterminons la variation des marées, près de leur maximum, qui résulte de la théorie de la pesanteur. Pour cela, reprenons l'expression de Y″ du n° 22; l'angle ε' ayant varié sensiblement dans l'intervalle des quarante-huit syzygies de la Table II, il sera déterminé avec une exactitude suffisante pour notre objet, en prenant pour $\cos^2\varepsilon'$ une moyenne entre les carrés des cosinus des déclinaisons de la Lune dans les vingt-quatre syzygies solsticiales de cette Table; soient donc p et p' les sommes des carrés des cosinus des déclinaisons du Soleil et de la Lune dans les vingt-quatre syzygies des équinoxes, et q, q' les mêmes sommes dans les vingt-quatre syzygies des solstices; nous pourrons supposer, à très-peu près,

$$\sin^2\varepsilon' = \frac{24 - q'}{24}, \qquad \cos^2\frac{\varepsilon + \varepsilon'}{2} = \frac{q + q'}{2.24}.$$

Le terme multiplié par t^2 dans l'expression de Y″ deviendra ainsi, relativement aux vingt-quatre syzygies équinoxiales,

$$-48\mathrm{P} \cdot \frac{123}{160}\left(\frac{L}{r^3} + \frac{L'}{r'^3}\right)t^2 v^2\left(\frac{q + q'}{p + \frac{123}{10}p'} + 1{,}165 \cdot \frac{2p' - q' - 24}{24}\right),$$

et le même terme relatif aux vingt-quatre syzygies solsticiales sera

$$-48\mathrm{P} \cdot \frac{123}{160}\left(\frac{L}{r^3} + \frac{L'}{r'^3}\right)t^2 v^2\left(\frac{q + q'}{q + \frac{123}{10}q'} - 1{,}165 \cdot \frac{24 - q'}{24}\right),$$

$\frac{L'}{r'^3}$ se rapportant ici à la moyenne distance de la Lune à la Terre. J'ai trouvé

$$p = 23{,}68196, \qquad p' = 23{,}75355, \qquad q = 20{,}45203, \qquad q' = 20{,}75529.$$

ν est le moyen mouvement synodique de la Lune dans l'intervalle de $0{,}02705$, et ce mouvement est de $41866''$, en ayant égard à l'argument de la variation, qui augmente constamment ce mouvement dans les syzygies. On aura ainsi $- 3^m{,}2040 \cdot t^2$ pour la valeur du terme multiplié par t^2 dans l'expression de Y'' relative aux vingt-quatre syzygies équinoxiales, et $- 1^m{,}8977 \cdot t^2$ pour la valeur du même terme relatif aux vingt-quatre syzygies solsticiales; ce terme relatif à l'ensemble de toutes les syzygies sera donc $- 5^m{,}1017 \cdot t^2$. Les observations nous ont donné, dans le numéro précédent, $- 5^m{,}1074 \cdot t^2$ pour ce même terme; ainsi elles s'accordent parfaitement à cet égard avec la théorie.

26. Comparons séparément les observations des syzygies des équinoxes et celles des syzygies des solstices de la Table I. Si l'on détermine par la méthode du numéro précédent les expressions des hauteurs absolues et des marées totales des syzygies des équinoxes données par les observations de cette Table, on trouvera

$$140^m{,}432 - 1^m{,}5811 \cdot t^2$$

pour l'expression des hauteurs absolues des marées des équinoxes, et

$$150^m{,}235 - 3^m{,}1623 \cdot t^2$$

pour l'expression des marées totales. On trouvera semblablement

$$132^m{,}328 - 0^m{,}9725 \cdot t^2$$

pour l'expression des hauteurs absolues des marées des solstices, et

$$132^m{,}371 - 1^m{,}9451 \cdot t^2$$

pour l'expression des marées totales correspondantes.

On voit d'abord que les marées totales, en partant du maximum, décroissent plus rapidement dans les syzygies des équinoxes que dans celles des solstices. Ce résultat de l'observation est entièrement conforme à la théorie, qui, comme on vient de le voir, donne $- 3^m,2040$ et $- 1^m,8977$ pour les coefficients de t^2, qui diffèrent très-peu des nombres $- 3^m,1623$ et $- 1^m,9451$, donnés par les observations.

Si l'on suppose $t = 0$ dans les expressions précédentes, on aura $8^m,104$ pour l'excès des hauteurs moyennes absolues des marées des équinoxes sur celles des solstices, et $17^m,864$ pour l'excès des marées totales correspondantes des équinoxes sur celles des solstices. Ce second excès est un peu plus que double du premier. Par le n° 22, il doit surpasser le double du premier de la quantité

$$\frac{6(1 + 3\cos 2\vartheta)}{8g\left(1 - \dfrac{3}{5\rho}\right)} \left[\frac{L}{r^3}(p - q) + \frac{41}{40}\frac{L'}{r'^3}(p' - q')\right],$$

qui, réduite en nombres, est égale à $2^m,050$. Les observations donnent $1^m,656$ pour cette même quantité; la différence est dans les limites des erreurs dont elles sont susceptibles.

L'excès $17^m,864$ des marées totales des syzygies des équinoxes sur celles des solstices est l'effet des déclinaisons du Soleil et de la Lune, qui affaiblissent l'action de ces astres sur la mer. Cet excès, par le n° 22, est égal à

$$2P\left\{\frac{L}{r^3}(p - q) + \frac{41}{40}\frac{L'}{r'^3}\left[p'(1 - 2m'Q\cos\varepsilon') - q'\left(1 - \frac{2m'Q}{\cos\varepsilon'}\right)\right]\right\},$$

ou à

$$2P\left[\frac{L}{r^3}(p - q) + \frac{41}{40}\frac{L'}{r'^3}(1 - 2m'Q)(p' - q')\right] + 2P\frac{L'}{r'^3}\cdot\frac{41}{40}\cdot 2m'Q(1 - \cos\varepsilon')\left(p' + \frac{q'}{\cos\varepsilon'}\right);$$

or on a, par le numéro précédent,

$$2P\left[\frac{L}{r^3} + \frac{L'}{r'^3}(1 - 2m'Q)\right] = 6^m,2490;$$

34.

de plus, on verra ci-après que $\frac{L'}{r'^3}(1 - 2m'Q)$ est à très-peu près égal à $\frac{3L}{r^3}$; enfin, on peut supposer ici $\cos^2 \varepsilon' = \frac{q'}{24}$; la fonction précédente devient ainsi

$$19^{m},494 + \frac{2m'Q}{1 - 2m'Q} \cdot 16^{m},953.$$

En l'égalant à l'excès observé $17^{m},864$, on pourra déterminer $2m'Q$, et l'on trouvera

$$2m'Q = -\,0,10637.$$

Il semble donc résulter des observations précédentes que la rapidité du mouvement de la Lune dans son orbite augmente à Brest d'environ $\frac{1}{10}$ l'action de la Lune pour soulever les eaux de la mer, comme elle retarde d'un jour et demi l'instant du maximum des marées; mais cet élément délicat doit être déterminé par un plus grand nombre d'observations.

27. Comparons enfin les marées des syzygies des solstices d'hiver à celles des syzygies des solstices d'été de la Table I, pour avoir l'effet de la variation des distances du Soleil à la Terre sur les marées. Si l'on ajoute ensemble les marées totales des jours 1 et 2, dans les solstices d'hiver de la Table I, on aura $134^{m},702$ pour leur somme. La même somme dans les marées syzygies des solstices d'été est $129^{m},090$, plus petite que la précédente de $5^{m},612$, ce qui prouve l'influence de la plus grande proximité du Soleil en hiver qu'en été sur les marées.

Pour comparer sur ce point la théorie de la pesanteur aux observations, nommons l la somme des carrés des cosinus des déclinaisons du Soleil dans les syzygies des solstices d'été de la Table I; nommons l' la même somme pour la Lune. Considérons ensuite que le Soleil est d'environ $\frac{1}{60}$ plus près de nous en hiver que dans sa moyenne distance, ce qui augmente d'un vingtième la valeur de $\frac{L}{r^3}$, qui, par la raison contraire, est diminuée d'un vingtième en été. Cela posé, les formules du n° 22 donnent

$$4P\left[\frac{L}{r^3}\left(\tfrac{21}{20}q - 2l\right) + \frac{41}{40}\,\frac{L'}{r'^3}\,(q' - 2l')\right]$$

pour l'excès que les observations ont donné égal à $5^m,612$; or on a

$$\frac{L'}{r'^3} = \frac{3L}{r^3}, \qquad 2P\frac{L}{r^3} = \tfrac{1}{4}.6^m,2490;$$

j'ai trouvé, de plus, $l = 10,16776$, $l' = 10,34131$; la fonction précédente devient ainsi $4^m,257$, ce qui ne diffère que de $1^m,355$ du résultat de l'observation.

28. L'effet de la variation des distances à la Terre est beaucoup plus sensible pour la Lune que pour le Soleil. Afin de comparer sur ce point la théorie aux observations, j'ai ajouté les marées totales du premier et du second jour après celui de la syzygie, dans douze syzygies où le demi-diamètre de la Lune, alors voisine du périgée, surpassait 30 minutes, et dans les douze syzygies voisines et correspondantes où le demi-diamètre de la Lune, alors voisine de son apogée, était au-dessous de 28 minutes; j'ai choisi ces deux jours, parce qu'ils comprennent entre eux l'instant du maximum des marées dont ils sont très-proches. La Table suivante renferme les jours de ces syzygies et les marées totales qui leur correspondent :

TABLE III.

Jours de la syzygie.	Marées totales périgées.	Marées totales apogées.
1714. 16 janvier.............	$13,305$	»
30 janvier..............	»	$10,654$
14 avril...............	$13,529$	»
29 avril...............	»	$10,778$
10 août...............	»	$10,453$
25 août...............	$14,126$	»
8 septembre...........	»	$10,614$
23 septembre..........	$14,539$	»
8 octobre	»	$10,681$
23 octobre	$13,470$	»
1715. 5 mars...............	$14,300$	»
20 mars...............	»	$10,985$
4 avril...............	$14,061$	»
18 avril...............	»	$10,372$
12 octobre	$14,415$	»
27 octobre	»	$10,451$
11 novembre	$13,711$	»
26 novembre	»	$9,986$
1716. 6 mai................	»	$10,244$
21 mai................	$13,186$	»
5 juin................	»	$9,592$
19 juin...............	$13,479$	»
4 juillet..............	»	$9,750$
19 juillet.............	$12,135$	»

On voit par cette Table que les marées totales correspondantes aux demi-diamètres de la Lune plus grands que 30 minutes sont constamment plus grandes que celles qui correspondent aux demi-diamètres plus petits que 28 minutes. Si l'on ajoute ensemble les marées totales relatives aux plus grands demi-diamètres, on aura $164^m,256$ pour leur somme. Celle des marées totales relatives aux douze plus petits demi-diamètres est $124^m,560$. La différence de ces deux sommes est $39^m,6961$. Voyons ce qu'elle doit être par la théorie.

Si l'on néglige, comme on l'a fait dans l'expression de y'' du n° 21, la quantité (A') qui, dans le cas présent, est insensible soit par elle-même, soit parce que les déclinaisons de la Lune ont été alternativement boréales et australes dans les observations de la Table III, il est visible par cette expression que l'on aura la partie de la différence demandée, relative aux termes dépendants de P : 1° en prenant le demi-diamètre moyen de la Lune, dans les vingt-quatre observations de la Table, demi-diamètre que je trouve égal à 2917 secondes ; 2° en multipliant dans chaque observation le carré du cosinus de la déclinaison de la Lune par le cube du rapport de son demi-diamètre à 2917 secondes ; 3° en faisant une somme de ces produits relatifs aux douze observations dans lesquelles le demi-diamètre de la Lune surpasse 30 minutes, somme que je trouve égale à $13,5846$, et en en retranchant la somme des mêmes produits relatifs aux douze observations dans lesquelles le demi-diamètre de la Lune a été au-dessous de 28 minutes, et que je trouve égale à $9,3628$; 4° enfin en multipliant la différence $4,2218$ de ces deux sommes par $4P\dfrac{L'}{r'^3}$, r' étant ici la distance moyenne syzygie de la Lune, ce qui donne $4P\dfrac{L'}{r'^3}.4,2218$ pour la partie de la différence demandée qui dépend de P.

Pour avoir la partie qui dépend de Q, nous observerons que, par le n° 20, cette partie ajoute à l'expression de zy le terme $-2PQ\dfrac{d\psi'}{dt}\dfrac{L'}{r'^3}\cos^2 v'$: on a, par le n° 22, $\dfrac{d\psi'}{dt}\cos^2 v' = \dfrac{d\Gamma'}{dt}\cos\varepsilon'$, et, si l'on prend pour unité la moyenne distance de la Lune à la Terre, on a à très-peu près $\dfrac{d\Gamma'}{dt} = \dfrac{m'}{r'^3}$; le terme précédent devient ainsi $-2m'PQ\dfrac{L'}{r'^3}\cos\varepsilon'$, $\cos\varepsilon'$ pouvant être supposé égal à $\sqrt{\dfrac{q'}{24}}$, q' étant la somme des carrés des cosinus des déclinaisons de la Lune dans les vingt-quatre syzygies de la Table II, somme qui, par le numéro précé-

dent, est égale à 20,75529. On aura donc la partie de la différence
cherchée, relative à Q : 1° en faisant une somme des cinquièmes
puissances du rapport du demi-diamètre de la Lune dans chaque
observation périgée à 2917 secondes, et en en retranchant la même
somme relative aux observations apogées; 2° en multipliant le reste
par $-8m'\mathrm{PQ}\dfrac{\mathrm{L}'}{r'^3}\sqrt{\dfrac{q}{2.4}}$. On trouve ainsi $-8m'\mathrm{PQ}\dfrac{\mathrm{L}'}{r'^3}\cdot6,9091$, r' se
rapportant ici à la moyenne distance syzygie de la Lune.

En ajoutant les deux parties dépendantes de P et de Q, la différence
demandée sera

$$4\mathrm{P}\frac{\mathrm{L}'}{r'^3}(1-2m'\mathrm{Q}).4,2218-\frac{8m'\mathrm{PQ}\dfrac{\mathrm{L}'}{r'^3}(1-2m'\mathrm{Q}).2,6873}{1-2m'\mathrm{Q}};$$

on a, par le n° 25,

$$2\mathrm{P}\frac{\mathrm{L}'}{r'^3}(1-2m'\mathrm{Q})=\tfrac{121}{160}.6^m,2490;$$

la différence précédente devient ainsi

$$40^m,562-\frac{2m'\mathrm{Q}}{1-2m'\mathrm{Q}}\cdot25^m,819.$$

En l'égalant à la différence observée $39^m,6961$, on trouve

$$2m'\mathrm{Q}=0,03425,$$

valeur insensible et d'un signe contraire à celui de la valeur déterminée dans le numéro précédent, par les phénomènes des marées relatifs
aux déclinaisons. On voit, par la grandeur du coefficient de $2m'\mathrm{Q}$
dans la différence précédente, que les phénomènes des marées dépendants de la variation de la distance de la Lune à la Terre sont très-
propres à la déterminer, et il en résulte que $2m'\mathrm{Q}$ est très-petit et
même insensible à Brest.

En vertu des inégalités de la seconde espèce, ou dont la période est
à peu près d'un jour, les marées du soir surpassent à Brest celles du
matin dans les syzygies des solstices d'été; elles en sont surpassées

dans les syzygies des solstices d'hiver. Pour déterminer la quantité de ce phénomène, j'ai ajouté, dans dix-sept syzygies vers les solstices d'été, l'excès des marées du soir sur celles du matin, le premier et le second jour après la syzygie. Le maximum des marées tombant à peu près au milieu de ces deux jours d'observation, la variation journalière de la hauteur des marées dues aux inégalités de la troisième espèce est presque insensible dans le résultat, qui ne doit par conséquent renfermer que l'excès des marées du soir sur celles du matin, dû aux inégalités de la seconde espèce. La somme de ces excès dans les trente-quatre jours d'observation a été de $6^m,131$.

J'ai ajouté pareillement l'excès des marées du matin sur celles du soir, dans onze syzygies vers les solstices d'hiver. La somme de ces excès, dans les vingt-deux jours d'observation, a été de $4^m,109$. En prenant un milieu entre ces deux résultats, l'excès d'une marée du soir sur celle du matin dans les syzygies des solstices d'été, ou d'une marée du matin sur celle du soir dans les syzygies des solstices d'hiver, en vertu des inégalités de la seconde espèce, est de $0^m,183$.

Cet excès est, par le n° **21**, égal à

$$2\Lambda\left(\frac{\mathrm{L}}{r^3}\sin v\cos v + \frac{\mathrm{L}'}{r'^3}\sin v'\cos v'\right)\cos(\lambda-\gamma);$$

cette fonction est donc égale à $0^m,183$. Il est probable que $\cos(\lambda-\gamma)$ diffère peu de l'unité; une longue suite d'observations des *basses mers du matin et du soir* fera connaître exactement sa valeur.

Des hauteurs des marées vers les quadratures.

29. Pour déterminer ces hauteurs par la théorie, nous reprendrons les expressions complètes de y' et de y'' du n° **21**, et nous observerons que, si l'on change ψ' dans $100^o+\psi'$ ou dans $300^o+\psi'$, suivant que la Lune est vers son premier ou vers son second quartier, on aura, en réduisant y' et y'' en séries, $\psi'-\psi$ étant supposé peu considérable, comme cela a lieu vers les quadratures, et en négligeant les termes multipliés par Q,

$$y' = -\frac{1+3\cos 2\theta}{8g\left(1-\frac{3}{5\rho}\right)}\left[\frac{L}{r^3}(1-3\sin^2 v) + \frac{L'}{r'^3}(1-3\sin^2 v')\right]$$

$$+ P\left(\frac{L'}{r'^3}\cos^2 v' - \frac{L}{r^3}\cos^2 v\right) + \frac{2P\dfrac{L}{r^3}\cos^2 v\,\dfrac{L'}{r'^3}\cos^2 v'}{\dfrac{L'}{r'^3}\cos^2 v' - \dfrac{L}{r^3}\cos^2 v}\left[(\psi'-\psi)^2 + \tfrac{1}{4}\eta^2\right],$$

$$y'' = A\frac{L'}{r'^3}\sin v'\cos v'\sin(\lambda-\gamma) \mp A\frac{L}{r^3}\sin v\cos v\cos(\lambda-\gamma)$$

$$+ 2P\left(\frac{L'}{r'^3}\cos^2 v' - \frac{L}{r^3}\cos^2 v\right) + \frac{4P\dfrac{L}{r^3}\cos^2 v\,\dfrac{L'}{r'^3}\cos^2 v'}{\dfrac{L'}{r'^3}\cos^2 v' - \dfrac{L}{r^3}\cos^2 v}\left[(\psi'-\psi)^2 + \tfrac{1}{8}\eta^2\right],$$

le signe $+$ ayant lieu vers le premier quartier de la Lune, et le signe $-$ vers son second quartier (*).

L'excès de la marée du soir sur celle du matin à Brest, dans les quadratures des équinoxes, est, en vertu des inégalités de la seconde espèce,

$$-2A\frac{L'}{r'^3}\sin v'\cos v'\cos(\lambda-\gamma).$$

Il en résulte, par le numéro précédent, qu'à Brest la marée du soir surpasse celle du matin dans les quadratures des équinoxes du printemps; elle en est surpassée dans les quadratures des équinoxes d'automne.

Si, dans un nombre $2i$ de quadratures vers les équinoxes, on considère les hauteurs absolues et les marées totales des jours voisins de la quadrature, en nommant Y' la somme des hauteurs moyennes absolues, on trouvera, par l'analyse suivant laquelle Y' a été déterminé dans le n° **22**,

$$Y' = -\frac{2i(1+3\cos 2\theta)}{8g\left(1-\frac{3}{5\rho}\right)}\left[\frac{L}{r^3}(1-3\sin^2 V) + \frac{L'}{r'^3}(1-3\sin^2 V')\right] + 2iP\left(\frac{L'}{r'^3}\cos^2 V' - \frac{L}{r^3}\cos^2 V\right)$$

$$+ 2iP\frac{L'}{r'^3}\left(l^2 + \tfrac{1}{16}\right)(\Gamma'-\Gamma\cos V'\cos\varepsilon)^2\left(1,0611\sin^2\varepsilon' + \frac{\dfrac{2L}{r^3}\cos^2 V}{\dfrac{L'}{r'^3}\cos^2 V' - \dfrac{L}{r^3}\cos^2 V}\right),$$

(*) Les termes $+\tfrac{1}{4}\eta^2$, $+\tfrac{1}{8}\eta^2$, ajoutés à $(\psi'-\psi)^2$ dans ces deux formules, manquent dans l'édition originale; cette omission a été signalée par Bowditch.

t étant, depuis le minimum de la hauteur moyenne absolue des marées jusqu'à l'instant que l'on considère, le nombre des intervalles d'une marée à la marée correspondante du jour suivant, vers les quadratures des équinoxes; Γ et Γ' sont les mouvements du Soleil et de la Lune dans cet intervalle, eu égard à l'argument de la variation, qui diminue constamment le mouvement lunaire dans les quadratures; ε et ε' sont les inclinaisons des orbes de ces astres à l'équateur.

La valeur de Y' relative à $2i$ quadratures, dont i sont vers les solstices d'hiver et i vers les solstices d'été, est

$$Y' = -\frac{2i(1+3\cos 2\theta)}{8g\left(1-\frac{3}{5\rho}\right)}\left[\frac{L}{r^3}(1-3\sin^2 V)+\frac{L'}{r'^3}(1-3\sin^2 V')\right]+2iP\left(\frac{L'}{r'^3}\cos^2 V'-\frac{L}{r^3}\cos^2 V\right)$$

$$-2iP\frac{L'}{r'^3}\left(t^2+\tfrac{1}{16}\right)\left(\Gamma''\cos\varepsilon'-\frac{\Gamma}{\cos\varepsilon}\right)^2\left(\frac{\frac{2L}{r^3}\cos^2 V}{\frac{L'}{r'^3}\cos^2 V'-\frac{L}{r^3}\cos^2 V}-1{,}0611\tan g^2\varepsilon'\right).$$

En nommant Y'' les marées totales correspondantes à Y', on aura, dans les $2i$ quadratures des équinoxes,

$$Y'' = 4iP\left(\frac{L'}{r'^3}\cos^2 V'-\frac{L}{r^3}\cos^2 V\right)$$

$$+4iP\frac{L'}{r'^3}\left(t^2+\tfrac{1}{32}\right)(\Gamma''-\Gamma\cos V'\cos\varepsilon)^2\left(1{,}0611\sin^2\varepsilon'+\frac{\frac{2L}{r^3}\cos^2 V}{\frac{L'}{r'^3}\cos^2 V'-\frac{L}{r^3}\cos^2 V}\right),$$

et dans les $2i$ quadratures des solstices,

$$Y'' = 4iP\left(\frac{L'}{r'^3}\cos^2 V'-\frac{L}{r^3}\cos^2 V\right)$$

$$+4iP\frac{L'}{r'^3}\left(t^2+\tfrac{1}{32}\right)\left(\Gamma''\cos\varepsilon'-\frac{\Gamma}{\cos\varepsilon}\right)^2\left(\frac{\frac{2L}{r^3}\cos^2 V}{\frac{L'}{r'^3}\cos^2 V'-\frac{L}{r^3}\cos^2 V}-1{,}0611\tan g^2\varepsilon'\right).$$

Enfin on verra, comme dans le n° 22, que, pour avoir égard aux termes dépendants de Q, il suffit de changer L' dans $L'\left(1-\frac{2m'Q}{\cos V'}\right)$, dans les expressions relatives aux équinoxes, et L' dans $L'(1 - 2m'Q\cos\epsilon')$, dans les expressions relatives aux solstices.

30. Pour comparer ces résultats aux observations, j'ai pris dans le Recueil cité les observations relatives à vingt-quatre syzygies vers les équinoxes et à vingt-quatre syzygies vers les solstices, en considérant toujours deux quadratures consécutives. Voici les jours de ces quadratures, à Brest :

Quadratures des équinoxes.

Années.

1711.　5 septembre, 19 septembre, 4 octobre, 18 octobre.
1712.　15 mars, 29 mars, 24 août, 8 septembre, 22 septembre, 7 octobre.
1714.　18 août, 1er septembre, 17 septembre, 30 septembre.
1715.　12 mars, 28 mars, 22 août, 6 septembre.
1716.　1er mars, 15 mars, 30 mars, 14 avril, 8 septembre, 23 septembre.

Quadratures des solstices.

1711.　23 juin, 7 juillet.
1712.　27 mai, 12 juin, 25 juin, 11 juillet.
1714.　21 mai, 5 juin, 20 juin, 4 juillet, 14 décembre, 28 décembre.
1715.　26 mai, 8 juin, 24 juin, 8 juillet, 18 novembre, 3 décembre, 17 décembre.
1716.　2 janvier, 28 mai, 12 juin, 27 juin, 11 juillet.

J'aurais désiré de considérer autant de quadratures vers les solstices d'hiver que vers les solstices d'été; mais le défaut d'observations ne me l'a pas permis.

Dans chacune de ces quadratures, j'ai pris une moyenne entre les hauteurs absolues de deux marées consécutives, pour former ce que je nomme *hauteur moyenne absolue des marées*. J'ai considéré d'abord les deux marées du jour de la quadrature, ensuite les deux marées suivantes, puis les deux marées qui les suivent, enfin les deux marées qui suivent ces dernières, en sorte que souvent les deux marées dont j'ai considéré l'ensemble n'ont point eu lieu le même jour. Là *marée*

totale est l'excès de la hauteur moyenne absolue sur la basse mer intermédiaire. Je désigne par 0, 1, 2, 3 les numéros de ces marées, en
commençant par celle du jour de la quadrature. Plusieurs fois la hauteur de la basse mer n'a point été observée; quelquefois même on n'a
observé qu'une des deux hauteurs de chaque jour. J'ai fait usage,
pour suppléer à ce défaut d'observations, de la même méthode que
j'ai employée pour les marées syzygies. J'ai obtenu ainsi les résultats
suivants :

TABLE IV.

Quadratures des équinoxes.

Nᵒˢ des marées.	Hauteurs moyennes absolues.	Marées totales.
	^{m}	^{m}
0	99,511	69,835
1	94,282	58,638
2	96,059	62,383
3	105,639	81,342

Quadratures des solstices.

Nᵒˢ des marées.	Hauteurs moyennes absolues.	Marées totales.
	^{m}	^{m}
0	106,117	82,244
1	102,997	76,289
2	103,220	76,654
3	106,760	84,498

31. Considérons d'abord l'ensemble de ces observations. On aura,
relativement aux quarante-huit quadratures, les résultats suivants :

TABLE V.

Nᵒˢ des marées.	Hauteurs moyennes absolues.	Marées totales.
	^{m}	^{m}
0	205,628	152,079
1	197,379	134,927
2	199,279	139,037
3	212,399	165,840

Prenons pour unité l'intervalle de deux marées du matin ou du soir
vers les quadratures, et pour époque l'instant moyen entre les deux

marées du jour de la quadrature à Brest. Soit, pour un jour quelconque voisin de cette phase, $a - bx + cx^2$ l'expression de la hauteur absolue de la marée, x étant le nombre des intervalles pris pour unité dont cette marée suit l'époque. Si cette expression se rapporte à une marée du matin, l'expression de la marée du soir du même jour sera $a - b(x + \frac{1}{2}) + c(x + \frac{1}{2})^2$, en ne considérant que les inégalités dont la période est à peu près d'un demi-jour. En ajoutant ces deux expressions, la moitié de leur somme sera la hauteur moyenne absolue de la mer; l'expression de cette hauteur est ainsi

$$a + \tfrac{1}{16}c - b(x + \tfrac{1}{4}) + c(x + \tfrac{1}{4})^2.$$

L'expression de la basse mer intermédiaire est, suivant la théorie, de la forme

$$a' + b(x + \tfrac{1}{4}) - c(x + \tfrac{1}{4})^2;$$

en faisant donc $x + \frac{1}{4} = t$, l'expression de la marée totale sera de la forme

$$m - 2bt + 2ct^2.$$

Le minimum de cette marée a lieu lorsque $t = \dfrac{b}{2c}$; cette valeur de t est pareillement la valeur de x correspondante au minimum de la formule $a - bx + cx^2$.

Pour déterminer $\dfrac{b}{2c}$, on peut faire usage des marées totales de la Table V; mais les hauteurs absolues de la même Table ayant été observées avec plus de soin que les marées totales, nous ferons usage de leur ensemble. Soient donc f, f', f'', f''' les quatre sommes que l'on obtient en ajoutant la hauteur moyenne absolue à la marée totale qui lui correspond dans la Table; l'expression analytique de ces sommes sera de la forme $k - ibt + ict^2$. En supposant successivement $t = 0$, $t = 1$, $t = 2$, $t = 3$, on aura les valeurs de f, f', f'', f''', d'où l'on tirera

$$4ic = f - f' - f'' + f''',$$

$$ib = 3ic + \frac{f + f' - f'' - f'''}{4},$$

et par conséquent

$$\frac{b}{2c} = \tfrac{1}{2} + \tfrac{1}{2}\Big(\frac{f+f'-f''-f'''}{f-f'-f''+f'''}\Big) = 1,2964.$$

On verra ci-après que l'intervalle pris pour unité est $1^{j},0521$; ainsi l'intervalle depuis l'époque jusqu'au minimum des marées, évalué en jours, est $1^{j},3639$. Dans ces observations, l'heure de l'époque a été à Brest $0^{j},6121$, et l'heure moyenne de la quadrature a été $0^{j},4683$, en sorte que la quadrature a précédé l'époque de $0^{j},1438$. En ajoutant cette quantité à $1^{j},3639$, on a $1^{j},5077$ pour l'intervalle dont le minimum de la marée suit la quadrature, ce qui diffère très-peu de l'intervalle $1^{j},50724$, dont on a vu, dans le n° 24, que le maximum des marées suit la syzygie : ces deux intervalles sont donc égaux, comme ils doivent l'être par la théorie. Nous les supposerons l'un et l'autre de $1^{j},50724$.

Déterminons la loi des variations des hauteurs moyennes absolues et des marées totales dans les quarante-huit quadratures précédentes. Pour cela, prenons pour unité l'intervalle de deux marées consécutives du matin ou du soir vers les quadratures, et nommons k la quantité dont l'instant moyen du minimum des marées a précédé le milieu de l'intervalle compris entre les quatre jours d'observations. Soit $a + bt^2$ l'expression générale des hauteurs moyennes absolues de la Table V, t étant la distance à l'instant du minimum de ces hauteurs. Les hauteurs moyennes absolues correspondantes aux n°s 0, 1, 2, 3 seront

$$a + b\big(\tfrac{3}{2} - k\big)^2, \quad a + b\big(\tfrac{1}{2} - k\big)^2, \quad a + b\big(\tfrac{1}{2} + k\big)^2, \quad a + b\big(\tfrac{3}{2} + k\big)^2.$$

Si de la somme des deux extrêmes on retranche la somme des deux moyennes, on aura $4b$ pour la différence qui, par la Table V, est égale à $21^{m},469$, d'où l'on tire $b = 5^{m},3672$.

Si l'on représente semblablement par $a' + b't^2$ les marées totales de la Table V, on trouvera de la même manière $b' = 10^{m},9887$. Suivant la théorie $b = \tfrac{1}{2}b' = 5^{m},4943$; la différence entre cette valeur de b et la précédente est dans les limites des erreurs des observations.

Si l'on prend pour b le tiers de la somme des deux valeurs de b et de b', et pour b' le double de ce tiers, on aura

$$b = 5^m,4520, \quad b' = 10^m,9040.$$

Pour déterminer a et a', nous observerons que la somme des quatre expressions précédentes des hauteurs absolues des marées est $4a + b(5 \div 4k^2)$. Cette somme est, par la Table V, égale à $814^m,585$; on a donc

$$a = \frac{814^m,585 - (5 + 4k^2).5^m,4520}{4}.$$

On trouvera de la même manière

$$a' = \frac{591^m,883 - (5 + 4k^2).10^m,9040}{4}.$$

Pour déterminer k, nous observerons que l'heure moyenne de la quadrature à Brest, dans les quarante-huit quadratures de la Table V, a été $0^j,46829$; en lui ajoutant $1^j,50724$, distance de la quadrature au minimum des marées, on aura $1^j,97553$ pour la distance de l'instant du minimum des marées au minuit qui précède la quadrature. L'instant moyen à Brest, entre les deux marées du jour de la quadrature, a été, dans les observations de la Table V, $0^j,61215$; en lui ajoutant $\frac{3}{2}$ de l'intervalle pris pour unité et qui est égal à $1^j,05207$, on aura $2^j,19025$ pour la distance du minuit qui précède la quadrature au milieu de l'intervalle compris entre les observations extrêmes de la Table. Si l'on en retranche $1^j,97553$, la différence $0^j,21472$ sera la valeur de k exprimée en jours; en la divisant par $1^j,05207$, on aura $0,204093$ pour cette valeur exprimée en parties de l'intervalle pris pour unité, d'où l'on tire

$$a = 196^m,604, \quad a' = 133^m,886;$$

ainsi l'expression des nombres de la Table V, relatifs aux hauteurs absolues des marées, est

$$196^m,604 + 5^m,4520.t^2,$$

et l'expression des nombres de la même Table, relatifs aux marées totales, est

$$133^m,886 + 10^m,9040 \cdot t^2.$$

Comparons maintenant ces formules, données par l'observation, aux formules du n° 29, données par la théorie de la pesanteur. Soit c la hauteur du zéro de l'échelle d'observation au-dessus du niveau d'équilibre que la mer prendrait sans l'action du Soleil et de la Lune; soit de plus h la somme des carrés des cosinus des déclinaisons du Soleil, aux instants des phases, dans les quadratures de la Table V, et h' cette même somme relativement à la Lune; on aura, par le n° 29,

$$48c - \frac{3(1+3\cos 2\theta)}{8g\left(1-\frac{3}{5\rho}\right)}\left[\frac{L}{r^3}(h-32) + \frac{L'}{r'^3}(h'-32)\right] + P\left(\frac{h'L'}{r'^3} - \frac{hL}{r^3}\right) + \tfrac{1}{16}b = 196^m,604;$$

on a relativement à Brest, par le n° 25,

$$\frac{1+3\cos 2\theta}{8g\left(1-\frac{3}{5\rho}\right)} \cdot \frac{L}{r^3} = 0^m,02745;$$

mais, dans les quarante-huit quadratures que nous considérons, la valeur de $\frac{L}{r^3}$ n'est point exactement égale à sa valeur moyenne. La Table V comprend vingt-quatre quadratures des équinoxes, dix-huit quadratures d'été et six quadratures d'hiver; or on a vu, dans le n° 27, que, dans les quadratures des solstices d'été, $\frac{L}{r^3}$ est diminué d'un vingtième, et qu'il est augmenté d'un vingtième dans les quadratures des solstices d'hiver; il faut donc multiplier la valeur moyenne de $\frac{L}{r^3}$ par $\frac{79}{80}$ pour avoir sa valeur moyenne dans les quarante-huit quadratures; de plus, $\frac{L'}{r'^3}$ est moindre d'un quarantième dans les quadratures que dans les moyennes distances, à raison de l'argument de la variation, et, comme il est à très-peu près égal à $\frac{3L}{r^3}$ dans les moyennes distances, il doit être supposé, dans les quadratures, égal à $\frac{117}{40}\frac{L}{r^3}$. Enfin j'ai trouvé, dans les quadratures précédentes,

$$h = 44,16767, \qquad h' = 44,45074;$$

on a, cela posé,

$$\frac{3(1 - 3\cos 2\theta)}{8g\left(1 - \frac{3}{5\rho}\right)}\left[\frac{L}{r^3}(h - 32) + \frac{L'}{r'^3}(h' - 32)\right] = 3^m,989.$$

L'expression des marées totales de la Table V, comparée aux formules du n° 29, donne

$$2P\left(\frac{h'L'}{r'^3} - \frac{hL}{r^3}\right) + \frac{1}{10}b = 133^m,886.$$

Cette équation a besoin d'une légère correction, qui tient à ce que, dans les quadratures de la Table V, il y a dix-huit quadratures d'été et six quadratures d'hiver; or la basse mer de ces quadratures correspond à la haute mer solaire du soir, qui, en été, surpasse à Brest la haute marée solaire du matin de $0^m,0457$; il faut donc augmenter $133^m,886$ de six fois $0^m,0457$, pour le rendre indépendant des inégalités dont la période est à peu près d'un jour, et alors on a

$$2P\left(\frac{h'L'}{r'^3} - \frac{hL}{r^3}\right) = 133^m,819,$$

d'où l'on tire

$$e = 2^m,778.$$

Les observations des syzygies nous ont donné, dans le n° 25,

$$e = 2^m,827.$$

La petite différence de ces deux valeurs dépend-elle des erreurs des observations, ou de ce que la mer ne s'abaisse pas entièrement à Brest à la hauteur déterminée par la théorie dans les grandes marées, comme je le présume? C'est ce qu'un plus grand nombre d'observations fera connaître.

Reprenons l'équation

$$2\,\mathrm{P}\left(\frac{h'\,\mathrm{L}'}{r'^3} - \frac{h\,\mathrm{L}}{r^3}\right) = 133^m,819.$$

Pour réduire les valeurs de $\frac{\mathrm{L}}{r^3}$ et de $\frac{\mathrm{L}'}{r'^3}$ aux moyennes distances du Soleil et de la Lune, il faut multiplier la somme des carrés des cosinus des déclinaisons du Soleil, dans les quadratures des solstices de la Table V, par $\frac{39}{19}$, pour avoir égard au nombre plus grand des solstices d'été que des solstices d'hiver; en ajoutant ensuite le produit à la somme des carrés des cosinus des déclinaisons du Soleil dans les quadratures des équinoxes, la somme sera la valeur de h dont on doit faire usage. Je trouve ainsi $h = 43,6557$.

Dans les quadratures, la valeur de $\frac{\mathrm{L}'}{r'^3}$ doit être diminuée d'un quarantième, à raison de l'argument de la variation, ce qui revient à diminuer dans le même rapport h', qui se réduit alors à 43,3395; on a donc

$$2\,\mathrm{P}\left(43,3395\cdot\frac{\mathrm{L}'}{r'^3} - 43,6557\cdot\frac{\mathrm{L}}{r^3}\right) = 133^m,819,$$

r et r' étant les moyennes distances du Soleil et de la Lune à la Terre. On peut donner à cette équation la forme suivante

$$2\,\mathrm{P}.43,3395\cdot\left(\frac{\mathrm{L}'}{r'^3} - \frac{\mathrm{L}}{r^3}\right) - 2\,\mathrm{P}.0,3162\cdot\frac{\mathrm{L}}{r^3} = 133^m,819.$$

Dans le petit terme $2\mathrm{P}.0,3162\cdot\frac{\mathrm{L}}{r^3}$ on peut supposer

$$\frac{\mathrm{L}}{r^3} = \frac{1}{2}\left(\frac{\mathrm{L}'}{r'^3} - \frac{\mathrm{L}}{r^3}\right);$$

on aura donc

$$2\,\mathrm{P}.43,1814\cdot\left(\frac{\mathrm{L}'}{r'^3} - \frac{\mathrm{L}}{r^3}\right) = 133^m,819,$$

d'où l'on tire

$$2\,\mathrm{P}\left(\frac{\mathrm{L}'}{r'^3} - \frac{\mathrm{L}}{r^3}\right) = 3^m,0990.$$

Nous avons trouvé, dans le n° 25,

$$2\,\mathrm{P}\left(\frac{\mathrm{L}'}{r'^3} + \frac{\mathrm{L}}{r^3}\right) = 6^{\mathrm{m}},2490,$$

ce qui donne

$$\frac{\mathrm{L}'}{r'^3} = 2.9677 \cdot \frac{\mathrm{L}}{r^3};$$

ainsi l'on peut supposer, à très-peu près, $\frac{\mathrm{L}'}{r'^3}$ triple de $\frac{\mathrm{L}}{r^3}$. Mais on doit observer ici que ce rapport n'est pas exactement celui des masses de la Lune et du Soleil, divisées respectivement par les cubes de leurs moyennes distances à la Terre. Il résulte du n° 25 que, L' et L exprimant ces masses, et $m'l$, ml exprimant les moyens mouvements de ces astres autour de la Terre, le rapport trouvé ci-dessus est celui de $\frac{\mathrm{L}'(1 - 2m'\mathrm{Q})}{r'^3}$ à $\frac{\mathrm{L}(1 - 2m\mathrm{Q})}{r^3}$; il ne peut donc être pris pour celui de $\frac{\mathrm{L}'}{r'^3}$ à $\frac{\mathrm{L}}{r^3}$ que dans le cas où Q est nul ou insensible, et l'on a vu précédemment que cela a lieu à fort peu près dans le port de Brest.

Déterminons la variation des marées près de leur minimum, qui résulte de la théorie. Pour cela, reprenons les valeurs de Y'' du n° 29. Soient p et p' les sommes des carrés des cosinus des déclinaisons du Soleil et de la Lune dans les quadratures des équinoxes de la Table V; soient q et q' les mêmes sommes dans les quadratures des solstices de la même Table; on pourra supposer, dans ces expressions,

$$\cos^2\varepsilon = \frac{q}{24}, \quad \cos^2\varepsilon' = \frac{p'}{24};$$

le terme multiplié par t^2 dans l'expression de Y'' relative aux vingt-quatre quadratures équinoxiales devient ainsi

$$\frac{19}{10}\cdot 48\,\mathrm{P}\,\frac{\mathrm{L}'}{r'^3}\,t^2\left(\Gamma' - \frac{\Gamma}{24}\sqrt{\overline{qp'}}\right)^2\left(1,0611\cdot\frac{24-p'}{24} + \frac{2P\frac{\mathrm{L}}{r^3}}{\frac{19}{10}p'\frac{\mathrm{L}'}{r'^3} - p\frac{\mathrm{L}}{r^3}}\right),$$

Γ' et Γ étant les mouvements de la Lune et du Soleil, dans les quadratures, pendant l'intervalle pris pour unité, et qui, dans les quadratures équinoxiales, est égal à $\iota^{J},057496$; on doit observer que, dans les quadratures, Γ'' est constamment diminué en vertu de l'inégalité de la variation.

Le terme multiplié par t^2, dans l'expression de Y'' relative aux vingt-quatre quadratures solsticiales de la Table V, devient, en diminuant $\dfrac{L}{r^3}$ d'un quarantième, parce qu'il y a dix-huit solstices d'été sur six solstices d'hiver,

$$\tfrac{12}{10}.48\,P\,\frac{L'}{r'^3}\,t^2\left(\Gamma'\sqrt{\frac{p''}{2\mathfrak{l}}} - \frac{\Gamma}{\sqrt{\dfrac{q}{2\mathfrak{l}}}}\right)^2\left(\frac{2q\dfrac{L}{r^3}}{\dfrac{q'L'}{r'^3} - \dfrac{qL}{r^3}} - 1, \text{ ou } 1.\frac{24}{p'} - p'\right),$$

Γ' et Γ étant les mouvements de la Lune et du Soleil dans ces quadratures, pendant l'intervalle pris pour unité, et qui, relativement aux quadratures des solstices, est égal à $\iota^{J},046644$.

$\dfrac{L}{r^3}$ et $\dfrac{L'}{r'^3}$ sont réduits dans ces expressions aux distances moyennes du Soleil et de la Lune à la Terre, dans lesquelles on a

$$\frac{L'}{r'^3} = \frac{3L}{r^3}, \qquad 2P\frac{L'}{r'^3} = \tfrac{1}{1}.6^m,2490.$$

J'ai trouvé

$$p = 23.68841, \qquad p' = 20.69652, \qquad q = 20.47926, \qquad q' = 23.75422;$$

on aura, cela posé, $7^m,819$ pour le terme multiplié par t^2 dans l'expression de Y'' relative aux vingt-quatre quadratures équinoxiales, et $2^m,794$ pour le même terme relatif aux vingt-quatre quadratures solsticiales. La somme de ces deux termes est $10^m,613$, ce qui diffère très-peu du résultat $10^m,9040$ que donnent les observations de la Table V (*).

32. Considérons séparément les marées des quadratures des équinoxes et celles des quadratures des solstices. On trouvera, par la mé-

(*) Bowditch remarque que les nombres $2^m,794$ et $10^m,613$ doivent être augmentés tous deux de $0^m,1$, en sorte qu'il faut lire $2^m,894$ et $10^m,713$.

thode du numéro précédent,

$$91^{m},033 + 3^{m},747 . t^{2},$$
$$58^{m},370 + 7^{m},495 . t^{2},$$

pour les expressions des hauteurs absolues et des marées totales des équinoxes de la Table IV; les expressions des mêmes quantités relatives aux marées solsticiales de la même Table sont

$$102^{m},571 + 1^{m},705 . t^{2},$$
$$75^{m},517 + 3^{m},410 . t^{2}.$$

On voit d'abord que les marées croissent plus rapidement dans les équinoxes que dans les solstices, ce qui est conforme à la théorie. Suivant les observations, le coefficient de t^2 relatif aux marées totales est $7^{m},495$ dans les équinoxes et $3^{m},410$ dans les solstices, et l'on a vu dans le numéro précédent que la théorie donne $7^{m},819$ et $2^{m},794$ (*) pour ces mêmes coefficients; la différence est dans les limites des erreurs des observations et des éléments employés dans le calcul.

Si l'on retranche le premier terme de l'expression des marées totales des équinoxes du premier terme de leur expression dans les quadratures, la différence $17^{m},147$ sera l'effet des déclinaisons des astres. Pour le rendre indépendant des marées dont la période est à peu près d'un jour, il faut, comme on l'a vu dans le numéro précédent, lui ajouter six fois $0^{m},0457$, et alors il devient $17^{m},421$.

Suivant les formules du n° 29, cet effet est égal à

$$\tfrac{39}{10} . 2\,\mathrm{P} \left\{ \frac{\mathrm{L}}{r^{3}}\,(p - q) + \frac{\mathrm{L}'}{r'^{3}} \left[(1 - 2\,m'\,\mathrm{Q}\cos\varepsilon')\,q' - \left(1 - \frac{2\,m'\,\mathrm{Q}}{\cos\varepsilon'} \right) p' \right] \right\},$$

ou

$$\tfrac{39}{10} . 2\,\mathrm{P} \left[\frac{\mathrm{L}}{r^{3}}\,(p - q) + \frac{\mathrm{L}'}{r'^{3}}\,(1 - 2\,m'\,\mathrm{Q})\,(q' - p') \right]$$
$$+ \tfrac{39}{10} . 2\,\mathrm{P}\,\frac{\mathrm{L}'}{r'^{3}}\,(1 - 2\,m'\,\mathrm{Q})\,(1 - \cos\varepsilon') \left(q' + \frac{p'}{\cos\varepsilon'} \right) \frac{2\,m'\,\mathrm{Q}}{1 - 2\,m'\,\mathrm{Q}},$$

expression dans laquelle on doit augmenter p de sa trente-neuvième

(*) Voir la note de la page précédente.

partie, et où l'on peut supposer $\cos i' = \sqrt{\dfrac{P'}{24}}$. En observant que

$$\frac{L'}{r'^3}(1 - 2m'Q) = \frac{3L}{r^3}, \qquad 2P\left[\frac{L}{r^3} + \frac{L'}{r'^3}(1 - 2m'Q)\right] = 6^m,2490,$$

elle devient

$$18^m,861 + \frac{2m'Q}{1 - 2m'Q} \cdot 15^m,015,$$

et, en l'égalant au résultat de l'observation $17^m,421$, on a

$$2m'Q = -0,1061,$$

résultat conforme à celui que les observations syzygies nous ont donné dans le n° 26, mais d'un signe contraire au résultat trouvé dans le n° 28 par la comparaison des observations périgées et apogées. Il suit de là que l'on peut négliger les termes dépendants de Q, jusqu'à ce qu'un très-grand nombre d'observations en ait fixé la véritable valeur.

33. On a vu, dans le n° 29, que les marées du soir doivent l'emporter à Brest sur celles du matin dans les quadratures de l'équinoxe du printemps, et que le contraire a lieu dans les marées quadratures de l'équinoxe d'automne. Pour vérifier ce phénomène, j'ai ajouté, dans onze quadratures vers les équinoxes du printemps, l'excès des marées du soir sur celles du matin, le premier et le second jour après la quadrature. La somme de ces excès a été de $3^m,143$. J'ai trouvé pareillement $3^m,385$ pour la somme des excès des marées du matin sur celles du soir, dans treize quadratures vers les équinoxes d'automne. Le milieu entre ces observations donne $0^m,138$ pour l'excès d'une marée du soir sur celle du matin dans les quadratures de l'équinoxe du printemps, ou d'une marée du matin sur celle du soir dans les quadratures de l'équinoxe d'automne.

Nous avons trouvé, dans le n° 28, $0^m,183$ pour l'excès des marées du soir sur celles du matin dans les syzygies des solstices d'été. Cet excès est au précédent, suivant la théorie, dans le rapport de $\dfrac{L}{r^3} + \dfrac{L'}{r'^3}$ à $\dfrac{L'}{r'^3}$, ou de 4 à 3, ce qui est, à fort peu près, le rapport des nombres 0,183 et 0,138.

Enfin, j'ai trouvé que l'influence de la variation de la distance lunaire se manifeste d'une manière aussi sensible par les observations dans les marées quadratures que dans les marées syzygies.

Des heures et des intervalles des marées vers les syzygies.

34. Reprenons l'équation trouvée dans le n° 21,

$$\tan 2(nt + \varpi - \psi' - \lambda) = \frac{\frac{L}{r^3}\cos^2 v \sin 2(\psi - \psi')}{\frac{L'}{r'^3}\cos^2 v' + \frac{L}{r^3}\cos^2 v \cos 2(\psi - \psi')},$$

et donnons-lui cette forme

$$\tan 2(nt + \varpi - \psi - \lambda) = \frac{\frac{L'}{r'^3}\cos^2 v' \sin 2(\psi' - \psi)}{\frac{L}{r^3}\cos^2 v + \frac{L'}{r'^3}\cos^2 v' \cos 2(\psi' - \psi)}.$$

L'angle $\psi' - \psi$ étant peu considérable vers les syzygies, nous pouvons négliger sa troisième puissance; nous aurons ainsi

$$nt + \varpi - \psi - \lambda = \frac{\frac{L'}{r'^3}\cos^2 v'.(\psi' - \psi)}{\frac{L'}{r'^3}\cos^2 v' + \frac{L}{r^3}\cos^2 v}.$$

Considérons l'instant moyen entre les deux pleines mers du même jour, instant que nous nommerons *heure de la marée totale*; l'équation précédente aura lieu encore pour cet instant, pourvu que les variables nt, ψ et ψ' s'y rapportent; or $nt + \varpi - \psi$ est l'angle horaire du Soleil, et $\psi' - \psi$ est nul au maximum de la marée totale; en nommant donc T l'heure en temps vrai de ce maximum, l'heure vraie de la marée totale d'un jour quelconque sera

$$T + \frac{\frac{L'}{r'^3}\cos^2 v'.(\psi' - \psi)}{\frac{L'}{r'^3}\cos^2 v' + \frac{L}{r^3}\cos^2 v},$$

le second terme de cette expression étant réduit en temps, à raison de
la circonférence entière pour un jour. Soit υ le mouvement synodique
de la Lune dans les syzygies, pendant l'intervalle compris entre deux
marées consécutives du matin ou du soir vers les syzygies, intervalle
que nous prendrons pour unité; soit t le nombre de ces intervalles, depuis l'instant du maximum dans les syzygies des équinoxes : $\psi' - \psi$ sera
égal à très-peu près à $t\upsilon\cos\varepsilon'$, et l'on pourra supposer $\cos^2 v' = \cos^2 v$;
l'heure, en temps vrai, de la marée sera donc

$$T + \frac{\dfrac{L'}{r'^3}\, t\upsilon \cos\varepsilon'}{\dfrac{L'}{r'^3} + \dfrac{L}{r^3}} \cdot$$

Dans les solstices, $(\psi' - \psi)\cos v'$ est à très-peu près égal à $t\upsilon$, et l'on
peut supposer encore $\cos^2 v' = \cos^2 v$; l'heure vraie de la marée sera
donc

$$T + \frac{\dfrac{L'}{r'^3}\, t\upsilon}{\left(\dfrac{L}{r^3} + \dfrac{L'}{r'^3}\right)\cos v'},$$

t dans ces formules devant être supposé négatif relativement aux marées antérieures au maximum. Comparons-y les observations.

35. Pour cela, j'ai déterminé les heures des marées totales de la
Table I dans les jours 0, 1, 2 et 3, en prenant le milieu entre les
heures des deux pleines mers qui se rapportent au même jour, ces
heures étant comptées du minuit vrai précédent. J'ai trouvé les résultats suivants :

TABLE VI.

Syzygies des équinoxes.

Jours comptés de la syzygie.	Heure, en temps vrai, de la marée totale à Brest.
0^j	$0^j,39708$
1	$0,42222$
2	$0,44733$
3	$0,47359$

Syzygies des solstices.

0^j	$0^j,39606$
1	$0,42592$
2	$0,45369$
3	$0,48186$

Considérons d'abord l'ensemble de ces observations. En prenant une moyenne entre les heures des marées totales de cette Table, correspondantes au même jour, dans les syzygies des équinoxes et dans celles des solstices, on aura $0^j,39657$, $0^j,42407$, $0^j,45051$, $0^j,477725$ pour les heures vraies des marées totales correspondantes aux jours 0, 1, 2, 3. Soit $a + bt'$ l'expression générale de ces heures, t' étant le nombre des intervalles pris pour unité, comptés de l'instant de la marée totale du jour de la syzygie. En retranchant de l'heure de la quatrième marée celle de la première, la différence sera égale à $3b$, d'où l'on tire $b = 0^j,027052$. Si de la somme des quatre heures précédentes on retranche $6b$, la différence sera $4a$, ce qui donne $a = 0^j,39664$: ainsi l'expression de ces heures est

$$0^j,39664 + 0^j,027052 . t'.$$

Pour en conclure la constante T du numéro précédent, nous observerons que, quand la marée s'éloigne de $1^j,027052$ de la syzygie, son heure augmente de $0^j,027052$; or, dans les syzygies de la Table précédente, l'heure de la syzygie à Brest a été, par un milieu, à $0^j,45667$; en supposant donc que cette heure soit $0^j,45667 - x$, l'heure de la marée totale sera $0^j,39664 + 0^j,027052.x$, et cette dernière heure suivra la syzygie de $1,027052.x - 0^j,06003$: maintenant T est l'heure de la marée totale correspondante au maximum, et, par le n° 24, cette marée suit la syzygie de $1^j,50724$; en égalant donc à cette quantité la fonction $1,027052.x - 0^j,06003$, on déterminera x. et l'on trouvera

$$0^j,39664 + 0,027052.x = 0^j,43793.$$

C'est la valeur de T à Brest, et ce serait dans ce port l'heure de la marée totale solaire, si le Soleil agissait seul sur la mer, en supposant cet astre mû uniformément dans le plan de l'équateur. Si l'on en retranche un quart de jour, la différence $0^j,18793$ serait, dans ces suppositions, l'heure de la pleine mer solaire à Brest, comptée du minuit ou du midi vrai.

Déterminons la valeur du coefficient de t qui résulte de la loi de la pesanteur. On a vu, dans le numéro précédent, que ce coefficient, dans les syzygies des équinoxes, est égal à

$$\frac{\dfrac{L'}{r'^3} \, v \cos \varepsilon'}{\dfrac{L}{r^3} + \dfrac{L'}{r'^3}}$$

l'angle v est, par le n° 25, égal à $141866''$; en le divisant par 4, pour le réduire en parties du jour, il devient $0^j,0354665$. On peut supposer $\cos \varepsilon'$ égal à $\sqrt{\dfrac{q'}{24}}$, q' étant, par le n° 25, égal à $20,75529$; on a d'ailleurs, dans les syzygies des équinoxes, $\dfrac{L'}{r'^3} = \dfrac{123}{40} \dfrac{L}{r^3}$; mais il faut diminuer cette valeur d'un trentième, parce que, dans l'équation $\dfrac{dy}{dt} = 0$ du n° 21, les expressions de $\dfrac{L}{r^3}$ et de $\dfrac{L'}{r'^3}$ sont multipliées respectivement par $n - m$ et $n - m'$, mt et $m't$ étant les mouvements du Soleil et de la Lune; $m' - m$ est un trentième à peu près de $n - m$; on trouvera ainsi $0^{j},024679$ pour le coefficient de t' dans les syzygies des équinoxes, qui résulte de la théorie.

Dans les syzygies des solstices, ce coefficient est, par le numéro précédent, égal à

$$\frac{\dfrac{L'}{r'^3}}{\left(\dfrac{L}{r^3} + \dfrac{L'}{r'^3}\right)\cos v'}.$$

Nous pouvons supposer $\cos v' = \sqrt{\dfrac{q}{24}}$, ce qui donne $0^{j},028603$ pour ce coefficient. En l'ajoutant au précédent, et prenant la moitié de la somme, on aura $0^{j},026641$ égal au coefficient de t' que donne la théorie, relativement à l'ensemble des syzygies de la Table VI, ce qui diffère peu du résultat $0^{j},027052$ donné par les observations.

Pour faire coïncider les deux résultats des observations et de la théorie, il faudrait augmenter un peu le rapport de $\dfrac{L'}{r'^3}$ à $\dfrac{L}{r^3}$, ce qui fournit un nouveau moyen de déterminer ce rapport. Mais on déterminera cet élément important avec exactitude, en employant les différences des heures observées des marées, à trois jours et demi à peu près de distance de part et d'autre du maximum des marées. Pour cela, j'ai considéré, dans le Recueil cité d'observations, quatre-vingt-dix-huit syzygies, et j'ai ajouté les heures des pleines mers du matin et du soir du second jour avant la syzygie, ces heures étant comptées du minuit vrai pour les marées du matin, et du midi vrai pour les marées du soir; lorsque l'heure de la marée n'a été observée qu'une fois dans un jour, je l'ai doublée, ce qui m'a donné cent quatre-vingt-seize observations. J'ai ajouté pareillement les heures des pleines mers du matin et du soir du cinquième jour après la syzygie. La somme de ces heures a été $16^{j},997222$ relativement au second jour avant la syzygie, et $55^{j},386111$ pour le cinquième jour après. Leur différence, divisée par 196, est égale à $0^{j},195862$; c'est le retard des marées dans l'intervalle de ces observations.

Reprenons l'équation du numéro précédent

$$\operatorname{tang} 2(nt + \varpi - \psi - \lambda) = \frac{\dfrac{L'}{r'^3}\cos^2 v' \sin 2(\psi' - \psi)}{\dfrac{L}{r^3}\cos^2 v + \dfrac{L'}{r'^3}\cos^2 v' \cos 2(\psi' - \psi)}.$$

Les quatre-vingt-dix-huit syzygies que j'ai considérées ayant été prises indistinctement vers les équinoxes et vers les solstices, on peut supposer $\cos^2 v' = \cos^2 v$, et $\psi' - \psi$ égal au mouvement synodique de la Lune, depuis l'instant de la plus grande marée; or cet instant est tombé, à fort peu près, au milieu de l'intervalle compris entre les observations; on peut donc supposer $2(\psi' - \psi)$ égal au mouvement synodique de la Lune pendant cet intervalle. De plus, l'heure de la plus grande marée est déterminée par l'équation $nt + \varpi - \psi - \lambda = 0$: $2(nt + \varpi - \psi - \lambda)$ est donc le retard de la marée dans l'intervalle compris entre les observations, ce retard étant évalué en parties du quart de cercle, à raison de la circonférence entière pour un jour. En le nommant μ après l'avoir ainsi évalué, on aura

$$\frac{\dfrac{L'}{r'^3}}{\dfrac{L}{r^3}} = \frac{\operatorname{tang}\mu}{\sin 2(\psi' - \psi) - \operatorname{tang}\mu \cos 2(\psi' - \psi)}.$$

Les observations précédentes donnent $\mu = 783448''$; mais, parmi les observations qui précèdent la syzygie, cent douze se rapportent au soir, et, parmi celles qui suivent la syzygie, cent seulement se rapportent au soir; d'où il est aisé de conclure que l'intervalle moyen des observations a été de $7^j,165249$. En supposant cet intervalle également partagé par l'instant du maximum de la pleine mer, et en ayant égard à l'argument de la variation, on trouve $983284''$ pour le mouvement synodique de la Lune dans cet intervalle; c'est la valeur de $2(\psi' - \psi)$; on aura, cela posé,

$$\frac{L'}{r'^3} = 3.053 \cdot \frac{L}{r^3}.$$

Cette valeur se rapporte à la moyenne distance de la Lune à la Terre,
parce que l'inégalité de la variation est nulle, à fort peu près, aux
limites de l'intervalle compris entre ces observations; mais il faut,
comme on l'a vu, l'augmenter d'un trentième, ce qui donne

$$\frac{L'}{r'^3} = 3,155 \cdot \frac{L}{r^3},$$

valeur très-approchante de 3. Les observations des hauteurs et des
intervalles des marées concourent donc à faire voir qu'à Brest l'effet
de l'action de la Lune sur les marées est, à très-peu près, triple de
celui du Soleil.

36. Considérons séparément les syzygies des équinoxes et celles des
solstices de la Table VI. En y appliquant la méthode du numéro précédent, on trouvera

$$0^j,39680 + 0^j,025503 \cdot t'$$

pour l'expression des heures des marées totales dans les syzygies des
équinoxes, et

$$0^j,39648 + 0^j,028600 \cdot t'$$

pour cette expression dans les syzygies des solstices.

L'heure moyenne de la syzygie à Brest a été $0^j,51612$ dans les premières syzygies, et $0^j,39722$ dans les dernières, d'où l'on tire T égal
à $0^j,43725$ par les observations des syzygies des équinoxes, et T égal
à $0^j,43841$ par les observations des syzygies des solstices; la différence
de ces valeurs à celle-ci $0^j,43793$, que l'ensemble des observations
syzygies nous a donnée dans le numéro précédent, est dans les limites
des erreurs des observations.

Il résulte des expressions précédentes que le coefficient de t' ou, ce
qui revient au même, le retard de la marée d'un jour à l'autre, vers
les syzygies, est plus petit dans les équinoxes que dans les solstices.
Ce résultat des observations est conforme à la théorie, qui nous a
donné, dans le numéro précédent, $0^j,024679$ et $0^j,028603$ pour ces

coefficients, qui diffèrent peu des coefficients 0ʲ,025503 et 0ʲ,028600, déterminés par les observations.

37. Le retard des marées d'un jour à l'autre varie très-sensiblement avec les distances de la Lune à la Terre. Pour comparer sur ce point la théorie aux observations, j'ai ajouté, dans les marées périgées de la Table III, les heures des pleines mers du matin et du soir du jour même de la syzygie, ces heures étant comptées du minuit vrai pour celles du matin, et du midi vrai pour celles du soir. Leur somme est 3ʲ,476389. J'ai ajouté de la même manière les heures des pleines mers du matin et du soir du troisième jour après la syzygie, et j'ai trouvé 5ʲ,719444 pour leur somme. La différence 2ʲ,243055, divisée par 72, donne 0ʲ,031154 pour le retard des marées d'un jour à l'autre.

Dans les marées apogées de la même Table, la somme des heures des pleines mers du jour de la syzygie est 3ʲ,642361, et la somme des heures des pleines mers du troisième jour après la syzygie est 5ʲ,229514. La différence 1ʲ,587153, divisée par 72, donne 0ʲ,022044 pour le retard des marées d'un jour à l'autre. On voit ainsi que ce retard est moindre dans l'apogée que dans le périgée de la Lune, et, en comparant les résultats précédents aux demi-diamètres de la Lune dans les observations de la Table III, on trouve qu'à une minute de variation dans ce demi-diamètre répondent 258 secondes de variation dans le retard des pleines mers d'un jour à l'autre.

Voyons ce que la théorie donne sur cet objet. Les observations de la Table III ayant été prises indistinctement vers les équinoxes et vers les solstices, on peut y supposer $\psi' - \psi$ égal au mouvement synodique de la Lune dans les syzygies, et $\cos^2 v' = \cos^2 v$. Dans ce cas, le retard des marées d'un jour à l'autre vers les syzygies est, par le n° 34, égal à

$$\frac{\dfrac{L'}{r'^3}\,\varsigma}{\dfrac{L'}{r'^3}+\dfrac{L}{r^3}}$$

mais ς est plus considérable dans le périgée que dans l'apogée de la Lune : on a à fort peu près, dans ces deux points de l'orbite, $r'^2 v = r_{\prime}'^2 v_{\prime}$, $r_{\prime}'$ et $v_{\prime}$ se rapportant à la moyenne distance syzygie de la Lune; l'expression précédente devient ainsi

$$\frac{\dfrac{L'}{r_{\prime}'^3}\left(\dfrac{r_{\prime}'}{r'}\right)^5 v_{\prime}}{\dfrac{L'}{r_{\prime}'^3}\left(\dfrac{r_{\prime}'}{r'}\right)^3 + \dfrac{L}{r^3}}.$$

On a vu précédemment que $\dfrac{L'}{r_{\prime}'^3} = \dfrac{123}{46}\dfrac{L}{r^3}$; mais cette valeur doit être diminuée ici d'un trentième, ce qui donne $\dfrac{L'}{r_{\prime}'^3} = 2{,}9725 \cdot \dfrac{L}{r^3}$; j'ai trouvé d'ailleurs, dans les syzygies périgées de la Table III, $\dfrac{r_{\prime}'}{r'} = 1{,}06057$, et dans les syzygies apogées $\dfrac{r_{\prime}'}{r'} = 0{,}93943$; enfin on a, en réduisant v, en temps, à raison de la circonférence pour un jour, $v_{\prime} = 0^j{,}0354665$; cela posé, la formule précédente donne $0^j{,}031125$ pour le retard journalier des marées syzygies périgées de la Table III, et $0^j{,}022272$ pour le retard journalier des marées syzygies apogées, ce qui diffère très-peu des retards observés, $0^j{,}031154$ et $0^j{,}022044$.

Des heures et des intervalles des marées vers les quadratures.

38. Si, dans l'équation

$$\tan g\, 2\,(nt + \varpi - \psi - \lambda) = \frac{\dfrac{L'}{r'^3}\cos^2 v' \sin 2(\psi' - \psi)}{\dfrac{L}{r^3}\cos^2 v + \dfrac{L'}{r'^3}\cos^2 v' \cos 2(\psi' - \psi)},$$

on change ψ' dans $100^\circ + \psi'$ ou dans $300^\circ + \psi'$, suivant que la Lune est vers son premier ou vers son dernier quartier, et si l'on considère d'ailleurs que, $\psi' - \psi$ étant peu considérable vers ces points, on peut négliger sa troisième puissance, on aura

$$nt + \varpi - \psi - \lambda = \frac{\dfrac{L'}{r'^3}\cos^2 v' \cdot (\psi' - \psi)}{\dfrac{L'}{r'^3}\cos^2 v' - \dfrac{L}{r^3}\cos^2 v};$$

en nommant donc T l'heure vraie du minimum de la marée totale, l'heure vraie d'une marée voisine de la quadrature sera

$$T + \dfrac{\dfrac{L'}{r'^3}\cos^2 v' \cdot (\psi' - \psi)}{\dfrac{L'}{r'^3}\cos^2 v' - \dfrac{L}{r^3}\cos^2 v},$$

les angles ψ et ψ' étant comptés de la quadrature.

$\psi' \cos v'$ est le mouvement de la Lune dans son orbite vers les quadratures des équinoxes; soit Γ' ce mouvement pendant l'intervalle de deux marées consécutives du matin ou du soir vers les quadratures, intervalle que nous prendrons ici pour unité; soit t le nombre de ces intervalles depuis le minimum de la marée totale jusqu'à celle que l'on considère; on aura $\psi' \cos v' = \Gamma' t$. En nommant Γ le mouvement du Soleil pendant l'intervalle pris pour unité, on aura $\psi = \Gamma t \cos \varepsilon$; l'heure vraie de la marée totale sera donc, vers les quadratures des équinoxes,

$$T + \dfrac{\dfrac{L'}{r'^3}\cos^2 v' \left(\dfrac{\Gamma'}{\cos v'} - \Gamma \cos \varepsilon\right) t}{\dfrac{L'}{r'^3}\cos^2 v' - \dfrac{L}{r^3}\cos^2 v}.$$

Dans les quadratures des solstices, on a $\psi' = \Gamma' t \cos \varepsilon'$, $\psi = \dfrac{\Gamma t}{\cos v}$; l'heure de la marée totale est donc alors

$$T + \dfrac{\dfrac{L'}{r'^3}\cos^2 v' \left(\Gamma' \cos \varepsilon' - \dfrac{\Gamma}{\cos v}\right) t}{\dfrac{L'}{r'^3}\cos^2 v' - \dfrac{L}{r^3}\cos^2 v}.$$

Comparons ces résultats aux observations.

39. Pour cela, j'ai déterminé les heures des marées totales de la Table IV correspondantes aux nᵒˢ 0, 1, 2 et 3, en prenant le milieu entre les heures des deux pleines mers qui se rapportent au même

numéro, ces heures étant comptées du minuit vrai précédent. J'ai
trouvé les résultats suivants :

TABLE VII.

Quadratures des équinoxes.

Numéros des marées totales.	Heures, en temps vrai, de la marée totale à Brest.
0	$0^{j},60566$
1	$0,66125$
2	$0,72411$
3	$0,77815$

Quadratures des solstices.

0	$0^{j},61863$
1	$0,66311$
2	$0,70933$
3	$0,75856$

Considérons d'abord l'ensemble de ces observations. En prenant une
moyenne entre les heures des marées totales de cette Table, correspondantes au même numéro dans les quadratures des équinoxes et dans
celles des solstices, on aura $0^{j},61215$, $0^{j},66218$, $0^{j},71672$, $0^{j},76835$
pour les heures vraies des marées totales correspondantes aux n⁰ˢ 0, 1.
2, 3. En appliquant ici la méthode du n° 35, on trouvera, pour l'expression de ces heures,

$$0^{j},61175 + 0^{j},052067 . t',$$

t' étant le nombre des intervalles pris pour unité, comptés de l'instant
de la marée totale du jour de la quadrature. Pour en conclure la constante T des formules du numéro précédent, nous observerons que,
quand la marée s'éloigne de $1^{j},052067$ de la quadrature, son heure
augmente de $0^{j},052067$; or, dans les quadratures de la Table VII,
l'heure de la quadrature à Brest a été, par un milieu, à $0^{j},46828$; en

supposant donc que cette heure soit $0^j,46828 - x$, l'heure de la marée totale sera $0^j,61175 + 0,052067.x$, et cette dernière heure suivra la quadrature de $1,052067.x + 0^j,14347$. Maintenant T est l'heure de la marée totale correspondante au minimum, et, par le n° 24, cette heure suit la quadrature de $1^j,50724$; en égalant donc à cette quantité la fonction $1^j,052067.x + 0^j,14347$, on déterminera x, et l'on trouvera

$$0^j,61175 + 0^j,052067.x = 0^j,67924.$$

C'est l'heure du minimum de la marée totale à Brest dans les quadratures. Cette heure doit surpasser d'un quart de jour l'heure du maximum de la marée totale, que nous avons trouvée, dans le n° 35, égale à $0^j,43793$. Cependant la différence de ces heures n'est que de $0^j,24131$, plus petite d'environ $8\frac{1}{2}$ minutes qu'un quart de jour. Cela paraît indiquer une anticipation dans l'heure de la pleine mer à Brest, à mesure qu'elle est plus petite; nous avons déjà observé un effet analogue dans la hauteur du zéro de l'échelle d'observation au-dessus du niveau de la mer, déterminée par les marées syzygies et par les marées quadratures. Ce sont vraisemblablement de légers écarts de la supposition dont nous sommes partis, savoir que les deux flux partiels, solaire et lunaire, se superposent l'un à l'autre comme ils se seraient disposés séparément sur la surface du niveau de la mer, ce qui n'a lieu que dans le cas des ondulations infiniment petites.

Déterminons la valeur du coefficient de t' qui résulte de la loi de la pesanteur. On a vu, dans le numéro précédent, que ce coefficient, dans les quadratures des équinoxes, est égal à

$$\frac{\dfrac{L'}{r'^3}\cos^2 v'\left(\dfrac{\Gamma'}{\cos v'} - \Gamma\cos\varepsilon\right)}{\dfrac{L'}{r'^3}\cos^2 v' - \dfrac{L}{r^3}\cos^2 v}.$$

On peut supposer $\cos^2 v' = \frac{1}{24}p'$ et, par le n° 31, $p' = 20,69652$. On a pareillement $\cos^2 v = \frac{1}{24}p$ et, par le même numéro, $p = 23,68841$; de plus, $\dfrac{L'}{r'^3} = \dfrac{117}{40}\dfrac{L}{r^3}$ dans les quadratures, et cette valeur doit être dimi-

38.

nuée d'un trentième; Γ'' est le moyen mouvement de la Lune vers les
quadratures, dans l'intervalle de deux marées d'un jour à l'autre vers
les quadratures des équinoxes, intervalle égal à $1^j,05750$, et ce mouvement doit être diminué à raison de l'argument de la variation; Γ' est
le moyen mouvement correspondant du Soleil; enfin on peut supposer
$\cos^2\varepsilon = \frac{1}{21}q$ et, par le n° 31, $q = 20,47926$. On trouvera, cela posé,
$0^j,06425$ pour le coefficient de t donné par la théorie, dans les quadratures des équinoxes.

Dans les quadratures des solstices, le coefficient de t est égal à

$$\frac{\dfrac{L'}{r'^3}\cos^2 v'\left(\Gamma''\cos\varepsilon' - \dfrac{\Gamma}{\cos v}\right)}{\dfrac{L'}{r'^3}\cos^2 v' - \dfrac{L}{r^4}\cos^2 v}.$$

Ici $\cos^2 v' = \frac{1}{21}q'$, et $q' = 23,75422$; $\cos^2 v = \frac{1}{21}q$, et $q = 20,47926$.
Γ' et Γ'' sont les mouvements du Soleil et de la Lune, dans l'intervalle
de deux marées d'un jour à l'autre vers les quadratures des solstices,
intervalle de $1^j,046644$, le mouvement de la Lune devant être diminué
à raison de l'argument de la variation; de plus, $\dfrac{L'}{r'^3} = \dfrac{117}{40}\dfrac{L}{r^4}$; mais,
comme il y a dix-huit quadratures d'été et six quadratures d'hiver
dans les observations de la Table VII, la valeur de $\dfrac{L}{r^4}$ doit être diminuée d'un quarantième; enfin, il faut diminuer d'un trentième $\dfrac{L'}{r'^3}$;
on trouvera, cela posé, $0^j,04528$ pour le coefficient de t donné par la
théorie, dans les quadratures des solstices. En réunissant les deux
coefficients relatifs aux équinoxes et aux solstices, la moitié $0^j,05476$
de leur somme sera le coefficient de t dans toutes les observations de
la Table VII. Ce coefficient est, suivant les observations, $0^j,052067$;
la différence est dans les limites des erreurs des observations et des
éléments employés dans le calcul.

Considérons séparément les observations des quadratures des équinoxes et celles des quadratures des solstices de la Table VII. En y appliquant la méthode précédente, on trouvera, pour l'heure des marées

totales vers les quadratures des équinoxes,

$$0^j,60605 + 0^j,057493 . t,$$

et pour l'heure des marées totales vers les quadratures des solstices,

$$0^j,61744 + 0^j,046643 . t.$$

L'heure moyenne de la quadrature à Brest a été $0^j,44418$ dans les premières quadratures, et $0^j,49239$ dans les secondes, d'où l'on tire T égal à $0^j,67919$ par les observations des quadratures des équinoxes, et T égal à $0^j,67905$ par les observations des quadratures des solstices. La différence de ces valeurs à celle-ci $0^j,67924$, donnée par l'ensemble des équinoxes et des solstices, est dans les limites des erreurs des observations.

Il résulte des expressions précédentes que les coefficients de t ou, ce qui revient au même, les retards de la marée d'un jour à l'autre vers les quadratures sont plus grands dans les équinoxes que dans les solstices. Ce résultat des observations est conforme à la théorie qui nous a donné $0^j,06425$ et $0^j,04528$, qui diffèrent peu des coefficients $0^j,057493$ et $0^j,046643$, déterminés par les observations. La différence serait plus petite encore, si l'on avait égard aux troisièmes puissances de $\psi' - \psi$, que nous avons négligées, et qui deviennent sensibles, surtout vers les quadratures des équinoxes.

40. Le retard des marées d'un jour à l'autre, vers les quadratures, augmente dans les marées périgées, et diminue dans les marées apogées; mais ce phénomène, dû à la variation de la distance lunaire, est moindre dans les marées quadratures que dans les marées syzygies. Pour comparer sur ce point la théorie aux observations, j'ai ajouté, dans onze quadratures dans lesquelles le demi-diamètre de la Lune était au-dessous de 28 minutes, les retards des marées, tant du matin que du soir, du jour même de la quadrature jusqu'aux troisièmes marées correspondantes qui les suivent, et j'ai trouvé $3^j,26667$ pour la somme de ces retards. J'ai ajouté pareillement, dans les onze qua-

dratures correspondantes dans lesquelles le demi-diamètre de la Lune surpassait $29\frac{1}{3}$ minutes, les retards des marées tant du matin que du soir, depuis le jour même de la quadrature jusqu'aux troisièmes marées correspondantes qui les suivent, et j'ai trouvé $3^j,3g3o6$ pour la somme de ces retards. La somme des demi-diamètres lunaires était de $3o222$ secondes dans les onze premières quadratures, et de 32728 secondes dans les onze dernières; ainsi $25o6$ secondes d'accroissement dans la somme de ces demi-diamètres ont produit $o^j,12639$ d'accroissement dans la somme de ces retards, d'où il résulte qu'une minute d'accroissement dans le demi-diamètre de la Lune produit 84 secondes d'accroissement dans le retard des marées d'un jour à l'autre vers les quadratures, accroissement qui est à très-peu près le tiers de celui qui correspond à la même variation du demi-diamètre lunaire dans les syzygies, et qui, par le n° 37, est de 258 secondes.

Par le numéro cité, le retard des marées d'un jour à l'autre vers les syzygies est

$$\frac{\dfrac{L'}{r_,'^3}\left(\dfrac{r_,'}{r'}\right)^5 \upsilon_,}{\dfrac{L'}{r_,'^3}\left(\dfrac{r_,'}{r'}\right)^3 + \dfrac{L^3}{r'^3}}$$

en supposant $r' = r_,' - \delta r'$, l'accroissement du retard des marées, correspondant à la diminution $-\delta r'$, sera

$$\frac{\delta r}{r_,} \cdot \frac{R\left(\dfrac{2L'}{r_,'^3} + \dfrac{5L}{r^3}\right)}{\dfrac{L'}{r_,'^3} + \dfrac{L}{r^3}},$$

R étant le retard moyen des marées d'un jour à l'autre vers les syzygies. On trouvera de la même manière, par le n° 37,

$$\frac{\delta r'}{r_,'} \cdot \frac{R'\left(\dfrac{2L'}{r_,'^3} - \dfrac{5L}{r^3}\right)}{\dfrac{L'}{r_,'^3} - \dfrac{L}{r^3}},$$

pour l'accroissement du retard des marées correspondant à $-\delta r'$

dans les quadratures, R' étant alors le retard moyen des marées d'un jour à l'autre. Maintenant on peut supposer, sans erreur sensible, $\frac{L'}{r'^3} = \frac{3L}{r^3}$ dans ces expressions, ce qui les réduit à $\frac{11R}{4}\frac{\partial r'}{r'}$ et $\frac{R'}{2}\frac{\partial r'}{r'}$; mais on a, par ce qui précède, $R = 2705''$, $R' = 5207''$; ainsi, le premier retard étant supposé de 258 secondes, le second sera de 90; les observations donnent 84 secondes; la théorie sur ce point est donc d'accord avec elles.

41. Nous pouvons maintenant réduire en nombres l'expression de la hauteur zy de la mer, à un instant quelconque, au-dessus de sa surface d'équilibre, expression que nous avons donnée dans le n° 20. On a vu précédemment que les termes de cette expression, multipliés par B et par Q, sont insensibles à Brest. On peut d'ailleurs, vu la petitesse de Λ, supposer sans erreur sensible, dans le terme qu'il multiplie, $\gamma = \lambda$. La constante λ est l'intervalle dont la marée solaire suit, à Brest, le passage du Soleil au méridien, cet intervalle étant réduit en degrés, à raison de 400 degrés pour un jour; or l'ensemble des observations des marées syzygies nous a donné pour cet intervalle $0^j,18793$, et l'ensemble des observations des marées quadratures donne pour le même intervalle $0^j,17924$: le milieu entre ces deux résultats est $0^j,18358$; en le réduisant en degrés, on aura $73°,432$: c'est la valeur que nous assignerons à λ. Cela posé, l'expression de zy sera, pour Brest,

$$zy = -0^m,02745.\left[i^3\left(1 - 3\sin^2 v\right) + 3i'^3\left(1 - 3\sin^2 v'\right)\right]$$
$$+0^m,07159.\left[\begin{array}{l} i^3\sin v\cos v\cos\left(v - 73°,432\right)\\ +3i'^3\sin v'\cos v'\cos\left(v + \psi - \psi' - 73°,432\right)\end{array}\right]$$
$$+0^m,78112.\left[\begin{array}{l} i^3\cos^2 v\cos 2\left(v - 73°,432\right)\\ +3i'^3\cos^2 v'\cos 2\left(v + \psi - \psi' - 73°,432\right)\end{array}\right].$$

Dans cette formule : 1° v est l'angle horaire du Soleil, c'est-à-dire l'angle qu'il a décrit par son mouvement diurne, depuis son passage au méridien de Brest jusqu'à l'instant pour lequel on calcule; 2° v et v' sont les déclinaisons du Soleil et de la Lune, les déclinaisons boréales étant supposées positives, et les déclinaisons australes négatives; 3° ψ et ψ' sont les ascensions droites du Soleil et de la Lune; 4° i est le rapport de la moyenne distance du Soleil à sa distance actuelle, et i' est la parallaxe actuelle de la Lune, divisée par la constante de cette parallaxe; 5° enfin, les quantités v, v', ψ, ψ', i et i' se rapportent à un instant qui précède de $1^j,50724$ celui que l'on considère.

Les différentes causes qui modifient les oscillations de la mer sur nos côtes, et probablement aussi l'erreur de l'hypothèse des oscillations infiniment petites, dont nous avons fait usage, écartent un peu la formule précédente des observations; ainsi, l'instant de la basse mer, déterminé par cette formule, diffère de quelques minutes de l'instant observé, parce que la mer, à Brest, emploie un peu moins de temps à monter qu'à descendre. On a vu encore que, par les mêmes causes, le niveau de la mer est un peu plus élevé dans les syzygies que dans les quadratures; elles paraissent encore retarder les marées à raison de leur grandeur : malgré ces légers écarts, on pourra employer la formule précédente dans le calcul des marées, que les vents peuvent altérer d'une quantité beaucoup plus sensible.

Cette formule offre un moyen simple de déterminer les plus grandes marées qui doivent suivre chaque syzygie. La connaissance de ces phénomènes intéresse les travaux et les mouvements des ports; elle est encore utile pour prévenir les accidents qui peuvent résulter des inondations produites par les grandes marées; il importe donc qu'ils soient déterminés d'avance; on y parviendra de cette manière. La plus grande marée suit, comme on l'a vu, d'environ un jour et demi l'instant de la pleine ou de la nouvelle Lune, et lorsqu'elle a lieu, les angles $v - 73°,432$ et $v + \psi - \psi' - 73°,432$ sont nuls ou égaux à deux angles droits; on a donc alors

$$zy = -0^m,02745.[i^3(1-3\sin^2 v) + 3i'^3(1-3\sin^2 v')]$$
$$+ 0^m,07179.(\pm i^3 \sin v \cos v \pm 3i'^3 \sin v' \cos v')$$
$$+ 0^m,78112.(i^3 \cos^2 v + 3i'^3 \cos^2 v').$$

On peut, dans cette expression, négliger les deux premiers termes, qui

sont très-petits par rapport au dernier, et qui d'ailleurs n'ont d'influence
sensible que vers les solstices, où les marées sont déjà sensiblement
affaiblies par les déclinaisons des astres. Alors on a

$$\alpha y = 0^m,78112 . \{ i^3 \cos^2 v + 3 i'^3 \cos^2 v' \}.$$

Dans les syzygies des équinoxes, $i = 1$ à fort peu près; v et v' sont nuls,
et la valeur moyenne de i'^3 est $\frac{11}{10}$; en prenant donc pour unité la valeur
moyenne de zy vers les syzygies des équinoxes, sa valeur pour une
syzygie quelconque sera

$$\alpha y = \tfrac{48}{163} (i^3 \cos^2 v + 3 i'^3 \cos^2 v').$$

Ainsi l'on aura, par cette formule très-simple, la hauteur de la plus
grande marée qui suit d'un jour ou deux chaque nouvelle ou pleine
Lune, les quantités i, i', v et v' se rapportant au moment de la syzygie.
Cette formule déterminera encore le plus grand abaissement de la marée au-dessous de la surface d'équilibre; car il résulte de l'expression
générale de zy que la mer s'abaisse à peu près autant au-dessous de
cette surface dans la basse mer qu'elle s'élève au-dessus dans la haute
mer qui lui correspond. Quant à la marée prise pour unité, on la déterminera par un grand nombre de différences de la haute à la basse
mer, observées un jour ou deux après les syzygies voisines de l'équinoxe; la moitié de la valeur moyenne de ces différences sera à très-
peu près la marée prise pour unité.

42. Il nous reste, pour compléter cette théorie, à déterminer, par
une formule simple et facile à réduire en table, l'heure de la pleine
mer. Reprenons l'équation du n° 21,

$$\tang 2 (nt + \varpi - \psi' - \lambda) = \frac{\frac{L}{r^3} \cos^2 v \sin 2 (\psi - \psi')}{\frac{L'}{r'^3} \cos^2 v' + \frac{L}{r^3} \cos^2 v \cos 2 (\psi - \psi')}.$$

Cette équation renferme les sept variables r, r', v, v', nt, ψ et ψ'; ainsi,
sous cette forme, il serait difficile de la réduire en table. Mais on peut
la simplifier par la considération du peu de différence qui existe entre

les diamètres apparents du Soleil et de la Lune. Soient Π et Π' les demi-diamètres apparents de ces astres dans leurs moyennes distances à la Terre, où nous avons établi $\frac{L'}{r'^3} = \frac{3L}{r^3}$; soient h et h' leurs demi-diamètres actuels : on aura, en observant que, dans la formule précédente, $\frac{L'}{r'^3}$ doit être diminué d'environ un trentième, ou plus exactement dans le rapport de $2,89841$ à 3,

$$\text{tang}\,2(nt + \varpi - \psi' - \lambda) = \frac{\left(\frac{h}{\Pi}\right)^3 \cos^2 v \sin 2(\psi - \psi')}{2,89841 \cdot \left(\frac{h'}{\Pi'}\right)^3 \cos^2 v' + \left(\frac{h}{\Pi}\right)^3 \cos^2 v \cos 2(\psi - \psi')}.$$

Pour faire usage de cette équation, on formera d'abord une table des valeurs de la fonction

$$\frac{2,89841 \cdot \Pi' + \Pi}{3,89841}\left(1 - \sqrt[3]{\cos^2 v}\right),$$

correspondantes à tous les degrés, depuis $v = 0$ jusqu'à $v = 32°$. On corrigera les demi-diamètres h et h' du Soleil et de la Lune donnés par les éphémérides, en en retranchant les quantités qui, dans cette Table, répondent aux déclinaisons de ces astres. On aura ainsi, à fort peu près,

$$nt + \varpi - \psi' - \lambda = \tfrac{1}{2}\text{arc tang}\ \frac{\left(\frac{h}{\Pi}\right)^3 \sin 2(\psi - \psi')}{2,89841 \cdot \left(\frac{h'}{\Pi'}\right)^3 + \left(\frac{h}{\Pi}\right)^3 \cos 2(\psi - \psi')},$$

h et h' étant ici les demi-diamètres du Soleil et de la Lune, corrigés par ce qui précède. Par ce moyen, les déclinaisons du Soleil et de la Lune disparaissent de l'expression de $nt + \varpi - \psi' - \lambda$. A la rigueur, il faudrait retrancher du demi-diamètre du Soleil la quantité $h\left(1 - \sqrt[3]{\cos^2 v}\right)$; mais cette quantité étant fort petite, et la valeur de h différant peu de $\frac{2,89841 \cdot \Pi' + \Pi}{3,89841}$, on peut y substituer pour h cette dernière quantité. La même remarque s'applique à la correction du demi-diamètre de la Lune; et, comme l'influence de cet astre sur l'heure des marées est à celle du Soleil dans le rapport de $2,89841$ à l'unité, les demi-diamètres

H' et H entrent suivant ce rapport dans la fonction $\dfrac{2,89841 . H' + H}{3,89841}$.

Si l'on considère ensuite que la différence de $\dfrac{h' H}{h H'}$ à $\dfrac{H + h' - h}{H'}$ est $\dfrac{(H - h)(h' - h)}{h H'}$, et qu'elle peut être négligée, vu la petitesse des deux facteurs $H - h$ et $h' - h$, on aura

$$nt + \varpi - \psi' - \lambda = \tfrac{1}{2}\,\text{arctang}\,\dfrac{\sin 2(\psi - \psi')}{2,89841 \cdot \left(\dfrac{H + h' - h}{H'}\right)^3 + \cos 2(\psi' - \psi)}.$$

On peut facilement réduire en table cette expression de $nt + \varpi - \psi' - \lambda$, et en convertissant les angles en temps, à raison de la circonférence entière pour un jour, on aura la loi des retards des marées sur l'instant du passage de la Lune au méridien supérieur ou inférieur, instant déterminé par la condition de $nt + \varpi - \psi' = 0$, ou $nt + \varpi - \psi' = 200°$. Mais, pour se servir de cette Table, il faut connaître dans chaque port le temps dont le maximum de la marée suit la syzygie. On a vu qu'à Brest ce temps est de $1^j,50724$, et, suivant les observations, il est à peu près le même dans tous nos ports de l'Océan, en sorte que les valeurs de $nt + \varpi - \psi' - \lambda$ correspondent aux valeurs de $\psi - \psi'$ qui précèdent de $1^j,50724$ l'instant pour lequel on calcule. Il faut, de plus, connaître la constante λ : cette constante, réduite en temps, est l'heure de la pleine mer qui suit la syzygie de $1^j,50724$; on pourra ainsi la déterminer par un grand nombre d'observations de l'heure de la pleine mer du second jour après la syzygie.

43. Rappelons en peu de mots les principaux phénomènes des marées et leurs rapports avec la loi de la pesanteur universelle. Nous avons principalement considéré ces phénomènes vers leurs maxima et vers leurs minima, et nous les avons partagés en deux classes, l'une relative aux hauteurs des marées, l'autre relative aux heures des marées et à leurs intervalles : examinons séparément ces deux classes de phénomènes.

Les hauteurs des marées dans chaque port, à leur maximum vers les syzygies et à leur minimum vers les quadratures, sont les données de l'observation qui peuvent le mieux faire connaître le rapport des actions du Soleil et de la Lune sur les marées, et au moyen de ce rapport les divers phénomènes des marées qui résultent de la théorie de la pesanteur universelle. L'un de ces phénomènes, très-propre à vérifier cette théorie, est la loi de diminution des marées en partant du maximum, et la loi de leur accroissement en partant du minimum. On a vu, dans les n°ˢ 25 et 31, que la théorie de la pesanteur s'accorde parfaitement sur ce point avec les observations.

Ces lois de diminution et d'accroissement des marées varient avec les déclinaisons du Soleil et de la Lune : on a vu, dans le n° 26, que leur diminution vers les syzygies des équinoxes est à la diminution correspondante vers les syzygies des solstices dans le rapport de 13 à 8, et que ce résultat est conforme à la théorie de la pesanteur. Pareillement on a vu, dans le n° 32, que l'accroissement des marées, en partant de leur minimum vers les quadratures des équinoxes, est à l'accroissement correspondant vers les quadratures des solstices comme 2 est à 1, et que la théorie de la pesanteur donne à fort peu près le même rapport.

Suivant cette théorie, la hauteur des marées totales dans leur maximum, vers les syzygies des équinoxes, est à leur hauteur correspondante, vers les syzygies des solstices, à peu près comme le carré du rayon est au carré du cosinus de la déclinaison des astres vers les solstices, et l'on a vu, dans le n° 26, que cela diffère peu du résultat des observations. Par la même théorie, l'excès de la hauteur des marées totales dans leur minimum vers les quadratures des solstices, sur leur hauteur correspondante vers les quadratures des équinoxes, est le même que l'excès de la hauteur des marées totales dans leur maximum vers les syzygies des équinoxes sur leur hauteur correspondante vers les syzygies des solstices, et l'on voit, par les n°ˢ 26 et 32, que cela est exactement conforme aux observations.

L'influence de la Lune sur les marées croît, par le principe de la pesanteur, comme le cube de sa parallaxe, et, par le n° 28, cela est tellement d'accord avec les observations que l'on eût pu en conclure exactement la loi de cette influence.

Les phénomènes des intervalles des marées ne s'accordent pas moins avec la théorie que ceux de leurs hauteurs. Suivant cette théorie, le retard des marées d'un jour à l'autre est environ deux fois moindre à leur maximum vers les syzygies qu'à leur minimum vers les quadratures; il est de 27 minutes à peu près dans le premier cas, et de 55 minutes dans le second. On a vu, dans les n°s 35 et 39, que les observations s'éloignent fort peu de ces résultats de la théorie.

Le retard des marées varie avec les déclinaisons des astres; il doit être plus grand vers les syzygies des solstices que vers celles des équinoxes, dans le rapport de 8 à 7; vers les quadratures des équinoxes, il doit être plus grand que vers celles des solstices, dans le rapport de 13 à 9. On a vu, dans les n°s 36 et 39, que les observations donnent à peu près ces mêmes rapports.

Les distances de la Lune à la Terre influent sur le retard des marées. Suivant la théorie, 1 minute d'accroissement dans le demi-diamètre de la Lune donne 251 secondes d'accroissement dans ce retard vers les syzygies, et 90 secondes seulement vers les quadratures, et l'on a vu, dans les n°s 37 et 40, que cela est d'accord avec les observations qui confirment ainsi, sous tous les rapports, la loi de la pesanteur universelle.

J'ai insisté sur le flux et le reflux de la mer, parce qu'il est, de tous les résultats des attractions célestes, le plus près de nous, et que nous pouvons à chaque instant en reconnaître les lois. J'espère que la théorie que je viens de présenter de ses phénomènes déterminera les observateurs à les suivre dans les ports favorables à ce genre d'observations, tels que celui de Brest. Des observations exactes et continuées pendant une période du mouvement des nœuds de la Lune fixeront avec précision les éléments de la théorie du flux et du reflux de la mer, et peut-être feront connaître les petits flux partiels dépendants de la quatrième puissance inverse de la distance de la Lune à la Terre, phénomènes enveloppés jusqu'ici dans les erreurs des observations.

CHAPITRE V.

DES OSCILLATIONS DE L'ATMOSPHÈRE.

44. Dans l'impossibilité de soumettre à l'Analyse les mouvements de l'atmosphère dus aux variations de la chaleur du Soleil et à toutes les circonstances qui modifient ces mouvements, nous nous bornerons à considérer les oscillations dépendantes des attractions du Soleil et de la Lune, en supposant à l'atmosphère une température uniforme et une densité variable, proportionnelle dans chaque point à la force comprimante. En partant de ces hypothèses, nous sommes parvenus, dans le n° 37 du Livre I, dont je conserverai ici toutes les dénominations, aux deux équations suivantes

$$r^2 \delta \theta \left(\frac{\partial^2 u'}{\partial t^2} - 2n \sin \theta \cos \theta \frac{\partial v'}{\partial t} \right) + r^2 \delta \varpi \left(\sin^2 \theta \frac{\partial^2 v'}{\partial t^2} - 2n \sin \theta \cos \theta \frac{\partial u'}{\partial t} \right) = \delta V' - g \, \delta y' - g \, \delta y.$$

$$y' = - l \left(\frac{\partial u'}{\partial \theta} + \frac{\partial v'}{\partial \varpi} + \frac{u' \cos \theta}{\sin \theta} \right).$$

Si l'on suppose à la mer une profondeur constante égale à l', et si l'on fait abstraction de sa densité, comme nous l'avons fait dans les n°s 10 et suivants, on aura, par le n° 36 du Livre I,

$$r^2 \delta \theta \left(\frac{\partial^2 u}{\partial t^2} - 2n \sin \theta \cos \theta \frac{\partial v}{\partial t} \right) + r^2 \delta \varpi \left(\sin^2 \theta \frac{\partial^2 v}{\partial t^2} - 2n \sin \theta \cos \theta \frac{\partial u}{\partial t} \right) = \delta V' - g \, \delta y,$$

$$y = - l' \left(\frac{\partial u}{\partial \theta} + \frac{\partial v}{\partial \varpi} + \frac{u \cos \theta}{\sin \theta} \right),$$

la valeur de V' étant la même ici que dans les équations précédentes.

En faisant donc

$$(l - l')\, u' + l'u = lu'',$$
$$(l - l')\, v' + l'v = lv'',$$
$$(l - l')\, y' + l'y = ly'',$$

les quatre équations précédentes donneront celles-ci

$$r^2 \partial\theta \left(\frac{\partial^2 u''}{\partial t^2} - 2n \sin\theta \cos\theta \frac{\partial v''}{\partial t} \right) + r^2 \partial\varpi \left(\sin^2\theta \frac{\partial^2 v'}{\partial t^2} + 2n \sin\theta \cos\theta \frac{\partial u''}{\partial t} \right) = \partial V' - g\,\partial y'.$$

$$y'' = - l \left(\frac{\partial u''}{\partial\theta} + \frac{\partial v''}{\partial\varpi} + \frac{u'' \cos\theta}{\sin\theta} \right).$$

Ces deux équations sont évidemment celles des oscillations de la mer, en lui supposant la profondeur l, et dans ce cas on peut déterminer la valeur de y'', ainsi que celle de y, par le Chapitre I de ce Livre; on aura donc ainsi la valeur de y' par l'analyse exposée dans ce Chapitre.

Nous avons observé, dans le n° 37 du Livre I, que, k étant la hauteur du baromètre dans l'état d'équilibre, ses oscillations sont représentées par la formule $\dfrac{\alpha k\,(y + y')}{l}$, et par conséquent par celle-ci

$$\frac{\alpha k\,(l\,y'' - l'\,y)}{l\,(l - l')}.$$

Il est facile de voir, par le n° 37 du Livre I, que l est le rapport de la hauteur de l'atmosphère au rayon terrestre, en supposant la densité de l'air et sa température partout les mêmes; or on trouve par l'expérience qu'à la température de la glace fondante la densité du mercure est à celle de l'air à peu près dans le rapport de 10320 à l'unité, et comme la hauteur moyenne du baromètre est d'environ $0^{\mathrm{m}},76$, il en résulte que $l = \frac{1}{812}$. A des températures plus élevées, la valeur de l augmente. Pour avoir une idée des oscillations du baromètre, nous supposerons la température telle que $l = \frac{1}{722,5}$, ce qui est une des profondeurs de la mer pour lesquelles nous avons déterminé, dans le n° 11, la valeur de αy, qui sera dans ce cas celle de $\alpha y''$; nous supposerons, de plus, $l' = 2l$, ce qui est encore une des profondeurs de la mer que nous avons considérées ; la valeur de zy sera celle qui est relative à cette profondeur. En substituant donc pour l, l' ces valeurs, et pour zy et zy'' les quantités que nous avons trouvées dans le n° 11, en considérant ensuite que $k = 0^m,76$, et que le rayon terrestre est égal à 6366200 mètres, on aura, pour déterminer les oscillations du baromètre,

$$\frac{zk(y''-(y))}{k(l-l')} = \frac{zk}{l}(2y-y'') = 0^m,00001062 \cdot \frac{1+3\cos 2\theta}{3} \left(\sin^2 v - \tfrac{1}{2}\cos^2 v + e\sin^2 v' - \tfrac{1}{2}e\cos^2 v'\right)$$

$$+ 0^m,00001062 \cdot \begin{Bmatrix} 1,0000 \\ -1,6952.\sin^2\theta \\ -2,9312.\sin^4\theta \\ -0,6922.\sin^6\theta \\ -0,0899.\sin^8\theta \\ -0,0076.\sin^{10}\theta \end{Bmatrix} \sin^2\theta \cdot \begin{Bmatrix} \cos^2 v \cos 2(nt + \varpi - \psi) \\ + e\cos^2 v'\cos 2(nt + \varpi - \psi') \end{Bmatrix}.$$

Si l'on suppose le Soleil et la Lune en conjonction ou en opposition dans le plan de l'équateur, et dans leurs moyennes distances, où $e = 3$ à fort peu près, on aura à l'équateur $0^m,0006305$ pour la différence de la plus grande élévation à la plus grande dépression du mercure dans le baromètre. Cette quantité, quoique très-petite, peut être déterminée par une longue suite d'observations barométriques faites entre les tropiques, où les variations du baromètre sont peu considérables : ce phénomène est digne de l'attention des observateurs.

L'action du Soleil et de la Lune excite un vent correspondant au flux et au reflux de la mer ; déterminons la force de ce vent à l'équateur, dans les suppositions précédentes. Pour cela, nous reprendrons la première équation de ce numéro, et nous y ferons $\cos\theta = 0$; elle donnera

$$\frac{d^2 v'}{dt^2} = -g\frac{\partial y'}{\partial\varpi} - g\frac{\partial y}{\partial\varpi} + \frac{\partial V'}{\partial\varpi};$$

or on a $y' + y = 2y - y''$; de plus, on a, par les n°s 4 et 11,

$$z\frac{\partial V'}{\partial\varpi} = -2g.0^m,12316.\left[\cos^2 v \sin 2(nt + \varpi - \psi) + e\cos^2 v'\sin 2(nt + \varpi - \psi')\right];$$

en substituant donc pour y et y'' leurs valeurs, on aura

$$\alpha \frac{d^2 v'}{dt^2} = -2g.1^{\mathrm{m}},0369.[\cos^2 v \sin 2(nt + \varpi - \psi) + e \cos^2 v' \sin 2(nt + \varpi - \psi')],$$

ce qui donne à fort peu près, en intégrant,

$$\alpha \, dv' = \mathrm{H} \, dt + \frac{g}{n^2} n \, dt.1^{\mathrm{m}},0369.[\cos^2 v \cos 2(nt + \varpi - \psi) + e \cos^2 v' \cos 2(nt + \varpi - \psi')].$$

Si l'on suppose que dt représente 1 seconde, $n\,dt$ sera à peu près la cent-millième partie de la circonférence; de plus, $\frac{n^2}{g}$ est $\frac{1}{289}$ du rayon terrestre que nous désignerons par r; on aura ainsi

$$\alpha r \, dv' = r\mathrm{H} \, dt + 0^{\mathrm{m}},01883.[\cos^2 v \cos 2(nt + \varpi - \psi) + e \cos^2 v' \cos 2(nt + \varpi - \psi')].$$

Si la constante H n'était pas nulle, il en résulterait à l'équateur un vent constant, et l'on pourrait expliquer ainsi les vents *alisés*. Mais la valeur de cette constante dépend du mouvement initial de l'atmosphère, et nous avons déjà observé, dans le n° 6, que tout ce qui dépend de ce mouvement a dû être anéanti depuis longtemps par les résistances en tout genre que les molécules de l'air éprouvent en oscillant, d'où l'on peut généralement conclure que les vents alisés ne sont point dus à l'attraction du Soleil et de la Lune sur l'atmosphère.

Si l'on suppose ces deux astres en conjonction ou en opposition dans l'équateur, et $e = 3$, on aura $0^{\mathrm{m}},07532$ pour le plus grand espace qu'une molécule d'air parcourt dans l'intervalle d'une seconde, en vertu de leurs actions réunies; or il paraît impossible de s'assurer, par l'observation, de l'existence d'un vent aussi peu considérable dans une atmosphère d'ailleurs très-agitée; mais il n'en est pas ainsi des variations barométriques, vu surtout l'extrême précision dont les observations du baromètre sont susceptibles : ces variations, qui, comme nous l'observons dans les hauteurs des marées, peuvent être considérablement accrues par les circonstances locales, méritent toute l'attention des observateurs.

Nous ignorons jusqu'à quel point les petites oscillations que l'action du Soleil et de la Lune excité dans l'atmosphère peuvent modifier les mouvements produits par les causes diverses qui agitent un fluide aussi mobile, et dans lequel, à raison de cette grande mobilité, une cause très-légère peut être la source de changements considérables. L'observation peut seule nous instruire à cet égard ; nous observerons seulement que, si l'atmosphère recouvrait immédiatement le noyau solide de la Terre, les équations différentielles de son mouvement seraient, par ce qui précède, les mêmes que celles de la mer, en lui supposant partout une même profondeur ; or on a vu, dans le n° 8, que les oscillations de la seconde espèce, les seules qui dépendent de la différence entre les déclinaisons boréales et australes du Soleil et de la Lune, disparaissent ; ces oscillations disparaissent encore, ou du moins sont presque insensibles, lorsque l'atmosphère recouvre une mer dans laquelle ces oscillations sont nulles ou très-petites, ainsi que cela a lieu dans nos ports ; le signe de la déclinaison des deux astres n'a donc pas d'influence sensible sur les modifications de l'atmosphère.

LIVRE V.

DES MOUVEMENTS DES CORPS CÉLESTES AUTOUR DE LEURS PROPRES CENTRES DE GRAVITÉ.

Les mouvements des corps célestes autour de leurs propres centres de gravité ont une telle liaison avec leurs figures et les oscillations des fluides qui les recouvrent, que nous croyons devoir en présenter l'analyse immédiatement après les théories exposées dans les deux Livres précédents. Nous ne considérerons, parmi les corps du système solaire, que la Terre, la Lune et les anneaux de Saturne, les seuls par rapport auxquels la théorie de la pesanteur puisse être comparée sous ce rapport aux observations; mais l'analyse suivante peut s'étendre généralement à tous les corps célestes.

CHAPITRE PREMIER.

DES MOUVEMENTS DE LA TERRE AUTOUR DE SON CENTRE DE GRAVITÉ.

1. Rappelons ici les équations générales du mouvement d'un corps solide de figure quelconque, démontrées dans le Chapitre VII du Livre I. Si l'on conserve toutes les dénominations de ce Chapitre, les équations (D) du n° 26 du Livre I se réduisent aux suivantes, en y sub-

stituant, au lieu de p', q', r', leurs valeurs Cp, Aq et Br,

$$(\text{D}')\quad\left\{\begin{array}{l} dp + \dfrac{\text{B} - \text{A}}{\text{C}}\, qr\, dt = \dfrac{d\text{N}}{\text{C}}\cos\vartheta - \dfrac{d\text{N}'}{\text{C}}\sin\vartheta,\\[2ex] dq + \dfrac{\text{C} - \text{B}}{\text{A}}\, rp\, dt = -\dfrac{d\text{N}\sin\vartheta + d\text{N}'\cos\vartheta}{\text{A}}\sin\varphi + \dfrac{d\text{N}''}{\text{A}}\cos\varphi,\\[2ex] dr + \dfrac{\text{A} - \text{C}}{\text{B}}\, pq\, dt = -\dfrac{d\text{N}\sin\vartheta + d\text{N}'\cos\vartheta}{\text{B}}\cos\varphi - \dfrac{d\text{N}''}{\text{B}}\sin\varphi. \end{array}\right.$$

Il faut présentement déterminer les moments d'inertie A, B, C, et les valeurs de $d\text{N}$, $d\text{N}'$ et $d\text{N}''$.

2. Considérons d'abord les moments d'inertie. Soit R le rayon mené du centre de gravité de la Terre à sa molécule dm; soit μ le cosinus de l'angle que R forme avec l'axe de l'équateur; soit encore ϖ l'angle que forme le plan qui passe par cet axe et par le rayon R, avec le plan qui passe par le même axe et par le premier axe principal; $R\sqrt{1 - (1 - \mu^2)\cos^2\varpi}$ sera la distance de la molécule au premier axe principal; $R\sqrt{1 - (1 - \mu^2)\sin^2\varpi}$ sera la distance de la molécule au second axe principal, et $R\sqrt{1 - \mu^2}$ sera sa distance au troisième axe principal ou à l'axe de l'équateur. Ainsi, le moment d'inertie d'un corps relativement à un de ses axes étant la somme des produits de chaque molécule du corps par le carré de sa distance à cet axe, et A, B, C étant, par le n° 26 du Livre I, les moments d'inertie de la Terre, par rapport au premier, au second et au troisième axe principal, on aura

$$\text{A} = \int \text{R}^2\, dm\left[1 - (1 - \mu^2)\cos^2\varpi\right],$$
$$\text{B} = \int \text{R}^2\, dm\left[1 - (1 - \mu^2)\sin^2\varpi\right],$$
$$\text{C} = \int \text{R}^2\, dm\,(1 - \mu^2),$$

les intégrales devant s'étendre à la masse entière de la Terre.

Maintenant, on a

$$dm = \text{R}^2\, d\text{R}\, d\mu\, d\varpi;$$

si l'on observe ensuite que les intégrales doivent être prises depuis

$R = o$ jusqu'à la valeur de R à la surface, valeur que nous désignerons par R', on aura

$$A = \tfrac{1}{3}\iint R'^5\, d\mu\, d\varpi\,[1 - (1 - \mu^2)\cos^2\varpi],$$
$$B = \tfrac{1}{3}\iint R'^5\, d\mu\, d\varpi\,[1 - (1 - \mu^2)\sin^2\varpi],$$
$$C = \tfrac{1}{3}\iint R'^5\, d\mu\, d\varpi\,(1 - \mu^2).$$

Supposons R'^5 développé dans une série de cette forme

$$R'^5 = U^{(0)} + U^{(1)} + U^{(2)} + U^{(3)} + \ldots,$$

$U^{(i)}$ étant une fonction rationnelle et entière de μ, $\sqrt{1 - \mu^2}\sin\varpi$ et $\sqrt{1 - \mu^2}\cos\varpi$, assujettie à l'équation aux différences partielles

$$o = \frac{\partial.(1 - \mu^2)\dfrac{\partial U^{(i)}}{\partial\mu}}{\partial\mu} + \frac{\dfrac{\partial^2 U^{(i)}}{\partial\varpi^2}}{1 - \mu^2} + i(i+1)\,U^{(i)}.$$

La fonction $1 - (1 - \mu^2)\cos^2\varpi$ est égale à $\tfrac{2}{3} + [\tfrac{1}{3} - (1 - \mu^2)\cos^2\varpi]$: la constante $\tfrac{2}{3}$ est comprise dans la forme $U^{(0)}$, et la fonction $\tfrac{1}{3} - (1 - \mu^2)\cos^2\varpi$ est de la forme $U^{(2)}$, puisqu'elle satisfait pour $U^{(2)}$ à l'équation précédente aux différences partielles. Pareillement, $1 - (1 - \mu^2)\sin^2\varpi$ est égal à $\tfrac{2}{3} + [\tfrac{1}{3} - (1 - \mu^2)\sin^2\varpi]$, et le second terme de cette expression est de la forme $U^{(2)}$. Enfin la fonction $1 - \mu^2$ est égale à $\tfrac{2}{3} + (\tfrac{1}{3} - \mu^2)$, et la partie $\tfrac{1}{3} - \mu^2$ est de la forme $U^{(2)}$; on aura donc, en vertu du théorème que nous avons démontré dans le Livre III, n° 12,

$$A = \tfrac{1}{3}\iint d\mu\, d\varpi\left\{\tfrac{2}{3}U^{(0)} + [\tfrac{1}{3} - (1 - \mu^2)\cos^2\varpi]\,U^{(2)}\right\},$$
$$B = \tfrac{1}{3}\iint d\mu\, d\varpi\left\{\tfrac{2}{3}U^{(0)} + [\tfrac{1}{3} - (1 - \mu^2)\sin^2\varpi]\,U^{(2)}\right\},$$
$$C = \tfrac{1}{3}\iint d\mu\, d\varpi\left[\tfrac{2}{3}U^{(0)} + (\tfrac{1}{3} - \mu^2)\,U^{(2)}\right].$$

Les intégrales doivent être prises depuis $\mu = -1$ jusqu'à $\mu = 1$, et depuis $\varpi = o$ jusqu'à $\varpi = 2\pi$, ce qui donne

$$A = \tfrac{8}{13}\pi U^{(0)} + \tfrac{1}{3}\iint U^{(2)}\, d\mu\, d\varpi\,[\tfrac{1}{3} - (1 - \mu^2)\cos^2\varpi],$$
$$B = \tfrac{8}{13}\pi U^{(0)} + \tfrac{1}{3}\iint U^{(2)}\, d\mu\, d\varpi\,[\tfrac{1}{3} - (1 - \mu^2)\sin^2\varpi],$$
$$C = \tfrac{8}{13}\pi U^{(0)} + \tfrac{1}{3}\iint U^{(2)}\, d\mu\, d\varpi\,(\tfrac{1}{3} - \mu^2).$$

La fonction $U^{(2)}$ est de cette forme

$$H\left(\tfrac{1}{3} - \mu^2\right) + H'\,\mu\,\sqrt{1 - \mu^2}\,\sin\varpi + H''\,\mu\,\sqrt{1 - \mu^2}\,\cos\varpi$$
$$+ H'''(1 - \mu^2)\sin 2\varpi + H^{\text{iv}}(1 - \mu^2)\cos 2\varpi.$$

La considération des axes principaux donne, par le n° 31 du Livre III,

$$H' = 0, \quad H'' = 0, \quad H''' = 0.$$

Ces trois équations renferment toutes les conditions nécessaires pour que les trois axes soient des axes principaux. On aura ainsi

$$A = \frac{8\pi}{15}\,U^{(0)} - \frac{8\pi}{9.5^2}\,H - \frac{8\pi}{3.5^2}\,H^{\text{iv}},$$

$$B = \frac{8\pi}{15}\,U^{(0)} - \frac{8\pi}{9.5^2}\,H + \frac{8\pi}{3.5^2}\,H^{\text{iv}},$$

$$C = \frac{8\pi}{15}\,U^{(0)} + \frac{16\pi}{9.5^2}\,H.$$

Si l'on veut que les trois moments d'inertie A, B, C soient égaux entre eux, on aura $H = 0$, $H^{\text{iv}} = 0$, et par conséquent $U^{(2)} = 0$; cette dernière équation satisfait donc à la fois aux conditions des trois axes principaux et à l'égalité des trois moments d'inertie. Or on a vu, dans le n° 27 du Livre I, qu'alors les moments d'inertie sont égaux par rapport à tous les axes; la sphère n'est donc pas le seul solide qui jouisse de cette propriété. L'analyse précédente donne l'équation générale de tous les solides auxquels elle appartient, équation que nous avons annoncée dans le numéro cité du Livre I. On doit observer ici que ces résultats sont indépendants de la supposition que l'origine de R' passe par le centre de gravité du sphéroïde, et qu'ainsi ils ont lieu, quel que soit le point où l'on fixe cette origine dans son intérieur.

La Terre étant supposée formée d'une infinité de couches variables du centre à la surface, le rayon R d'une de ses couches peut toujours être exprimé de cette manière

$$R = a + \alpha a\left(Y^{(1)} + Y^{(2)} + Y^{(3)} + Y^{(4)} + \ldots\right),$$

α étant un très-petit coefficient constant, et $Y^{(1)}$, $Y^{(2)}$, ... étant des fonctions de la même nature que$U^{(1)}$, $U^{(2)}$, ..., c'est-à-dire qui peuvent satisfaire à la même équation aux différences partielles, et qui, de plus, peuvent renfermer a d'une manière quelconque. En négligeant les quantités de l'ordre α^2, on aura

$$R^5 = a^5 + 5\alpha a^3 \left(Y^{(1)} + Y^{(2)} + Y^{(3)} + \ldots \right);$$

partant, si l'on conçoit un solide homogène d'une densité représentée par l'unité, et dont le rayon de la surface soit celui de la couche dont il s'agit, on aura, relativement à ce solide,

$$A = \frac{8\pi a^5}{15} + \alpha \int\int a^5 Y^{(2)} d\mu\, d\varpi \left[\tfrac{1}{3} - (1 - \mu^2) \cos^2 \varpi \right],$$

$$B = \frac{8\pi a^5}{15} + \alpha \int\int a^5 Y^{(2)} d\mu\, d\varpi \left[\tfrac{1}{3} - (1 - \mu^2) \sin^2 \varpi \right],$$

$$C = \frac{8\pi a^5}{15} + \alpha \int\int a^5 Y^{(2)} d\mu\, d\varpi \left(\tfrac{1}{3} - \mu^2 \right).$$

En différentiant ces valeurs par rapport à a, et en les multipliant ensuite par la densité de la couche dont le rayon est R, densité que nous représenterons par ρ, ρ étant une fonction quelconque de a, on aura les moments d'inertie de cette couche, et, pour avoir ceux de la Terre entière, il suffira d'intégrer les moments de la couche par rapport à a, depuis $a = 0$ jusqu'à la valeur de a relative à la surface de la Terre, valeur que nous désignerons par l'unité. On aura ainsi

$$A = \frac{8\pi}{15} \int \rho\, d.a^5 + \alpha \int\int\int \rho\, d(a^5 Y^{(2)}) d\mu\, d\varpi \left[\tfrac{1}{3} - (1 - \mu^2) \cos^2 \varpi \right],$$

$$B = \frac{8\pi}{15} \int \rho\, d.a^5 + \alpha \int\int\int \rho\, d(a^5 Y^{(2)}) d\mu\, d\varpi \left[\tfrac{1}{3} - (1 - \mu^2) \sin^2 \varpi \right],$$

$$C = \frac{8\pi}{15} \int \rho\, d.a^5 + \alpha \int\int\int \rho\, d(a^5 Y^{(2)}) d\mu\, d\varpi \left(\tfrac{1}{3} - \mu^2 \right),$$

la différence $d(a^5 Y^{(2)})$ étant uniquement relative à la variable a.

Il résulte de l'équation (2) du n° 29 du Livre III que, si l'on nomme $\alpha\varphi$ le rapport de la force centrifuge à la pesanteur à l'équateur, on a, par la condition de l'équilibre des fluides répandus sur la Terre,

$$\int p\, d(a^3 Y^{(2)}) = \tfrac{5}{3}\big[Y^{(2)} + \tfrac{1}{2}\varphi(\mu^2 - \tfrac{1}{3})\big] \int p\, d.a^3,$$

la valeur de $Y^{(2)}$ dans le second membre de cette équation étant relative à la surface de la Terre, et les intégrales étant prises depuis $a = o$ jusqu'à $a = 1$; on aura par conséquent

$$A = \frac{8\pi}{15}\int p\, d.a^3 + \frac{4\alpha\pi}{27}\varphi \int p\, d.a^3 + \frac{5\alpha}{3}\int\int Y^{(2)} d\mu\, d\varpi\big[\tfrac{1}{3} - (1-\mu^2)\cos^2\varpi\big]\int p\, d.a^3,$$

$$B = \frac{8\pi}{15}\int p\, d.a^3 + \frac{4\alpha\pi}{27}\varphi \int p\, d.a^3 + \frac{5\alpha}{3}\int\int Y^{(2)} d\mu\, d\varpi\big[\tfrac{1}{3} - (1-\mu^2)\sin^2\varpi\big]\int p\, d.a^3,$$

$$C = \frac{8\pi}{15}\int p\, d.a^3 - \frac{8\alpha\pi}{27}\varphi \int p\, d.a^3 + \frac{5\alpha}{3}\int\int Y^{(2)} d\mu\, d\varpi\,(\tfrac{1}{3} - \mu^2)\int p\, d.a^3.$$

La fonction $Y^{(2)}$ est de cette forme

$$h\big(\tfrac{1}{3} - \mu^2\big) + h'\mu\sqrt{1-\mu^2}\,\sin\varpi + h''\mu\sqrt{1-\mu^2}\,\cos\varpi$$
$$+ h'''(1-\mu^2)\sin 2\varpi + h^{iv}(1-\mu^2)\cos 2\varpi.$$

La considération des axes principaux donne, par le n° 32 du Livre III,

$$h' = o, \quad h'' = o, \quad h''' = o,$$

et par conséquent

$$Y^{(2)} = h\big(\tfrac{1}{3} - \mu^2\big) + h^{iv}(1-\mu^2)\cos 2\varpi.$$

On a vu, dans le Livre III, que, la variation de la pesanteur étant à très-peu près proportionnelle au carré du sinus de la latitude, la valeur de h^{iv} doit être très-petite; elle serait nulle, en effet, si la Terre était un solide de révolution; mais, pour plus de généralité, nous la conserverons dans les recherches suivantes; nous aurons ainsi

$$A = \frac{8\pi}{15}\int p\, d.a^3 - \frac{8}{27}\alpha\pi\big(h - \tfrac{1}{2}\varphi\big)\int p\, d.a^3 - \tfrac{8}{9}\alpha\pi h^{iv}\int p\, d.a^3,$$

$$B = \frac{8\pi}{15}\int p\, d.a^3 - \frac{8}{27}\alpha\pi\big(h - \tfrac{1}{2}\varphi\big)\int p\, d.a^3 + \tfrac{8}{9}\alpha\pi h^{iv}\int p\, d.a^3,$$

$$C = \frac{8\pi}{15}\int p\, d.a^3 + \frac{16}{27}\alpha\pi\big(h - \tfrac{1}{2}\varphi\big)\int p\, d.a^3.$$

3. Considérons présentement les valeurs de $d\mathrm{N}$, $d\mathrm{N}'$, $d\mathrm{N}''$ qui entrent dans les équations différentielles (D') du n° 1. Soit L la masse d'un astre qui agit sur la Terre; soient x, y, z les coordonnées de son centre, rapportées au centre de gravité de la Terre, et $r = \sqrt{x^2 + y^2 + z^2}$; nommons x', y', z' les coordonnées d'une molécule dm du sphéroïde terrestre; supposons enfin

$$V = -\,\mathrm{L}\,\frac{xx' + yy' + zz'}{r^3} + \frac{\mathrm{L}}{\sqrt{(x' - x)^2 + (y' - y)^2 + (z' - z)^2}};$$

les forces attractives de L sur la molécule dm, décomposées parallèlement aux axes des x, des y et des z, en sens opposé à leur origine, et diminuées des mêmes forces attractives sur le centre de gravité de la Terre, que nous considérons ici comme immobile, seront $\frac{\partial V}{\partial x'}$, $\frac{\partial V}{\partial y'}$, $\frac{\partial V}{\partial z'}$. Ces forces sont celles que nous avons désignées par P, Q, R dans le n° **25** du Livre I; on aura donc, par ce même numéro,

$$\frac{d\mathrm{N}}{dt} = \int dm \left(x' \frac{\partial V}{\partial y'} - y' \frac{\partial V}{\partial x'} \right),$$

$$\frac{d\mathrm{N}'}{dt} = \int dm \left(x' \frac{\partial V}{\partial z'} - z' \frac{\partial V}{\partial x'} \right),$$

$$\frac{d\mathrm{N}''}{dt} = \int dm \left(y' \frac{\partial V}{\partial z'} - z' \frac{\partial V}{\partial y'} \right).$$

Si l'on observe ensuite que l'on a

$$x' \frac{\partial V}{\partial y'} - y' \frac{\partial V}{\partial x'} = y \frac{\partial V}{\partial x} - x \frac{\partial V}{\partial y},$$

on aura

$$\frac{d\mathrm{N}}{dt} = \int dm \left(y \frac{\partial V}{\partial x} - x \frac{\partial V}{\partial y} \right),$$

$$\frac{d\mathrm{N}'}{dt} = \int dm \left(z \frac{\partial V}{\partial x} - x \frac{\partial V}{\partial z} \right),$$

$$\frac{d\mathrm{N}''}{dt} = \int dm \left(z \frac{\partial V}{\partial y} - y \frac{\partial V}{\partial z} \right).$$

Les coordonnées x', y', z' étant supposées très-petites relativement à la distance $r_{,}$ de l'astre L au centre de gravité de la Terre, on peut développer V dans une suite fort convergente par rapport aux puissances réciproques de $r_{,}$; on aura ainsi, à fort peu près,

$$\frac{dN}{dt} = \frac{3L}{r_{,}^5} \int dm(xx' + yy' + zz')(yx' - xy'),$$

$$\frac{dN'}{dt} = \frac{3L}{r_{,}^5} \int dm(xx' + yy' + zz')(zx' - xz'),$$

$$\frac{dN''}{dt} = \frac{3L}{r_{,}^5} \int dm(xx' + yy' + zz')(zy' - yz').$$

On a vu, dans le n° **28** du Livre I, que les valeurs de p, q, r sont indépendantes de la position du plan des x et des y; or, si nous prenons pour ce plan l'équateur même de la Terre, on aura $\theta = 0$, et si nous prenons pour l'axe des x le premier axe principal, nous aurons $\varphi = 0$; nous aurons de plus, par le n° **26** du Livre I,

$$\int dm(y'^2 + z'^2) = A, \qquad \int dm(x'^2 + z'^2) = B, \qquad \int dm(x'^2 + y'^2) = C,$$

$$\int x'y'dm = 0, \qquad \int x'z'dm = 0, \qquad \int y'z'dm = 0;$$

partant,

$$\frac{dN}{dt} = \frac{3L}{r_{,}^5}(B - A)xy,$$

$$\frac{dN'}{dt} = \frac{3L}{r_{,}^5}(C - A)xz,$$

$$\frac{dN''}{dt} = \frac{3L}{r_{,}^5}(C - B)yz;$$

les équations (D') du n° **1** deviendront ainsi

$$(\text{F}) \quad \begin{cases} dp + \dfrac{B - A}{C}\, qr\,dt = \dfrac{3L.dt}{r_{,}^5}\dfrac{B - A}{C}\,xy, \\[2mm] dq + \dfrac{C - B}{A}\, rp\,dt = \dfrac{3L.dt}{r_{,}^5}\dfrac{C - B}{A}\,yz, \\[2mm] dr + \dfrac{A - C}{B}\, pq\,dt = \dfrac{3L.dt}{r_{,}^5}\dfrac{A - C}{B}\,xz. \end{cases}$$

Ces équations supposent que $r_{,}$ est fort grand par rapport au rayon du sphéroïde terrestre, ce qui est vrai relativement au Soleil et à la Lune; mais il est remarquable qu'elles seraient encore très-approchées dans le cas où, l'astre attirant étant fort près de la Terre, la figure de cette planète serait elliptique. Pour le faire voir, nous observerons que l'on a, par le n° 2,

$$x' = R\sqrt{1-\mu^2}\cos\varpi, \qquad y' = R\sqrt{1-\mu^2}\sin\varpi, \qquad z' = R\mu.$$

Si l'on nomme ν et λ ce que deviennent, par rapport à l'astre L, les quantités μ et ϖ relatives à la molécule dm du sphéroïde terrestre, on aura

$$x = r_{,}\sqrt{1-\nu^2}\cos\lambda, \qquad y = r_{,}\sqrt{1-\nu^2}\sin\lambda, \qquad z = r_{,}\nu;$$

si l'on substitue ces valeurs dans la fonction V, et qu'ensuite on la développe par rapport aux puissances de $\dfrac{R}{r_{,}}$, on aura une série de cette forme

$$\frac{L}{r_{,}} + \frac{LR^2}{r_{,}^3}U^{(2)} + \frac{LR^3}{r_{,}^4}U^{(3)} + \ldots,$$

et il est facile de s'assurer, par le n° 23 du Livre III, que les fonctions $U^{(2)}$, $U^{(3)}$, ... sont des fonctions telles que l'on a généralement

$$0 = \frac{\partial \cdot (1-\mu^2)\dfrac{\partial U^{(i)}}{\partial \mu}}{\partial \mu} + \frac{\dfrac{\partial^2 U^{(i)}}{\partial \varpi^2}}{1-\mu^2} + i(i+1)U^{(i)}.$$

Reprenons maintenant l'équation

$$\frac{dN}{dt} = \int dm\left(y\,\frac{\partial V}{\partial x} - x\,\frac{\partial V}{\partial y}\right);$$

on aura

$$y\,\frac{\partial V}{\partial x} - x\,\frac{\partial V}{\partial y} = \frac{LR^2}{r_{,}^3}\left(y\,\frac{\partial U^{(2)}}{\partial x} - x\,\frac{\partial U^{(2)}}{\partial y}\right)$$
$$+ \frac{LR^3}{r_{,}^4}\left(y\,\frac{\partial U^{(3)}}{\partial x} - x\,\frac{\partial U^{(3)}}{\partial y}\right)$$
$$+ \ldots\ldots\ldots\ldots\ldots\ldots$$

Les différences partielles du second membre de cette équation étant

41.

prises par rapport à des variables indépendantes de μ et de ϖ, si l'on désigne généralement par $U'^{(i)}$ la fonction $y \dfrac{\partial U^{(i)}}{\partial x} - x \dfrac{\partial U^{(i)}}{\partial y}$, on aura

$$0 = \frac{\partial.\left(1 - \mu^2\right) \dfrac{\partial U'^{(i)}}{\partial \mu}}{\partial \mu} + \frac{\dfrac{\partial^2 U'^{(i)}}{\partial \varpi^2}}{1 - \mu^2} + i\,(i+1)\,U'^{(i)},$$

en sorte que la fonction $U'^{(i)}$ est de la même nature que les fonctions $Y^{(i)}$ et $U^{(i)}$; l'expression précédente de $\dfrac{dN}{dt}$ deviendra ainsi, par ce que l'on a vu dans le n° **2**, et en substituant pour dm sa valeur $R^2 dR \cdot \rho\,d\mu.d\varpi$, et pour R sa valeur $a + 2a\,(Y^{(1)} + Y^{(2)} + \ldots)$,

$$\frac{dN}{dt} = \frac{2 L}{r_{,}^3} \iiint d\,(a^5 Y^{(2)})\,U'^{(2)}\,\rho\,d\mu\,d\varpi$$
$$+ \frac{\alpha L}{r_{,}^4} \iiint d\,(a^6 Y^{(3)})\,U'^{(3)}\,\rho\,d\mu\,d\varpi$$
$$+ \ldots \ldots \ldots \ldots \ldots \ldots \ldots \ldots \ldots \ldots,$$

les différentielles $d(a^5 Y^{(2)})$, $d(a^6 Y^{(3)})$, … étant relatives à la variable a; or l'équation (2) du n° **29** du Livre III donne généralement, à la surface de la Terre et lorsque i surpasse 2,

$$\int \rho\,d\,(a^{i+3}\,Y^{(i)}) = \frac{2i+1}{3}\,Y^{(i)} \int \rho\,d.a^3,$$

les intégrales étant prises depuis $a = 0$ jusqu'à $a = 1$, et $Y^{(i)}$ dans le second membre de cette équation étant relatif à la surface de la Terre; on aura donc

$$\frac{2 L}{r_{,}^4} \iiint d\,(a^6 Y^{(3)})\,U'^{(3)}\,\rho\,d\mu\,d\varpi = \frac{7\,\alpha L}{3\,r_{,}^4} \iint Y^{(3)}\,U'^{(3)}\,d\mu\,d\varpi \int \rho\,d.a^3.$$

Si la figure de la Terre est celle d'un ellipsoïde, $Y^{(3)}$ est nul, et alors l'expression de $\dfrac{dN}{dt}$ se réduit à son premier terme, non-seulement à cause de la grandeur de $r_{,}$, mais parce que les valeurs de $Y^{(3)}$, $Y^{(4)}$, … sont nulles. Quoique la figure elliptique ne satisfasse pas exactement aux degrés mesurés des méridiens, cependant l'accord des variations de la pesanteur avec cette figure indique que $Y^{(3)}$, $Y^{(4)}$, ... sont peu considérables par rapport à $Y^{(2)}$; on peut donc calculer les mouvements de l'axe de la Terre, en lui supposant une figure elliptique, sans craindre aucune erreur.

4. Rapportons maintenant les coordonnées de l'astre L à un plan fixe, que nous supposerons être celui de l'écliptique à une époque donnée; soient X, Y, Z ces nouvelles coordonnées, l'axe des X étant la ligne menée du centre de la Terre à l'équinoxe du printemps, l'axe des Y étant la ligne menée du même centre au premier point du Cancer, et la ligne des Z étant la ligne menée de ce même centre au pôle boréal de l'écliptique : on aura, par le n° 21 du Livre I,

$$x = X\cos\varphi + Y\cos\theta\sin\varphi - Z\sin\theta\sin\varphi,$$
$$y = Y\cos\theta\cos\varphi - X\sin\varphi - Z\sin\theta\cos\varphi,$$
$$z = Y\sin\theta + Z\cos\theta.$$

Les équations différentielles (F) du numéro précédent deviendront ainsi

$$(G)\begin{cases} dp + \dfrac{B-A}{C}qr\,dt = \dfrac{3L\,dt\,(B-A)}{2r^3 C}\left\{\begin{array}{l}(Y^2\cos^2\theta + Z^2\sin^2\theta - X^2 - 2YZ\sin\theta\cos\theta)\sin 2\varphi \\ + (2XY\cos\theta - 2XZ\sin\theta)\cos 2\varphi\end{array}\right\}, \\[2.5em] dq + \dfrac{C-B}{A}rp\,dt = \dfrac{3L\,dt\,(C-B)}{r^3 A}\left\{\begin{array}{l}[(Y^2-Z^2)\sin\theta\cos\theta + YZ(\cos^2\theta - \sin^2\theta)]\cos\varphi \\ - (XY\sin\theta + XZ\cos\theta)\sin\varphi\end{array}\right\}, \\[2.5em] dr + \dfrac{A-C}{B}pq\,dt = \dfrac{3L\,dt\,(A-C)}{r^3 B}\left\{\begin{array}{l}(XY\sin\theta + XZ\cos\theta)\cos\varphi \\ + [(Y^2-Z^2)\sin\theta\cos\theta + YZ(\cos^2\theta - \sin^2\theta)]\sin\varphi\end{array}\right\}. \end{cases}$$

Intégrons présentement ces équations. Si les deux moments d'inertie A et B étaient égaux, ce qui aurait lieu dans le cas où la Terre serait un sphéroïde de révolution, la première de ces équations donnerait $dp = 0$, et par conséquent p constant; lorsqu'il y a une petite différence entre ces deux moments d'inertie, la valeur de p renferme des inégalités périodiques, mais elles sont insensibles; en effet, l'axe instantané de rotation s'éloignant toujours très-peu du premier axe principal, q et r sont de très-petites quantités, et l'on peut, sans erreur

sensible, négliger le terme $\dfrac{B-A}{C} rq\,dt$ de la première des équations (G).
Le second membre de la même équation se développe en sinus et cosinus d'angles croissant avec rapidité, puisque ses termes sont multipliés par le sinus ou le cosinus de 2φ; ces termes doivent donc être encore insensibles après les intégrations : on peut ainsi supposer, dans les deux dernières des équations (G), $p = n$, n étant la vitesse moyenne angulaire de rotation de la Terre autour de son troisième axe principal. Mais, comme la discussion de la valeur de p est très-importante, à cause de son influence sur la durée du jour, nous reviendrons sur cet objet, après avoir déterminé les valeurs de q et de r.

Faisons, pour abréger,

$$\frac{3L}{r_{\prime}^{5}}\left[(Y^{2}-Z^{2})\sin\theta\cos\theta + YZ(\cos^{2}\theta-\sin^{2}\theta)\right]=P,$$

$$\frac{3L}{r_{\prime}^{3}}\left(XY\sin\theta + XZ\cos\theta\right)=P';$$

les deux dernières équations (G) deviendront

$$dq + \frac{C-B}{A} rp\,dt = \frac{C-B}{A}\,dt(P\cos\varphi - P'\sin\varphi),$$

$$dr + \frac{A-C}{B} pq\,dt = \frac{A-C}{B}\,dt(P'\cos\varphi + P\sin\varphi).$$

P et P' peuvent être développés en sinus et cosinus d'angles croissant proportionnellement au temps. Soit $k\cos(it+\varepsilon)$ un terme quelconque de P, et $k'\sin(it+\varepsilon)$ le terme correspondant de P'; on aura, en n'ayant égard qu'à ces termes,

$$dq + \frac{C-B}{A} rp\,dt = \frac{C-B}{2A}\,dt\left[(k+k')\cos(\varphi+it+\varepsilon)+(k-k')\cos(\varphi-it-\varepsilon)\right],$$

$$dr + \frac{A-C}{B} pq\,dt = \frac{A-C}{2B}\,dt\left[(k+k')\sin(\varphi+it+\varepsilon)+(k-k')\sin(\varphi-it-\varepsilon)\right].$$

Si l'on suppose dans ces équations

$$q = M\sin(\varphi+it+\varepsilon) + N\sin(\varphi-it-\varepsilon),$$

$$r = M'\cos(\varphi+it+\varepsilon) + N'\cos(\varphi-it-\varepsilon),$$

on aura, en observant que $d\varphi$ est à très-peu près égal à $n\,dt$,

$$M = \frac{\dfrac{k+k'}{2}\,(C-B)\,[n(A+B-C)+iB]}{(n+i)^2 AB - n^2(A-C)(B-C)},$$

$$M' = \frac{\dfrac{k+k'}{2}\,(C-A)\,[n(A+B-C)+iA]}{(n+i)^2 AB - n^2(A-C)(B-C)},$$

$$N = \frac{\dfrac{k-k'}{2}\,(C-B)\,[n(A+B-C)-iB]}{(n-i)^2 AB - n^2(A-C)(B-C)},$$

$$N' = \frac{\dfrac{k-k'}{2}\,(C-A)\,[n(A+B-C)-iA]}{(n-i)^2 AB - n^2(A-C)(B-C)}.$$

Reprenons maintenant les équations du n° **26** du Livre I,

$$d\varphi - d\psi\cos\vartheta = p\,dt,$$
$$d\psi\sin\vartheta\sin\varphi - d\vartheta\cos\varphi = q\,dt,$$
$$d\psi\sin\vartheta\cos\varphi + d\vartheta\sin\varphi = r\,dt.$$

Ces équations donnent

$$d\vartheta = r\,dt\sin\varphi - q\,dt\cos\varphi;$$

on aura donc

$$\frac{d\vartheta}{dt} = \frac{M'-M}{2}\sin(2\varphi+it+\varepsilon) + \frac{N'-N}{2}\sin(2\varphi-it-\varepsilon) + \frac{N+N'-M-M'}{2}\sin(it+\varepsilon).$$

Nous pouvons négliger les deux premiers termes de cette expression de $\dfrac{d\vartheta}{dt}$, parce qu'ils sont insensibles en eux-mêmes, et que d'ailleurs ils n'augmentent point par l'intégration. Il n'en est pas ainsi du troisième terme, que l'intégration peut rendre sensible, si i est fort petit. Dans ce cas, on peut négliger i relativement à n, et l'on a, à fort peu près,

$$\frac{d\vartheta}{dt} = \frac{A+B-2C}{2nC}\,k'\sin(it+\varepsilon).$$

Les expressions précédentes de $q\,dt$ et de $r\,dt$ donnent

$$d\psi \sin\theta = r\,dt \cos\varphi + q\,dt \sin\varphi,$$

d'où l'on tire

$$\frac{d\psi}{dt}\sin\theta = \frac{M'-M}{2}\cos(2\varphi+it+\varepsilon)+\frac{N'-N}{2}\cos(2\varphi-it-\varepsilon)+\frac{M+M'+N+N'}{2}\cos(it+\varepsilon):$$

en négligeant les deux premiers termes de cette expression, qui sont toujours insensibles, et en supposant i fort petit, on aura, à très-peu près,

$$\frac{d\psi}{dt}\sin\theta = \frac{2C-A-B}{2nC}\,k\cos(it+\varepsilon).$$

Si l'on désigne par $\Sigma k\cos(it+\varepsilon)$ la somme des termes dans lesquels P peut se développer, et par $\Sigma k'\sin(it+\varepsilon)$ la somme des termes dans lesquels P' peut se développer, Σ étant la caractéristique des intégrales finies, on aura

$$\text{(H)}\quad
\begin{cases}
\dfrac{d\theta}{dt} = \dfrac{A+B-2C}{2nC}\,\Sigma k'\sin(it+\varepsilon),\\[2ex]
\dfrac{d\psi}{dt}\sin\theta = \dfrac{2C-A-B}{2nC}\,\Sigma k\cos(it+\varepsilon).
\end{cases}$$

En intégrant ces équations sans avoir égard aux constantes arbitraires, on aura les parties de θ et de ψ qui dépendent de l'action de l'astre L. Pour avoir les valeurs complètes de ces variables, il faut leur ajouter les quantités qui dépendent de l'état initial du mouvement. Si l'on n'a égard qu'à cet état, les deux dernières des équations (G) deviennent

$$dq+\frac{C-B}{A}\,nr\,dt = 0,\qquad dr+\frac{A-C}{B}\,nq\,dt = 0,$$

d'où l'on tire, en intégrant,

$$q = G\sin(\lambda t+\varepsilon),$$

$$r = \frac{\lambda A}{n(B-C)}\,G\cos(\lambda t+\varepsilon),$$

G et $\mathfrak{G}$ étant deux constantes arbitraires, et λ étant égal à $n\sqrt{\dfrac{(C-A)(C-B)}{AB}}$.

Si l'on substitue pour q et r ces valeurs dans l'équation

$$\frac{d\theta}{dt} = r\sin\varphi - q\cos\varphi.$$

on aura, après avoir intégré,

$$\theta = h + \frac{n(B-C)-\lambda A}{2n(n+\lambda)(B-C)}\,G\cos(\varphi + \lambda t + \mathfrak{G}) - \frac{\lambda A + n(B-C)}{2n(n-\lambda)(B-C)}\,G\cos(\varphi - \lambda t - \mathfrak{G}),$$

h étant une nouvelle arbitraire. Si la valeur de G était sensible, on la reconnaîtrait par les variations journalières de la hauteur du pôle, et puisque les observations les plus précises n'y font remarquer aucune variation de ce genre, il en résulte que G est insensible, et qu'ainsi l'on peut négliger les parties de θ et de ψ qui dépendent de l'état initial du mouvement de la Terre.

5. Reprenons maintenant les équations (II) du numéro précédent. La première donne, en l'intégrant et en observant que $\Sigma k'\sin(it+\varepsilon)$ est le développement de la fonction P',

$$\theta = h + \frac{A+B-2C}{2nC}\int P'\,dt.$$

Les seuls astres qui influent d'une manière sensible sur les mouvements de l'axe de la Terre sont le Soleil et la Lune. Considérons d'abord l'action du Soleil. Soit v la longitude de cet astre, comptée de l'équinoxe mobile du printemps; soit encore γ l'inclinaison de cette orbite sur le plan fixe, et Λ la longitude de son nœud ascendant, les angles v et Λ étant rapportés à l'orbite même du Soleil; on aura

$$X = r_{,}\cos^2\frac{\gamma}{2}\cos v + r_{,}\sin^2\frac{\gamma}{2}\cos(v-2\Lambda),$$

$$Y = r_{,}\cos^2\frac{\gamma}{2}\sin v - r_{,}\sin^2\frac{\gamma}{2}\sin(v-2\Lambda),$$

$$Z = r_{,}\sin\gamma\sin(v-\Lambda),$$

d'où l'on tire

$$XY = \frac{r_{,}^{2}}{2}\cos^{4}\frac{\gamma}{2}\sin 2v + \frac{r_{,}^{2}}{4}\sin^{2}\gamma \sin 2\Lambda - \frac{r_{,}^{2}}{2}\sin^{4}\frac{\gamma}{2}\sin(2v - 4\Lambda),$$

$$XZ = \frac{r_{,}^{2}}{2}\sin\gamma \cos^{2}\frac{\gamma}{2}\sin(2v - \Lambda) - \frac{r_{,}^{2}}{4}\sin 2\gamma \sin\Lambda + \frac{r_{,}^{2}}{2}\sin\gamma \sin^{2}\frac{\gamma}{2}\sin(2v - 3\Lambda).$$

Vu l'extrême lenteur du mouvement des points équinoxiaux, on peut supposer dv égal au mouvement angulaire du Soleil pendant l'instant dt, et l'on a, par les n°s 19 et **20** du Livre II,

$$r_{,}^{2}\,dv = a^{2}m\,dt\sqrt{1 - e^{2}},$$

mt étant le moyen mouvement du Soleil, a étant sa moyenne distance à la Terre, et e étant le rapport de l'excentricité de son orbite à cette distance moyenne. On a de plus, par le n° **20** du même Livre, en négligeant les masses des planètes relativement à celle du Soleil, $\frac{L}{a^{3}} = m^{2}$, et l'équation à l'ellipse donne

$$\frac{a}{r_{,}} = \frac{1 + e\cos(v - \Gamma)}{1 - e^{2}};$$

Γ étant la longitude du périgée solaire; on aura donc, relativement au Soleil,

$$P'dt = \frac{3L.\,dt}{r_{,}^{3}}(XY\sin\theta + XZ\cos\theta)$$

$$= \frac{3m\,dv\left[1 + e\cos(v - \Gamma)\right]}{\left(1 - e^{2}\right)^{\frac{3}{2}}}\left(\frac{XY}{r_{,}^{2}}\sin\theta + \frac{XZ}{r_{,}^{2}}\cos\theta\right).$$

Si l'on substitue pour $\frac{XY}{r_{,}^{2}}$ et $\frac{XZ}{r_{,}^{2}}$ leurs valeurs précédentes en v, on verra d'abord, après avoir développé $P'dt$ en sinus de l'angle v et de ses multiples, que les termes dépendants de la longitude Γ du périgée solaire renferment l'angle v, et qu'ainsi ils ne peuvent pas devenir sensibles par l'intégration. Il n'en est pas de même des termes dépendants de la longitude du nœud : la fonction $\frac{XZ}{r_{,}^{2}}$ introduit dans $P'dt$

le terme $-\dfrac{3\,m\,dv}{4}\sin 2\gamma\cos\theta\sin\Lambda$, et, vu la lenteur des variations de γ et de Λ, ce terme peut devenir, par l'intégration, très-sensible dans la valeur de θ. On aura ainsi, à très-peu près, en observant que e et γ sont fort petits, et en ne conservant parmi les termes multipliés par ces quantités que ceux qui peuvent croître considérablement par les intégrations,

$$\int \mathrm{P}'dt = -\frac{3\,m}{4}\sin\theta\cos 2v - \frac{3\,m^2}{2}\cos\theta\int\gamma\,dt\sin\Lambda.$$

$\gamma\sin\Lambda$ est le produit de l'inclinaison de l'orbe solaire par le sinus de la longitude de son nœud ascendant, comptée de l'équinoxe mobile du printemps, et, cette inclinaison étant fort petite, on peut prendre pour γ ou son sinus ou sa tangente; or on a vu, dans le n° 59 du Livre II, que, si l'on désigne par Γ la longitude du nœud ascendant de cet orbe comptée d'un équinoxe fixe, $\operatorname{tang}\gamma\sin\Gamma$ est donné par un nombre fini de termes de la forme $c\sin(gt + \mathfrak{E})$, et que $\operatorname{tang}\gamma\cos\Gamma$ est donné par le même nombre de termes correspondants $c\cos(gt + \mathfrak{E})$: de plus, ψ étant le mouvement rétrograde des équinoxes à partir de l'équinoxe fixe, on a $\Lambda = \Gamma + \psi$, ce qui donne

$$\operatorname{tang}\gamma\sin\Lambda = \operatorname{tang}\gamma\sin\Gamma\cos\psi + \operatorname{tang}\gamma\cos\Gamma\sin\psi.$$

En substituant $c\sin(gt + \mathfrak{E})$ au lieu de $\operatorname{tang}\gamma\sin\Gamma$, et $c\cos(gt + \mathfrak{E})$ au lieu de $\operatorname{tang}\gamma\cos\Gamma$, on aura

$$\operatorname{tang}\gamma\sin\Lambda = c\sin(gt + \mathfrak{E} + \psi).$$

On voit donc que, pour avoir $\operatorname{tang}\gamma\sin\Lambda$, il suffit d'augmenter les angles des différents termes de l'expression de $\operatorname{tang}\gamma\sin\Gamma$ de la quantité ψ. On peut même, en négligeant les quantités de l'ordre c^2, substituer pour ψ le moyen mouvement des équinoxes, et alors $\operatorname{tang}\gamma\sin\Lambda$ sera composé d'un nombre fini de termes de la forme $c\sin(ft + \mathfrak{E})$, qui ne diffèrent des termes de l'expression de $\operatorname{tang}\gamma\sin\Gamma$ qu'en ce que les angles gt sont augmentés du moyen mouvement des équinoxes. On trouvera de la même manière que $\operatorname{tang}\gamma\cos\Lambda$ sera composé du nombre correspondant des termes de la forme $c\cos(ft + \varepsilon)$; ainsi, en désignant par $\Sigma c\sin(ft + \varepsilon)$ la somme de tous les termes de l'expression de $\tang\gamma\sin\Lambda$, l'expression de $\tang\gamma\cos\Lambda$ sera $\Sigma c\cos(ft + \varepsilon)$, et ces quantités seront encore les expressions de $\gamma\sin\Lambda$ et de $\gamma\cos\Lambda$. On aura, cela posé, pour la partie de $\int P'dt$ dépendante de l'action du Soleil,

$$\int P'dt = - \frac{3m}{4} \sin\theta\cos 2v + \frac{3m^2}{2} \cos\theta\, \Sigma \frac{c}{f} \cos(ft + \varepsilon).$$

Considérons présentement l'action de la Lune. En désignant par L' sa masse, et par a' sa moyenne distance à la Terre; en nommant de plus, relativement à cet astre, m', v', Γ', e', Λ' et γ' ce que nous avons nommé m, v, Γ, e, Λ et γ relativement au Soleil, et faisant

$$\frac{L'}{a'^3} = \lambda m^2,$$

on trouvera, par l'analyse précédente,

$$\int P'dt = - \frac{3\lambda m^2}{4m} \sin\theta\cos 2v' - \frac{3\lambda m^2}{2} \cos\theta \int \gamma' dt \sin\Lambda'.$$

La fonction $\dfrac{XY}{r'^2}$ introduit encore dans l'intégrale $\int P'dt$ le terme

$$\frac{3m^2\lambda}{4} \sin\theta \int \gamma'^2 dt \sin 2\Lambda'.$$

Ce terme croit beaucoup par l'intégration; mais il est aisé de voir que, malgré cet accroissement, il reste encore insensible; en sorte que les seuls termes sensibles que l'action de la Lune introduit dans l'intégrale $\int P'dt$ et par conséquent dans la valeur de θ sont ceux auxquels nous avons eu égard. Quelques Astronomes ont introduit dans cette valeur une petite inégalité dépendante de la longitude du périgée de l'orbe lunaire; mais on voit par l'analyse précédente que cette inégalité n'a point lieu. Le moyen mouvement du périgée lunaire étant double à peu près du mouvement des nœuds de la Lune, un terme dépendant de l'angle $2\Lambda' + \Gamma'$ pourrait devenir sensible, quoique multiplié par $e'\gamma'^2$; mais l'analyse précédente nous montre qu'il n'existe point de terme semblable dans l'intégrale $\int \mathrm{P}'dt$.

Pour évaluer la fonction $\int \gamma' dt \sin \Lambda'$, nous observerons que, dans tous les changements qu'éprouve la position de l'orbe solaire, l'inclinaison moyenne de l'orbe lunaire sur son plan reste toujours la même, comme on le verra dans la Théorie de la Lune; or, en supposant ce satellite mû sur le plan même de l'orbe solaire, on a $\gamma' = \gamma$ et $\Lambda' = \Lambda$: on a donc, eu égard aux variations de l'orbe solaire,

$$\int \gamma' dt \sin \Lambda' = - \Sigma \frac{c}{f} \cos (ft + \xi).$$

Soit, de plus, c' la tangente de l'inclinaison moyenne de l'orbe de la Lune sur celui du Soleil, et $-f't - \xi'$ la longitude de son nœud ascendant sur cet orbe, comptée de l'équinoxe mobile du printemps; on aura, en vertu de cette inclinaison,

$$\int \gamma' dt \sin \Lambda' = \frac{c'}{f'} \cos (f't + \xi');$$

en réunissant donc ces deux termes, on aura, relativement à la Lune.

$$\int \gamma' dt \sin \Lambda' = \frac{c'}{f'} \cos (f't + \xi') - \Sigma \frac{c}{f} \cos (ft + \xi),$$

et l'on aura, par les actions réunies du Soleil et de la Lune,

$$\theta = h + \frac{3m}{4n} \cdot \frac{2\mathrm{C} - \mathrm{A} - \mathrm{B}}{\mathrm{C}} \left\{ \begin{array}{l} \frac{1}{2}\sin\theta \left(\cos 2v + \frac{\lambda m}{m} \cos 2v' \right) \\[2mm] - (1 + \lambda) m \cos\theta \, \Sigma \frac{c}{f} \cos (ft + \xi) \\[2mm] + \frac{\lambda m c'}{f'} \cos\theta \cos (f't + \xi') \end{array} \right\}.$$

6. Déterminons présentement la valeur de ψ, et pour cela reprenons la seconde des équations (11) du n° 4, en lui donnant cette forme

$$d\psi \sin\theta = \frac{2\mathrm{C} - \mathrm{A} - \mathrm{B}}{2 n \mathrm{C}} \, \mathrm{P} dt;$$

on a, par le numéro précédent, relativement au Soleil,

$$Y^2 - Z^2 = \frac{r^2}{2} \cos^4 \frac{\gamma}{2} (1 - \cos 2v) - \frac{r^2}{4} \sin^2 \gamma \left[\cos 2\Lambda - \cos(2v - 2\Lambda) \right]$$

$$- \frac{r^2}{2} \sin^2 \gamma \left[1 - \cos(2v - 2\Lambda) \right] + \frac{r^2}{2} \sin^4 \frac{\gamma}{2} \left[1 - \cos(2v - 4\Lambda) \right],$$

$$YZ = \frac{r^2}{4} \sin 2\gamma \cos \Lambda - \frac{r^2}{2} \sin \gamma \cos^2 \frac{\gamma}{2} \cos(2v - \Lambda)$$

$$+ \frac{r^2}{2} \sin \gamma \sin^2 \frac{\gamma}{2} \cos(2v - 3\Lambda);$$

on aura donc, par l'analyse du même numéro, en négligeant les carrés de e et de γ et les quantités qui restent insensibles après l'intégration,

$$P\,dt = \frac{3\,m^2}{2} dt \sin\theta \cos\theta - \frac{3\,m}{4} \sin\theta \cos\theta\, d \sin 2v$$

$$+ \frac{3\,m^2}{2} \gamma\, dt \cos\Lambda (\cos^2\theta - \sin^2\theta),$$

expression dans laquelle il faut substituer pour $\gamma \cos \Lambda$ sa valeur $\Sigma e \cos(ft + \varepsilon)$.

On trouvera, par la même analyse, que l'on a, relativement à la Lune,

$$P\,dt = \frac{3\lambda . m^2 dt}{2} \sin\theta \cos\theta - \frac{3\lambda . m^2}{4\,m'} \sin\theta \cos\theta\, d \sin 2v'$$

$$+ \frac{3\lambda . m^2 dt}{2} (\cos^2\theta - \sin^2\theta) \Sigma e \cos(ft + \varepsilon)$$

$$+ \frac{3\lambda . m^2 dt}{2} (\cos^2\theta - \sin^2\theta)\, e' \cos(f't + \varepsilon');$$

on aura par conséquent

$$\frac{d\gamma}{dt} = \frac{3\,m}{4\,n} \cdot \frac{2C - A - B}{C} \left\{ \begin{array}{l} (1 + \lambda)\, m \cos\theta - \dfrac{\cos\theta}{2\,dt} \left(d \sin 2v - \dfrac{\lambda . m}{m'} d \sin 2v' \right) \\[2mm] + (1 + \lambda)\, m \dfrac{\cos^2\theta - \sin^2\theta}{\sin\theta} \Sigma e \cos(ft + \varepsilon) \\[2mm] + \lambda . m \dfrac{\cos^2\theta - \sin^2\theta}{\sin\theta}\, e' \cos(f't + \varepsilon') \end{array} \right\}.$$

Pour intégrer cette équation, nous observerons que la valeur de θ n'est pas constante, et que ses variations séculaires deviennent sensibles par l'intégration dans le premier terme de cette expression de $\frac{d\psi}{dt}$; or la seule partie de la valeur de θ qui puisse acquérir une valeur un peu grande par la suite des siècles est celle-ci

$$- \frac{3m^2}{4n} \cdot \frac{2C - A - B}{C} (1 + \lambda) \cos\theta \, \Sigma \frac{c}{f} \cos(ft + \delta);$$

c'est donc la seule à laquelle il soit nécessaire d'avoir égard : ainsi, en faisant, pour abréger,

$$\frac{3m^2}{4n} \cdot \frac{2C - A - B}{C} (1 + \lambda) \cos h = l,$$

le premier terme de l'expression de $\frac{d\psi}{dt}$ deviendra, en négligeant les quantités de l'ordre c^2,

$$l + l^2 \tang h \, \Sigma \frac{c}{f} \cos(ft + \delta).$$

Il est inutile d'avoir égard à la variabilité de θ dans les autres termes de cette expression, qui donne, après l'avoir intégrée,

$$\psi = lt - \zeta - \Sigma \left[\left(\frac{l}{f} - 1 \right) \tang h + \cot h \right] \frac{lc}{f} \sin(ft + \delta) - \frac{l}{2m(1 + \lambda)} \sin 2v$$
$$- \frac{l\lambda}{2m'(1 + \lambda)} \sin 2v' + \frac{l\lambda}{(1 + \lambda)f'} \cdot \frac{\cos^2 h - \sin^2 h}{\sin h \cos h} c' \sin(f't + \delta'),$$

ζ étant une constante arbitraire.

L'expression de θ du numéro précédent peut être mise sous cette forme

$$\theta = h - \Sigma \frac{lc}{f} \cos(ft + \delta) + \frac{l\lambda}{(1 + \lambda)f'} c' \cos(f't + \delta')$$
$$+ \frac{l \tang h}{2m(1 + \lambda)} \left(\cos 2v + \frac{m}{m'} \lambda \cos 2v' \right).$$

En réunissant ces valeurs de ψ et de θ avec celle-ci $p = n$, on aura tout ce qui est nécessaire pour déterminer à chaque instant les mouvements de la Terre autour de son centre de gravité.

7. Les valeurs de ψ et de θ sont relatives à un plan fixe; pour avoir ces valeurs par rapport à l'écliptique vraie, considérons le triangle sphérique formé par l'écliptique fixe, par l'écliptique vraie et par l'équateur. Il est aisé de voir que la différence des deux arcs interceptés entre l'équateur et le nœud ascendant de l'orbe solaire, dans ce triangle, est à très-peu près égale au produit de $\cot\theta$ par l'inclinaison de l'orbe solaire à l'écliptique fixe et par le sinus de la longitude de son nœud; cette différence est donc égale à $\cot\theta\,\Sigma c\sin(ft+6)$; or, si l'on nomme ψ' la distance de l'intersection de l'écliptique vraie et de l'équateur à l'origine invariable d'où l'on compte l'angle ψ sur le plan fixe, on aura, à très-peu près, $\psi-\psi'$ pour cette différence; on aura donc

$$\psi-\psi'=\cot\theta\,\Sigma c\sin(ft+6),$$

d'où l'on tire

$$\begin{aligned}\psi' = {} & lt+\zeta+\Sigma\left(1+\frac{l}{f}\operatorname{tang}^2 h\right)\frac{l-f}{f}\cot h.c\sin(ft+6)\\ & +\frac{l\lambda}{(1+\lambda)f'}\,\frac{\cos^2 h-\sin^2 h}{\sin h\cos h}\,c'\sin(f't+6')-\frac{l}{2m(1+\lambda)}\sin 2v\\ & -\frac{l\lambda}{2m'(1+\lambda)}\sin 2v'.\end{aligned}$$

Si l'on nomme ensuite θ' l'inclinaison de l'écliptique vraie sur l'équateur, on trouvera facilement, en considérant le triangle sphérique précédent, et en observant que $\theta'-\theta$ est fort petit,

$$\theta'-\theta=\Sigma c\cos(ft+6);$$

on aura par conséquent

$$\begin{aligned}\theta' = {} & h+\Sigma\frac{f-l}{f}c\cos(ft+6)+\frac{l\lambda}{(1+\lambda)f'}c'\cos(f't+6')\\ & +\frac{l\operatorname{tang} h}{2m(1+\lambda)}\left(\cos 2v+\frac{m}{m'}\lambda\cos 2v'\right).\end{aligned}$$

La partie $\Sigma\frac{f-l}{f}c\cos(ft+6)$ de cette expression donne la variation séculaire de l'obliquité de l'écliptique vraie sur l'équateur. Si la Terre

était sphérique, il n'y aurait point de précession en vertu de l'action
du Soleil et de la Lune ; on aurait ainsi $l = 0$, et la variation séculaire
de l'obliquité de l'écliptique vraie serait $\Sigma c \cos(ft + \zeta)$. On voit donc
que l'action du Soleil et de la Lune sur le sphéroïde terrestre change
considérablement les lois de cette variation, qui deviendrait même
presque nulle, si le mouvement de précession dû à cette action était
très-rapide relativement au mouvement de l'orbe solaire ; car ce dernier mouvement dépend, par le n° 5, des angles $(f - l)t$, dans lesquels les coefficients $f - l$ seraient alors très-petits par rapport à l et
à f, en sorte que la fonction $\Sigma \frac{f - l}{f} c \cos(ft + \zeta)$ deviendrait presque
insensible. Dans les suppositions les plus vraisemblables sur les masses
des planètes, l'étendue entière de la variation de l'obliquité de l'écliptique est réduite, par l'action du Soleil et de la Lune sur le sphéroïde
terrestre, à peu près au quart de la valeur qu'elle aurait sans cette
action ; mais cette différence ne se manifeste qu'après deux ou trois
siècles.

Pour le faire voir, développons la fonction $\Sigma \frac{f - l}{f} c \cos(ft + \zeta)$ par
rapport aux puissances du temps ; elle devient, en négligeant les termes
au delà de sa première puissance,

$$\Sigma \frac{f - l}{f} c \cos\zeta - t \Sigma (f - l) c \sin\zeta.$$

Le coefficient $f - l$ est, comme on l'a vu, le même pour la Terre supposée sphérique que pour le cas où elle diffère de la sphère ; la variation séculaire de l'obliquité de l'écliptique est donc la même pour ces
deux cas, dans les temps voisins de l'époque.

La fonction $\Sigma \left(1 + \frac{l}{f} \tan g^2 h\right)(l - f) \cot h . c \cos(ft + \zeta)$ de l'expression de $\frac{d\psi'}{dt}$ donne la diminution de l'année moyenne, en réduisant
cette fonction en temps, à raison de la circonférence entière pour une
année. La diminution qui aurait lieu par le seul mouvement de l'éclip-

tique, et en faisant abstraction de l'action du Soleil et de la Lune sur
le sphéroïde terrestre, serait

$$\Sigma(1-f)\cot h.c\cos(ft+\delta);$$

cette action change donc encore l'étendue de la variation de l'année,
et la réduit à peu près au quart de la valeur qu'elle aurait sans cette
action.

8. Considérons présentement l'influence de cette action sur la durée
du jour moyen. Nous observerons d'abord que l'axe instantané de rotation ne s'écarte jamais du troisième axe principal que d'une quantité
insensible; on a vu, dans le n° **28** du Livre I, que le sinus de l'angle
formé par ces deux axes est égal à $\dfrac{\sqrt{q^2+r^2}}{\sqrt{p^2+q^2+r^2}}$; or il est visible, par
ce qui précède, que q et r sont insensibles, et qu'ils n'ont d'influence
sensible sur les valeurs de θ et de ψ que par les intégrations; on peut
donc toujours confondre l'axe instantané de rotation de la Terre avec
son troisième axe principal, et ses pôles de rotation répondent toujours à très-peu près aux mêmes points de sa surface.

Déterminons le mouvement de rotation de la Terre autour de
son troisième axe principal. Il est aisé de voir que, p étant égal à
$\dfrac{d\varphi}{dt}-\dfrac{d\psi}{dt}\cos\theta$, il exprime ce mouvement. Si dans les équations (G)
du n° 4 on suppose $A=B$, ce qui a lieu lorsque la Terre est un sphé-
roïde de révolution, la première de ces équations donne $dp=$ o, et
par conséquent p égal à une constante n; mais ces équations n'étant
qu'approchées relativement à l'action de l'astre L, nous allons prouver
que l'équation $p=n$ a encore lieu, en ayant égard à tous les termes
dus à cette action.

Si, comme dans le n° 2, on prend pour le plan des x et des y celui
de l'équateur, la première des équations (D) du n° 1 deviendra

$$dp=\frac{dN}{c},$$

et l'on a, par le n° 3,

$$\frac{dN}{dt} = \int dm \left(y \, \frac{\partial V}{\partial x} - x \, \frac{\partial V}{\partial y} \right).$$

Soit

$$V' = \int \frac{L\,dm}{\sqrt{(x'-x)^2 + (y'-y)^2 + (z'-z)^2}};$$

on aura, par le n° 3, en observant que, par la nature du centre de gravité, $\int x'dm = 0$, $\int y'dm = 0$, $\int z'dm = 0$,

$$\frac{dN}{dt} = y \, \frac{\partial V'}{\partial x} - x \, \frac{\partial V'}{\partial y}.$$

V' étant le produit de L par la somme de toutes les molécules du sphéroïde terrestre divisées respectivement par leurs distances à L, il est clair que, ce sphéroïde étant supposé de révolution, V' est le même lorsque z et $\sqrt{x^2 + y^2}$ sont les mêmes; V' est donc fonction de ces deux quantités, ce qui donne $\frac{dN}{dt} = 0$, et par conséquent $dp = 0$, ou $p = n$. Voilà donc un cas fort étendu dans lequel le mouvement de rotation de la Terre autour de son troisième axe est rigoureusement uniforme.

Dans le cas général où les trois moments principaux d'inertie sont inégaux, le terme $\frac{B-A}{C} qr\,dt$ de la première des équations (G) du n° 4 est insensible, même après sa double intégration, dans l'expression de $\int p\,dt$, qui représente le mouvement de rotation de la Terre, après un temps quelconque. En effet, on a vu, dans le n° 4, que les valeurs de q et de r ne renferment point de très-petits diviseurs, qui ne sont introduits dans les expressions de θ et de ψ que par les intégrations; q et r sont donc de l'ordre lc, en n'ayant égard qu'aux très-petits angles dépendants des variations séculaires de l'orbe terrestre, et le terme $\frac{B-A}{C} qr$ est de l'ordre $l^2 c^2 \frac{B-A}{C}$. La double intégration peut lui donner un diviseur de l'ordre l^2, et alors il sera de l'ordre $\frac{B-A}{C} c^2$, et par conséquent insensible.

43.

Si, dans le second membre de la première des équations (G), on substitue, au lieu de θ, φ et ψ, leurs valeurs données par une première approximation, il suffira de n'avoir égard qu'aux termes de ces valeurs qui ont de très-petits diviseurs, et qui sont de la forme $\frac{llc}{f} \frac{\sin}{\cos} (ft + \varepsilon)$, f étant un très-petit coefficient du même ordre que l. Mais ces termes, substitués dans le second membre de la première des équations (G), s'y trouvent multipliés par le sinus ou le cosinus de 2φ et par l; ainsi, après leur double intégration dans l'expression de $\int p\, dt$, ils restent encore insensibles. On voit donc que, dans le cas même où les trois moments A, B, C sont inégaux, le mouvement de rotation de la Terre peut toujours être supposé uniforme, ou, ce qui revient au même, p peut toujours être supposé égal à une constante n.

9. C'est ici le lieu de discuter les variations du jour que les Astronomes nomment *jour moyen*. Le moyen mouvement sidéral de la Terre dans son orbite est uniforme, comme nous l'avons démontré dans le n° 54 du Livre II. Si l'on conçoit sur cette orbite un second Soleil dont le mouvement et l'époque soient les mêmes que le moyen mouvement et l'époque du moyen mouvement du vrai Soleil; si l'on conçoit de plus, dans le plan de l'équateur, un troisième Soleil, mû de manière qu'il coïncide avec le second Soleil toutes les fois que celui-ci passe par l'équinoxe du printemps, et que sa distance à cet équinoxe soit toujours égale à la longitude moyenne du Soleil; l'intervalle de deux retours consécutifs de ce troisième Soleil au méridien sera ce que l'on appelle *jour moyen*. Si le mouvement de l'équinoxe sur l'écliptique vraie était uniforme, et si l'inclinaison de cette écliptique à l'équateur était constante, le troisième Soleil se mouvrait toujours uniformément sur l'équateur; mais les variations séculaires du mouvement des équinoxes et de l'obliquité de l'écliptique introduisent dans le mouvement de ce troisième Soleil de petites inégalités séculaires que nous allons déterminer.

On a vu, dans le numéro précédent, que la vitesse de rotation de la Terre peut être supposée égale à une constante n, et que son axe instantané de rotation ne s'écarte jamais du troisième axe principal que d'une quantité insensible. Soit donc s la vitesse angulaire du troisième Soleil, que nous concevons mû dans le plan de l'équateur, et v sa distance à l'équinoxe du printemps rapporté à l'écliptique fixe; $n - s$ sera la vitesse angulaire du premier axe principal de la Terre relativement à ce Soleil, et l'on aura

$$d\varphi - dv = (n - s)\,dt.$$

Mais on a, par le n° 4,

$$d\varphi = n\,dt + d\psi \cos\theta;$$

on aura donc

$$dv = s\,dt + d\psi \cos\theta.$$

Soit v' la distance angulaire du troisième Soleil à l'équinoxe réel, c'est-à-dire à l'intersection de l'équateur avec l'écliptique vraie. Il est aisé de voir, par le n° 7, que $v - v'$ est égal à $\dfrac{\psi - \psi'}{\cos\theta}$, et par conséquent égal à $\dfrac{\Sigma c \sin(ft + \theta)}{\sin\theta}$, ce qui donne

$$dv' = s\,dt + d\psi \cos\theta - dt\,\frac{\Sigma cf \cos(ft + \theta)}{\sin\theta}.$$

Soit gt le mouvement sidéral du second Soleil sur l'écliptique vraie: $g + \dfrac{d\psi'}{dt}$ sera sa vitesse angulaire relativement à l'équinoxe réel; mais on a, par le n° 7,

$$\frac{d\psi'}{dt} = \frac{d\psi}{dt} - \cot\theta.\Sigma cf \cos(ft + \theta);$$

cette vitesse est donc égale à

$$g + \frac{d\psi}{dt} - \cot\theta.\Sigma cf \cos(ft + \theta);$$

elle doit être égale à $\dfrac{dv'}{dt}$; on pourra donc, au moyen de cette égalité, déterminer s, et l'on aura

$$s = g + (1 - \cos\theta)\frac{d\psi}{dt} + \frac{1 - \cos\theta}{\sin\theta}\,\Sigma cf\cos(ft + \epsilon).$$

En substituant pour $d\psi$ et θ leurs valeurs précédentes, on aura

$$s = g + l(1 - \cos h) - \sin h\,.\,\Sigma\frac{l^2 c}{f}\cos(ft + \epsilon)$$
$$+ (1 - \cos h)\Sigma\left[\left(\frac{l^2}{f} - l\right)\tan g\,h + l\cot h\right]c\cos(ft + \epsilon)$$
$$+ \frac{1 - \cos h}{\sin h}\,\Sigma cf\cos(ft + \epsilon).$$

Le temps exprimé en jours moyens est égal à $\int s\,dt$; on aura donc, pour l'équation de ce temps,

$$-\sin h\,.\,\Sigma\frac{l^2 c}{f^2}\sin(ft + \epsilon)$$
$$+ (1 - \cos h)\Sigma\left[\left(\frac{l^2}{f^2} - \frac{l}{f}\right)\tan g\,h + \frac{l}{f}\cot h\right]c\sin(ft + \epsilon)$$
$$+ \frac{1 - \cos h}{\sin h}\,\Sigma c\sin(ft + \epsilon).$$

Cette équation réduite en temps, à raison de la circonférence entière pour un jour, ne s'élevant qu'à quelques minutes dans une période de plusieurs millions d'années, sa considération est inutile aux Astronomes.

10. L'analyse des numéros précédents suppose la Terre entièrement solide; mais elle est recouverte en grande partie d'un fluide, dont les oscillations peuvent influer sur les mouvements de l'axe terrestre; il importe donc d'examiner cette influence, et de voir si les résultats que nous venons de trouver n'en sont point altérés. Pour cela, il faut déterminer ce que l'action de l'océan sur le sphéroïde qu'il recouvre ajoute aux valeurs de dN, dN' et dN'' du n° 1. On a vu, dans le n° 25 du Livre I, que, P, Q, R étant les forces dont la molécule dm du sphé-

roïde terrestre est animée parallèlement aux axes des x', des y' et des z', et en sens contraire de leur origine, on a

$$\frac{dN}{dt} = f(Qx' - Py')\,dm,$$

$$\frac{dN'}{dt} = f(Rx' - Pz')\,dm,$$

$$\frac{dN''}{dt} = f(Ry' - Qz')\,dm.$$

Voyons quelles sont les quantités que l'action de l'océan introduit dans ces expressions. Ce fluide agit sur le sphéroïde terrestre par sa pression et par son attraction; considérons séparément ces deux effets. Nous supposerons, pour plus de simplicité, que le plan des x' et des y' est le plan même de l'équateur, ainsi que nous l'avons supposé dans le n° 3.

Dans le cas de l'équilibre, la pression et l'attraction de l'océan ne produisent aucun mouvement dans l'axe de rotation de la Terre; il ne faut donc avoir égard qu'à l'action de la couche d'eau qui, par les attractions du Soleil et de la Lune, se dispose sur la surface d'équilibre qui terminerait l'océan sans ces attractions. Représentons par αy l'épaisseur de cette couche, et prenons pour unité de densité celle de la mer, et pour unité de distance le rayon moyen du sphéroïde terrestre: nous aurons ainsi à considérer l'action d'une couche aqueuse dont le rayon intérieur est l'unité, et dont le rayon extérieur est $1 + \alpha y$. Si l'on nomme g la pesanteur, la pression d'une colonne de cette couche sera le produit de $\alpha g y$ par la base de cette colonne; ce sera, par le n° 36 du Livre I, l'excès de la pression dans l'état de mouvement du fluide sur sa pression dans l'état d'équilibre.

Soit R le rayon mené du centre de gravité de la Terre au point de la surface du sphéroïde que cette colonne presse; soit μ le cosinus de l'angle que le rayon R forme avec l'axe de rotation, et ϖ l'angle que le plan mené par cet axe et par R forme avec l'axe des x'. Soit enfin $u = 0$ l'équation de la surface du sphéroïde que recouvre la mer.

u étant fonction des coordonnées x', y', z' qui déterminent la position du point dont il s'agit; on aura

$$x' = R\sqrt{1 - \mu^2}\cos\varpi,$$

$$y' = R\sqrt{1 - \mu^2}\sin\varpi,$$

$$z' = R\mu.$$

La base de la petite colonne que nous venons de considérer peut être supposée égale à $R^2 d\mu.d\varpi$; la pression de cette colonne est donc $\alpha g y R^2 d\mu.d\varpi$. Cette pression est perpendiculaire à la surface du sphéroïde; en la décomposant en trois forces parallèles aux axes des x', des y' et des z', et supposées tendre à augmenter ces coordonnées, on aura pour ces forces, par le n° 3 du Livre I,

$$-\frac{\alpha g y R^2 d\mu.d\varpi}{f}\frac{\partial u}{\partial x'}, \qquad -\frac{\alpha g y R^2 d\mu.d\varpi}{f}\frac{\partial u}{\partial y'}, \qquad -\frac{\alpha g y R^2 d\mu.d\varpi}{f}\frac{\partial u}{\partial z'},$$

f étant égal à $\sqrt{\left(\dfrac{\partial u}{\partial x'}\right)^2 + \left(\dfrac{\partial u}{\partial y'}\right)^2 + \left(\dfrac{\partial u}{\partial z'}\right)^2}$. L'équation à la surface du sphéroïde est de cette forme

$$x'^2 + y'^2 + z'^2 = 1 + \alpha q,$$

q étant une fonction très-petite de x', y', z', dont nous négligerons le carré; on a donc

$$u = x'^2 + y'^2 + z'^2 - 1 - \alpha q,$$

ce qui change les expressions des trois forces précédentes dans celles-ci

$$-\frac{2\alpha g y R^2 d\mu.d\varpi}{f}\left(x' - \frac{\partial q}{\partial x'}\right),$$

$$-\frac{2\alpha g y R^2 d\mu.d\varpi}{f}\left(y' - \frac{\partial q}{\partial y'}\right),$$

$$-\frac{2\alpha g y R^2 d\mu.d\varpi}{f}\left(z' - \frac{\partial q}{\partial z'}\right);$$

on aura ainsi, en n'ayant égard qu'à ces forces,

$$\frac{dN}{dt} = \int\int \frac{2\alpha g y\, R^2\, d\mu\, d\varpi}{f}\left(x'\frac{\partial q}{\partial y'} - y'\frac{\partial q}{\partial x'}\right),$$

$$\frac{dN'}{dt} = \int\int \frac{2\alpha g y\, R^2\, d\mu\, d\varpi}{f}\left(x'\frac{\partial q}{\partial z'} - z'\frac{\partial q}{\partial x'}\right),$$

$$\frac{dN''}{dt} = \int\int \frac{2\alpha g y\, R^2\, d\mu\, d\varpi}{f}\left(y'\frac{\partial q}{\partial z'} - z'\frac{\partial q}{\partial y'}\right).$$

Rapportons les différences particlles $\frac{\partial q}{\partial x'}$, $\frac{\partial q}{\partial y'}$ et $\frac{\partial q}{\partial z'}$ aux variables R, μ et ϖ. Pour cela, nous observerons que l'on a

$$R = \sqrt{x'^2 + y'^2 + z'^2}, \qquad \tan g\varpi = \frac{y'}{x'}, \qquad \mu = \frac{z'}{R},$$

d'où il est facile de conclure

$$\frac{\partial q}{\partial x'} = \sqrt{1-\mu^2}\cos\varpi\,\frac{\partial q}{\partial R} - \frac{\sin\varpi}{R\sqrt{1-\mu^2}}\frac{\partial q}{\partial\varpi} - \frac{\mu\sqrt{1-\mu^2}\cos\varpi}{R}\frac{\partial q}{\partial\mu},$$

$$\frac{\partial q}{\partial y'} = \sqrt{1-\mu^2}\sin\varpi\,\frac{\partial q}{\partial R} + \frac{\cos\varpi}{R\sqrt{1-\mu^2}}\frac{\partial q}{\partial\varpi} - \frac{\mu\sqrt{1-\mu^2}\sin\varpi}{R}\frac{\partial q}{\partial\mu},$$

$$\frac{\partial q}{\partial z'} = \mu\frac{\partial q}{\partial R} + \frac{1-\mu^2}{R}\frac{\partial q}{\partial\mu};$$

on aura ainsi, en observant que, dans les valeurs de $\frac{dN}{dt}$, $\frac{dN'}{dt}$, $\frac{dN''}{dt}$, on peut, en négligeant le carré de q, supposer $R = 1$ et $f = 2$,

$$\frac{dN}{dt} = \int\int \alpha g y\, d\mu\, d\varpi\,\frac{\partial q}{\partial\varpi},$$

$$\frac{dN'}{dt} = \int\int \alpha g y\, d\mu\, d\varpi\left(\sqrt{1-\mu^2}\cos\varpi\,\frac{\partial q}{\partial\mu} + \frac{\mu\sin\varpi}{\sqrt{1-\mu^2}}\frac{\partial q}{\partial\varpi}\right),$$

$$\frac{dN''}{dt} = \int\int \alpha g y\, d\mu\, d\varpi\left(\sqrt{1-\mu^2}\sin\varpi\,\frac{\partial q}{\partial\mu} - \frac{\mu\cos\varpi}{\sqrt{1-\mu^2}}\frac{\partial q}{\partial\varpi}\right).$$

Déterminons présentement les valeurs de $\frac{dN}{dt}$, $\frac{dN'}{dt}$ et $\frac{dN''}{dt}$ relatives à l'attraction de la couche aqueuse sur le sphéroïde terrestre. Il est clair que, si ce sphéroïde et l'océan qui le recouvre formaient une masse solide, il n'y aurait aucun mouvement dans cette masse en vertu de l'attraction de toutes ses parties; l'effet de l'attraction de la couche aqueuse sur l'océan, ajouté à l'effet de son attraction sur le sphéroïde terrestre, est donc égal et d'un signe contraire à l'effet de l'attraction de la Terre entière sur la couche aqueuse; d'où il suit que l'effet de l'attraction de cette couche sur le sphéroïde terrestre est égal à la somme des effets de l'attraction de la Terre entière sur la couche, et de l'attraction de la couche sur l'océan, cette somme étant prise avec un signe contraire.

La résultante de l'attraction de la Terre entière sur la petite colonne $x\,y\,d\mu\,d\varpi$ de la couche aqueuse et de la force centrifuge est perpendiculaire à la surface d'équilibre de la mer; on aura donc l'attraction de la Terre entière sur cette colonne, en la concevant animée de cette résultante et de la force centrifuge prise avec un signe contraire. La première de ces deux forces est la pesanteur g, qui doit être multipliée par la masse $x\,y\,d\mu\,d\varpi$ de la molécule; en supposant donc que l'équation de la surface d'équilibre de la mer soit

$$x'^2 + y'^2 + z'^2 = 1 + 2q',$$

on aura, par ce qui précède, les parties de $\dfrac{dN}{dt}$, $\dfrac{dN'}{dt}$ et $\dfrac{dN''}{dt}$ relatives à cette force, en changeant, dans les expressions précédentes de ces quantités, q en q'. Il faut de plus, comme on vient de le dire, les prendre avec un signe contraire; en les réunissant ainsi aux expressions précédentes, et observant que $q' - q$ exprime la profondeur de la mer, que nous supposons très-petite et que nous représenterons par γ, on aura

$$\frac{dN}{dt} = -\int\int x g y \, d\mu \, d\varpi \, \frac{\partial\gamma}{\partial\varpi},$$

$$\frac{dN'}{dt} = -\int\int x g y \, d\mu \, d\varpi \left(\sqrt{1-\mu^2}\cos\varpi \, \frac{\partial\gamma}{\partial\mu} + \frac{\mu\sin\varpi}{\sqrt{1-\mu^2}} \, \frac{\partial\gamma}{\partial\varpi} \right).$$

$$\frac{dN''}{dt} = -\int\int x g y \, d\mu \, d\varpi \left(\sqrt{1-\mu^2}\sin\varpi \, \frac{\partial\gamma}{\partial\mu} - \frac{\mu\cos\varpi}{\sqrt{1-\mu^2}} \, \frac{\partial\gamma}{\partial\varpi} \right).$$

Il faut maintenant considérer l'effet de la force centrifuge prise avec un signe contraire, et le retrancher de ces valeurs, ce qui revient à leur ajouter l'effet de la force centrifuge. Si l'on désigne par n la vitesse de rotation de la Terre, la force centrifuge de la petite colonne $\alpha y\, d\mu.d\varpi$ sera $n^2\sqrt{1-\mu^2}$; en la multipliant par la masse de la colonne, on aura $\alpha n^2 y\, d\mu.d\varpi\sqrt{1-\mu^2}$ pour la force entière. Cette force est dirigée suivant le rayon du parallèle terrestre; en la décomposant en deux, l'une parallèle aux x' et l'autre parallèle aux y', on aura $\alpha n^2 y\, d\mu.d\varpi\sqrt{1-\mu^2}\cos\varpi$ pour la première, et $\alpha n^2 y\, d\mu.d\varpi\sqrt{1-\mu^2}\sin\varpi$ pour la seconde; on aura donc, pour les parties de $\dfrac{dN}{dt}$, $\dfrac{dN'}{dt}$ et $\dfrac{dN''}{dt}$ relatives à la force centrifuge,

$$\frac{dN}{dt} = 0,$$

$$\frac{dN'}{dt} = -\int\int \alpha n^2 y\, d\mu.d\varpi\,.\,\mu\sqrt{1-\mu^2}\cos\varpi,$$

$$\frac{dN''}{dt} = -\int\int \alpha n^2 y\, d\mu.d\varpi\,.\,\mu\sqrt{1-\mu^2}\sin\varpi.$$

Il nous reste à déterminer l'effet de l'attraction de la couche aqueuse sur l'océan. Pour cela, représentons par αU la somme des molécules de cette couche, divisées par leurs distances respectives à une molécule de l'océan, déterminée soit par les quantités R, μ et ϖ, soit par les coordonnées x', y', z'; $\alpha\dfrac{\partial U}{\partial x'}$, $\alpha\dfrac{\partial U}{\partial y'}$ et $\alpha\dfrac{\partial U}{\partial z'}$ seront les attractions de la couche sur cette molécule parallèlement à ces coordonnées, ces attractions tendant à les augmenter. La masse de la molécule est $R^2 dR\, d\mu.d\varpi$; on aura donc, pour les parties de $\dfrac{dN}{dt}$, $\dfrac{dN'}{dt}$, $\dfrac{dN''}{dt}$ relatives à l'attraction de la couche aqueuse sur l'océan,

$$\int\int\int \alpha R^2\, dR\, d\mu\, d\varpi\left(x'\frac{\partial U}{\partial y'} - y'\frac{\partial U}{\partial x'}\right),$$

$$\int\int\int \alpha R^2\, dR\, d\mu\, d\varpi\left(x'\frac{\partial U}{\partial z'} - z'\frac{\partial U}{\partial x'}\right),$$

$$\int\int\int \alpha R^2\, dR\, d\mu\, d\varpi\left(y'\frac{\partial U}{\partial z'} - z'\frac{\partial U}{\partial y'}\right).$$

Pour intégrer ces fonctions relativement à R, nous observerons que, la profondeur de la mer étant supposée très-petite, on peut supposer $R = 1$ et $\int R^2 dR = \gamma$. Si, de plus, on change les différences partielles $\frac{\partial U}{\partial x}$, $\frac{\partial U}{\partial y}$ et $\frac{\partial U}{\partial z}$ en d'autres relatives aux variables R, ϖ et μ. les fonctions précédentes deviendront, en les prenant avec un signe contraire,

$$- \int\int \alpha\gamma\, d\mu\, d\varpi\, \frac{\partial U}{\partial\varpi},$$

$$- \int\int \alpha\gamma\, d\mu\, d\varpi\left(\sqrt{1-\mu^2}\cos\varpi\, \frac{\partial U}{\partial\mu} + \frac{\mu\sin\varpi}{\sqrt{1-\mu^2}}\, \frac{\partial U}{\partial\varpi} \right),$$

$$- \int\int \alpha\gamma\, d\mu\, d\varpi\left(\sqrt{1-\mu^2}\sin\varpi\, \frac{\partial U}{\partial\mu} - \frac{\mu\cos\varpi}{\sqrt{1-\mu^2}}\, \frac{\partial U}{\partial\varpi} \right).$$

Si l'on réunit ces valeurs aux expressions partielles de $\frac{dN}{dt}$, $\frac{dN'}{dt}$ et $\frac{dN''}{dt}$ trouvées ci-dessus, on aura, pour les expressions entières de ces quantités relatives à l'attraction et à la pression de l'océan sur le sphéroïde terrestre,

$$\frac{dN}{dt} = - \int\int \alpha g\gamma\, d\mu\, d\varpi\, \frac{\partial\gamma}{\partial\varpi} - \int\int \alpha\gamma\, d\mu\, d\varpi\, \frac{\partial U}{\partial\varpi},$$

$$\frac{dN'}{dt} = - \int\int \alpha g\gamma\, d\mu\, d\varpi\left(\sqrt{1-\mu^2}\cos\varpi\, \frac{\partial\gamma}{\partial\mu} + \frac{\mu\sin\varpi}{\sqrt{1-\mu^2}}\, \frac{\partial\gamma}{\partial\varpi} \right)$$
$$\qquad - \int\int \alpha\gamma\, d\mu\, d\varpi\left(\sqrt{1-\mu^2}\cos\varpi\, \frac{\partial U}{\partial\mu} + \frac{\mu\sin\varpi}{\sqrt{1-\mu^2}}\, \frac{\partial U}{\partial\varpi} \right)$$
$$\qquad - \int\int \alpha n^2\gamma\, d\mu\, d\varpi.\mu\, \sqrt{1-\mu^2}\, \cos\varpi,$$

$$\frac{dN''}{dt} = - \int\int \alpha g\gamma\, d\mu\, d\varpi\left(\sqrt{1-\mu^2}\sin\varpi\, \frac{\partial\gamma}{\partial\mu} - \frac{\mu\cos\varpi}{\sqrt{1-\mu^2}}\, \frac{\partial\gamma}{\partial\varpi} \right)$$
$$\qquad - \int\int \alpha\gamma\, d\mu\, d\varpi\left(\sqrt{1-\mu^2}\sin\varpi\, \frac{\partial U}{\partial\mu} - \frac{\mu\cos\varpi}{\sqrt{1-\mu^2}}\, \frac{\partial U}{\partial\varpi} \right)$$
$$\qquad - \int\int \alpha n^2\gamma\, d\mu\, d\varpi.\mu\, \sqrt{1-\mu^2}\, \sin\varpi.$$

Les intégrales précédentes doivent être prises depuis $\mu = -1$ jusqu'à $\mu = 1$, et depuis $\varpi = 0$ jusqu'à ϖ égal à quatre angles droits. En intégrant par rapport à ϖ, on a

$$\int \alpha g y\, d\varpi\, \frac{\partial \gamma}{\partial \varpi} = \alpha g y \gamma - \int \alpha g \gamma\, d\varpi\, \frac{\partial y}{\partial \varpi} + \text{const.};$$

or il est clair qu'aux deux limites de l'intégrale, où $\varpi = 0$ et ϖ est égal à quatre angles droits, la fonction $\alpha g y \gamma$ est la même, puisque ces deux limites appartiennent au même point de la surface du sphéroïde; on a donc $\alpha g y \gamma + \text{const.} = 0$, et par conséquent

$$\int\int \alpha g y\, d\mu\, d\varpi\, \frac{\partial \gamma}{\partial \varpi} = -\int\int \alpha g \gamma\, d\mu\, d\varpi\, \frac{\partial y}{\partial \varpi}.$$

En intégrant par rapport à μ, on a

$$\int \alpha g y\, d\mu\, \frac{\partial \gamma}{\partial \mu} \sqrt{1-\mu^2}\, \sin\varpi = \alpha g y \gamma \sqrt{1-\mu^2}\, \sin\varpi + \int \alpha g y \gamma\, \frac{\mu\, d\mu\, \sin\varpi}{\sqrt{1-\mu^2}}$$
$$- \int \alpha g \gamma\, d\mu\, \frac{\partial y}{\partial \mu} \sqrt{1-\mu^2}\, \sin\varpi + \text{const.}$$

L'intégrale doit être prise depuis $\mu = -1$ jusqu'à $\mu = 1$; or y et γ ne sont jamais infinis; ainsi, le radical $\sqrt{1-\mu^2}$ étant nul à ces limites, on a à ces mêmes limites

$$\alpha g y \gamma \sqrt{1-\mu^2}\, \sin\varpi + \text{const.} = 0,$$

et, par conséquent,

$$\int\int \alpha g y\, d\mu\, d\varpi\, \frac{\partial \gamma}{\partial \mu} \sqrt{1-\mu^2}\, \sin\varpi = \int\int \alpha g y \gamma\, \frac{\mu\, d\mu\, d\varpi\, \sin\varpi}{\sqrt{1-\mu^2}}$$
$$- \int\int \alpha g \gamma\, d\mu\, d\varpi\, \frac{\partial y}{\partial \mu} \sqrt{1-\mu^2}\, \sin\varpi.$$

On trouve encore, en intégrant par rapport à ϖ,

$$\int\int \alpha g y\, d\mu\, d\varpi\, \frac{\mu \cos\varpi}{\sqrt{1-\mu^2}}\, \frac{\partial \gamma}{\partial \varpi} = -\int\int \alpha g \gamma\, d\mu\, d\varpi\, \frac{\mu \cos\varpi}{\sqrt{1-\mu^2}}\, \frac{\partial y}{\partial \varpi}$$
$$+ \int\int \alpha g y \gamma\, d\mu\, d\varpi\, \frac{\mu \sin\varpi}{\sqrt{1-\mu^2}};$$

on aura donc

$$\int\int \alpha g y \, d\mu \, d\varpi \left(\sqrt{1-\mu^2} \sin \varpi \frac{\partial \gamma}{\partial \mu} - \frac{\mu \cos \varpi}{\sqrt{1-\mu^2}} \frac{\partial \gamma}{\partial \varpi} \right)$$

$$= - \int\int \alpha g \gamma \, d\mu \, d\varpi \left(\sqrt{1-\mu^2} \sin \varpi \frac{\partial y}{\partial \mu} - \frac{\mu \cos \varpi}{\sqrt{1-\mu^2}} \frac{\partial y}{\partial \varpi} \right).$$

On trouvera pareillement

$$\int\int \alpha g y \, d\mu \, d\varpi \left(\sqrt{1-\mu^2} \cos \varpi \frac{\partial \gamma}{\partial \mu} + \frac{\mu \sin \varpi}{\sqrt{1-\mu^2}} \frac{\partial \gamma}{\partial \varpi} \right)$$

$$= - \int\int \alpha g \gamma \, d\mu \, d\varpi \left(\sqrt{1-\mu^2} \cos \varpi \frac{\partial y}{\partial \mu} + \frac{\mu \sin \varpi}{\sqrt{1-\mu^2}} \frac{\partial y}{\partial \varpi} \right);$$

les expressions précédentes de $\frac{dN}{dt}$, $\frac{dN'}{dt}$ et $\frac{dN''}{dt}$ deviendront ainsi

$$\frac{dN}{dt} = \int\int \alpha \gamma \, d\mu \, d\varpi \left(g \frac{\partial y}{\partial \varpi} - \frac{\partial U}{\partial \varpi} \right),$$

$$\frac{dN'}{dt} = \int\int \alpha \gamma \, d\mu \, d\varpi \left[\sqrt{1-\mu^2} \cos \varpi \left(g \frac{\partial y}{\partial \mu} - \frac{\partial U}{\partial \mu} \right) + \frac{\mu \sin \varpi}{\sqrt{1-\mu^2}} \left(g \frac{\partial y}{\partial \varpi} - \frac{\partial U}{\partial \varpi} \right) \right]$$
$$- \int\int \alpha n^2 y \, d\mu \, d\varpi . \mu \sqrt{1-\mu^2} \cos \varpi,$$

$$\frac{dN''}{dt} = \int\int \alpha \gamma \, d\mu \, d\varpi \left[\sqrt{1-\mu^2} \sin \varpi \left(g \frac{\partial y}{\partial \mu} - \frac{\partial U}{\partial \mu} \right) - \frac{\mu \cos \varpi}{\sqrt{1-\mu^2}} \left(g \frac{\partial y}{\partial \varpi} - \frac{\partial U}{\partial \varpi} \right) \right]$$
$$- \int\int \alpha n^2 y \, d\mu \, d\varpi . \mu \sqrt{1-\mu^2} \sin \varpi.$$

11. Déterminons maintenant l'influence de ces quantités sur les mouvements du sphéroïde terrestre autour de son centre de gravité. Pour cela, reprenons les équations (D') du n° 1. Si l'on néglige les quantités très-petites $\frac{B-A}{C} qr\,dt$, $\frac{C-B}{A} rp\,dt$ et $\frac{A-C}{B} pq\,dt$; si, de plus, on observe qu'ayant pris pour les axes des x', des y' et des z' les axes principaux, on a $\varphi = 0$, $\theta = 0$, on aura

$$dp = \frac{dN}{C}, \quad dq = \frac{dN''}{A}, \quad dr = - \frac{dN'}{B}.$$

On voit d'abord que les termes dépendants de très-petits angles, que contient dN, peuvent, par l'intégration, en produire de très-grands dans la valeur de p; il est donc nécessaire d'avoir égard à ces termes.

On a vu, dans le n° 4, que

$$\frac{d\theta}{dt} = r \sin\varphi - q \cos\varphi,$$

$$\frac{d\psi}{dt} \sin\theta = r \cos\varphi + q \sin\varphi;$$

en faisant donc

$$\frac{d\theta}{dt} = x'', \qquad \frac{d\psi \sin\theta}{dt} = y'',$$

et observant que $d\varphi$ est à très-peu près égal à $n\,dt$, on aura

$$dx'' = dr \sin\varphi - dq \cos\varphi + n y'' dt,$$
$$dy'' = dr \cos\varphi + dq \sin\varphi - n x'' dt.$$

Si l'on substitue pour dq et dr leurs valeurs précédentes, dans lesquelles on peut changer A et B en C, on aura

$$dx'' = - \frac{d\mathrm{N}'}{\mathrm{C}} \sin\varphi - \frac{d\mathrm{N}''}{\mathrm{C}} \cos\varphi + n y'' dt,$$

$$dy'' = - \frac{d\mathrm{N}'}{\mathrm{C}} \cos\varphi + \frac{d\mathrm{N}''}{\mathrm{C}} \sin\varphi - n x'' dt.$$

Soit $\mathrm{H}\,dt \cos(it + \varepsilon)$ un terme quelconque de $\dfrac{d\mathrm{N}' \sin\varphi + d\mathrm{N}'' \cos\varphi}{\mathrm{C}}$, et $\mathrm{H}'dt \sin(it + \varepsilon)$ le terme correspondant de $\dfrac{d\mathrm{N}' \cos\varphi - d\mathrm{N}'' \sin\varphi}{\mathrm{C}}$; les termes correspondants de x'' et de y'' seront

$$x'' = \frac{n\mathrm{H}' - i\mathrm{H}}{i^2 - n^2} \sin(it + \varepsilon), \qquad y'' = \frac{i\mathrm{H}' - n\mathrm{H}}{i^2 - n^2} \cos(it + \varepsilon).$$

Les termes dépendants de très-petits angles, ou dans lesquels i est fort petit, sont encore peu sensibles dans les valeurs de x'' et de y''; mais l'intégration les rend très-sensibles dans les valeurs de θ et de ψ, et l'on a vu, dans le n° 4, que la précession et la nutation dépendent de termes semblables; il est donc essentiel d'y avoir égard. Ces termes sont produits par ceux de dN' et de dN'' qui dépendent d'angles très-peu différents de nt; car, en les multipliant par $\sin\varphi$ et par $\cos\varphi$, il en résulte des termes dépendants de très-petits angles; ainsi l'on doit faire une attention particulière à ces termes.

Les termes dans lesquels i est très-peu différent de n deviennent fort grands dans les valeurs de x'' et de y'', parce que le diviseur $i^2 - n^2$ est alors très-petit. Ces termes résultent de ceux de dN' et de dN'' qui renferment de très-petits angles, et auxquels il est nécessaire, pour cela, d'avoir égard. Ils peuvent encore être produits par les termes de dN' et de dN'' dépendants d'angles très-peu différents de $2nt$; en effet, si, par exemple, dN' renferme le terme $L\,dt\sin(2nt + vt + \varepsilon)$, v étant très-petit, il en résultera, dans la fonction $\dfrac{dN'\sin\varphi + dN''\cos\varphi}{C}$, le terme $\dfrac{L}{2C}\,dt\cos(2nt - \varphi + vt + \varepsilon)$, et dans la fonction $\dfrac{dN'\cos\varphi - dN''\sin\varphi}{C}$, le terme $\dfrac{L}{2C}\,dt\sin(2nt - \varphi + vt + \varepsilon)$. Mais, dans ce cas, Π' étant égal à Π, les expressions correspondantes de y'' et de x'' perdent leur très-petit diviseur $i - n$, et par conséquent sont insensibles. On verrait de même qu'un terme de dN'' de la forme $L\,dt\cos(2nt + vt + \varepsilon)$ ne produirait dans x'' et y'' que des quantités insensibles; il ne faut donc avoir égard, dans les valeurs de dN, dN' et dN'', qu'aux termes dépendants de très-petits angles ou d'angles très-peu différents de nt.

Pour analyser ces différents termes, il est nécessaire de rappeler les équations différentielles du mouvement de l'océan. Considérons une molécule de sa surface, déterminée, dans l'état d'équilibre, par les coordonnées μ et ϖ; concevons que, dans l'état de mouvement, elle soit élevée de la quantité αy au-dessus de la surface d'équilibre, que sa latitude soit diminuée de la quantité αu, et que l'angle ϖ soit augmenté de αv. Nommons encore v la déclinaison de l'astre L, Π son ascension droite, et r, sa distance au centre de gravité de la Terre. Soit

$$\alpha f = \frac{3L}{2r^3}\left[\cos\theta\sin v + \sin\theta\cos v\cos(\Pi - \varphi - \varpi)\right]^2;$$

on aura, par les n⁰ˢ 3 et 4 du Livre IV, les trois équations suivantes

$$(I) \begin{cases} y = \dfrac{\partial . y u \sqrt{1-\mu^2}}{\partial \mu} - \dfrac{\partial . y v}{\partial \varpi}, \\[2ex] \dfrac{\partial^2 u}{\partial t^2} - 2n \dfrac{\partial v}{\partial t} \mu \sqrt{1-\mu^2} = \left(g \dfrac{\partial y}{\partial \mu} - \dfrac{\partial U}{\partial \mu} - \dfrac{\partial f}{\partial \mu} \right) \sqrt{1-\mu^2}, \\[2ex] \dfrac{\partial^2 v}{\partial t^2} + 2n \dfrac{\partial u}{\partial t} \dfrac{\mu}{\sqrt{1-\mu^2}} = - \dfrac{g \dfrac{\partial y}{\partial \varpi} - \dfrac{\partial U}{\partial \varpi} - \dfrac{\partial f}{\partial \varpi}}{1-\mu^2}. \end{cases}$$

Si l'on ne considère que les angles croissant avec une extrême lenteur ou indépendants de φ, il est visible que la partie de f relative à ces angles est indépendante de ϖ; les parties de y et de U relatives aux mêmes angles seront donc elles-mêmes indépendantes de ϖ, en sorte qu'en ne considérant que ces termes, on aura

$$\frac{\partial f}{\partial \varpi} = 0, \qquad \frac{\partial y}{\partial \varpi} = 0, \qquad \frac{\partial U}{\partial \varpi} = 0,$$

et par conséquent

$$\frac{dN}{dt} = 0,$$

$$\frac{dN'}{dt} \sin \varphi + \frac{dN''}{dt} \cos \varphi = \int\int \alpha y \, d\mu \, d\varpi \sqrt{1-\mu^2} \sin(\varphi + \varpi) \left(g \frac{\partial y}{\partial \mu} - \frac{\partial U}{\partial \mu} \right),$$

$$\frac{dN'}{dt} \cos \varphi - \frac{dN''}{dt} \sin \varphi = \int\int \alpha y \, d\mu \, d\varpi \sqrt{1-\mu^2} \cos(\varphi + \varpi) \left(g \frac{\partial y}{\partial \mu} - \frac{\partial U}{\partial \mu} \right).$$

On a vu, dans le n⁰ 6 du Livre IV, que, relativement aux termes croissant avec une extrême lenteur, on peut supposer, à très-peu près,

$$0 = g \frac{\partial y}{\partial \mu} - \frac{\partial U}{\partial \mu} - \frac{\partial f}{\partial \mu}.$$

Cette équation est d'autant plus exacte que ces termes varient avec plus de lenteur, et qu'ils ont, par conséquent, plus d'influence sur les mouvements de l'axe de la Terre; on a donc, relativement à ces termes,

$$\frac{dN' \sin\varphi + dN'' \cos\varphi}{dt} = \int\int \alpha\gamma \, d\mu \, d\varpi \sqrt{1 - \mu^2} \sin(\varphi + \varpi) \frac{\partial f}{\partial \mu},$$

$$\frac{dN' \cos\varphi - dN'' \sin\varphi}{dt} = \int\int \alpha\gamma \, d\mu \, d\varpi \sqrt{1 - \mu^2} \cos(\varphi + \varpi) \frac{\partial f}{\partial \mu}.$$

Considérons présentement les parties de $\frac{dN'}{dt}$ et de $\frac{dN''}{dt}$ qui dépendent d'angles très-peu différents de nt. On a

$$\frac{dN' \sin\varphi + dN'' \cos\varphi}{dt} = \int\int \alpha\gamma \, d\mu \, d\varpi \sqrt{1 - \mu^2} \sin(\varphi + \varpi) \left(g \frac{\partial r}{\partial \mu} - \frac{\partial U}{\partial \mu} \right)$$
$$- \int\int \alpha\gamma \, d\mu \, d\varpi \frac{\mu}{\sqrt{1 - \mu^2}} \cos(\varphi + \varpi) \left(g \frac{\partial r}{\partial \varpi} - \frac{\partial U}{\partial \varpi} \right)$$
$$- \int\int \alpha n^2 r \, d\mu \, d\varpi . \mu \sqrt{1 - \mu^2} \sin(\varphi + \varpi).$$

La première des équations (1) donne

$$\int\int \alpha n^2 r \, d\mu \, d\varpi . \mu \sqrt{1 - \mu^2} \sin(\varphi + \varpi)$$
$$= \int\int \alpha n^2 \, d\mu \, d\varpi . \mu \sqrt{1 - \mu^2} \sin(\varphi + \varpi) \left(\frac{\partial . \gamma u \sqrt{1 - \mu^2}}{\partial \mu} - \frac{\partial . \gamma v}{\partial \varpi} \right).$$

En intégrant depuis $\mu = -1$ jusqu'à $\mu = 1$, on a

$$\int \mu \, d\mu \sqrt{1 - \mu^2} \frac{\partial . \gamma u \sqrt{1 - \mu^2}}{\partial \mu} = - \int \gamma u \, d\mu (1 - 2\mu^2);$$

on a pareillement, en intégrant depuis $\varpi = 0$ jusqu'à ϖ égal à quatre angles droits,

$$\int d\varpi \sin(\varphi + \varpi) \frac{\partial . \gamma v}{\partial \varpi} = - \int \gamma v \, d\varpi \cos(\varphi + \varpi);$$

partant,

$$\int\int \alpha n^2 r \, d\mu \, d\varpi . \mu \sqrt{1 - \mu^2} \sin(\varphi + \varpi) = - \int\int \alpha n^2 \gamma u \, d\mu \, d\varpi (1 - 2\mu^2) \sin(\varphi + \varpi)$$
$$+ \int\int \alpha n^2 \gamma v \, d\mu \, d\varpi . \mu \sqrt{1 - \mu^2} \cos(\varphi + \varpi).$$

On peut supposer γu développé dans une suite de termes de la forme $\Pi \cos(it + s\varpi + \varepsilon)$, Π étant fonction de μ seul, et s étant un nombre entier positif ou négatif, ou zéro, les nombres fractionnaires étant exclus, parce que γu est le même lorsque $\varpi = 0$ et lorsque ϖ est égal à quatre angles droits. Pareillement, γv peut être supposé développé dans une suite correspondante de termes de la forme $M \sin(it + s\varpi + \varepsilon)$, M étant fonction de μ seul. Soient H' et M' les valeurs de H et de M relatives au même arc it et qui correspondent à $s = 1$. Le coefficient i étant supposé très-peu différent de n, l'angle $it - \varphi + \varepsilon$ croît avec une lenteur extrême; en ne conservant donc que les termes dépendants de cet angle, on voit que les termes de γu et de γv dans lesquels s est différent de l'unité renferment l'angle ϖ dans les intégrales précédentes, et disparaissent ainsi par l'intégration relative à ϖ; on a donc

$$\int\int \alpha n^2 \gamma \, d\mu \, d\varpi . \mu \sqrt{1 - \mu^2} \sin(\varphi + \varpi)$$
$$= \alpha n^2 \pi \sin(it + \varepsilon - \varphi) \int d\mu \left[(1 - 2\mu^2) H' + \mu \sqrt{1 - \mu^2} M' \right].$$

Si l'on multiplie la seconde des équations (I) par $\alpha\gamma \, d\mu \, d\varpi \sin(\varphi + \varpi)$, et qu'on l'ajoute à la troisième multipliée par

$$\alpha\gamma \, d\mu \, d\varpi . \mu \sqrt{1 - \mu^2} \cos(\varphi + \varpi),$$

on aura

$$(0) \quad \left\{ \begin{aligned} &\int\int \alpha\gamma \, d\mu \, d\varpi \left[\frac{\partial^2 u}{\partial t^2} \sin(\varphi + \varpi) + 2n\mu^2 \frac{\partial u}{\partial t} \cos(\varphi + \varpi) \right.\\ &\qquad\qquad \left. + \frac{\partial^2 v}{\partial t^2} \mu \sqrt{1 - \mu^2} \cos(\varphi + \varpi) - 2n \frac{\partial v}{\partial t} \mu \sqrt{1 - \mu^2} \sin(\varphi + \varpi) \right]\\ &= \int\int \alpha\gamma \, d\mu \, d\varpi \sqrt{1 - \mu^2} \sin(\varphi + \varpi) \left(g \frac{\partial v}{\partial \mu} - \frac{\partial U}{\partial \mu} - \frac{\partial f}{\partial \mu} \right)\\ &\quad - \int\int \alpha\gamma \, d\mu \, d\varpi \frac{\mu}{\sqrt{1 - \mu^2}} \cos(\varphi + \varpi) \left(g \frac{\partial v}{\partial \varpi} - \frac{\partial U}{\partial \varpi} - \frac{\partial f}{\partial \varpi} \right). \end{aligned} \right.$$

En substituant pour γu et pour γv l'ensemble de tous leurs termes relatifs à l'angle it, et observant que i est supposé très-peu différer de n, le premier membre de cette équation deviendra

$$\alpha n^2 \pi \sin(it + \varepsilon - \varphi) \int d\mu \left[(1 - 2\mu^2) H' + \mu \sqrt{1 - \mu^2} M' \right];$$

on aura donc, en n'ayant égard qu'aux termes dans lesquels i est à très-peu près égal à n,

$$\iint \alpha n^2 \gamma \, d\mu \, d\varpi . \mu \sqrt{1 - \mu^2} \sin(\varphi + \varpi)$$
$$= \iint \alpha \gamma \, d\mu \, d\varpi \sqrt{1 - \mu^2} \sin(\varphi + \varpi) \left(g \frac{\partial \gamma}{\partial \mu} - \frac{\partial U}{\partial \mu} - \frac{\partial f}{\partial \mu} \right)$$
$$- \iint \alpha \gamma \, d\mu \, d\varpi \frac{\mu}{\sqrt{1 - \mu^2}} \cos(\varphi + \varpi) \left(g \frac{\partial \gamma}{\partial \varpi} - \frac{\partial U}{\partial \varpi} - \frac{\partial f}{\partial \varpi} \right),$$

d'où l'on tire

$$\frac{dN' \sin\varphi + dN'' \cos\varphi}{dt} = \iint \alpha \gamma \, d\mu \, d\varpi \sqrt{1 - \mu^2} \sin(\varphi + \varpi) \frac{\partial f}{\partial \mu}$$
$$- \iint \alpha \gamma \, d\mu \, d\varpi \frac{\mu}{\sqrt{1 - \mu^2}} \cos(\varphi + \varpi) \frac{\partial f}{\partial \varpi}.$$

On trouvera de la même manière

$$\frac{dN' \cos\varphi - dN'' \sin\varphi}{dt} = \iint \alpha \gamma \, d\mu \, d\varpi \sqrt{1 - \mu^2} \cos(\varphi + \varpi) \frac{\partial f}{\partial \mu}$$
$$+ \iint \alpha \gamma \, d\mu \, d\varpi \frac{\mu}{\sqrt{1 - \mu^2}} \sin(\varphi + \varpi) \frac{\partial f}{\partial \varpi}.$$

Ces deux équations ont donc lieu lorsque l'on n'a égard qu'aux angles croissant avec beaucoup de lenteur, et l'on a vu précédemment que le premier terme du second membre de chacune d'elles renferme encore tout ce qui se rapporte aux angles très-peu différents de nt; en sorte qu'elles embrassent tout ce qui a rapport à ces deux espèces d'angles, les seules qui peuvent influer sensiblement sur les mouvements de la Terre autour de son centre de gravité. En réunissant ces équations à l'équation $\frac{dN}{dt} = 0$, on aura ce qui est nécessaire pour déterminer l'influence de la mer sur ces mouvements.

J'observe maintenant que ces diverses équations sont les mêmes que si la mer formait une masse solide avec la Terre. Pour le faire voir, déterminons les valeurs de dN, dN', dN'' relatives à la mer, dans cette hypothèse. La valeur de V du n° 3 est égale à très-peu près à $\frac{L}{r_i} + R^2 \alpha f - \frac{LR^2}{2 r_i'^3}$, ce qui donne, par le même numéro, en substituant

$R^2\, dR\, d\mu\, d\varpi$ pour dm,

$$\frac{dN}{dt} = \int \int \int \alpha R^3\, dR\, d\mu\, d\varpi \left(x' \frac{\partial f}{\partial y'} - y' \frac{\partial f}{\partial x'} \right).$$

La profondeur de la mer étant supposée très-petite, et le rayon R étant à très-peu près égal à l'unité, on a, relativement à la mer,

$$\int R^3\, dR = \gamma,$$

et par conséquent

$$\frac{dN}{dt} = \int \int \alpha\gamma\, d\mu\, d\varpi \left(x' \frac{\partial f}{\partial y'} - y' \frac{\partial f}{\partial x'} \right).$$

On trouvera de la même manière

$$\frac{dN'}{dt} = \int \int \alpha\gamma\, d\mu\, d\varpi \left(x' \frac{\partial f}{\partial z'} - z' \frac{\partial f}{\partial x'} \right),$$

$$\frac{dN''}{dt} = \int \int \alpha\gamma\, d\mu\, d\varpi \left(y' \frac{\partial f}{\partial z'} - z' \frac{\partial f}{\partial y'} \right).$$

En transformant, par le n° 10, les différences partielles en d'autres relatives aux variables R, μ et ϖ, on aura

$$\frac{dN}{dt} = \int \int \alpha\gamma\, d\mu\, d\varpi\, \frac{\partial f}{\partial \varpi},$$

$$\frac{dN'}{dt} = \int \int \alpha\gamma\, d\mu\, d\varpi \left(\sqrt{1-\mu^2}\cos\varpi\, \frac{\partial f}{\partial \mu} + \frac{\mu\sin\varpi}{\sqrt{1-\mu^2}}\, \frac{\partial f}{\partial \varpi} \right),$$

$$\frac{dN''}{dt} = \int \int \alpha\gamma\, d\mu\, d\varpi \left(\sqrt{1-\mu^2}\sin\varpi\, \frac{\partial f}{\partial \mu} - \frac{\mu\cos\varpi}{\sqrt{1-\mu^2}}\, \frac{\partial f}{\partial \varpi} \right);$$

ce qui donne

$$\frac{dN'\sin\varphi + dN''\cos\varphi}{dt} = \int \int \alpha\gamma\, d\mu\, d\varpi\, \sqrt{1-\mu^2}\sin(\varphi + \varpi)\, \frac{\partial f}{\partial \mu}$$
$$- \int \int \alpha\gamma\, d\mu\, d\varpi\, \frac{\mu}{\sqrt{1-\mu^2}}\cos(\varphi + \varpi)\, \frac{\partial f}{\partial \varpi},$$

$$\frac{dN'\cos\varphi - dN''\sin\varphi}{dt} = \int \int \alpha\gamma\, d\mu\, d\varpi\, \sqrt{1-\mu^2}\cos(\varphi + \varpi)\, \frac{\partial f}{\partial \mu}$$
$$+ \int \int \alpha\gamma\, d\mu\, d\varpi\, \frac{\mu}{\sqrt{1-\mu^2}}\sin(\varphi + \varpi)\, \frac{\partial f}{\partial \varpi},$$

et, si l'on n'a égard qu'aux termes croissant avec une extrême lenteur, $\frac{dN}{dt} = 0$. Ces équations sont les mêmes que nous avons trouvées ci-dessus, d'où résulte ce théorème remarquable, savoir, que *les phéno-mènes de la précession des équinoxes et de la nutation de l'axe de la Terre sont exactement les mêmes que si la mer formait une masse solide avec le sphéroïde qu'elle recouvre.*

Il existe cependant un cas mathématiquement possible dans lequel ce théorème cesse d'avoir lieu : c'est le cas où le noyau terrestre recou-vert par l'océan serait formé de couches sphériques. Il est clair qu'alors il n'y aurait aucun mouvement dans l'axe de rotation du noyau en vertu des attractions du Soleil et de la Lune et de l'attraction et de la pression de la mer, puisque la résultante de toutes ces forces passerait par le centre du noyau. Voyons ce qui empêche l'analyse précédente de s'étendre à ce cas.

Les parties des expressions de $z y$, $z u$ et $z v$ qui influent sur les mou-vements de l'axe terrestre sont celles qui dépendent des sinus et cosinus d'angles de la forme $it + \varpi$, dans lesquels i est très-peu différent de n, et l'on a vu, dans le n° 8 du Livre IV, que ces parties sont relatives aux oscillations de la seconde espèce. Ces oscillations peuvent être déter-minées dans ce cas par le numéro cité; i étant très-peu différent de n, les expressions de y, u et v, relatives à l'angle $it + \varpi$, sont de la forme

$$y = \frac{2 l q k \mu \sqrt{1 - \mu^2}}{2 l g q \left(1 - \dfrac{3}{5\rho}\right) - n^2} \cos(it + \varpi),$$

$$u = \frac{- k}{2 l g q \left(1 - \dfrac{3}{5\rho}\right) - n^2} \cos(it + \varpi),$$

$$v = \frac{k}{2 l g q \left(1 - \dfrac{3}{5\rho}\right) - n^2} \frac{\mu}{\sqrt{1 - \mu^2}} \sin(it + \varpi).$$

La profondeur de la mer est $l(1 - q \mu^2)$; or on a, par le n° 34 du Livre III, pour la condition de l'équilibre,

$$l q = \frac{5 n^2 \rho}{(10 \rho - 6) g},$$

ce qui rend infinies les expressions précédentes de y, u et v; mais,
comme elles ne deviennent infinies que par la supposition de $i - n = 0$,
il en résulte qu'alors y, u et v sont de l'ordre $\frac{1}{i - n}$. Ainsi l'on ne peut
plus supposer dans l'équation (O), comme nous l'avons fait, $i = n$, en
différentiant u et v par rapport au temps t. Il faut, dans ces différentielles, avoir égard au facteur $i - n$ qui, multipliant les parties de u
et de v divisées par $i - n$, donne des produits indépendants de $i - n$.
Ces produits rendent nulles les parties de dN' et de dN'' relatives à
l'attraction et à la pression de la mer sur le sphéroïde terrestre.

Nous observerons ici que, dans le cas précédent, les oscillations de
la mer dépendantes de l'angle $it + \varpi$ sont très-grandes lorsque i est
très-peu différent de n, et c'est ce qui a lieu par rapport aux termes
dépendants du mouvement des nœuds de l'orbe lunaire, $(i - n)t$
exprimant alors ce mouvement; mais une très-légère résistance de la
part du sphéroïde terrestre suffit pour diminuer considérablement ces
oscillations. La mer, en vertu de cette résistance, agit horizontalement
sur le sphéroïde, et par cette action elle influe sur les mouvements de
son axe. On verra, dans le numéro suivant, que, dans ce cas, qui est
celui de la nature, le théorème précédent subsiste.

12. L'analyse précédente, quoique très-générale, suppose encore que
la mer recouvre en entier le sphéroïde terrestre, que sa profondeur est
régulière, et qu'elle n'éprouve point de résistance de la part du sphéroïde qu'elle recouvre. Ces suppositions n'ayant pas lieu dans la nature, on peut douter que le théorème précédent s'applique exactement
à la mer. Comme il est très-important dans la théorie des mouvements
de la Terre, en voici une démonstration générale, quelles que soient
les irrégularités de la figure et de la profondeur de la mer et les résistances qu'elle éprouve. Pour cela, je vais rappeler le principe de la
conservation des aires, qui a été démontré dans le Chapitre V du Livre I :

*Si l'on projette sur un plan fixe chaque molécule d'un système de corps
qui réagissent d'une manière quelconque les uns sur les autres; si de plus*

on mène, de ces projections à un point fixe pris sur le plan, des lignes que nous nommerons rayons vecteurs; la somme des produits de chaque molécule par l'aire que décrit son rayon vecteur est proportionnelle au temps, en sorte que, si l'on nomme A cette somme, et t le temps, on aura A = ht, h étant un coefficient constant.

Ce principe a, dans la question présente, le grand avantage d'être également vrai dans le cas où le système éprouve des changements brusques, comme cela a lieu pour la mer, dont les oscillations sont brusquement altérées par les frottements et par la résistance des rivages.

Si le système est soumis à l'action de forces étrangères, A ne sera plus proportionnel au temps t, et par conséquent l'élément dt du temps étant supposé constant, la valeur de dA ne sera plus constante. Pour déterminer sa variation, on considérera toutes les molécules du système comme étant en repos et isolées; on fera ensuite une somme de tous les produits de chaque molécule par l'aire que décrirait son rayon vecteur dans l'instant dt, en vertu des forces étrangères qui la sollicitent, et cette somme sera égale à d^2A; car il résulte du principe que nous venons d'exposer que la réaction des différents corps du système ne doit rien changer à cette valeur de d^2A.

Concevons, cela posé, une masse en partie fluide, et qui tourne autour d'un axe quelconque; supposons qu'elle vienne à être sollicitée par des forces attractives très-petites de l'ordre α, et qui laissent en repos son centre de gravité. Si l'on fait passer par ce centre un plan fixe, que nous prendrons pour plan de projection, et que l'on fasse partir de ce même point les rayons vecteurs des différentes molécules, la somme des produits de chaque molécule par l'aire qu'aura décrite son rayon vecteur sera, aux quantités près de l'ordre α^2, la même que si la masse eût été entièrement solide. Il suffit, pour le faire voir, de prouver que la valeur de d^2A sera la même dans la supposition de la masse en partie fluide et dans celle de la masse entièrement solide; or, si l'on considère qu'après un temps quelconque la figure de la masse et la manière dont elle se présente à l'action des forces étrangères ne peuvent différer, dans ces deux hypothèses, que de quantités de l'ordre α; si l'on observe d'ailleurs que ces forces ne sont elles-mêmes que de l'ordre α, il est aisé d'en conclure que la différence des valeurs de $d^2 \Lambda$, dans ces mêmes hypothèses, ne peut être que de l'ordre α^2, et qu'ainsi, en négligeant les quantités de cet ordre, on peut supposer les valeurs correspondantes de $\frac{d\Lambda}{dt}$ égales entre elles dans ces deux hypothèses.

Imaginons présentement que la masse dont nous venons de parler soit la Terre elle-même, que nous regarderons d'abord comme un sphéroïde de révolution très-peu différent d'une sphère, et recouvert d'un fluide de peu de profondeur. L'action du Soleil et de la Lune excitera des oscillations dans le fluide et des mouvements dans le sphéroïde; mais ces oscillations et ces mouvements doivent, par ce qui précède, être combinés de manière qu'après un temps quelconque la valeur de $\frac{d\Lambda}{dt}$ soit la même que si la Terre eût été entièrement solide. Cherchons d'abord cette valeur, dans cette dernière supposition.

Soit, à l'origine du mouvement, θ l'inclinaison de l'équateur à un plan fixe, que nous supposerons être celui de l'écliptique à une époque donnée; ψ l'angle que forme l'intersection de ce plan et de l'équateur avec une droite invariable menée sur le plan de cette écliptique par le centre de gravité de la Terre; soit, de plus, nt le mouvement de rotation de cette planète. Il est clair que tous les changements qui surviennent dans le mouvement du système, après le temps t, dépendent des variations de θ, ψ et n. Supposons qu'après ce temps, θ se change en $\theta + \alpha\,\delta\theta$, ψ en $\psi + \alpha\,\delta\psi$, et n en $n + \alpha\,\delta n$. On a vu précédemment que les seuls termes auxquels il soit nécessaire d'avoir égard sont ceux qui croissent proportionnellement au temps, et ceux qui, étant périodiques, sont multipliés par des sinus et des cosinus d'angles croissant très-lentement, et divisés par les coefficients du temps t dans ces angles; on peut donc, en n'ayant égard qu'à ces termes, supposer θ, ψ et n constants, en différentiant la fonction Λ.

Concevons maintenant que le plan fixe sur lequel on projette les mouvements des molécules de la Terre passe par son centre de gravité, supposé immobile, et forme l'angle γ avec l'écliptique fixe dont nous venons de parler, et que l'intersection de ces deux plans forme l'angle ς avec la droite invariable d'où nous faisons commencer l'angle ψ; on aura, à l'origine,

$$\frac{d\Lambda}{dt} = M,$$

M étant fonction de θ, ψ, n, et des quantités γ et ς qui déterminent la position du plan de projection. Après un temps quelconque t, on aura $\frac{d\Lambda}{dt}$ en changeant, dans M, θ, ψ et n en $\theta + \alpha\delta\theta$, $\psi + \alpha\delta\psi$ et $n + \alpha\delta n$; en désignant donc par $\alpha\delta\frac{d\Lambda}{dt}$ la variation de $\frac{d\Lambda}{dt}$ après ce temps, on aura, en négligeant les quantités de l'ordre α^2,

$$\alpha\delta\frac{d\Lambda}{dt} = \alpha\delta\theta\,\frac{\partial M}{\partial\theta} + \alpha\delta\psi\,\frac{\partial M}{\partial\psi} + \alpha\delta n\,\frac{\partial M}{\partial n}.$$

Nommons C la somme des produits de chaque molécule de la Terre par le carré de sa distance à l'axe de rotation, et V l'inclinaison du plan de projection sur l'équateur terrestre; il est aisé de voir que l'on aura $M = \frac{1}{2}nC\cos V$; or on a

$$\cos V = \cos\gamma\cos\theta + \sin\gamma\sin\theta\cos(\varsigma - \psi);$$

on aura ainsi

$$(p)\quad \begin{cases} \alpha\delta\frac{d\Lambda}{dt} = \tfrac{1}{2}\alpha n C \{\delta\theta[\sin\gamma\cos\theta\cos(\varsigma - \psi) - \cos\gamma\sin\theta] + \delta\psi\sin\gamma\sin\theta\sin(\varsigma - \psi)\} \\ \qquad + \tfrac{1}{2}\alpha C\delta n[\cos\gamma\cos\theta + \sin\gamma\sin\theta\cos(\varsigma - \psi)], \end{cases}$$

expression dans laquelle on peut, sans erreur sensible, déterminer C comme si la Terre était une sphère. Cherchons présentement l'expression de la même quantité dans le cas où la Terre est un sphéroïde recouvert d'un fluide de peu de profondeur.

Soient $\delta\theta'$, $\delta\psi'$ et $\delta n'$ les variations de θ, ψ et n relativement au sphéroïde, en ne conservant dans ces variations que les termes ou proportionnels au temps, ou multipliés par des sinus ou des cosinus d'angles croissant très-lentement, et divisés par les coefficients du temps dans ces angles. Il est clair, par ce qui précède, qu'il en résulte, dans la valeur de $\frac{dA}{dt}$, une variation à très-peu près égale à

$$\tfrac{1}{2}\alpha n\mathrm{C}\left\{\delta\vartheta'\left[\sin\gamma\cos\vartheta\cos(\varepsilon-\psi)-\cos\gamma\sin\vartheta\right]+\delta\psi'\sin\gamma\sin\vartheta\sin(\varepsilon-\psi)\right\}$$
$$+\tfrac{1}{2}\alpha\mathrm{C}\,\delta n'\left[\cos\gamma\cos\vartheta+\sin\gamma\sin\vartheta\cos(\varepsilon-\psi)\right],$$

le peu de profondeur du fluide permettant de regarder ici C comme représentant encore le produit de chaque molécule de la Terre par le carré de sa distance à l'axe de rotation. Pour avoir la variation entière de $\frac{dA}{dt}$, il faut ajouter à la variation précédente celle qui résulte du mouvement du fluide, et que nous désignerons par $\alpha\delta\mathrm{L}$; or on a vu que la variation entière de $\frac{dA}{dt}$ est égale à celle que donne l'équation (p), et qui aurait lieu si le fluide qui recouvre la Terre formait une masse solide avec elle; on aura donc, en égalant ces deux variations,

$$q\quad\left\{\begin{aligned}&0=\alpha n\mathrm{C}\left\{(\delta\vartheta'-\delta\vartheta)\left[\sin\gamma\cos\vartheta\cos(\varepsilon-\psi)-\cos\gamma\sin\vartheta\right]+(\delta\psi'-\delta\psi)\sin\gamma\sin\vartheta\sin(\varepsilon-\psi)\right\}\\&\quad+\alpha\mathrm{C}(\delta n'-\delta n)\left[\cos\gamma\cos\vartheta+\sin\gamma\sin\vartheta\cos(\varepsilon-\psi)\right]+\alpha\delta\mathrm{L}.\end{aligned}\right.$$

Les seuls termes de l'expression de $\alpha\delta\mathrm{L}$ auxquels il faut avoir égard sont ceux qui sont proportionnels au temps, ou qui, renfermant les sinus ou cosinus d'angles croissant avec beaucoup de lenteur, sont divisés par les coefficients du temps dans ces angles. On peut, dans le calcul de ces termes, n'avoir point égard aux variations du mouvement du sphéroïde terrestre, parce que l'influence de ces variations sur la valeur de $\alpha\delta\mathrm{L}$ est, par rapport à ces variations elles-mêmes, du même ordre que le rapport de la masse du fluide à celle du sphéroïde. On peut ensuite, dans le calcul des attractions du Soleil et de la Lune sur la mer, négliger la partie de ces attractions dont la résultante passe par le centre du sphéroïde, et qui tiendrait par conséquent la Terre en équilibre autour de ce centre, si la mer venait à se consolider; car il est clair qu'en vertu de cette force la variation de $\frac{dA}{dt}$ se-

46.

rait nulle dans cette hypothèse, et, par ce qui précède, l'état de fluidité de la mer ne peut influer sur cette variation. Cette partie des attractions produit dans l'océan les oscillations de la première et de la troisième espèce, que nous avons considérées dans les n°s 5, 6, 9 et 10 du Livre IV. Quant à l'autre partie des attractions lunaire et solaire, on a vu, dans les n°s 7 et 8 du Livre IV, qu'elle produit les oscillations de la seconde espèce, dont dépend la différence des deux marées d'un même jour; or, sans être en état de déterminer ces oscillations pour toutes les hypothèses de profondeur et de densité de la mer, on a vu cependant, dans les numéros cités, que les expressions de ces oscillations ne renferment ni termes proportionnels au temps, ni sinus ou cosinus d'angles croissant très-lentement, divisés par les coefficients du temps dans ces angles; en désignant donc par x', y', z' les trois coordonnées rectangles qui déterminent la position d'une molécule fluide, que nous représenterons par dm, relativement au plan de projection, x', y', z', ainsi que $\dfrac{dx'}{dt}$, $\dfrac{dy'}{dt}$, $\dfrac{dz'}{dt}$, ne renfermeront aucun terme semblable, et cela est encore vrai de la différentielle $\dfrac{x'dy' - y'dx'}{dt}$ et de son intégrale $\int dm\,\dfrac{x'dy' - y'dx'}{dt}$, étendue à toute la masse fluide : cette intégrale représentant la partie de $\dfrac{d\Lambda}{dt}$ qui est relative au fluide, il en résulte que sa variation $\alpha\,\delta L$ ne renferme aucun terme de la nature de ceux dont il s'agit; on peut donc effacer $2\alpha\,\delta L$ de l'équation (q), ce qui la réduit à celle-ci

$$\begin{aligned}
o =\ & n\,(\delta\theta' - \delta\theta)[\sin\gamma\cos\theta\cos(\epsilon - \psi) - \cos\gamma\sin\theta]\\
& + n\,(\delta\psi' - \delta\psi)\,\sin\gamma\sin\theta\sin(\epsilon - \psi)\\
& + (\delta n' - \delta n)\,[\cos\gamma\cos\theta + \sin\gamma\sin\theta\cos(\epsilon - \psi)].
\end{aligned}$$

Cette équation ayant lieu, quels que soient γ et ϵ, on peut y supposer d'abord $\epsilon = \psi$ et $\gamma = \theta$, ce qui donne $o = \delta n' - \delta n$; l'équation précédente devient ainsi

$$\begin{aligned}
o =\ & (\delta\theta' - \delta\theta)\,[\sin\gamma\cos\theta\cos(\epsilon - \psi) - \cos\gamma\sin\theta]\\
& + (\delta\psi' - \delta\psi)\,\sin\gamma\sin\theta\sin(\epsilon - \psi).
\end{aligned}$$

En supposant $\gamma = o$ dans cette équation, on aura $o = \delta\theta' - \delta\theta$, et par conséquent aussi $o = \delta\psi' - \delta\psi$; on aura donc

$$\delta n' = \delta n, \quad \delta\theta' = \delta\theta, \quad \delta\psi' = \delta\psi,$$

d'où il suit que les variations du mouvement du sphéroïde terrestre recouvert d'un fluide sont les mêmes que si la mer formait une masse solide avec la Terre.

Maintenant il est facile d'étendre la démonstration précédente au cas de la nature, dans lequel la figure de la Terre et la profondeur de la mer sont fort irrégulières, et les oscillations des eaux sont altérées par un grand nombre d'obstacles; car tout se réduit à faire voir que $\alpha\delta L$ ne renferme alors ni terme proportionnel au temps, ni sinus ou cosinus d'angles croissant avec lenteur, divisés par le coefficient du temps dans ces angles; or, si l'on se rappelle ce que nous avons dit dans les n°ˢ 14 et suivants du Livre IV, on voit que les expressions des coordonnées des molécules de l'océan ne renferment point de termes semblables; elles dépendent, à la vérité, des éléments de l'orbite de l'astre attirant, et ces éléments, croissant avec lenteur, introduisent dans les expressions de ces coordonnées des termes semblables, mais sans être divisés par de très-petits coefficients. Il est donc généralement vrai que, de quelque manière que les eaux de la mer réagissent sur la Terre, soit par leur attraction, ou par leur pression, ou par leur frottement et les diverses résistances qu'elles éprouvent, elles communiquent à l'axe de la Terre un mouvement à très-peu près égal à celui qu'il recevrait de l'action du Soleil et de la Lune sur la mer, si elle venait à former une masse solide avec la Terre.

Nous avons fait voir (n° 8) que le moyen mouvement de rotation de la Terre est uniforme, dans la supposition où cette planète est entièrement solide, et l'on vient de voir que la fluidité de la mer et de l'atmosphère ne doit point altérer ce résultat. Les mouvements que la chaleur du Soleil excite dans l'atmosphère, et d'où naissent les vents alisés, semblent devoir diminuer la rotation de la Terre : ces vents soufflent entre les tropiques, d'occident en orient, et leur action continuelle sur la mer, sur les continents et les montagnes qu'ils rencontrent paraît devoir affaiblir insensiblement ce mouvement de rotation. Mais le principe de la conservation des aires nous montre que l'effet total de l'atmosphère sur ce mouvement doit être insensible : car, la chaleur solaire dilatant également l'air dans tous les sens, elle ne doit point altérer la somme des aires décrites par les rayons vecteurs de chaque molécule de la Terre et de l'atmosphère, et multipliées respectivement par leurs molécules correspondantes, ce qui exige que le mouvement de rotation ne soit point diminué. Nous sommes donc assurés qu'en même temps que les vents alisés diminuent ce mouvement, les autres mouvements de l'atmosphère qui ont lieu au delà des tropiques l'accélèrent de la même quantité. On peut appliquer le même raisonnement aux tremblements de terre, et en général à tout ce qui peut agiter la Terre dans son intérieur et à sa surface. Le déplacement de ses parties peut seul altérer ce mouvement; si, par exemple, un corps placé au pôle était transporté à l'équateur, la somme des aires devant toujours rester la même, le mouvement de rotation de la Terre en serait un peu diminué; mais, pour que cela fût sensible, il faudrait supposer de grands changements dans la constitution de la Terre.

13. Comparons maintenant la théorie précédente aux observations, et voyons les conséquences qui en résultent sur la constitution du globe terrestre. Si, dans l'expression de θ du n° 6, on réduit $\Sigma \dfrac{lc}{f} \cos(ft + \varsigma)$ dans une série ordonnée par rapport aux puissances de t, on aura, en ne conservant que la première puissance,

$$\Sigma \frac{lc}{f} \cos(ft + \varsigma) = \Sigma \frac{lc}{f} \cos\varsigma - lt\, \Sigma c \sin\varsigma.$$

Prenons pour plan fixe celui de l'écliptique au commencement de 1750, où nous fixerons l'origine du temps t. Le carré de l'inclinaison de l'écliptique vraie sur ce plan étant, par le n° 5,

$$[\Sigma c \sin(ft + \varsigma)]^2 + [\Sigma c \cos(ft + \varsigma)]^2,$$

on a

$$\Sigma c \sin \delta = 0, \qquad \Sigma c \cos \delta = 0,$$

ce qui donne, en négligeant le carré de ft,

$$\Sigma \frac{lc}{f} \cos(ft + \delta) = \Sigma \frac{lc}{f} \cos \delta.$$

En retranchant ce terme de h, on aura l'inclinaison moyenne de l'équateur à l'écliptique au commencement de 1750; mais, h étant arbitraire, on peut supposer qu'il exprime cette inclinaison moyenne, et alors il faut augmenter la valeur de h de $\Sigma \frac{lc}{f} \cos \delta$ dans les autres termes de l'expression de θ; mais, vu la petitesse de ces termes, on peut se dispenser de cette opération. On aura ainsi

$$\theta = h + \frac{l\lambda c'}{(1+\lambda)f} \cos(f't + \delta') - \frac{l\tan g\, h}{2m(1+\lambda)} \left(\cos 2v + \frac{m}{m'} \lambda \cos 2v' \right);$$

la valeur de θ' du n° 7 deviendra

$$\theta' = h - t \Sigma cf \sin \delta + \frac{l\lambda c'}{(1+\lambda)f'} \cos(f't + \delta') + \frac{l\tan g\, h}{2m(1+\lambda)} \left(\cos 2v + \frac{m}{m'} \lambda \cos 2v' \right).$$

Enfin, les valeurs de ψ et de ψ' des n°s 6 et 7 deviennent, en comprenant dans l tout ce qui multiplie t,

$$\psi = lt - \frac{l}{2m(1+\lambda)} \left(\sin 2v + \frac{m}{m'} \lambda \sin 2v' \right) + \frac{2l\lambda c'}{(1+\lambda)f'} \cot g\, h \sin(f't + \delta'),$$

$$\psi' = lt - t \cot g\, h\, \Sigma cf \cos \delta - \frac{l}{2m(1+\lambda)} \left(\sin 2v + \frac{m}{m'} \lambda \sin 2v' \right)$$
$$- \frac{2l\lambda c'}{(1+\lambda)f'} \cot g\, h \sin(f't + \delta').$$

Le terme $- t\Sigma cf \sin \delta$ de l'expression de θ' exprime la diminution séculaire actuelle de l'obliquité de l'écliptique; les observations laissent encore de l'incertitude sur cet objet. En prenant un milieu entre leurs résultats, on peut fixer cette diminution à $154'',3$ dans ce siècle; ainsi, T représentant une année julienne, nous supposerons

$$T \Sigma cf \sin \delta = 1'',543.$$

Cette équation donne, par la théorie des planètes, que nous exposerons dans le Livre suivant,

$$T \Sigma \, cf \cos 6 = 0'',24794.$$

Les observations donnent à très-peu près la précession annuelle des équinoxes dans ce siècle égale à $154'',63$; partant,

$$lT - 0'',24794 . \cot h = 154'',63.$$

L'obliquité de l'écliptique en 1750 a été observée de $26°,0796$; c'est la valeur de h, d'où l'on tire

$$lT = 155'',20.$$

L'inclinaison moyenne de l'orbe lunaire à l'écliptique est de $5°,7188$, ce qui donne

$$c' = \tang 5°,7188.$$

$f'T$ est le mouvement sidéral des nœuds de l'orbite lunaire pendant une année julienne, et les observations donnent

$$f'T = 215063'';$$

l'année sidérale étant de $365^j,256384$, on a

$$mT = \frac{400°.365^j,25}{365^j,256384} = 399°,9930.$$

Enfin, les observations donnent $m = m'.0,07480$, et les observations des marées nous ont donné, dans le Livre IV, $\lambda = 3$; cela posé, les valeurs précédentes de θ, θ', ψ et ψ' deviendront

$$\theta = 26°,0796 + 31'',036.\cos \Lambda' + 1'',341.\cos 2v + 0'',301.\cos 2v',$$

$$\theta' = 26°,0796 - i.1'',543 + 31'',036.\cos \Lambda' + 1'',341.\cos 2v + 0'',301.\cos 2v',$$

$$\psi = i.155'',20 - 57'',998.\sin \Lambda' - 3'',088.\sin 2v - 0'',693.\sin 2v',$$

$$\psi' = i.154'',63 - 57'',998.\sin \Lambda' - 3'',088.\sin 2v - 0'',693.\sin 2v',$$

i étant le nombre des années juliennes écoulées depuis le commence-

ment de 1750, et λ' étant la longitude du nœud ascendant de l'orbite
lunaire.

Si l'on nomme v l'ascension droite d'une étoile, et s sa déclinaison,
s étant négatif lorsque la déclinaison est australe; si l'on désigne en-
suite par $\delta\theta$, $\delta\theta'$, $\delta\psi$, $\delta\psi'$, δv et δs des variations très-petites de θ, θ', ψ,
ψ', v et s, on trouvera, par les formules différentielles de la Trigono-
métrie sphérique,

$$\delta s = \delta\psi \sin\theta \cos v + \delta\theta \sin v,$$

$$\delta v = \delta\psi \cos\theta + \delta\psi \sin\theta \, \text{tang}\, s \sin v - \delta\theta \, \text{tang}\, s \cos v - \frac{i\mathrm{T}}{\sin h} \Sigma \, cf \cos\varepsilon.$$

On pourra, au moyen de ces formules, transporter les catalogues d'é-
toiles d'une époque à une autre peu éloignée; mais, pour plus d'exactitude, il faudra prendre pour θ, v et s les valeurs qui correspondent
au milieu de l'intervalle de temps compris entre ces deux époques. Le
terme $\dfrac{i\mathrm{T}\,\Sigma\,cf\cos\delta}{\sin h}$ est, par ce qui précède, égal à $i.o'',6224\!8$: ces valeurs de δs et de δv donnent

$$\delta\theta = \frac{\delta s\,(\cos\theta + \sin\theta\,\text{tang}\,s\sin v) - (\delta v + i.o'',6224\!8)\sin\theta\cos v}{\cos\theta\sin v + \sin\theta\,\text{tang}\,s},$$

$$\delta\psi = \frac{\delta s\,\text{tang}\,s\cos v + (\delta v + i.o'',6224\!8)\sin v}{\cos\theta\sin v + \sin\theta\,\text{tang}\,s}.$$

Les variations observées de l'ascension droite et de la déclinaison des
étoiles feront ainsi connaître celles de θ et de ψ. C'est de cette manière
que Bradley a reconnu l'inégalité principale de θ, désignée par le nom
de *nutation*, et qui dépend de la longitude du nœud de l'orbite lunaire.
Ses observations lui ont donné $27'',778$ pour le coefficient de $\cos\lambda'$ dans
l'expression de θ; Maskelyne, par une discussion plus exacte encore
des mêmes observations, a trouvé ce coefficient égal à $29'',321$, et nous
l'avons trouvé, par la théorie, égal à $31'',036$; la petite différence est
dans les limites des erreurs des observations, qui s'accordent autant
qu'on doit le souhaiter avec la loi de la pesanteur universelle. On les
ferait coïncider exactement en diminuant un peu la valeur de λ, que

nous avons supposée égale à 3; on pourrait même déterminer cette valeur par ces observations; mais, les phénomènes des marées me paraissant la donner avec plus d'exactitude, le coefficient dont nous venons de parler doit très-peu différer de $31'',036$.

Le mouvement rétrograde ψ des équinoxes sur l'écliptique fixe est produit par le mouvement rétrograde du pôle terrestre sur un cercle parallèle à cette écliptique; ce second mouvement est égal à $\psi \sin h$, ou à $u \sin h - \dfrac{D.c'}{(1 \div \lambda) f} \dfrac{\cos 2h}{\cos h} \sin \Lambda'$, en ne considérant, avec les astronomes, que la plus grande des inégalités périodiques de ψ. L'inégalité $\dfrac{D.c'}{(1 \div \lambda) f} \cos \Lambda'$ de θ indique dans le pôle terrestre un mouvement dans le sens du cercle de latitude qui passe par ce pôle. Ces deux mouvements peuvent être représentés de cette manière. On conçoit le pôle de l'équateur mû sur la circonférence d'une petite ellipse tangente à la sphère céleste, et dont le centre, que l'on peut regarder comme le pôle moyen de l'équateur, décrit uniformément, chaque année, $155'',20$ du parallèle à l'écliptique fixe sur lequel il est situé. Le grand axe de cette ellipse, toujours tangent au cercle de latitude et dans le plan de ce grand cercle, sous-tend un angle de $62'',1$; le grand axe est au petit axe comme le cosinus de l'obliquité de l'écliptique est au cosinus du double de cette obliquité; ce petit axe sous-tend par conséquent un angle de $46'',2$. La situation du vrai pôle de l'équateur sur cette ellipse se détermine ainsi. On imagine sur le plan de l'ellipse un petit cercle qui a le même centre, et dont le diamètre est égal à son grand axe; on conçoit encore un rayon de ce cercle, mû uniformément d'un mouvement rétrograde, de manière que ce rayon coïncide avec la moitié du grand axe la plus voisine de l'écliptique, toutes les fois que le nœud moyen ascendant de l'orbe lunaire coïncide avec l'équinoxe du printemps; enfin de l'extrémité de ce rayon mobile on abaisse une perpendiculaire sur le grand axe de l'ellipse; le point où cette perpendiculaire coupe la circonférence de cette ellipse est le lieu du vrai pôle de l'équateur.

Jusqu'ici les astronomes n'ont point eu égard aux inégalités dépendantes de l'angle $2v$; mais, vu la précision des observations modernes, ces inégalités ne doivent point être négligées.

14. Reprenons la valeur de l, trouvée dans le n° 6, et, pour plus d'exactitude, conservons les carrés des excentricités et des inclinaisons des orbites; on aura

$$lT = \frac{3\,m}{4\,n}\, mT \cos h\, \frac{2C - A - B}{C} \left(\frac{1}{(1 - e^2)^{\frac{3}{2}}} + \lambda . \frac{2\cos^2\gamma - \sin^2\gamma}{2(1 - e'^2)^{\frac{3}{2}}} \right),$$

e étant l'excentricité de l'orbite solaire, e' étant celle de l'orbite lunaire, et γ étant l'inclinaison de l'orbite lunaire à l'écliptique. Les observations donnent

$$e = 0,016814, \qquad e' = 0,0550368;$$

$\frac{m}{n}$ est le rapport du jour sidéral à l'année sidérale, et ce rapport est égal à $0,00273033$; on aura ainsi

$$lT = \frac{2C - A - B}{C} (1 + \lambda . 0,992010) . 7516'',30.$$

On peut supposer sans erreur sensible, par le numéro précédent, $lT = 155'',20$; on aura donc, en faisant $\lambda = 3(1 + \delta)$,

$$\frac{2C - A - B}{C} = \frac{0,00519323}{1 + \delta.0,748493}.$$

On a à fort peu près, par le n° 2,

$$\frac{2C - A - B}{C} = \frac{2\alpha\left(h - \frac{1}{2}\varphi\right)\int \rho a^2\, da}{\int \rho a^4\, da};$$

il est remarquable que la valeur de h^{iv} du même numéro n'entre point dans cette équation; d'où il suit que les mouvements de la Terre autour de son centre de gravité sont les mêmes que si elle était un ellipsoïde de révolution, dont αh serait l'ellipticité. $\frac{1}{2}\alpha\varphi$ étant égal à $\frac{1}{578}$, la comparaison des deux expressions précédentes de $\frac{2C - A - B}{C}$ donnera

$$\alpha h = 0,0017301 + \frac{0,0025966 . \int \rho a^4\, da}{(1 + \delta.0,748493)\int \rho a^2\, da}.$$

On doit supposer, conformément aux lois de l'Hydrostatique, que la densité des couches du sphéroïde terrestre diminue du centre à la surface, et dans ce cas $\int \rho a^4 da$ est plus petit que $\frac{3}{5} \int \rho a^2 da$; en faisant donc $\mathscr{C} = 0$, conformément aux observations des marées, la valeur de αh sera moindre que $0,0032881$ ou que $\frac{1}{304}$. Si la Terre est elliptique, αh exprime son ellipticité; on ne peut donc pas supposer cette ellipticité plus grande que $\frac{1}{304}$. Cette fraction et celle-ci $\frac{1}{578}$ sont les limites de cette ellipticité, qui résultent des phénomènes de la précession et de la nutation de l'axe terrestre.

On a vu, dans le Livre III, que $\alpha h = \frac{5}{4} \alpha \varphi$, dans l'hypothèse de l'homogénéité de la Terre, ce qui donne, en vertu de l'équation précédente, $3\mathscr{C}$ égal à fort peu près à $- \frac{8}{5}$, et par conséquent $\lambda = \frac{7}{5}$. Cette valeur est trop éloignée de satisfaire aux phénomènes des marées pour pouvoir être admise. Dans ce cas, la nutation ne serait que $\frac{7}{9}$ de la précédente, et par conséquent $24'',1$, ce qui diffère trop des observations astronomiques pour être admis; ainsi ces observations et celles des marées concourent à faire rejeter l'hypothèse de la Terre homogène. Déjà les observations de la longueur du pendule à secondes nous ont conduits à ce résultat dans le Livre III; elles nous ont donné $\frac{1}{344}$ au plus pour la valeur de αh. Cette fraction étant moindre que $\frac{1}{304}$, on voit que les observations de la longueur du pendule se concilient très-bien avec celles de la nutation et de la précession et avec les observations des marées.

Pour mieux saisir l'ensemble des phénomènes qui tiennent à la figure de la Terre et leur accord avec le principe de la pesanteur universelle, rappelons les divers résultats auxquels nous sommes parvenus sur la nature des rayons terrestres.

L'expression du rayon d'un sphéroïde quelconque très-peu différent d'une sphère peut être mise sous cette forme

$$1 + \alpha \left(Y^{(1)} + Y^{(2)} + Y^{(3)} + Y^{(4)} + \ldots \right).$$

Si l'on fixe relativement à la Terre l'origine de ce rayon au centre de gravité de la planète, on a vu, dans le n° 31 du Livre III, que les conditions de l'équilibre de la mer donnent $Y^{(1)} = 0$, ce qui réduit l'expression du rayon terrestre à cette forme

$$1 + \alpha(Y^{(2)} + Y^{(3)} + Y^{(4)} + \ldots).$$

L'état permanent de l'équilibre de la mer exige que l'axe de rotation de la Terre soit un de ses axes principaux, et pour cela il faut, par le n° **32** du Livre III, que $Y^{(2)}$ soit de cette forme

$$- h\left(\mu^2 - \tfrac{1}{3}\right) + h^{iv}\left(1 - \mu^2\right)\cos 2\varpi,$$

h et h^{iv} étant deux constantes arbitraires que l'observation seule peut déterminer, et qui dépendent de la constitution du globe terrestre.

Ces résultats sont les seuls que fournit l'état permanent de l'équilibre de la Terre; ils sont communs à tous les corps célestes que recouvre un fluide en équilibre. Les observations sur la longueur du pendule à secondes ont donné de nouvelles lumières sur la nature du rayon terrestre : elles nous ont appris que la constante αh est à fort peu près égale à $0,002978$, par le n° **42** du Livre III; que la constante h^{iv} est insensible relativement à h; que la quantité $Y^{(3)} + Y^{(4)} + \ldots$ est pareillement très-petite relativement à $Y^{(2)}$; qu'il en est de même de la première différence de cette quantité par rapport à celle de $Y^{(2)}$, et qu'ainsi l'on peut, dans le calcul du rayon terrestre et de sa première différence, lui supposer, sans erreur sensible, cette forme

$$1 - 0,002978 \cdot \left(\mu^2 - \tfrac{1}{3}\right).$$

Les mesures des degrés des méridiens font voir que cette supposition ne doit pas s'étendre jusqu'aux secondes différences du rayon terrestre, et que la fonction $Y^{(3)} + Y^{(4)} + \ldots$ acquiert, par une seconde différentiation, une valeur sensible.

Le phénomène de la précession des équinoxes et de la nutation de l'axe terrestre ne dépend, comme on l'a vu, que de $Y^{(2)}$; il ne détermine pas la valeur de αh, mais il donne les limites entre lesquelles cette valeur est comprise : ces limites sont $\frac{1}{301}$ et $\frac{1}{578}$; la valeur précédente, qui résulte des observations sur la pesanteur, tombe dans ces limites;

elle indique, de plus, une diminution dans la densité des couches du sphéroïde terrestre, depuis le centre jusqu'à la surface, sans nous instruire cependant de la véritable loi de cette diminution, dont l'existence est prouvée d'ailleurs soit par la stabilité de l'équilibre des mers, soit par le peu d'action des montagnes sur le fil-à-plomb, soit enfin par les principes de l'Hydrostatique, qui exigent que, si la Terre a été primitivement fluide, les parties voisines du centre soient en même temps les plus denses.

Ainsi chaque phénomène dépendant de la figure de la Terre nous éclaire sur la nature du rayon terrestre, et l'on voit qu'ils sont tous parfaitement d'accord entre eux. Ils ne suffisent pas, à la vérité, pour nous faire connaître la constitution intérieure de la Terre; mais ils indiquent l'hypothèse la plus vraisemblable, celle d'une densité décroissante du centre à la surface. La pesanteur universelle est donc la vraie cause de ces phénomènes, et, si elle ne s'y manifeste pas d'une manière aussi précise que dans les mouvements planétaires, cela vient de ce que les inégalités de la force attractive des planètes, qui tiennent aux petites irrégularités de leur surface ou de leur intérieur, disparaissent à de grandes distances, et ne laissent apercevoir que le simple phénomène de la tendance mutuelle de ces corps vers leurs centres de gravité.

L'hypothèse de Bouguer, que nous avons examinée dans le n° 33 du Livre III, donne $\alpha h = 0,0054717$ ou $\frac{1}{183}$, ce qui s'éloigne trop de la limite $\frac{1}{305}$ pour être admissible; ainsi les phénomènes de la précession et de la nutation concourent avec les observations du pendule à faire rejeter cette hypothèse.

CHAPITRE II.

DES MOUVEMENTS DE LA LUNE AUTOUR DE SON CENTRE DE GRAVITÉ.

15. La Lune, en tournant autour de la Terre, nous présente toujours, à fort peu près, la même face, ce qui prouve que son moyen mouvement de rotation est exactement égal à son moyen mouvement de révolution, et que son axe de rotation est presque perpendiculaire au plan de l'écliptique. Les observations du mouvement des taches de la Lune conduisirent Dominique Cassini à ce résultat remarquable, savoir que *l'équateur lunaire est incliné d'environ $2^\circ 8'$ au plan de l'écliptique, et que le nœud descendant de cet équateur coïncide constamment avec le nœud ascendant de l'orbite lunaire.* Tobie Mayer a confirmé, depuis, ce résultat par un grand nombre d'observations, qu'il a faites lui-même vers le milieu de ce siècle et qu'il a discutées avec tout le soin possible : seulement il a trouvé l'inclinaison de l'équateur lunaire à l'écliptique moindre que Cassini ne l'avait supposée, et de $1^\circ 65'$; et, pour détruire le soupçon que cette inclinaison a pu diminuer depuis le temps de ce grand astronome, il assure avoir reconnu, par les observations de ce temps, qu'elle était la même alors qu'aujourd'hui, c'est-à-dire de $1^\circ 65'$. Voyons maintenant ce qui doit résulter, à cet égard, de l'action de la Terre et du Soleil sur le sphéroïde lunaire.

16. Considérons d'abord l'action de la Terre, et reprenons pour cela les équations (G) du n° 4, qui s'appliquent évidemment à la Lune, en observant qu'alors L représente la Terre, r, son rayon vecteur mené du centre de la Lune, supposé immobile, et que X, Y, Z sont les trois

coordonnées de la Terre, rapportées à une écliptique fixe passant par le centre de la Lune. L'angle θ étant fort petit, nous négligerons son carré et son produit par Z; nous négligerons pareillement le produit $\dfrac{B-A}{C} rq$, à cause de la petitesse des trois facteurs $\dfrac{B-A}{C}$, r et q : les équations (G) deviendront ainsi

$$(\text{G}')\quad\begin{cases} dp = \dfrac{3\,\mathrm{L}\,dt}{2\,r_{\prime}^{3}}\,\dfrac{B-A}{C}\left[(\mathrm{Y}^2 - \mathrm{X}^2)\sin 2\varphi + 2\,\mathrm{XY}\cos 2\varphi\right], \\[2ex] dq + \dfrac{C-B}{A}\,rp\,dt = \dfrac{3\,\mathrm{L}\,dt}{r_{\prime}^{3}}\,\dfrac{C-B}{A}\left[\begin{array}{l}(\mathrm{Y}^2\theta + \mathrm{YZ})\cos\varphi \\ -(\mathrm{XY}\theta + \mathrm{XZ})\sin\varphi\end{array}\right], \\[3ex] dr + \dfrac{A-C}{B}\,pq\,dt = \dfrac{3\,\mathrm{L}\,dt}{r_{\prime}^{3}}\,\dfrac{A-C}{B}\left[\begin{array}{l}(\mathrm{XY}\theta + \mathrm{XZ})\cos\varphi \\ +(\mathrm{Y}^2\theta + \mathrm{YZ})\sin\varphi\end{array}\right]. \end{cases}$$

Si l'on nomme v le mouvement vrai en longitude de la Terre vue de la Lune, ce mouvement étant rapporté au nœud descendant de l'équateur lunaire, on aura, en négligeant le carré de l'inclinaison de l'orbite lunaire à l'écliptique,

$$\mathrm{X} = r_{\prime}\cos v, \qquad \mathrm{Y} = r_{\prime}\sin v;$$

la première des équations (G') devient ainsi

$$dp = \dfrac{3\,\mathrm{L}\,dt}{2\,r_{\prime}^{3}}\,\dfrac{B-A}{C}\sin(2v - 2\varphi).$$

Pour intégrer cette équation, nous observerons que, si l'on désigne par m la vitesse moyenne angulaire de la Terre autour de la Lune, son moyen mouvement sera $\int m\,dt$, et l'on aura

$$v = \int m\,dt + \psi + \mathrm{H}\sin\mathrm{H} + \ldots,$$

$\mathrm{H}\sin\mathrm{H} + \ldots$ exprimant les inégalités de v, ordonnées par rapport au moyen mouvement. Soit

$$u = \varphi - \psi - \int m\,dt;$$

on aura

$$2v - 2\varphi = -2u + 2\mathrm{H}\sin\mathrm{H} + \ldots,$$

et par conséquent,

$$\sin(2v - 2\varphi) = -\sin 2u + 2\mathrm{H}\cos 2u\sin\mathrm{H} + \ldots.$$

Si l'on néglige le carré de θ, on a, par le n° 4,

$$p = \frac{d\varphi - d\psi}{dt};$$

partant,

$$\frac{dp}{dt} = \frac{d^2u}{dt^2} + \frac{dm}{dt};$$

la première des équations (G') prendra donc cette forme

$$\frac{d^2u}{dt^2} + \frac{dm}{dt} = -\frac{3L}{2r_{\prime}^3}\frac{B-A}{C}\sin 2u + \frac{3L}{r_{\prime}^3}\frac{B-A}{C}\Pi\cos 2u \sin\Pi + \ldots$$

Les observations nous ayant fait connaître que le moyen mouvement de rotation de la Lune est égal à son moyen mouvement de révolution autour de la Terre, l'angle u est toujours fort petit, en sorte que l'on peut supposer $\sin 2u = 2u$, et $\cos 2u = 1$; on a d'ailleurs, à fort peu près, $\dfrac{L}{r_{\prime}^3} = m^2$; on aura donc

$$\frac{d^2u}{dt^2} + 3m^2\frac{B-A}{C}u = -\frac{dm}{dt} + 3m^2\frac{B-A}{C}\Pi\sin\Pi + \ldots$$

La valeur de $\dfrac{dm}{dt}$ dépend de l'équation séculaire de la Lune, et nous verrons dans la théorie de la Lune que, si $m't$ est le moyen mouvement sidéral du Soleil, et e' l'excentricité de son orbite, on a

$$-\frac{dm}{dt} = \frac{3m'^2 e'de'}{m\,dt};$$

on aura donc à très-peu près, en intégrant l'équation précédente et en négligeant la quantité $\dfrac{m'^2 d^2(e'de')}{m^5 dt^3 \dfrac{B-A}{C}}$,

$$u = Q\sin\left(mt\sqrt{3\frac{B-A}{C}} + F\right) + \frac{m'^2 e'\dfrac{de'}{dt}}{m^3\dfrac{B-A}{C}}$$

$$- 3m^2\frac{B-A}{C}\frac{\Pi\sin\Pi}{\left(\dfrac{d\Pi}{dt}\right)^2 - 3m^2\dfrac{B-A}{C}} - \ldots,$$

Q et F étant deux constantes arbitraires. Examinons les conséquences qui résultent de cette intégrale.

Nous observerons d'abord que le terme $\dfrac{m'^3 e' \frac{de'}{dt}}{m^3 \cdot \frac{B - A}{C}}$ de cette intégrale est insensible, quoique divisé par la petite fraction $\dfrac{B - A}{C}$, vu l'excessive lenteur avec laquelle l'excentricité e' varie; on peut donc négliger ce terme. Tous les autres termes de l'expression de u varient d'une manière beaucoup plus rapide; mais cette expression reste toujours fort petite, si Q est un petit coefficient. Présentement, l'équation

$$\frac{dp}{dt} = \frac{d^2 u}{dt^2} + \frac{dm}{dt}$$

donne

$$\textstyle\int p\, dt = u + \int m\, dt;$$

$\int p\, dt$ est, par le n° 8, le mouvement de rotation de la Lune autour de son troisième axe principal; on voit donc que les deux moyens mouvements de rotation et de révolution de cet astre sont parfaitement égaux entre eux, et que l'action de la Terre sur le sphéroïde lunaire fait participer le premier de ces deux mouvements aux inégalités séculaires du second. Il n'est point nécessaire pour cette égalité parfaite qu'à l'origine les deux mouvements de rotation et de révolution aient été égaux, ce qui serait infiniment peu vraisemblable; il suffit qu'à cette origine, où nous supposons $t = 0$, la vitesse p de rotation de la Lune ait été comprise dans les limites

$$m + mQ \sqrt{\frac{3(B - A)}{C}} + \ldots \qquad \text{et} \qquad m - mQ \sqrt{\frac{3(B - A)}{C}} - \ldots,$$

limites dont l'étendue est arbitraire, à cause de l'arbitraire Q. Cette étendue est, à la vérité, fort petite, à raison de la petitesse de Q et de $\sqrt{\frac{3(B - A)}{C}}$; mais elle suffit pour faire disparaître l'invraisemblance qu'il y a à supposer qu'à l'origine les mouvements ont été tels que, dans la suite, le moyen mouvement de rotation de la Lune a constamment égalé son mouvement moyen de révolution.

La valeur de u exprime la libration réelle de la Lune en longitude, libration qui n'est que l'excès de son mouvement réel de rotation sur son moyen mouvement. Cette valeur renferme d'abord l'argument $Q \sin\left(mt \sqrt{\dfrac{3(B-A)}{C}} + F\right)$, dont l'étendue est arbitraire; mais, les observations ne l'ayant point fait reconnaître, il doit être peu considérable. Il en résulte que $\sqrt{\dfrac{3(B-A)}{C}}$ est un nombre réel; car, s'il était imaginaire, l'argument précédent se changerait en exponentielles ou en arcs de cercle, qui, croissant indéfiniment avec le temps, pourraient augmenter indéfiniment la valeur de u, ce qui est contraire aux observations. A la vérité, si, $B-A$ étant négatif, Q était nul, il n'y aurait dans l'expression de u ni arcs de cercles, ni exponentielles; mais la plus légère cause pourrait les y introduire; ce serait le cas d'un état d'équilibre sans stabilité, ce qui ne peut être admis. $B-A$ est donc une quantité positive, c'est-à-dire que le moment d'inertie A de la Lune est plus petit que le moment d'inertie B. Le premier de ces moments est relatif à l'axe principal de l'équateur, dirigé vers la Terre; car il se rapporte au premier axe principal qui forme l'angle φ avec la ligne des équinoxes lunaires, tandis que le rayon mené du centre de la Lune à celui de la Terre forme l'angle v avec cette même ligne; or $\varphi - v$ est toujours, par ce qui précède, un petit angle; ainsi le premier axe principal du sphéroïde lunaire est toujours à peu près dirigé vers la Terre. L'équateur lunaire étant allongé dans ce sens en vertu de l'attraction terrestre, le moment d'inertie A doit être moindre que le moment d'inertie B relatif au second axe principal situé dans l'équateur.

La durée de la période de l'argument précédent est égale à un mois sidéral, divisé par le coefficient $\sqrt{\dfrac{3(B-A)}{C}}$; ce coefficient étant inconnu, il est impossible d'assigner cette durée. Nous verrons bientôt que, dans le cas où la Lune serait homogène, cette durée n'excéderait pas sept années, et que, dans le cas de la nature, la différence des moments d'inertie de la Lune par rapport à ses trois axes principaux est probablement plus grande que dans le cas de l'homogénéité. Cette remarque nous montre combien le terme $\dfrac{m'^2 c' de'}{m^3 \frac{B-A}{C} dt}$, que nous avons négligé ci-dessus, est insensible.

Parmi les termes de l'expression de u, il n'y a de sensibles que celui qui dépend de l'équation du centre de la Lune, à raison de sa grandeur, et les termes qui ont un très-petit diviseur et dans lesquels, par conséquent, $\dfrac{d\mathrm{H}}{dt}$ est très-petit. $\mathrm{H} \sin \mathrm{H} + \ldots$ est la somme des termes périodiques du mouvement vrai de la Lune, et, en supposant que $\mathrm{H} \sin \mathrm{H}$ exprime l'équation du centre, on a $\mathrm{H} = 70005''$; H étant ici l'anomalie moyenne de la Lune, on a $\left(\dfrac{d\mathrm{H}}{dt}\right)^2 = m^2 \cdot 0,98317$; on aura donc, dans l'expression de u, le terme

$$-\frac{3\dfrac{B-A}{C} \cdot 70005''.\sin \mathrm{H}}{0,98317 - 3\dfrac{B-A}{C}}$$

Si ce terme s'élevait à un nombre i de secondes, on aurait

$$\frac{B-A}{C} = \frac{i.0,32772}{i - 70005''}.$$

Puisque l'observation n'a point fait reconnaître le terme dont il s'agit, le nombre i ne doit pas excéder $\pm 6000''$, et alors $\dfrac{B-A}{C}$ doit être au-dessous de $0,030721$.

Parmi les termes de l'expression de u qui ont de très-petits diviseurs, on ne voit que l'équation annuelle qui puisse produire un terme sensible dans l'expression de u; cette équation est égale à $2064''.\sin \mathrm{H}$, H étant ici l'anomalie moyenne du Soleil; on a, de plus, $\dfrac{d\mathrm{H}}{dt} = m.0,0748$, et par conséquent $\left(\dfrac{d\mathrm{H}}{dt}\right)^2 = m^2.0,005595$; on aura donc, dans l'expression de u, l'argument

$$-\frac{3\dfrac{B-A}{C} \cdot 2064''.\sin \mathrm{H}}{0,005595 - 3\dfrac{B-A}{C}}$$

Si cet argument s'élevait au nombre i de secondes, on aurait

$$\frac{B - A}{C} = \frac{i.0,001865}{i + 2064''}.$$

Cet argument doit être peu considérable, puisqu'il n'a point été reconnu par l'observation; nous supposerons ainsi que i n'excède pas $\pm$ 6000''. Dans le cas de i positif, les deux limites de $\frac{B - A}{C}$ sont 0 et 0,0013876 : ces limites sont 0,0028430 et ∞ dans le cas de i négatif, et l'on vient de voir que $\frac{B - A}{C}$ ne peut pas excéder 0,0307211. Mais il est très-vraisemblable que $\frac{B - A}{C}$ est au-dessous de 0,0028430, et qu'ainsi i est positif.

17. Considérons maintenant la seconde et la troisième des équations (G') du numéro précédent. L'inclinaison θ de l'équateur lunaire à l'écliptique fixe étant supposée très-petite, nous transformerons les variables q et r en d'autres qui rendront l'intégration plus facile, ainsi que nous l'avons déjà fait pour un cas semblable, dans le n° 30 du Livre I; nous ferons donc

$$\theta \sin \varphi = s, \qquad \theta \cos \varphi = s',$$

ce qui donne

$$\frac{ds}{dt} = \frac{d\theta}{dt} \sin \varphi + \theta \frac{d\varphi}{dt} \cos \varphi,$$

$$\frac{ds'}{dt} = \frac{d\theta}{dt} \cos \varphi - \theta \frac{d\varphi}{dt} \sin \varphi.$$

Mais, si l'on néglige le carré de θ, on a, par le n° 4,

$$\frac{d\theta}{dt} = r \sin \varphi - q \cos \varphi,$$

$$\theta \frac{d\varphi}{dt} = \theta p + q \sin \varphi + r \cos \varphi;$$

on aura donc

$$\frac{ds}{dt} = ps' + r, \qquad \frac{ds'}{dt} = - ps - q,$$

d'où l'on tire

$$\frac{d^2 s}{dt^2} - p\frac{ds'}{dt} - s'\frac{dp}{dt} = \frac{dr}{dt},$$

$$\frac{d^2 s'}{dt^2} + p\frac{ds}{dt} + s\frac{dp}{dt} = -\frac{dq}{dt}.$$

En substituant ces valeurs de $\frac{dr}{dt}$ et de $-\frac{dq}{dt}$ dans les deux dernières des équations (G'), et observant que l'on peut supposer $p = m$ dans les produits de p et de sa différentielle par les variables très-petites s, s' et par leurs différences, on aura

$$\frac{d^2 s'}{dt^2} + m\frac{ds}{dt} = \frac{C-B}{A}mr + \frac{3L}{r_{\prime}^5}\frac{B-C}{A}[(Y^2\theta + YZ)\cos\varphi - (XY\theta + XZ)\sin\varphi],$$

$$\frac{d^2 s}{dt^2} - m\frac{ds'}{dt} = \frac{C-A}{B}mq + \frac{3L}{r_{\prime}^5}\frac{A-C}{B}[(XY\theta + XZ)\cos\varphi + (Y^2\theta + YZ)\sin\varphi].$$

Maintenant on a

$$r = \frac{ds}{dt} - ms', \qquad q = -\frac{ds'}{dt} - ms;$$

on a ensuite

$$X = r_{\prime}\cos v; \qquad Y = r_{\prime}\sin v;$$

de plus, $v - \varphi$ est toujours, par ce qui précède, un très-petit angle, de manière que l'on peut négliger son produit par les quantités θ et Z; les équations différentielles précédentes deviendront ainsi, en y substituant m^2 au lieu de $\frac{L}{r_{\prime}^3}$,

$$\frac{d^2 s'}{dt^2} + \frac{A-B-C}{A}m\frac{ds}{dt} - m^2\frac{B-C}{A}s' = 0,$$

$$\frac{d^2 s}{dt^2} - \frac{A+B-C}{B}m\frac{ds'}{dt} - 4m^2\frac{A-C}{B}s = 3m^2\frac{A-C}{B}\frac{Z}{r_{\prime}}.$$

$\frac{Z}{r_{\prime}}$ est la latitude de la Terre vue de la Lune, au-dessus du plan fixe, latitude qui est égale et de signe contraire à celle de la Lune vue de la Terre; on aura donc, par le n° 5,

$$\frac{Z}{r_{\prime}} = c'\sin(mt + g't + 6') + \Sigma c\sin(mt - gt - 6),$$

mt étant la longitude moyenne de la Terre, vue de la Lune, relativement à un équinoxe fixe, et $-g't-\theta'$ étant ici, par rapport au même
équinoxe, la longitude du nœud ascendant de l'orbite lunaire sur l'é-
cliptique mobile. La fonction $\Sigma c\,{\sin \atop \cos}\,(gt+\theta)$ dépend du déplacement
de l'écliptique mobile, et le coefficient g est extrêmement petit relativement à m et à g'. Soient donc

$$s = Q \sin(mt + g't + \theta'),$$
$$s' = Q'\cos(mt + g't + \theta')$$

les parties de s et de s' correspondantes au terme $c'\sin(mt + g't + \theta')$
de l'expression de $\dfrac{z}{r_{\prime}}$; on aura

$$Q' = \frac{m(m - g')(A + B - C)Q}{(m + g')^2 A + m^2(B - C)},$$

et, si l'on suppose

$$E = m^2(m + g')^2[(A + B - C)^2 - 4A(A - C) - B(B - C)]$$
$$- (m + g')^4 AB - 4m^4(A - C)(B - C),$$

on aura

$$Q = \frac{3m^2(A - C)c'}{E}[(m + g')^2 A + m^2(B - C)].$$

Si l'on néglige le carré de $\dfrac{g'}{m}$ et son produit par $A - C$, $B - C$ et $A - B$,
dans le numérateur et le dénominateur de cette expression de Q, on
aura

$$Q = -\frac{3m(A - C)c'}{3m(A - C) + 2Ag'};$$

on aura ensuite, en regardant g' comme très-petit, $Q' = Q$.

Il suit de là que les valeurs de s et de s', correspondantes à la valeur
de $\dfrac{z}{r_{\prime}}$, sont, en observant que g est insensible relativement à $3m\dfrac{C - A}{2A}$,

$$s = -\frac{3m(A - C)c'\sin(mt + g't + \theta')}{3m(A - C) + 2Ag'} - \Sigma c\sin(mt - gt - \theta),$$
$$s' = -\frac{3m(A - C)c'\cos(mt + g't + \theta')}{3m(A - C) + 2Ag'} - \Sigma c\cos(mt - gt - \theta).$$

Ces deux valeurs de s et de s' ne sont pas complètes; il faut encore leur ajouter celles qui auraient lieu dans le cas où Z serait nul; or il est aisé de voir que, si l'on nomme l et l' les deux valeurs positives de $m + g'$ dans l'équation $E = o$, on aura à très-peu près

$$s = P \sin(l t + I) + P' \sin(l' t + I'),$$

$$s' = P \cos(l t + I) + 2 P' \sqrt{\frac{A - C}{B - C}} \cos(l' t + I'),$$

$$l = m - \tfrac{3}{2} m \frac{A - C}{A},$$

$$l = 2 m \sqrt{\frac{(A - C)(B - C)}{A}},$$

P, P', I et I' étant quatre constantes arbitraires. En réunissant ces valeurs de s et de s' aux précédentes, on aura les valeurs complètes de ces variables.

Afin que ces valeurs n'augmentent point indéfiniment, et pour que l'inclinaison de l'équateur lunaire à l'écliptique soit toujours à peu près constante, conformément aux observations, il est nécessaire que le produit $(A - C)(B - C)$ soit positif; c'est, en effet, ce qui a lieu dans la nature; car le moment d'inertie C de la Lune, par rapport à son troisième axe principal, autour duquel elle tourne, est plus grand que les moments d'inertie A et B relatifs à ses deux autres axes principaux, puisque la Lune doit être plus aplatie dans le sens de ses pôles de rotation que dans tout autre sens.

Pour rapporter les variables s et s' à l'écliptique mobile, nommons θ, l'inclinaison de l'équateur lunaire sur cette écliptique, et φ, la distance angulaire du premier axe principal au nœud descendant de l'équateur lunaire relativement à la même écliptique; il est facile de voir que l'on aura

$$\theta, \sin\varphi, - \Sigma c \sin(\dot{m}t - gt - \varepsilon) = \theta \sin\varphi,$$

$$\theta, \cos\varphi, - \Sigma c \cos(mt - gt - \varepsilon) = \theta \cos\varphi;$$

en faisant donc $s_{,} = \theta_{,} \sin \varphi_{,}$, $s'_{,} = \theta_{,} \cos \varphi_{,}$, on aura

$$s_{,} = P \sin(lt + 1) + P' \sin(l't + l') - \frac{3m(A - C) c' \sin(mt + g't + \varepsilon')}{3m(A - C) + 2Ag'},$$

$$s'_{,} = P \cos(lt + 1) + 2P' \sqrt{\frac{A - C}{B - C}} \cos(l't + l') - \frac{3m(A - C) c' \cos(mt + g't + \varepsilon')}{3m(A - C) + 2Ag'}.$$

On voit ainsi que le mouvement de l'équateur lunaire sur l'écliptique vraie ou mobile est indépendant du mouvement de cette écliptique, en sorte que l'inclinaison moyenne de cet équateur sur l'écliptique vraie reste toujours la même, malgré le déplacement de cette écliptique, l'attraction de la Terre sur le sphéroïde lunaire ramenant sans cesse l'équateur de ce sphéroïde au même degré d'inclinaison.

Les deux valeurs de $s_{,}$ et de $s'_{,}$ donnent

$$\operatorname{tang}\varphi_{,} = \frac{\left\{\begin{array}{c} 3m(A - C) c' \sin(mt + g't + \varepsilon') \\ - [3m(A - C) + 2Ag'][P \sin(lt + 1) + P' \sin(l't + l')] \end{array}\right\}}{\left\{\begin{array}{c} 3m(A - C) c' \cos(mt + g't + \varepsilon') \\ - [3m(A - C) + 2Ag']\left[P \cos(lt + 1) + 2P' \sqrt{\dfrac{A - C}{B - C}} \cos(l't + l')\right] \end{array}\right\}}.$$

Supposons d'abord P et P' nuls; on aura

$$\operatorname{tang}\varphi_{,} = \operatorname{tang}(mt + g't + \varepsilon'),$$

ce qui donne l'une ou l'autre de ces deux valeurs de $\varphi_{,}$,

$$\varphi_{,} = mt + g't + \varepsilon',$$
$$\varphi_{,} = \pi + mt + g't + \varepsilon',$$

π étant la demi-circonférence ou égal à deux angles droits. Pour déterminer laquelle de ces deux valeurs a lieu dans la nature, nous observerons que $- g't - \varepsilon'$ est la longitude du nœud ascendant de l'orbite lunaire sur l'écliptique vraie, et les observations nous apprennent que cette longitude est la même que celle du nœud descendant de cet équateur sur cette écliptique; or le mouvement de rotation de la Lune étant égal à son moyen mouvement de révolution, et son premier axe principal étant toujours à peu près dirigé vers la Terre, on a $\varphi_{,}$ plus la longitude du nœud descendant de l'équateur lunaire, égal à mt; on a donc

$$\varphi_, = mt + g't + 6'.$$

Ainsi la première des deux valeurs de $\varphi_,$ doit seule être admise; l'équation $s_, = \theta_, \sin\varphi_,$ donnera, par conséquent,

$$\theta_, = -\frac{3m(C - A)\,c'}{2Ag' - 3m(C - A)},$$

d'où l'on tire

$$\frac{C - A}{A} = \frac{2g'\theta_,}{3m(c' + \theta_,)}.$$

Mayer a trouvé, par ses observations, $\theta_, = 165'$; on a de plus

$$c' = \tan 5°,7188, \quad \text{et} \quad g' = m \cdot 0,004019;$$

partant,

$$\frac{C - A}{A} = 0,000599.$$

Les résultats précédents n'ont lieu que dans le cas où les arbitraires P et P' sont nulles; examinons le cas dans lequel ces constantes, sans être nulles, sont très-petites. On a généralement

$$\tan(\varphi_, - mt - g't - 6') = \frac{\tan\varphi_, - \tan(mt + g't + 6')}{1 + \tan\varphi_, \tan(mt + g't + 6')};$$

en substituant dans le second membre de cette équation, au lieu de $\tan\varphi_,$, sa valeur complète, et faisant, pour abréger,

$$Q = \frac{-3m(C - A)\,c'}{2Ag' - 3m(C - A)},$$

on aura

$$\tan(\varphi_, - mt - g't - 6') = \frac{\begin{aligned} &\mathrm{P}\sin(mt + g't + 6' - lt - l)\\ &+ \mathrm{P}'\left(\sqrt{\tfrac{A - C}{B - C}} + \tfrac{1}{2}\right)\sin(mt + g't + 6' - l't - l')\\ &+ \mathrm{P}'\left(\sqrt{\tfrac{A - C}{B - C}} - \tfrac{1}{2}\right)\sin(mt + g't + 6' + l't + l')\end{aligned}}{\begin{aligned} &Q - \mathrm{P}\cos(mt + g't + 6' - lt - l)\\ &- \mathrm{P}'\left(\sqrt{\tfrac{A - C}{B - C}} + \tfrac{1}{2}\right)\cos(mt + g't + 6' - l't - l')\\ &- \mathrm{P}'\left(\sqrt{\tfrac{A - C}{B - C}} - \tfrac{1}{2}\right)\cos(mt + g't + 6' + l't + l')\end{aligned}}.$$

L'angle $\varrho, - mt - g't - \mathscr{C}'$ n'atteindra jamais un angle droit, en plus
ou en moins, si le dénominateur de cette fraction est constamment du
même signe que Q et ne devient jamais nul; car il est visible que, la
tangente de l'angle droit étant infinie, ce dénominateur serait nul au
passage de l'angle $\varrho, - mt - g't - \mathscr{C}'$ par l'angle droit. Réciproquement, on voit que si ce dénominateur changeait de signe, il passerait
par zéro, ce qui rendrait infinie la tangente de l'angle dont il s'agit,
qui deviendrait alors un angle droit; ainsi, les observations faisant voir
que cela n'a jamais lieu, il en résulte que le dénominateur précédent
est constamment du même signe que Q, et qu'ainsi Q est plus grand
que $P + 2P'\sqrt{\dfrac{A-C}{B-C}}$. De plus, l'angle $\varrho, - mt - g't - \mathscr{C}'$ étant toujours très-petit, suivant les observations, il en résulte que les quan-
tités P et P' sont très-petites par rapport à Q; or l'inclinaison de
l'équateur lunaire à l'écliptique vraie est égale à $\sqrt{s^2 + s'^2}$; cette
inclinaison est donc à très-peu près constante et égale à Q; ainsi le
phénomène de la coïncidence des nœuds de l'équateur et de l'orbite
lunaire, et celui de la constance de leur inclinaison mutuelle sont liés
l'un à l'autre par la théorie de la pesanteur, et les observations qui les
donnent simultanément confirment admirablement cette théorie.

Nous avons observé, dans le n° 4, que, relativement à la Terre, les
constantes arbitraires dépendantes de l'état initial de son mouvement
de rotation sont nulles, ou du moins insensibles par les observations
les plus précises. On voit, par ce qui précède et par le n° 15, que le
même résultat a lieu pour la Lune, et il est naturel de penser qu'il
s'étend à tous les corps célestes. On conçoit, en effet, que, sans les
attractions étrangères, toutes les parties de chacun de ces corps, en
vertu des frottements et des résistances qu'elles opposent à leurs mouvements réciproques, auraient pris à la longue un état constant d'équilibre, qui ne peut subsister qu'avec un mouvement uniforme de rotation autour d'un axe invariable; les observations ne doivent donc plus
offrir que les résultats dus aux attractions étrangères.

18. Voyons ce qui résulte des recherches précédentes, relativement

à la figure de la Lune. A et B sont plus petits que C; on a vu, dans le n° 16, que B est plus grand que A, et que $\dfrac{B-A}{C}$ est compris entre les limites zéro et $0,0013876$; enfin nous avons trouvé, dans le numéro précédent, que $\dfrac{C-A}{A}$ est à fort peu près égal à $0,000599$: tels sont les résultats des observations relativement aux trois moments d'inertie A, B, C. Comparons-les à ceux de la théorie de la figure du sphéroïde lunaire.

En substituant pour A, B, C leurs valeurs données dans le n° 2, on aura

$$\frac{B-A}{C} = \frac{15\,\alpha \int\!\!\int\!\!\int \rho\, d\,(a^3\,Y^{(2)})\, d\mu\, d\varpi\,(1-\mu^2)\cos 2\varpi}{8\pi \int \rho\, d.a^5},$$

$$\frac{C-A}{A} = \frac{15\,\alpha \int\!\!\int\!\!\int \rho\, d\,(a^3\,Y^{(2)})\, d\mu\, d\varpi\,[(1-\mu^2)\cos^2\varpi - \mu^2]}{8\pi \int \rho\, d.a^5}.$$

L'attraction de la Terre sur la Lune influe sur la figure de ce satellite et l'allonge dans le sens de l'axe dirigé vers cette planète. En supposant la Lune recouverte d'un fluide en équilibre, et en observant que la Terre peut être supposée dans le plan de son équateur, en prenant enfin pour le premier méridien lunaire où l'on fixe l'origine de l'angle ϖ celui qui passe par le premier et le troisième axe principal, et prenant pour unité le premier demi-axe, on trouvera, par le n° 29 du Livre III,

$$\frac{4\alpha\pi}{5} \int \rho\, d\,(a^3\,Y^{(2)}) = \frac{1}{3}\alpha\pi\, Y^{(2)} \int \rho\, d.a^3 + \frac{g}{2}\left(\mu^2 - \tfrac{1}{3}\right) - \frac{3L}{2r^3}\left[(1-\mu^2)\cos^2\varpi - \tfrac{1}{3}\right];$$

g est la force centrifuge d'un point de l'équateur lunaire; cette force, à la distance r, du centre de la Lune, est égale à gr, et, puisque le mouvement de rotation de la Lune est égal à son moyen mouvement de révolution, on aura, à très-peu près, $gr = \dfrac{L}{r^2}$. Nommons λ le rapport de la masse L de la Terre à celle de la Lune; nous aurons

$$L = \tfrac{4}{3}\pi\lambda \int \rho\, d.a^3;$$

on aura, cela posé, en observant que, par le n° 32, $Y^{(2)}$ est de la
forme $-h(\mu^2 - \frac{1}{3}) + h^{iv}(1 - \mu^2)\cos 2\varpi$,

$$(i) \quad \begin{cases} \alpha \int \rho\, d(a^5 Y^{(2)}) = \frac{3}{3}\left(\alpha h - \dfrac{5\lambda'}{4 r_{,}^3}\right)\left(\tfrac{1}{3} - \mu^2\right) \int \rho\, d.a^3 \\[2ex] \qquad\qquad + \frac{5}{3}\left(\alpha h^{iv} - \dfrac{3\lambda'}{4 r_{,}^3}\right)(1 - \mu^2)\cos 2\varpi \int \rho\, d.a^3; \end{cases}$$

on aura donc

$$\frac{B - A}{C} = \frac{10}{3}\left(\alpha h^{iv} - \frac{3\lambda'}{4 r_{,}^3}\right)\frac{\int \rho\, d.a^3}{\int \rho\, d.a^5},$$

$$\frac{C - A}{A} = \frac{5}{3}\left(\alpha h + \alpha h^{iv} - \frac{2\lambda'}{r_{,}^3}\right)\frac{\int \rho\, d.a^3}{\int \rho\, d.a^5}.$$

Dans le cas de la Lune homogène, l'équation (i) donne

$$\alpha Y^{(2)} = \frac{5}{3}\left(\alpha h - \frac{5\lambda'}{4 r_{,}^3}\right)\left(\tfrac{1}{3} - \mu^2\right) + \frac{5}{3}\left(\alpha h^{iv} - \frac{3\lambda'}{4 r_{,}^3}\right)(1 - \mu^2)\cos 2\varpi;$$

en comparant cette expression à celle-ci

$$\alpha Y^{(2)} = \alpha h\left(\tfrac{1}{3} - \mu^2\right) + \alpha h^{iv}(1 - \mu^2)\cos 2\varpi,$$

on aura

$$\alpha h = \frac{25\lambda'}{8 r_{,}^3}, \qquad \alpha h^{iv} = \frac{15\lambda'}{8 r_{,}^3} = \tfrac{3}{5}\alpha h.$$

On peut observer ici que $\alpha h + \alpha h^{iv}$ exprime l'excès du premier demi-
axe principal, dirigé vers la Terre, sur le demi-axe du pôle, et que
$\alpha h - \alpha h^{iv}$ exprime l'excès du second demi-axe principal sur le demi-
axe du pôle; dans le cas de l'homogénéité ces excès sont $\frac{40\lambda'}{8 r_{,}^3}$ et $\frac{10\lambda'}{8 r_{,}^3}$;
le premier est donc quadruple du second. On a, dans ce même cas,

$$\frac{B - A}{C} = \frac{15\lambda'}{4 r_{,}^3}, \qquad \frac{C - A}{A} = \frac{5\lambda'}{r_{,}^3};$$

$\frac{1}{r_{,}}$ est le demi-diamètre apparent de la Lune, dont nous avons pris le
demi-diamètre réel pour unité, et, suivant les observations, ce demi-

diamètre est égal à $2912''$; ainsi l'on peut supposer $\frac{1}{r_{,}} = \sin 2912''$, ce qui donne

$$\frac{B - A}{C} = 0,0000003618.\lambda', \qquad \frac{C - A}{A} = 0,0000004824.\lambda';$$

les conditions de A et de B moindres que C, et de B plus grand que A se trouvent alors remplies. Nous avons vu, dans le Livre IV, que les phénomènes des marées donnent à peu près $\lambda' = 59$, et alors la condition de $\frac{B - A}{C}$ plus petit que $0,0013876$ est encore remplie; mais la condition de $\frac{C - A}{A}$ égal à peu près à $0,000599$ est bien loin de l'être, et en supposant même $\lambda' = 1000$, elle ne le serait pas; d'où il suit que la Lune n'est pas homogène, ou qu'elle est éloignée d'avoir la figure qu'elle prendrait si elle était fluide.

Dans le cas où la Lune, formée de couches de densités variables, aurait été primitivement fluide et aurait conservé la figure d'équilibre qu'elle a dû prendre alors, il résulte du n° 30 du Livre III que le rayon du sphéroïde lunaire est, comme dans le cas de l'homogénéité, de la forme

$$1 + \alpha h \left(\tfrac{1}{3} - \mu^2 \right) + \tfrac{1}{3} \alpha h (1 - \mu^2) \cos 2\varpi,$$

et alors, comme dans le cas de l'homogénéité, l'excès du demi-axe principal dirigé vers la Terre sur le demi-axe du pôle est quadruple de l'excès du second demi-axe principal sur le demi-axe du pôle. L'équation (i) donne

$$\alpha h - \frac{3}{5} \frac{\alpha \int \rho \, d(a^3 h)}{\int \rho \, d.a^3} = \frac{5\lambda'}{4 r_{,}^3}.$$

On a vu, dans le numéro cité du Livre III, que les valeurs de h vont en augmentant du centre à la surface, tandis que les densités vont en diminuant, en sorte que l'on peut supposer, à la surface,

$$\int \rho \, d(a^3 h) = (1 - q) h \int \rho \, d.a^3,$$

q étant positif; on aura ainsi

$$\alpha h = \frac{\dfrac{5}{4}\dfrac{\lambda'}{r_,^3}}{1 - \frac{3}{5}(1-q)\dfrac{\int \rho\, d.a^5}{\int \rho\, d.a^3}}.$$

Présentement on a $h^{\mathrm{iv}} = \frac{3}{5}h$; on aura donc

$$\frac{B-A}{C} = \frac{\dfrac{3}{2}\dfrac{\lambda'}{r_,^3}(1-q)\int \rho\, d.a^3}{\int \rho\, d.a^3 - \frac{3}{5}(1-q)\int \rho\, d.a^5},$$

$$\frac{C-A}{A} = \frac{\dfrac{2\lambda'}{r_,^3}(1-q)\int \rho\, d.a^3}{\int \rho\, d.a^3 - \frac{3}{5}(1-q)\int \rho\, d.a^5}.$$

Il est facile de voir que le cas de l'homogénéité est celui dans lequel la valeur de $\frac{C-A}{A}$ est la plus grande, puisque, les densités diminuant du centre à la surface, $\int \rho\, d.a^3$ est plus grand que $\int \rho\, d.a^5$; or nous venons de voir que, la Lune étant homogène, la valeur de $\frac{C-A}{A}$ est considérablement moindre que suivant les observations; la Lune n'a donc point la figure d'équilibre qu'elle aurait prise si elle avait été primitivement fluide.

On peut imaginer une infinité d'hypothèses dans lesquelles les moments d'inertie A, B, C satisfont aux conditions précédentes : sans doute les hautes montagnes et les autres inégalités que l'on observe à la surface de la Lune ont sur les différences de ces moments d'inertie une influence très-sensible, et d'autant plus grande que l'aplatissement du sphéroïde lunaire est fort petit et sa masse peu considérable.

19. Il reste à considérer l'influence de l'action du Soleil sur les mouvements de l'équateur lunaire; mais, sans entrer dans la discussion de cette action, il est facile de se convaincre qu'elle est insensible. Car, S exprimant la masse du Soleil et r'' sa distance moyenne à la Lune ou à la Terre, cette action est de l'ordre $\frac{S}{r''^3}$; elle est donc, par

rapport à l'action de la Terre sur la Lune, dans le rapport de $\frac{S}{r''^3}$ à $\frac{L}{r'^3}$: or la théorie des forces centrales donne ce rapport égal au carré du temps de la révolution sidérale de la Lune, divisé par le carré du temps de la révolution sidérale de la Terre, c'est-à-dire égal à $\frac{1}{178}$ environ ; on voit donc que l'action du Soleil sur le sphéroïde lunaire peut être négligée par rapport à l'action de la Terre sur le même sphéroïde.

CHAPITRE III.

DES MOUVEMENTS DES ANNEAUX DE SATURNE AUTOUR DE LEURS CENTRES DE GRAVITÉ.

20. En traitant de la figure des anneaux de Saturne, on a vu que chaque anneau est un solide dont le centre de figure coïncide à peu près avec celui de Saturne, mais dont le centre de gravité peut et doit se trouver dans un point différent. Ce centre tourne autour de la planète dans le même temps que l'anneau, et il est aisé de voir que l'anneau tourne autour de son centre de gravité dans le même temps qu'autour de Saturne. L'action du Soleil et des satellites sur ces anneaux doit produire dans leurs plans des mouvements de précession, analogues à ceux de l'équateur de la Terre, et, cette action étant différente pour chacun des anneaux, il semble que ces mouvements doivent être différents, et qu'ainsi les anneaux doivent, à la longue, cesser d'être à peu près dans un même plan, ce qui paraît contraire aux observations; car, quoiqu'il ne se soit pas encore écoulé deux siècles depuis leur découverte, cependant, s'ils n'étaient pas assujettis à se mouvoir dans un même plan, il faudrait supposer qu'ils ont été découverts précisément à l'époque où leurs plans coïncidaient, ce qui est bien peu vraisemblable; il existe donc très-probablement une cause qui les retient dans un même plan fixe ou variable. Mais quelle est cette cause? Sa recherche est l'objet de l'analyse suivante.

21. Nous pouvons encore ici faire usage des équations (D') du n° 1. Déterminons les valeurs de dN, dN' et dN'', relatives soit à l'action de Saturne sur un anneau, soit à l'action d'un astre éloigné L. Considérons d'abord l'action de Saturne, et nommons V la somme de

toutes les molécules de Saturne divisées par leurs distances respectives à une molécule quelconque dm de l'anneau; soient r' le rayon qui joint cette molécule au centre de Saturne, et μ le cosinus de l'angle que ce rayon forme avec l'axe de rotation de Saturne. Représentons par

$$1 + \alpha Y^{(2)} + \alpha Y^{(3)} + \alpha Y^{(4)} + \dots$$

le rayon du sphéroïde de Saturne, et par $\alpha\varphi'$ le rapport de la force centrifuge à la pesanteur à son équateur; la masse de Saturne étant prise pour unité, on aura, par le n° **35** du Livre III,

$$V = \frac{1}{r'} + \frac{\alpha\left[Y^{(2)} + \frac{1}{3}\varphi'\left(\mu^2 - \frac{1}{3}\right)\right]}{r'^3} + \frac{\alpha Y^{(3)}}{r'^4} + \frac{\alpha Y^{(4)}}{r'^5} + \dots$$

Cette valeur de V se réduit à peu près à ses deux premiers termes, si r' est un peu grand relativement au rayon du sphéroïde de Saturne, pris ici pour unité de distance. D'ailleurs, si cette planète est un sphéroïde de révolution, comme il est naturel de le supposer, on a $Y^{(3)} = o$, $Y^{(4)} = o$, ..., ce qui rend exacte la réduction de V à ses deux premiers termes; on peut donc supposer

$$V = \frac{1}{r'} + \frac{\alpha Y^{(2)} + \frac{1}{2}\alpha\varphi'\left(\mu^2 - \frac{1}{3}\right)}{r'^3}.$$

La fonction $Y^{(2)}$ se réduit, comme on l'a vu dans le n° **2**, à cette forme

$$Y^{(2)} = h\left(\frac{1}{3} - \mu^2\right) + h''\left(1 - \mu^2\right)\cos 2\varpi.$$

Si Saturne est un solide de révolution, h^{iv} est nul; mais, dans le cas même où cette quantité serait comparable à h, il est facile de s'assurer que son influence sur les mouvements de l'anneau est insensible, à cause de la rapidité du mouvement de rotation de Saturne. Nous supposerons donc $h^{iv} = o$, et par conséquent

$$V = \frac{1}{r'} - \frac{\left(\alpha h - \frac{1}{2}\alpha\varphi'\right)\left(\mu^2 - \frac{1}{3}\right)}{r'^3},$$

αh étant évidemment l'aplatissement de Saturne.

Maintenant, x', y', z' étant les coordonnées de la molécule dm relativement au centre de gravité de l'anneau, on a, par le n° 3,

$$\frac{dN}{dt} = \int dm \left(x' \frac{\partial V}{\partial y'} - y' \frac{\partial V}{\partial x'} \right),$$

$$\frac{dN'}{dt} = \int dm \left(x' \frac{\partial V}{\partial z'} - z' \frac{\partial V}{\partial x'} \right),$$

$$\frac{dN''}{dt} = \int dm \left(y' \frac{\partial V}{\partial z'} - z' \frac{\partial V}{\partial y'} \right).$$

Pour déterminer V, nous ferons abstraction de la largeur de l'anneau, que nous considérerons ainsi comme une ligne circulaire d'inégale densité dans les diverses parties de sa circonférence, et dont le centre est à très-peu près celui de Saturne. En désignant par X, Y, Z les coordonnées du centre de gravité de l'anneau, rapportées au centre de Saturne, $X + x'$, $Y + y'$, $Z + z'$ seront les coordonnées de la molécule dm, rapportées au même centre. Si l'on prend pour le plan des x' et des y' celui de l'équateur de Saturne, que nous supposerons d'abord invariable, on aura

$$r' = \sqrt{(X + x')^2 + (Y + y')^2 + (Z + z')^2}, \qquad \mu = \frac{Z + z'}{r'}.$$

Nommons $x_{,}$, $y_{,}$, $z_{,}$ les coordonnées du centre de la circonférence de l'anneau, rapportées au centre de Saturne; ces coordonnées étant supposées assez petites pour que l'on puisse négliger leurs carrés et leurs produits par α, on aura

$$r' = r'_, + \frac{x_,(X + x') + y_,(Y + y') + z_,(Z + z')}{r'_,},$$

$r'_,$ étant le rayon de la circonférence de l'anneau; si l'on observe ensuite que l'on a, par la nature du centre de gravité de l'anneau, $\int x'dm = 0$, $\int y'dm = 0$, $\int z'dm = 0$, on aura

$$\frac{dN}{dt} = 0,$$

$$\frac{dN'}{dt} = - \frac{2\alpha(h - \frac{1}{2}\varphi')}{r'^5_,} \int x'z'dm,$$

$$\frac{dN''}{dt} = - \frac{2\alpha(h - \frac{1}{2}\varphi')}{r'^5_,} \int y'z'dm.$$

50.

Concevons que l'inclinaison θ du plan de l'anneau sur le plan de l'é-
quateur soit très-petite, en sorte que l'on puisse négliger son carré, ce
qui revient à supposer $\sin\theta = \theta$, $\cos\theta = 1$; prenons ensuite pour l'axe
des x' l'intersection même du plan de l'anneau avec celui de l'équateur de Saturne; cela posé, les valeurs de x', y', z' du n° **26** du
Livre I deviendront

$$x' = x'' \cos\varphi - y'' \sin\varphi,$$
$$y' = x'' \sin\varphi + y'' \cos\varphi + z''\theta,$$
$$z' = z'' - y''\theta \cos\varphi - x''\theta \sin\varphi,$$

d'où l'on tirera, par le même numéro,

$$\frac{dN}{dt} = 0,$$

$$\frac{dN'}{dt} = \frac{\alpha\left(h - \frac{1}{2}\varphi'\right)}{r'^3} (B - A)\,\theta \sin 2\varphi,$$

$$\frac{dN''}{dt} = - \frac{\alpha\left(h - \frac{1}{2}\varphi'\right)}{r'^3} (A + B - 2C)\,\theta - \frac{\alpha\left(h - \frac{1}{2}\varphi'\right)}{r'^3} (B - A)\,\theta \cos 2\varphi.$$

Considérons présentement les valeurs de $\dfrac{dN}{dt}$, $\dfrac{dN'}{dt}$ et $\dfrac{dN''}{dt}$, relatives à
l'action d'un astre quelconque L, éloigné de l'anneau. En nommant
X″, Y″, Z″ les trois coordonnées de cet astre, rapportées au centre de
gravité de l'anneau et parallèles à ses trois axes principaux, et r'' sa
distance à ce point, on aura, par le n° 3, en rapportant les valeurs de
dN, dN' et dN'' aux mêmes coordonnées,

$$\frac{dN}{dt} = \frac{3L}{r''^3} (B - A)\,X''Y'',$$

$$\frac{dN'}{dt} = \frac{3L}{r''^3} (C - A)\,X''Z'',$$

$$\frac{dN''}{dt} = \frac{3L}{r''^3} (C - B)\,Y''Z''.$$

Nous pouvons supposer sans erreur sensible, dans ces expressions, que
l'origine des coordonnées X″, Y″, Z″ est au centre même de Saturne,

ainsi que l'origine de r''. Nommons X', Y', Z' les coordonnées de l'astre L, rapportées au plan de l'équateur de Saturne, l'axe des X' étant la ligne d'intersection du plan de l'équateur et de celui de l'anneau ; on aura, entre X', Y', Z', X'', Y'', Z'', les mêmes relations que les précédentes entre x', y', z', x'', y'', z'', d'où l'on tire

$$X'' = X'\cos\varphi + Y'\sin\varphi - \theta Z'\sin\varphi,$$
$$Y'' = Y'\cos\varphi - X'\sin\varphi - \theta Z'\cos\varphi,$$
$$Z'' = Z' + \theta Y',$$

et par conséquent,

$$X''Y'' = \frac{Y'^2 - X'^2}{2} \cdot \sin 2\varphi + X'Y'\cos 2\varphi - \theta Z'(Y'\sin 2\varphi + X'\cos 2\varphi),$$
$$X''Z'' = Z'Y'\sin\varphi + Z'X'\cos\varphi + \theta[(Y'^2 - Z'^2)\sin\varphi + X'Y'\cos\varphi],$$
$$Y''Z'' = Z'Y'\cos\varphi - Z'X'\sin\varphi + \theta[(Y'^2 - Z'^2)\cos\varphi - X'Y'\sin\varphi].$$

Nommons v l'angle que le rayon r'' forme avec la ligne d'intersection de l'orbite de L et de l'équateur de Saturne ; soient ψ l'angle que l'intersection du plan de l'anneau et de l'équateur forme avec cette intersection, et θ' l'inclinaison de l'orbite de L sur le plan de l'équateur de Saturne ; on aura

$$X' = r''\cos v \cos\psi - r''\sin v \cos\theta' \sin\psi,$$
$$Y' = r''\sin v \cos\theta' \cos\psi + r''\cos v \sin\psi,$$
$$Z' = r''\sin v \sin\theta',$$

ce qui donne, en négligeant les termes dépendants des sinus et cosinus de l'angle v et de ses multiples, et ceux qui dépendent de l'angle 2φ, tous ces termes restant insensibles par les intégrations,

$$X''Y'' = 0,$$

$$X''Z'' = \frac{r''^2}{2}\sin\theta'\cos\theta'\sin(\varphi - \psi) + \frac{r''^2\theta}{2}\left(\cos^2\theta' - \tfrac{1}{2}\sin^2\theta'\right)\sin\varphi - \frac{r''^2}{4}\theta\sin^2\theta'\sin(\varphi - 2\psi).$$

$$Y''Z'' = \frac{r''^2}{2}\sin\theta'\cos\theta'\cos(\varphi - \psi) + \frac{r''^2\theta}{2}\left(\cos^2\theta' - \tfrac{1}{2}\sin^2\theta'\right)\cos\varphi - \frac{r''^2}{4}\theta\sin^2\theta'\cos(\varphi - 2\psi).$$

On aura donc, par l'action de l'astre L,

$$\frac{dN}{dt} = 0,$$

$$\frac{dN'}{dt} = \frac{3L}{2r''^3}(C - A)\left[\begin{array}{l} \sin\theta'\cos\theta'\sin(\varphi - \psi) + (\cos^2\theta' - \tfrac{1}{2}\sin^2\theta')\,\theta\sin\varphi \\ \quad - \tfrac{1}{2}\theta\sin^2\theta'\sin(\varphi - 2\psi) \end{array}\right].$$

$$\frac{dN''}{dt} = \frac{3L}{2r''^3}(C - B)\left[\begin{array}{l} \sin\theta'\cos\theta'\cos(\varphi - \psi) + (\cos^2\theta' - \tfrac{1}{2}\sin^2\theta')\,\theta\cos\varphi \\ \quad - \tfrac{1}{2}\theta\sin^2\theta'\cos(\varphi - 2\psi) \end{array}\right].$$

On doit observer ici que ces valeurs de $\frac{dN'}{dt}$ et de $\frac{dN''}{dt}$ se rapportent au plan même de l'anneau et à ses axes principaux; au lieu que les valeurs précédentes, relatives à l'action de Saturne, se rapportent au plan de l'équateur de Saturne; il faut donc, en substituant dans les équations (D') du n° 1 les expressions précédentes relatives à l'action de Saturne, supposer dans ces équations $\sin\theta = 0$ et $\cos\theta = 1$, à cause de la petitesse de θ, dont nous négligeons le carré; mais, en substituant dans les mêmes équations les valeurs précédentes de $\frac{dN'}{dt}$ et $\frac{dN''}{dt}$ relatives à l'action de l'astre L, il faut supposer auparavant dans ces équations $\sin\theta = 0$, $\cos\theta = 1$, $\sin\varphi = 0$, $\cos\varphi = 1$; on aura donc, en réunissant toutes ces valeurs,

$$\frac{dp}{dt} + \frac{B - A}{C}qr = 0,$$

$$\frac{dq}{dt} + \frac{C - B}{A}rp = \frac{2\alpha(h - \tfrac{1}{2}\varphi')}{r'^5}\frac{C - B}{A}\,\theta\cos\varphi$$

$$\qquad + \frac{3L}{2r''^3}\frac{C - B}{A}(\cos^2\theta' - \tfrac{1}{2}\sin^2\theta')\,\theta\cos\varphi$$

$$\qquad + \frac{3L}{2r''^3}\frac{C - B}{A}\left[\sin\theta'\cos\theta'\cos(\varphi - \psi) - \tfrac{1}{2}\theta\sin^2\theta'\cos(\varphi - 2\psi)\right],$$

$$\frac{dr}{dt} + \frac{A - C}{B}pq = \frac{2\alpha(h - \tfrac{1}{2}\varphi')}{r'^5}\frac{A - C}{B}\,\theta\sin\varphi$$

$$\qquad + \frac{3L}{2r''^3}\frac{A - C}{B}(\cos^2\theta' - \tfrac{1}{2}\sin^2\theta')\,\theta\sin\varphi$$

$$\qquad + \frac{3L}{2r''^3}\frac{A - C}{B}\left[\sin\theta'\cos\theta'\sin(\varphi - \psi) - \tfrac{1}{2}\theta\sin^2\theta'\sin(\varphi - 2\psi)\right];$$

r et q étant supposés très-petits, nous pouvons négliger le produit $\frac{B-A}{C} rq$, ce qui donne $\frac{dp}{dt} = 0$, ou p constant. Nous ferons ensuite, comme dans le n° 17,

$$\theta \sin\varphi = s, \qquad \theta \cos\varphi = s',$$

ce qui donne par le numéro cité

$$r = \frac{ds}{dt} - ps', \qquad q = -\frac{ds'}{dt} - ps.$$

En substituant ces valeurs dans les équations différentielles précédentes en q et r, elles deviennent

$$\frac{d^2 s}{dt^2} + \frac{C-B-A}{B} p \frac{ds'}{dt} + \frac{C-A}{B} \varepsilon^2 s$$
$$= \frac{3L}{2r''^3} \frac{A-C}{B} \left[\sin\theta'\cos\theta' \sin(\varphi - \psi) - \tfrac{1}{2}\theta \sin^2\theta' \sin(\varphi - 2\psi) \right],$$

$$\frac{d^2 s'}{dt^2} - \frac{C-B-A}{A} p \frac{ds}{dt} + \frac{C-B}{A} \varepsilon^2 s'$$
$$= \frac{3L}{2r''^3} \frac{B-C}{A} \left[\sin\theta'\cos\theta' \cos(\varphi - \psi) - \tfrac{1}{2}\theta \sin^2\theta' \cos(\varphi - 2\psi) \right],$$

ε^2 étant égal à

$$p^2 + \frac{2\alpha(h - \tfrac{1}{2}\varphi')}{r'^5} + \frac{3L}{2r''^3} \left(\cos^2\theta' - \tfrac{1}{2}\sin^2\theta' \right).$$

Les équations précédentes se simplifient en observant que, dans le cas présent, on a, par le n° 26 du Livre I, $A + B = C$, ce qui réduit ces équations aux suivantes, en négligeant dans leurs seconds membres les termes multipliés par θ,

$$\frac{d^2 s}{dt^2} + \varepsilon^2 s = -\frac{3L}{2r''^3} \sin\theta'\cos\theta' \sin(\varphi - \psi),$$

$$\frac{d^2 s'}{dt^2} + \varepsilon^2 s' = -\frac{3L}{2r''^3} \sin\theta'\cos\theta' \cos(\varphi - \psi).$$

Si l'on considère l'orbite de L comme invariable, on aura, par le n° 4,

$$d\varphi - d\psi = p\,dt,$$

et par conséquent,

$$\varphi - \psi = pt + \mathrm{I},$$

I étant une arbitraire; les équations différentielles en s et s' donneront ainsi, en les intégrant,

$$s = \mathrm{M} \sin(\varepsilon t + \mathrm{E}) - \frac{\dfrac{3\,\mathrm{L}}{2\,r''^3} \sin\theta' \cos\theta'}{\varepsilon^2 - p^2} \sin(\varphi - \psi),$$

$$s' = \mathrm{M}' \cos(\varepsilon t + \mathrm{E}') - \frac{\dfrac{3\,\mathrm{L}}{2\,r''^3} \sin\theta' \cos\theta'}{\varepsilon^2 - p^2} \cos(\varphi - \psi),$$

M, E, M', E' étant quatre arbitraires. L'inclinaison du plan de l'anneau à celui de l'équateur de Saturne est égale à $\sqrt{s^2 + s'^2}$; il faut donc, pour que cette inclinaison reste toujours très-petite, que M et M' soient très-petits et que le coefficient $\dfrac{\dfrac{3\,\mathrm{L}}{2\,r''^3} \sin\theta' \cos\theta'}{\varepsilon^2 - p^2}$ soit peu considérable; or cela n'aurait pas lieu si Saturne était parfaitement sphérique, car alors on aurait

$$\varepsilon^2 - p^2 = \frac{3\,\mathrm{L}}{2\,r''^3} \left(\cos^2\theta' - \tfrac{1}{2}\sin^2\theta' \right),$$

et le coefficient précédent deviendrait $\dfrac{\sin\theta' \cos\theta'}{\cos^2\theta' - \tfrac{1}{2}\sin^2\theta'}$; il serait par conséquent très-sensible.

Si Saturne est aplati en vertu d'un mouvement de rotation, ce coefficient devient

$$\frac{\dfrac{3\,\mathrm{L}}{2\,r''^3} \sin\theta' \cos\theta'}{\dfrac{2\,\alpha\left(h - \tfrac{1}{2}\varphi'\right)}{r_{\,\prime}^5} + \dfrac{3\,\mathrm{L}}{2\,r''^3}\left(\cos^2\theta' - \tfrac{1}{2}\sin^2\theta' \right)};$$

supposons que L soit le Soleil, et que $r_{\,\prime}$ soit la distance du centre de Saturne à son dernier satellite; nommons T la durée d'une révolution sidérale de Saturne, et T' celle d'une révolution sidérale de son dernier satellite; la masse de Saturne étant prise pour unité, on a, par le n° 25 du Livre II,

$$\frac{\mathrm{L}}{r''^3} = \frac{1}{r_{\,\prime}^3} \left(\frac{\mathrm{T}'}{\mathrm{T}} \right)^2.$$

ce qui change le coefficient précédent dans celui-ci

$$\frac{\dfrac{3\,r_{,}^{\prime 5}}{4\,r_{,}^{3}}\left(\dfrac{T^{\prime}}{T}\right)^{2}\sin\theta^{\prime}\cos\theta^{\prime}}{\alpha\left(h-\tfrac{1}{2}\varphi^{\prime}\right)+\dfrac{3\,r_{,}^{\prime 5}}{4\,r^{\prime 3}}\left(\dfrac{T^{\prime}}{T}\right)^{2}\left(\cos^{2}\theta^{\prime}-\tfrac{1}{2}\sin^{2}\theta^{\prime}\right)}.$$

Les observations donnent, le demi-diamètre de Saturne étant pris pour unité,

$$T = 10759^{j},08,$$
$$T' = 79^{j},3296,$$
$$r_{,} = 59,154,$$
$$\theta' = 33^{\circ}.$$

Nous supposerons ensuite $r_{,}'=2$, ce qui diffère peu de la vérité; on aura ainsi le coefficient dont il s'agit, réduit en secondes, égal à

$$\frac{0'',001727}{\alpha\left(h-\tfrac{1}{2}\varphi'\right)+0,000000003\,9824}.$$

On voit que ce coefficient, qui serait très-considérable si $\alpha\left(h-\tfrac{1}{2}\varphi'\right)$ était nul, devient très-petit et insensible lorsque cette quantité a une valeur sensible. Alors l'action de Saturne retient l'anneau toujours à peu près dans le plan de son équateur; ainsi les divers anneaux de Saturne sont par là maintenus dans un même plan. Telle est donc la cause de ce phénomène, qui m'avait fait reconnaitre le mouvement de rotation de Saturne avant que l'observation de ses taches l'eût fait apercevoir.

22. Il est facile de voir, par l'analyse précédente, que l'action du cinquième satellite de Saturne ne doit point sensiblement écarter d'un même plan les divers anneaux de cette planète. Quant à l'action mutuelle des anneaux et à celle des satellites de Saturne, qui se meuvent à très-peu près dans leur plan, il est visible qu'elles ne peuvent pas altérer leur coïncidence.

Un anneau pouvant être considéré comme une réunion de satellites, on conçoit que l'action de l'équateur de Saturne, qui maintient dans son plan ceux de ses divers anneaux, doit, par la même raison, maintenir dans ce même plan les orbites des satellites situées primitivement dans ce plan. Réciproquement, si les divers satellites d'une planète se meuvent dans un même plan fort incliné à celui de son orbite, on peut en conclure qu'ils y sont maintenus par l'action de son équateur, et qu'ainsi cette planète a un mouvement de rotation autour d'un axe à peu près perpendiculaire au plan des orbites de ses satellites. On peut donc affirmer que la planète Uranus, dont tous les satellites se meuvent dans un même plan presque perpendiculaire à l'écliptique, tourne sur elle-même autour d'un axe très-peu incliné à l'écliptique.

Les termes de l'expression de θ qui dépendent des actions du Soleil et du dernier satellite de Saturne étant insensibles, et les dimensions de l'anneau n'entrant point dans les autres termes, il est clair que, si plusieurs anneaux concentriques sont fixement attachés ensemble et se meuvent à peu près dans le plan de l'équateur de Saturne, l'action du Soleil et du dernier satellite ne les en écartera pas sensiblement; ainsi ce résultat, que nous avons trouvé pour un anneau, en faisant abstraction de sa largeur, a également lieu pour un anneau d'une largeur quelconque.

La seule partie de l'expression de θ qui puisse être sensible dépendant de coefficients arbitraires et étant indépendante de la position de l'équateur de Saturne relativement à son orbite et à celle de son dernier satellite, il en résulte que cet équateur, dans le mouvement très-lent que l'action du Soleil et de ce satellite lui imprime, emporte avec lui les plans de ses anneaux et des orbites des satellites primitivement situées dans ce plan. C'est ainsi que nous avons vu, dans le n° 17, que le plan de l'écliptique, dans son mouvement séculaire, entraine les plans de l'équateur et de l'orbite lunaire, de manière à rendre constantes l'inclinaison mutuelle de ces trois plans et la coïncidence de leurs intersections.

FIN DU TOME DEUXIÈME ET DE LA PREMIÈRE PARTIE.

Paris. — Imprimerie de GAUTHIER-VILLARS, quai des Augustins, 55.